Commission Inter-IREM d'Épistémologie et d'Histoire des Mathématiques

AF861045

Histoires de probabilités et de statistiques

PILON

ouvrage coordonné par

Évelyne BARBIN & Jean-Pierre LAMARCHE

IREM des Pays de Loire, Université de Nantes

IREM d'Orléans, Université d'Orléans

500
BAR

INSTITUT UNIVERSITAIRE DE TECHNOLOGIE
7762
BIBLIOTHÈQUE
SAINT-DIÉ DES VOSGES

ellipses

ISBN 2-7298-1923-1

© Ellipses Édition Marketing S.A., 2004
32, rue Bargue 75740 Paris cedex 15

DANGER
LE
PHOTOCOPILLAGE
TUE LE LIVRE

Le Code de la propriété intellectuelle n'autorisant, aux termes de l'article L.122-5.2° et 3°a), d'une part, que les « copies ou reproductions strictement réservées à l'usage privé du copiste et non destinées à une utilisation collective », et d'autre part, que les analyses et les courtes citations dans un but d'exemple et d'illustration, « toute représentation ou reproduction intégrale ou partielle faite sans le consentement de l'auteur ou de ses ayants droit ou ayants cause est illicite » (Art. L.122-4). Cette représentation ou reproduction, par quelque procédé que ce soit constituerait une contrefaçon sanctionnée par les articles L. 335-2 et suivants du Code de la propriété intellectuelle.

www.editions-ellipses.fr

PREFACE

Les probabilités et les statistiques sont apparues dans des contextes historiques, mathématiques et épistémologiques bien différents. Dans la genèse des probabilités, Pascal invente une géométrie du hasard qui traite rigoureusement de l'incertitude, puis Leibniz imagine une sorte de logique qui règle le poids des vraisemblances. Tandis que les calculs statistiques sur les impôts, la mortalité, les récoltes, les maladies, etc. sont encouragés par les gouvernements, comme moyens d'observation et d'aide à la décision. La statistique, comme son nom l'indique, traite des choses de l'État. Les histoires rassemblées dans cet ouvrage s'intéressent à la naissance et au développement des probabilités et des statistiques, mais aussi à la rencontre de ces deux disciplines et à leurs rapports successifs dans l'histoire.

Ce retour à l'histoire répond à des questionnements d'enseignement bien actuels, car c'est au moment même où il faut construire un enseignement des deux disciplines, que leur association apparaît encore et toujours difficile, presque étrange. Les deux derniers chapitres de cet ouvrage analysent les programmes d'enseignement, dont le dernier bouleversement a de nouveau montré que derrière leurs modifications se trouvent aussi des changements de conceptions, voir des confrontations.

Récemment, un exemple simple a ainsi polarisé les attentions des enseignants, celui du jet d'un dé. Les tenants du nouveau programme expliquaient que c'est en notant suffisamment de résultats de jets que l'on pourra affirmer que la probabilité qu'un dé tombe sur le cinq est d'un sixième. Tandis que les adeptes des anciens programmes rétorquaient que la forme du dé permet d'affirmer a priori que cette probabilité est d'un sixième, et que les résultats obtenus à partir de nombreux jets servent à savoir si le dé ici présent est ou non pipé. Aussi, si vous voyez un enseignant jeter cent fois un dé, vous aurez raison de lui demander quel est son problème.

Se tournant vers l'histoire, nous nous apercevons aussi que probabilités et statistiques répondent à des problèmes différents : ici il s'agit de décider, là de prédire, ici il s'agit d'extrapoler des résultats, là de les combiner.

Les trois premières parties de cet ouvrage nous invitent à entrer dans les mondes des probabilités et des statistiques avec des problèmes historiques, c'est-à-dire des problèmes à partir desquels ont été construits, confrontés ou modifiés des savoirs dans l'histoire. Dans la première partie nous trouvons des problèmes de chances et de hasards, à commencer par le fameux problème des partis qui fit s'opposer Pascal et Fermat durant l'été 1654. La seconde partie concerne des problèmes de décisions, comme le prix des assurances sur la vie ou l'estimation des rentes, à partir de tables de mortalité et de natalité. Dans la troisième partie, les probabilités et les statistiques se rencontrent sur le plan théorique, mais encore à l'occasion de questions pratiques, comme la cartographie ou la culture de l'orge. De cette rencontre naît le problème des problèmes, le plus difficile de tous, celui de la modélisation.

La lecture de la correspondance entre les frères Huygens est fort intéressante pour notre propos sur les problèmes. En 1669, Louis Huygens pose à Christian la question de déterminer l'âge qu'un nouveau né peut atteindre, puis un enfant de six ans, de seize ans, etc., à partir de la table de mortalité établie par Graunt quelques années plus tôt. Les deux frères ne sont pas d'accord sur la manière de mener les raisonnements, mais Christian va comprendre leur différent en expliquant qu'ils ne cherchent pas à résoudre le même problème. « Ce sont donc deux choses différentes », écrit-il à son frère, « que l'espérance ou la valeur de l'âge future d'une personne et l'âge auquel où il y a égale apparence qu'il parviendra ». Or ces deux choses différentes correspondent à des problèmes différents, la première pour « régler les rentes à vie » et la seconde « pour les gageures », c'est-à-dire pour servir aux paris. En effet, Christian interprète d'emblée la question de son frère en terme de prédiction dans un jeu de hasard, alors que pour Louis, elle vient pour déterminer la constitution des rentes.

L'enseignant qui lance le dé à jets répétés pour établir la probabilité d'avoir un cinq et celui qui le lance pour savoir s'il est pipé n'ont pas du tout la même appréhension des résultats en terme de cause. Pour le premier enseignant, il s'agit d'établir une règle sur un phénomène dont on ne sait rien a priori. S'il a noté aussi les apparitions des autres chiffres du dé, il pourra extrapoler que l'objet qu'il jette possède certaines propriétés de symétrie et investir ainsi sur la « cause » de ses résultats. Tandis que le second enseignant détermine la probabilité comme un effet d'une « cause » connue a priori, la symétrie du dé. Pour lui, si les résultats des jets ne confirment pas cette probabilité, alors la « cause » en est que le dé n'est pas homogène.

La quatrième partie de l'ouvrage met l'accent sur les causes, que probabilistes et statisticiens envisagent différemment. Elle commence avec la controverse de l'Antiquité sur le problème de déterminer la vérité d'un énoncé dépendante du futur. Vingt siècles plus tard, le problème de la connaissance des causes est posé par Laplace sur le versant du probable, et il se transporte avec Cournot vers la statistique

Dans un mémoire de 1776, Laplace distingue deux sortes de problèmes de probabilités, selon que l'incertitude porte sur les évènements ou sur les causes des évènements. Pour illustrer cette distinction, il prend deux problèmes sur une urne contenant des billets blancs et noirs. Le premier problème demande la probabilité de tirer un billet blanc connaissant la proportion entre billets blancs et noirs, il porte sur l'incertitude de l'évènement « boule blanche ». Le second problème demande la probabilité pour que la proportion entre billets blancs et noirs soit entre certaines limites sachant que l'on a tiré un billet blanc, il porte sur l'incertitude de la cause de l'événement « boule blanche ». Ce distinguo laplacien peut se poursuivre en remarquant que le second problème, contrairement au premier, invite à faire de nouveaux tirages qui réduiraient l'incertitude sur la cause et à nous tourner ainsi vers les statistiques.

Cournot explique dans son *Exposition de la théorie des chances et des probabilités* de 1843, que « la statistique » a pour objet de recueillir des faits de sorte à obtenir des rapports numériques réguliers qui indiqueront l'existence de causes constantes. Le problème de Laplace d'incertitude sur les causes devient avec Cournot un problème d'investigation sur les causes. Le champ des statistiques s'étend alors considérablement, des sciences physiques aux sciences humaines, mais aussi parce que les problèmes où nous cherchons les causes sont de plus en plus nombreux, au fur et à mesure de la recherche des causes des causes.

Cet ouvrage n'invite pas à mélanger probabilités et statistiques. D'un point de vue strictement mathématique et élémentaire, probabilités et statistiques peuvent se ramener les unes aux autres, et il peut être indifférent, dans l'ordre des déductions, de passer de l'une à l'autre ou inversement. Mais du point de vue des choses, comme disait Christian Huygens, l'ordre importe et l'ordre des choses est celui des problèmes, qui n'est pas le même en probabilités et en statistiques. Cette incursion historique insiste sur l'identification des problèmes qui a pour vertu, entre autres, de résoudre bien des paradoxes. Cette identification est un préalable à la recherche de modèles, qu'il ne faut pas confondre avec l'utilisation a priori d'un modèle.

Evelyne BARBIN
IREM des Pays de Loire
Université de Nantes

AVANT-PROPOS

Depuis une trentaine d'années, les IREM ont, parmi leurs missions, celle de favoriser une meilleure perception de l'enseignement des mathématiques, principalement dans les cycles du secondaire, mais aussi au niveau de l'enseignement supérieur dans les universités, bien que leur impact soit ici de moindre envergure. Parmi donc les diverses activités que ce sont fixées les IREM, l'introduction d'une perception historique et épistémologique des mathématiques est une voie qu'il semble important de développer, les notions qui peuvent être introduites à ce moment permettant aux élèves de mieux percevoir les « pourquoi » et « comment » des enseignements scientifiques qui leurs sont prodigués.

C'est le cas, peut-être encore plus fort, pour le calcul des probabilités et des statistiques, dont le cheminement historique est loin d'être perçu clairement. Dans ce sens, une introduction historique semble assez adaptée pour expliquer au mieux l'ensemble des notions mathématiques sous-jacentes à ces disciplines. Tant du point de vue des élèves que des professeurs. Les nouvelles tendances des programmes de l'enseignement secondaire renforcent d'ailleurs ces nécessités.

Sur ce point, on peut aussi ajouter que la formation initiale des professeurs de l'enseignement secondaire est plus axée sur l'aspect abstrait de l'axiomatisation, lorsqu'elle n'a pas été négligée, que sur le côté application de notions mathématiques. Laquelle axiomatisation n'étant apparue qu'au XXe siècle, presque trois ou quatre siècles après ses débuts. Comment s'est passé cette relative évolution du « concret à l'abstrait », c'est ce que les historiens et épistémologues tentent de nous expliquer. Quant à la formation à la statistique de nos professeurs, elle a été quasiment inexistante jusqu'à ces toutes dernières années. L'apport historique est, ici, tout à fait le bienvenu.

La commission inter-IREM (CII) d' « Epistémologie et d'Histoire des Mathématiques » s'est naturellement penchée sur cette question, et le résultat a été le colloque organisé à Orléans sur « Histoire des Probabilités et des Statistiques ».

Ce colloque s'est tenu dans les locaux de la Faculté des Lettres et Sciences Humaines de l'Université d'Orléans, les 31 mai et 1er juin 2002. Ce colloque a ainsi réuni pendant deux jours environ 150 personnes, conférenciers et auditeurs, enseignants du secondaire ou du supérieur, proches ou non des IREM.

Ce livre que nous publions aujourd'hui retrace les interventions qui furent données pendant ce colloque. Le titre en a été légèrement modifié, afin de mieux refléter la teneur de cette rencontre, pour devenir « Histoires de Probabilité et de Statistique ». Cet ouvrage ne prétend évidemment pas faire le tour exhaustif de l'histoire du calcul des probabilités et des statistiques, du XVIe au XXIe siècle. Certaines séquences parlent de la naissance du calcul des probabilités, d'autres de l'axiomatisation du même calcul...

Afin de donner à ce livre une tenue unitaire, les divers articles ont été répartis en cinq parties, selon une classification due à Evelyne Barbin, qui explique cette partition dans sa présentation. Elle est la principale responsable de la tenue conceptuelle de ce colloque, avec l'aide de Dominique Besnard, coresponsable avec elle de la CII d'Epistémologie.

Matériellement, le colloque a été organisé par l'IREM d'Orléans dont les secrétaires et la documentaliste ont largement contribué aux détails et à la bonne marche de celui-ci, ainsi que de la participation de Michel Moulis, correspondant de l'IREM d'Orléans à la CII d'Epistémologie.

Nous pensons que la publication de l'ouvrage que nous présentons aidera très fortement à faciliter le travail des enseignants sur ces questions de probabilité et de statistique en leur apportant des connaissances historiques sur la genèse de ces disciplines. Les exemples traités dans ce livre leur seront d'un plus profond secours.

Pour l'organisation financière de ce colloque, nous avons bénéficié du soutien de partenaires institutionnels, que nous souhaitons fortement remercier et citer ici :

– le Conseil scientifique de l'Université d'Orléans,
– le Conseil régional de la Région Centre,
– le Conseil Général du Loiret,
– la Ville d'Orléans.

Jean-Pierre LAMARCHE
IREM d'Orléans

SOMMAIRE

1. Histoires de chances et de hasards

Le problème des partis avant Pacioli 3
Norbert Meusnier [Université de Paris VIII]

Huygens et ses lecteurs : le 5ème exercice 25
Denis Lanier, Didier Trotoux [IREM de Basse-Normandie]

La portée physique et sociale de la règle de Bayes 55
Jean-Pierre Cléro [Université de Rouen]

2. Histoires de décisions

Le joueur et le banquier. Sur une correspondance des frères Huygens 77
Bernard Parzysz [IUFM d'Orléans-Tours, équipe DIDIREM-Université Paris 7]

Tables de natalité, tables de mortalité « À tables ! » 91
Henry Plane, Frédéric Métin, Patrick Guyot [IREM de Dijon]

3. Histoires de rencontres des probabilités et des statistiques

La démonstration par Jacques Bernoulli de son théorème 121
Michel Henry [IREM de Besançon]

La théorie des erreurs (1750-1820), enjeux, problématiques, résultats 141
Michel Armatte [Université Paris-Dauphine et Centre Koyré]

Statistique et modèles probabilistes de Fisher à Havelmoo 161
Martin Zerner [Équipe RHESEIS]

4. Histoires de causes : probabilités des causes et investigation des causes

La controverse antique sur les futurs contingents 175
Michèle Villetard Tainmont [IREM de Lille]
Joëlle Delattre [Université de Lille III]

Laplace et la *Théorie analytique des probabilités* : itinéraires de découverte 197
Jean-Pierre Lubet [IREM de Lille]

Cournot. Statistique et raison des choses 225
Thierry Martin [Université de Besançon]

5. Histoires de l'enseignement des probabilités et des statistiques

Sur l'histoire de l'enseignement des probabilités et des statistiques 237
Norbert Meusnier [Université Paris VIII]

Galilée ou Descartes ? Etude d'un scénario d'introduction historique au calcul des probabilités 275
Eric Butz [IREM de La Réunion]

Première partie

HISTOIRES DE CHANCES ET DE HASARDS

LE PROBLÈME DES PARTIS AVANT PACIOLI

Norbert Meusnier

Résumé

Nous étudions ici[1] *la traduction en français de trois textes italiens, extraits d'arithmétiques commerciales du XV*^{e} *siècle, traitant du problème des partis. Deux d'entre eux, les plus anciens, proposent des solutions dont le résultat est conforme à celui qui va s'imposer à partir du milieu du XVII*^{e} *siècle et permettent donc d'enrichir la perspective de l'émergence d'une mathématisation du hasard.*

Introduction

Le problème des partis est ce problème discuté entre Pascal et Fermat dans leur correspondance de l'été 1654 que l'histoire des sciences "ordinaire" retient comme l'événement symbolique de la naissance du Calcul des probabilités. Il appartient de ce fait, en général, aux quelques images d'Épinal, avec la baignoire d'Archimède, la pomme de Newton et le jeune berger enragé de Pasteur, qui nourrissent l'imaginaire collectif en matière de culture historique scientifique.

Chacun sait donc que ce problème existe, mais je vais néanmoins en rappeler les termes. Deux joueurs (ou plus) misent chacun la même somme d'argent pour avoir le droit de jouer à un jeu de pur hasard qui se déroule en trois manches gagnantes[2] (ou plus) mais le jeu est interrompu avant que l'un des deux ait gagné trois manches. Les deux joueurs sont alors d'accord pour partager la mise. Le problème consiste donc à savoir quel est le partage[3] juste ou équitable.

---

[1] Au colloque d'Orléans j'ai fait un atelier autour du travail de Fermat dont le but était de montrer, sinon de démontrer, que l'une des lettres attribuées à Fermat n'était probablement pas de lui, ce qui repose en partie sur une étude approfondie des méthodes utilisées. J'ai aussi, afin de comprendre la problématique du problème des partis, étudié l'un des textes qui est présenté ici, celui dit de Ohri. Le travail sur Fermat étant disponible, en principe, bientôt dans les actes du colloque Fermat, (voir [Meu03]), j'ai préféré développer ici la partie sur Ohri qui, elle, devait donner lieu à un article depuis 1994 et qui s'est enrichie ces derniers mois d'une nouvelle "découverte".

[2] Ce sont les conditions, par exemple, du tournoi de tennis de Roland Garros (en ce qui concerne les "manches", bien sûr!).

[3] C'est pourquoi on parle du problème des **partis** et non pas du problème des **parties**.

Supposons que la question se pose lorsque les joueurs sont à 1/0. La solution de Pascal consiste à envisager ce qui aurait pu arriver, si le jeu n'avait pas été interrompu, ce que **je** représente par le schéma suivant :

```
      1/0
      / \
          /  \
       2/0   1/1
       /  \
      /    \
    3/0    2/1
       / \
      /   \
    3/1  2/2
```

Considérons alors la situation 2/1, qui est la plus proche de la fin du jeu[4] sans qu'on puisse donner une réponse immédiate à la question du partage :

```
     2/1
     / \
    /   \
  3/1   2/2
```

Le premier joueur, celui qui a déjà gagné deux manches, peut donc aussi bien gagner toute la mise (s'il gagne la partie suivante et se retrouve à 3/1) ou, équitablement, reprendre la moitié de la mise (s'il perd la partie suivante). Si chaque joueur a misé *m*, ce joueur peut donc considérer qu'il est certain d'avoir *m* (au minimum) et l'autre partie de la mise, pouvant l'avoir comme ne pas l'avoir, elle "vaut" *m/2*; ainsi peuvent-ils se mettre d'accord à 2/1 pour que le premier joueur prenne *3m/2* et le deuxième *m/2*. On peut ainsi remonter de situation en situation jusqu'à 1/0 (et même 0/0); on obtient alors des partages que je représente par le schéma suivant, en remontant à l'intérieur du premier schéma au lieu de descendre :

```
          1/0
      (11m/8;5m/8)
         /      \
        /        \
      2/0         1/1
   (7m/4;m/4)    (m;m)
       /      \
      /        \
    3/0         2/1
  (2m;0)    (3m/2;m/2)
             /      \
            /        \
          3/1        2/2
        (2m;0)      (m;m)
```

4 "2/2" est une situation plus proche de la fin mais le partage ne pose, alors, aucun problème.

Pascal répond aussi à une autre question que lui permettent ces résultats. C'est celle de la valeur de chaque partie gagnée, que l'on obtient par la différence entre les valeurs des différentes situations. Ainsi, la valeur de la première partie est-elle *3m/8*, celle de la deuxième également *3m/8*, et celle de la troisième *m/4*, si l'on considère une suite de trois parties gagnantes.

Nous pouvons ainsi, à titre d'exercice, retrouver le tableau que Pascal transmet à Fermat le 29 juillet 1654[5] :

valeur en		6	5	4	3	2	1 parties
de la	1°	*63m/256*	*35m/128*	*5m/16*	*3m/8*	*m/2*	*m*
	2°	*63m/256*	*35m/128*	*5m/16*	*3m/8*	*m/2*	
	3°	*28m/128*	*15m/64*	*m/4*	*m/4*		
	4°	*21m/128*	*5m/32*	*m/8*			
	5°	*3m/32*	*m/16*				
	6°	*m/32*					

C'est ce tableau dont Pascal va étudier les régularités et, ce faisant, y voir une jonction possible avec le triangle arithmétique. Mais ceci n'est pas notre sujet et je n'ai rappelé ces résultats que pour souligner l'importance heuristique, dans les recherches de Pascal, de cette question de la **"valeur des parties"** que nous allons retrouver chez l'un des auteurs que nous allons étudier.

Antérieurement à la correspondance entre Pascal et Fermat de l'été 1654 nous connaissions, avant 1985, des traces de ce problème et de diverses solutions plus ou moins insatisfaisantes chez plusieurs auteurs italiens, entre Pacioli en 1494 et Forestani en 1603, comme Calandri (un contemporain de Pacioli), Cardano en 1539, Tartaglia en 1556, Peverone en 1558, Pagani en 1591, et chez le français Gosselin en 1578[6].

Nous allons analyser deux nouvelles traces qui sont apparues ces dernières années, toutes les deux d'auteurs anonymes, et datant probablement du début du XVe siècle pour le premier et de la première moitié de ce même siècle pour le second.

Mais avant cela nous allons considérer la solution de Calandri qui nous permettra d'apprécier encore mieux l'originalité des deux autres.

1. Calandri

1.1. L'auteur

Filippo Calandri est né vers 1467 dans une famille de maîtres d'abaque (son grand-père, son père, son frère aîné) de Sienne. Il est l'auteur d'une des premières arithmétiques imprimées, en 1491; elle est dédiée à Julien de Médicis le fils de

[5] Voir [Pas98]; dans son tableau Pascal prend *m=256* afin de n'avoir que des valeurs entières.

[6] Voir [Cou65].

Laurent le Magnifique. Ce manuscrit de la bibliothèque de Sienne[7] est donc contemporain de celui de Pacioli et date de la fin du XVe siècle ou du début du XVIe siècle.

1.2. Le texte : une traduction[8]

*<**81 r**> (12) Deux [personnes] jouent à la longue paume[9] de telle sorte que le premier qui a six chasses[10] gagne le jeu. Il arrive alors par hasard[11] quand l'un d'eux en a gagné 4 et l'autre 3 que la balle éclate de telle sorte qu'ils ne peuvent finir le jeu mais tombent d'accord pour que chacun ait ce qui lui convient. On veut savoir combien il reviendra à chacun, chacun ayant misé 3 £[12]: il y a 2 façons pour cette raison, l'une est de faire la raison sur ce qui est fait et l'autre sur ce qui est à faire. La première façon : on prend autant que ce qu'on voit de chasses en raison de ce qu'ils peuvent faire à eux deux. <**81 v**> La seconde : on prend dans les chasses qui sont à faire autant de chasses à voir que chacun d'eux a à en faire pour avoir le jeu. D'où que si le premier a 4 chasses il lui reste à faire deux chasses pour faire le jeu; le second qui a 3 chasses il lui reste trois chasses à faire et donc le second a à durer une fois et demi la difficulté[13] du premier et c'est pourquoi le premier aura à retirer une fois et demi autant que le second : que chaque fois que premier retire 3 le seçond retire 2. Maintenant [comme] on a à partager 120 s entre les deux, [que] le premier à a retirer 3 [et] le second 2, je veux savoir ce que touchera chacun. Et le faisant tu trouveras que le premier aura 72 sous et le second 48 sous ; mais parce que c'est un jeu de hasard[14] on ne se porte pas garant que ce soit la vérité précise.*

*<**97 v**> (43) Trois [personnes] jouent à l'arbalète 3 D[15] de telle façon que celui qui le premier a 3 coups[16] gagne et obtient 3 D. Et tirant à l'arbalète le premier en a fait 2, le deuxième un, le troisième n'a aucun coup.*

Il arrive par hasard[17] qu'une arbalète se casse et ils sont d'accord que chacun prend ce qui lui convient. Je veux savoir combien chacun touchera :

---

[7] Codice L. VI. 45 de la Biblioteca Comunale de Sienne.

[8] Je propose cette traduction à partir de la transcription qui en est donné dans [Cal82] pp. 13-14 et 39-40.

[9] Un jeu de balle, ancêtre du tennis.

[10] Les "chasses" sont les différentes parties ou manches d'un jeu.

[11] "per chaso".

[12] Trois "lires", je suppose; une lire valant 20 sous.

[13] "fatica".

[14] "giuco di fortuna".

[15] "D" pour Dinar, probablement.

[16] Un "coup" c'est-à-dire un coup au but, dans la cible.

[17] "per chaso".

je dis ainsi, que c'est bien du hasard[18] *et ça se prend de 2 façons. L'une est de prendre ce qu'ils ont fait et l'autre est* <**98 r**> *de prendre ce qu'ils ont à faire et celle qui est la meilleure ce n'est pas déterminé et c'est pourquoi celle des deux que l'on prend n'importe pas. Donc nous prendrons celle qui [prend] ce qui reste à faire et nous dirons ainsi : combien y aura-il au plus de coups qu'ils peuvent faire ces deux-là ? Il y en aura 7.*

Donc si le premier en a deux il a 2/7 du jeu et le second 1/7 et entre eux deux ils ont 3/7, part que l'on prend sur 3 D et que l'on distribue au premier et au deuxième ; ensuite des 4/7 qui restent chacun se partage 1/3 et tu trouveras que le premier touchera 1 3/7 et le second un et le troisième 4/7.

1.3. Analyse et commentaire

Dans le premier jeu, un jeu de paume, les joueurs sont deux et en sont à 4/3 dans un jeu en 6 parties gagnantes au moment où ils décident d'interrompre le jeu. Calandri propose deux méthodes de partage: la première en raison des parties qui ont été gagnées au moment de la séparation, la seconde en raison inverse de la "difficulté" pour chaque joueur de gagner les parties qui resteraient à être gagnées pour obtenir la victoire. Dans le premier cas le partage se ferait en proportion de 4 à 3; mais Calandri fait le partage dans le second cas et il se fait, alors, en proportion de 3 à 2.

Dans le deuxième jeu, un jeu de tir à l'arbalète, les joueurs sont trois et sont à 2/1/0 dans un jeu en trois parties gagnantes au moment où ils décident d'interrompre le jeu. À nouveau Calandri dit qu'il y a les deux méthodes précédemment définies mais décide de prendre la seconde. Le partage devrait donc se faire en proportion de 2 à 1 et 0 s'il suivait sa première méthode ou de 6 à 3 et 2, s'il suivait sa deuxième méthode, effective dans le premier jeu, or ce n'est pas le partage proposé. En fait Calandri propose une troisième méthode qui consiste à déterminer combien de coup, au maximum, on peut jouer pour qu'il y ait un vainqueur quand on en est au début de la partie; c'est donc 7. Puis il commence par distribuer la mise proportionnellement aux parties déjà gagnées à 2/1/0, c'est-à-dire 2/7, 1/7 et 0 puis le reste 4/7 est réparti également entre les trois joueurs soit 4/21, renonçant alors à faire intervenir la "difficulté" relative à chaque joueur de gagner; le premier joueur aura donc 10/21, le deuxième 7/21 et le troisième 4/21 de la mise totale, soit, comme il le dit, 1.3/7, 1 et 4/7 d'une mise de 3.

S'il avait procédé ainsi dans le premier jeu, le premier joueur aurait eu 4/11 + 2/11 et le second 3/11 + 2/11.

Ainsi Calandri paraît-il plutôt rapporter des solutions proposées dans d'autres arithmétiques commerciales selon le problème proposé plutôt qu'appliquer systématiquement les différentes méthodes. On comprend assez bien qu'à ses yeux le seul intérêt de ces problèmes est d'être le support de calculs de proportion.

Néanmoins, il n'est pas inutile de remarquer que l'utilisation de la première méthode dans le deuxième jeu, avec trois joueurs, est facilement contestable dans

---

[18] "chaso".

la mesure où celui qui n'a encore gagné aucune partie n'a rien. Quant à la deuxième méthode elle assez délicate à manipuler avec trois joueurs ; en effet la difficulté est une fois et demi plus grande pour le troisième que pour le deuxième, et deux fois plus grande pour le deuxième que pour le premier ... donc le deuxième doit avoir une fois et demi ce qu'a le troisième et le premier deux fois ce qu'a le deuxième, c'est-à-dire un partage comme 6/3/2 alors que les parties à gagner sont : 1/2/3.

2. Ohri

2.1. L'auteur

L'auteur est anonyme et son texte était daté par ses éditeurs, lors de la deuxième parution en 1992[19], de la fin du XIVe siècle. Mais Raffella Franci dans son article à paraître[20] le date du début du XIVe siècle sans donner de justifications[21]. En 1960 Oystein Ore[22] a mentionné, sans plus de précision, la trace du problème des partis dans "des manuscrits mathématiques italiens de 1380" ; aussi, en son hommage, ai-je appelé cet anonyme Ohri, comme "Objet historique relativement incertain", dans la mesure où le manuscrit d'où il est extrait, pour une raison inconnue, n'a jamais été publié intégralement comme l'ont été de nombreuses autres arithmétiques commerciales par le groupe de recherche de l'Université de Sienne[23].

2.2. Le texte : une traduction[24]

> ***<29 r>*** *Deux hommes jouent aux échecs et font un depôt de un ducat pour 3 jeux, il arrive que le premier gagne 2 jeux au 2°, il demande de ne pas jouer plus avant, combien le premier aura-t-il gagné sur le 2° du ducat ; supposons que le premier ait gagné sur le 2° 1 c au premier jeu, tu dois voir, par raison, que dans le 2° jeu il devrait gagner autant que dans le premier et aura donc gagné un autre c, et ainsi maintenant se trouve avoir gagné 2 c pour les deux jeux; le 2° qui a perdu se trouve avoir maintenant sur son ducat 1 ducat moins 2 c. Et sachant que si celui qui a perdu 2 jeux gagnait 2 autres jeux contre son compagnon, ils n'auraient pas gagné l'un sur l'autre quoi que ce soit, supposons maintenant que le 2° commence à*

---

[19] Voir [Tot85] p. 232 et [Tot92] pp. 349-351.

[20] Voir [Fra03].

[21] Je suppose qu'il s'agit d'une erreur d'attention et qu'il faut lire: "début du XVe siècle".

[22] Voir [Ore60].

[23] Il en était ainsi le 21 janvier 1994 lorsque j'ai fait un exposé sur ce sujet au séminaire d'Histoire du Calcul des probabilités et des Statistiques du CAMS de l'EHESS et rien ne semble avoir évolué depuis.

[24] Codice Magliabechiano CL. XI, 120 de la Biblioteca Nazionale de Florence. Je propose une traduction en français à partir de la transcription donnée dans [Tot85] pp. 234-235.

gagner contre le premier un jeu, je dis qu'il gagne dans ce jeu 1 ducat moins 2 c qu'avait gagné le premier et la raison en est que si celui qui avait au début gagné 2 jeux avait encore gagné le 3° jeu, [cela] lui aurait gagné au premier tout ce qui restait de son ducat, et ainsi au contraire pour ce que gagne le 2° sur le premier, c'est-à-dire 1 ducat moins 2 c, maintenant enlève un ducat moins 2 c de la part que le premier avait gagné sur le 2°, c'est-à-dire 2 c, il restera encore au premier 4 c moins 1 ducat de gagné, et le second qui commence à recevoir il devra avoir dans [son] jeu 2 ducats moins 4 c, maintenant considère pour le 1° qui a gagné 2 jeux que si le 2° qui a gagné dans les deux jeux gagnait le 3° jeu il se ferait qu'il gagnerait tout ce que le 1° a en plus du ducat et si le premier gagnait ce 3° jeu il gagnerait 2ducats moins 4 c et il doit en être de même pour le 2° sur le premier ; maintenant supposons que le 2° gagne le 2° jeu, il se trouve donc avoir gagné sur le premier 2 ducats moins 4 c et cela se doit trouver touché de ce que le premier lui avait gagné, et cela du fait que l'un comme l'autre a gagné 2 jeux, maintenant regarde quand le 2° gagne sur le premier le 2° jeu, et gagne 2 ducats moins 4 c, maintenant nous devons ajouter 1 ducat à chaque part et nous avons d'une part 4 c et de l'autre 3 ducats moins **<29 v>** *4 c, ajouter encore 4 c à chaque part et nous aurons 8 c égaux à 3 ducats, maintenant divise le nombre par c, c'est-à-dire 3 ducats par 8, d'où il vient 3/8 et c vaut autant, c'est-à-dire ce que le premier gagne au premier jeu, et au 2° jeu il gagne encore 3/8 de ducat qui valent 6/8, c'est-à-dire 3/4 et c'est ce que le premier a gagné en ne jouant que 2 jeux et ainsi fait-on dans les raisons semblables.*

Deux hommes jouent aux échecs un ducat en 4 jeux, quand arrive le cas que le premier gagne le premier jeu, le 2°, le 3°, et se retire du jeu sans jouer plus selon la volonté de son compagnon, je demande ce qu'il a gagné. Supposons qu'il a gagné 1 c au premier jeu, alors il gagne 1 c et 1/3 au 2° jeu, parce qu'il ne reste à gagner que 3 jeux, et au 3° jeu il lui vient 1 c 1/2 parce qu'il ne lui reste, gagné le 2° jeu, que 2 jeux pour gagner toute la partie ; si [bien] qu'il aura gagné 3 c et 5/6 et ainsi il devra avoir en son jeu 2 ducats moins 3 c et 5/6.

2.3. Analyse du texte et interprétation

Considérons d'abord le premier problème. Nous décomposons le texte en propositions élémentaires afin de mieux suivre le raisonnement de l'auteur.

1 1° deux hommes jouent aux échecs et font un dépôt de un ducat pour 3 jeux
2° il arrive que le premier gagne 2 jeux au 2°
3° il demande de ne pas jouer plus avant
4° combien le premier aura-t-il gagné sur le ducat du 2° ?

2 5° supposons que le premier ait gagné sur le 2° *1 c* au premier jeu

6° tu dois voir, par raison, que dans le 2° jeu il devrait gagner autant que dans le premier et aura donc gagné un autre *c*

7° et ainsi maintenant se trouve avoir gagné *2 c* pour les deux jeux

8° le 2° qui a perdu se trouve avoir maintenant sur son ducat *1* ducat moins *2 c*

3 9° sachant que si celui qui a perdu 2 jeux gagnait 2 autres jeux contre son compagnon, ils n'auraient pas gagné l'un sur l'autre quoi que ce soit

10° supposons maintenant que le 2° commence à gagner contre le premier un jeu

11° je dis qu'il gagne dans ce jeu *1* ducat moins *2 c* qu'avait gagné le premier

4 12° et la raison en est que si celui qui avait au début gagné 2 jeux avait encore gagné le 3° jeu, [cela] lui aurait gagné au premier tout ce qui restait de son ducat

13° et ainsi au contraire pour ce que gagne le 2° sur le premier, c'est-à-dire *1* ducat moins *2 c*

5 14° maintenant enlève un ducat moins *2 c* de la part que le premier avait gagné sur le 2°, c'est-à-dire *2 c*

15° il restera encore au premier *4 c* moins *1* ducat de gagné

16° et le second qui commence à recevoir il devra avoir dans [son] jeu *2* ducats moins *4 c*

6 17° maintenant considère pour le 1° qui a gagné 2 jeux que si le 2° qui a gagné dans les deux jeux gagnait le 3° jeu il se ferait qu'il gagnerait tout ce que le 1° a en plus du ducat

7 18° et si le premier gagnait ce 3° jeu il gagnerait *2* ducats moins *4 c*

19° et il doit en être de même pour le 2° sur le premier

8 20° maintenant supposons que le 2° gagne le 2° jeu

21° il se trouve donc avoir gagné sur le premier *2* ducats moins *4 c*

22° et cela se doit trouver touché de ce que le premier lui avait gagné

23° et cela du fait que l'un comme l'autre a gagné 2 jeux

9 24° maintenant regarde quand le 2° gagne sur le premier le 2° jeu

25° et gagne *2* ducats moins *4 c*

10 26° maintenant nous devons ajouter 1 ducat à chaque part

27° et nous avons d'une part *4 c* et de l'autre *3* ducats moins *4 c*

28° ajouter encore *4 c* à chaque part

29° et nous aurons *8 c* égaux à *3* ducats

30° maintenant divise le nombre par *c*, c'est-à-dire *3* ducats par *8*

31° d'où il vient *3/8* et *c* vaut autant, c'est-à-dire ce que le premier gagne au premier jeu

11 32° et au 2° jeu il gagne encore *3/8* de ducat
33° qui valent *6/8*, c'est-à-dire *3/4*
34° et c'est ce que le premier a gagné en ne jouant que 2 jeux

12 35° et ainsi fait-on dans les raisons semblables.

2.4. Commentaire

Le texte se décompose en 12 moments et 35 propositions qui constituent à la fois un algorithme de calcul et, en partie, des justifications de la réponse donnée au problème considéré.

Deux joueurs qui jouent aux échecs en trois parties gagnantes décident de se séparer au moment où l'un des deux à déjà gagné deux parties alors que son adversaire n'en a gagné aucune ; ils ont misé chacun un dinar, ce qui constitue un enjeu de deux dinars à gagner par le vainqueur c'est-à-dire le premier des deux qui aura gagné trois parties, et ils veulent savoir, dans ces conditions, combien celui qui mène 2/0 doit obtenir sur le dinar misé par son adversaire en plus de son propre dinar. Ce qui sous-tend cette question c'est l'idée que chaque fois qu'un joueur gagne une partie il lui revient une certaine part de la mise ; c'est, en fin de compte, la valeur de cette partie. Que chaque partie jouée n'ait pas la même valeur est une idée profondément originale que l'on retrouvera explicitement chez Cardan et plutôt comme une découverte chez Pascal ; la plupart des autres solutions proposées du problème partent de l'idée de répartir les enjeux proportionnellement aux parties gagnées ou inversement proportionnellement aux parties qui restent à être gagnées. Quant au jeu en question, les échecs, comment ne pas noter qu'il est plutôt difficile de le considérer comme un jeu de hasard. La symétrie des situations qui intervient pour légitimer les gains ne repose donc pas sur le fait que le hasard rend effectivement la situation parfaitement symétrique mais uniquement comme principe de simplicité : chaque partie peut aussi bien être gagnée par chaque joueur ; ce n'est pas le hasard qui joue mais l'égalité de valeur des joueurs. Si l'un était "plus fort" que l'autre il le battrait à tous les coups ; seules les circonstances, donc d'une certaine façon le hasard, font que c'est l'un ou l'autre qui gagne. Donc le jeu n'est pas un jeu de hasard mais il est traité comme tel.

L'auteur considère le jeu en partant de la situation initiale, 0/0, en la faisant évoluer par toutes les situations qui peuvent se présenter et en considérant à chaque passage d'une situation à la suivante ce que le gain de la partie considérée a rapporté à celui qui l'a gagnée et donc coûté à celui qui l'a perdue. Entre 0/0 et 1/0 le joueur qui a gagné la partie a donc gagné sur le ducat de son adversaire une quantité inconnue, appelée "*c*" comme "cosa" (la "chose", l'inconnue, ce que nous noterions *x*) et se trouve donc en droit de considérer qu'il possède *1+ c*. Puis l'auteur affirme que la valeur de la deuxième partie qui est gagnée quand on passe de la situation 1/0 à la situation 2/0 est également égale à *c*, en nous disant que cela se voit "per ragione". En fait l'auteur s'appuie sur un double principe de symétrie, qu'il n'explicite pas, le considérant probablement comme évident, qui consiste à considérer que ce que gagne un joueur quand il gagne est non seulement égal à ce que l'autre perd (premier principe de symétrie) mais surtout est égal à ce que l'autre gagne si c'est l'autre qui gagne (**deuxième principe de symétrie**[25]), ce qui peut être considéré comme l'enjeu de cette partie ou la valeur de cette partie. Ainsi à 1/0 l'enjeu de la partie est inconnu, appelons le c' ; si c'est le premier joueur qui gagne, à 2/0 il a gagné $c + c'$, si c'est le deuxième il a "gagné" $c' - c$ mais comme il se retrouve alors dans la situation 1/1 il a *1* et n'a donc rien gagné; $c' - c$ est donc égal à 0 et c' est égal à c. C'est un résultat que Pascal ne fera que constater dans sa correspondance avec Fermat[26].

Arrivé à 2/0, et un partage $1+ 2c$ / $1- 2c$, l'auteur, très habilement, au lieu d'introduire une deuxième inconnue pour la valeur de la partie suivante qui permet d'atteindre la situation 3/0 ou la situation 2/1 se sert du fait qu'à 3/0 le deuxième joueur qui a tout perdu a donc perdu 1 - 2c qui représente donc la valeur de la troisième partie; ainsi à 2/1 les gains de chacun sont donc, d'après le deuxième principe de symétrie, $2c - (1 - 2c)= 4c - 1$ pour le premier joueur et $1- 4c$ pour le deuxième joueur qui possède donc $2 - 4c$[27].

Arrivé alors à 2/1 si le premier gagne il gagne donc les $2 - 4c$ du deuxième puisqu'il a tout et si c'est le deuxième qui gagne il gagne donc, par symétrie, $2 - 4c$, sur le premier. Ces $2 - 4c$, que gagne le second, sont égaux aux $4c - 1$ qui représentent les gains du premier, puisqu'à 2/2 ils doivent avoir la même somme[28].

Tout se passe alors comme s'il manquait plusieurs étapes dans le raisonnement et dans l'algorithme entre la 25° et la 26° étapes. En effet nous devrions avoir entre les 25° et 26° étapes :

a) le premier (à 2/1) il a $4c - 1$ de gagné (c'est le résultat de la 15° étape)
b) donc $4c - 1$ doit être égal à $2 - 4c$ (d'après les 22° et 23° étapes).

On peut alors reprendre le fil de l'algorithme qui consiste à résoudre une équation du premier degré par "al jabr"[29] (26° étape et suivantes, jusqu'à la 31°).

Nous pouvons remarquer que Ohri aurait pu prendre un chemin beaucoup plus droit, après la 13ème étape. En effet, on peut proposer:

5 16° le second qui commence à recevoir il devra avoir 2 ducats moins 4 c[30]

[25] Ce deuxième principe de symétrie n'a rien d'évident; on pourrait considérer, par exemple, que dans la situation 1/0 les deux joueurs ne sont pas dans les conditions d'un jeu équitable et que, de ce fait, le gain de la partie devrait rapporter plus au deuxième joueur qu'au premier.

[26] Voir, ici, le tableau des valeurs des parties dans l'introduction.

[27] Nous en sommes à la 16° étape.

[28] Nous en sommes à la 25° étape.

[29] De $4x - 1 = 2 - 4x$ on passe à $4x = 3 - 4x$ (26° et 27° étapes) par "al jabr" (26° étape), et de $4x = 3 - 4x$ à $8x = 3$, à nouveau par "al jabr" (28° étape).

[30] C'est la 16° proposition de Ohri, conséquence de la 8° et de la 13°. Ce raisonnement élimine les 14° et 15° propositions.

6 17° maintenant considère pour le 1° qui a gagné 2 jeux que si le 2° qui a gagné dans les deux jeux gagnait le 3° jeu il se ferait qu'il gagnerait tout ce que le 1° a en plus du ducat

7 18° et si le premier gagnait ce 3° jeu il gagnerait *2* ducats moins *4 c*

19° et il doit en être de même pour le 2° sur le premier

8 20° maintenant supposons que le 2° gagne le 2° jeu

21° il se trouve donc avoir gagné sur le premier *2* ducats moins *4 c*

9 22° et il a donc dans son jeu 4 ducats moins 8 c

23° tu dois voir que 4 ducats moins 8 c sont égaux à 1 ducat

10 24° maintenant nous devons ajouter 8 c à chaque part

25° et nous avons 4 ducats égaux à 1 ducat et 8 c

26° maintenant retranche 1 ducat de chaque part

27° et nous avons 3 ducats égaux à 8 c[31].

Néanmoins, ne perdons pas de vue que notre raisonnement s'appuie sur une représentation graphique[32] ce qui n'est, probablement, pas le cas de l'auteur de ce texte. De plus, Ohri paraît guidé dans son raisonnement, à chaque étape, par la part de la mise gagnée ou perdue par chaque joueur. Dans cette optique, le calcul de Ohri est tout à fait cohérent.

Passons maintenant au deuxième problème qui est proposé, sinon traité, par notre auteur. Nous sommes toujours en présence de deux joueurs d'échecs, mais ici ils jouent en 4 parties gagnantes et semblent vouloir partager la mise de 1 (dinar) chacun à 3/0. La méthode précédemment utilisée peut l'être à nouveau[33], mais au prix de l'introduction d'une deuxième inconnue (*c'*) à partir de la situation 2/0 et d'un très sérieux effort d'attention en dehors de toute représentation graphique. On trouve alors que *c'* est égal à *1/4* et *c* à *5/16*; le partage à 3/0 devrait donc être tel que le premier joueur reprenne *15/8* et le deuxième 1/8.

Mais notre auteur ne fait rien de tel, peut-être parce qu'il est nécessaire avec la même méthode d'introduire une deuxième inconnue. Qui plus est, ce qu'il propose est totalement incompréhensible[34] et inachevé puisque le texte s'arrête avant qu'il propose une valeur de *c* et un partage réalisable; il semble nous dire que ce partage devrait se faire à *3c + 5/6* pour le premier et 2 ducats moins *(3c + 5/6)* pour le deuxième.

---

31 C'est la 29° proposition de Ohri.

32 Une représentation graphique du type de celle donnée plus haut à propos de Pascal.

33 C'est un très bon test de la compréhension de la méthode que de le faire.

34 Je crois comprendre que la valeur de la première partie est *c*, celle de la deuxième *c + 1/3*, et celle de la troisième *c + 1/2* (pour des raisons qui m'échappent complètement, sinon qu'il reste, respectivement, 3 puis 2 parties à gagner...?), dont la somme fait bien *3c + 5/6*.

Quelques remarques s'imposent. Tout d'abord le fait que le problème soit traité dans le contexte d'un jeu d'échec ce qui ne manque pas d'évoquer une origine possible arabo-musulmane. Mais, surtout, ce contexte du jeu d'échecs, que nous ne retrouvons dans aucun autre document, attire notre attention sur deux composantes de la problématique : premièrement il ne s'agit pas d'un jeu de hasard, ce qui peut porter des interlocuteurs à contester ce traitement du problème basé sur la symétrie des situations des joueurs; deuxièmement le jeu d'échecs porte en lui cette méthode systématique qui consiste à envisager dans une situation donnée toutes les situations possibles au(x) coup(s) suivant(s). On peut comprendre que d'autres contextes, évoqués par les différents auteurs, comme la paume, la course à pied, le tir à l'arc ou à l'arbalète[35] induisent d'autres types de solutions et que le problème définitif, celui où il est, explicitement dit qu'il s'agit d'un jeu de hasard équitable qui assure la parfaite égalité des joueurs par leur interchangeabilité, se construise, historiquement, en relation avec la solution définitive. Par ailleurs, comme nous l'avons déjà remarqué, si Ohri possède une méthode très fine pour un jeu en trois parties avec deux joueurs, il est parfaitement incapable de la généraliser, tant pour le nombre des joueurs que pour celui des parties.

3. Ohrigens

3.1. L'auteur et le manuscrit

Le manuscrit **Urb.lat.291**, de la Bibliothèque Apostolique Vaticane, d'où est extrait le passage que nous allons étudier, est anonyme et non daté (d'après W. Van Egmond il daterait du début du XVème siècle)[36]. Il comprend 166 pages qui se répartissent ainsi :

p. 1-33 : un traité des racines,

p. 34r-42r : une traduction de la première partie de l'*Al-jabr* d'Al-Khwarizmi,

p. 42v-102v : un développement de l'algèbre qui dans sa première partie suit d'assez près le contenu du chapitre XV du *Liber abaci* de Fibonacci,

p. 103-132 : sur les nombres carrés, des problèmes résolus par l'algèbre, une règle pour trouver les nombres parfaits,

[35] Ce sont les contextes que l'on trouve chez Pacioli.

[36] Avant 1455 d'après une note manuscrite d'un possesseur du manuscrit. Tous les renseignements que je donne ici proviennent de [Fra03]. Je remercie Maryvonne Spiesser de m'avoir fait connaître cette découverte de Raffela Franci.

p. 133-166 : un traité de géométrie pratique

En dehors des pages 81 à102 il s'agit d'une traduction d'une partie du manuscrit latin **Vat.lat.4606** du XIVème siècle de la Bibliothèque Apostolique Vaticane. Le contexte du manuscrit paraît être celui des écoles d'abaque où l'on étudiait l'algèbre. À partir de la page 94v, et après une longue série de questions d'algèbre, sans aucun changement d'écriture se trouvent des problèmes de partage d'une mise, résolus arithmétiquement. Ces problèmes ne se trouvent pas dans le manuscrit Vat.lat.4606 ; nous n'en connaissons donc pas l'origine.

3.2. Le texte : une traduction

<94v> *Note sur ces questions secrêtes que celui qui en a pris connaissance verra qu'il y a des raisons*[37] *à enregistrer et à ne pas jeter dans l'esprit de tout un chacun parce qu'on dit que celui qui montre tout n'a plus rien à dire. Pour autant note les et garde les en toi pour savoir répondre à qui te le demanderait.*

Si on te disait qu'il y a trois hommes qui jouent et qu'on te dise de quel jeu il s'agit, et qu'ils jouent en trois jeux et qu'ils ont mis 2 sous entre eux trois, et que celui qui le premier laboure trois jeux retire les dits 2 sous, dont chacun a mis 8 dinars[38]*. Maintenant l'un a deux jeux, l'autre a un jeu et l'autre n'a aucun jeu ; on demande, si on ne joue plus, combien revient à chacun. Sache qu'on ne peut pas donner cette raison d'elle-même si avant tu n'en fais pas plusieurs qui soient des jeux gagnants en une autre forme et ici, après, je parlerai de toutes.*

Tout d'abord nous dirons ceci : je dis que deux ont deux jeux par personne et l'autre n'a qu'un jeu, se faisant que celui qui le premier a les trois jeux remporte la mise. Combien revient par personne, la mise étant fournie en commun par tous les trois? Fais comme je dis : si celui qui a un jeu gagnait un autre jeu il serait au pair avec les deux autres et il aurait le tiers de toute la mise. Et si gagnait l'un de ceux qui ont deux jeux par personne il n'aurait rien celui qui n'a qu'un jeu, si bien que ce tiers ne va pas en commun cette fois. Donc ce tiers est commun qui est le 1/9 de chacun[39]*, si bien que celui qui n'a qu'un seul jeu, ne doit avoir de cette mise que le 1/9. Si bien que* **<95r>** *la mise commune étant de 24 dinars il n'aurait celui qui a un jeu que le 1/9, qui fait 2.2/3, et chacun de ceux qui avaient deux jeux par personne doivent avoir les 4/9 qui font 10.2/3 dinars par personne. Et ceci est la première chose à noter.*

---

[37] "ragione": raisonnement (ou calcul), comme dans les deux autres textes, mais qui peut-être aussi ce qui est "juste" et ce qui est l'objet d'un calcul "en proportion".

[38] 1 sou est égal à 12 dinars.

[39] On peut comprendre: "qui donne le 1/9 qui revient à chacun pour la situation 2/2/2".

Maintenant fait si l'un a gagné deux jeux et les autres n'en ont gagné qu'un seul par personne et qu'ils ne jouent plus ; combien revient par personne ? Là on doit faire ainsi : si celui qui a deux jeux gagnait l'autre jeu aucun des deux autres n'aurait rien, et si un des deux qui ont un jeu par personne gagnait le jeu, alors celui qui gagnerait aurait les 4/9 de toute la mise. Si bien que celui qui n'aurait rien gagné avant celui qui a les deux jeux il aurait 1/9, gagnant le compagnon qui a un jeu comme lui, et celui qui gagne qui a un jeu arriverait à deux jeux et aurait les 4/9, si bien que celui qui resterait avec un jeu ne toucherait alors que 1/9. Et maintenant on doit dire ainsi que n'importe lequel des deux qui ont un jeu par personne est dans cette aventure[40] *ou d'avoir rien ou les 4/9 de la mise ou un neuvième. Si bien que tu ajoutes ensemble rien avec 4/9 et avec 1/9 et ça fait 5/9 et, parce qu'ils sont trois personnes, il revient le tiers par personne, c'est-à-dire les 5/27 de toute la mise. Si bien que, donc, les deux qui ont un jeu par personne, chacun d'entre eux doit avoir les 5/27 de la mise et celui qui avait deux jeux doit avoir les 17/27 de la mise. Et tu as l'offre. Et note bien tout.*

Ensuite on dit que les deux ont deux jeux chacun et que l'autre n'a aucun jeu ; que vient-il par personne de la mise totale ? Ce qui est vite fait : que si l'un de ces deux qui ont deux jeux par personne gagne il aurait tout, et celui qui n'a pas un seul jeu n'aurait rien. Et si celui qui n'a pas un jeu gagnait un jeu, donc, déjà il aurait un jeu et les deux autres deux jeux par personne, et il viendrait à celui qui a un jeu le 1/9 de toute la mise et à ceux qui en ont deux par personne, à chacun les 4/9, comme on l'a déjà dit plus haut. Si bien que, donc, ce 1/9 est touché pour le tiers par chacun[41]*, ce qui fait 1/27. Si bien que celui qui n'a aucun jeu touche 1/27 et les autres qui ont chacun deux jeux par personne touchent, par personne, les 13/27 de toute la mise. Et tu as l'offre. Et note bien toutes ces choses qui sont très belles à savoir bien faire.*

<95v> *Je peux aussi dire que l'un a deux jeux, l'autre en a un, l'autre n'en a aucun ; je demande combien revient, par personne ,de toute la mise. Fais ainsi : que tu dises que celui qui a deux jeux gagne l'autre jeu, et il ramasse tout. Et si celui qui a un jeu gagnait ce jeu il aurait deux jeux et il viendrait, comme on l'a vu précédemment, qu'il aurait les 13/27 chacun des deux qui ont maintenant deux jeux par personne. Et si celui qui n'a aucun jeu gagnait ce jeu il aurait un jeu, si bien que comme il est dit plus haut il reviendrait à ceux qui maintenant ont chacun un jeu par personne, il reviendrait à ces deux là les 5/27 de toute la mise. Si bien qu'on fait maintenant cette raison que tu veux, ou celle de celui qui a un jeu ou celle de celui qui n'en a pas un. Et nous disons de celui qui a un jeu, que si celui qui a deux jeux gagnait l'autre jeu, donc que celui qui a un jeu n'aurait rien, et si lui gagnait ce jeu il aurait deux jeux pour lesquels il toucherait les 13/27 de toute la mise. Et si celui qui n'a pas un jeu gagnait, celui qui a un jeu toucherait les 5/27.*

40 "ventura".

41 Il semble bien que l'auteur attribue à chaque joueur le tiers de ce que chaque joueur pourrait gagner à l'étape suivante pour chaque configuration.

Donc celui qui a un jeu touche le 1/3 de rien ajouté à 13/27 et avec 5/27 qui font 18/27 dont le 1/3 (est) 6/27, si bien que celui qui a un jeu touche les 6/27 de toute la mise. Et maintenant tu vois pour celui qui a un jeu nul, que si celui des deux jeux gagne, lui n'a rien, et si celui qui a un jeu gagnait, lui aurait 1/27, et si lui-même gagnait il aurait les 5/27, si bien qu'il doit avoir le 1/3 et joins rien avec 5/27 et avec 1/27, dont le 1/2[42] fait précisément 2/27, si bien que celui qui a un jeu doit avoir les 6/27 de toute la mise et celui qui n'a pas un jeu doit avoir les 2/27. Et maintenant pour trouver ce que doit avoir celui qui a les deux jeux, tu dis ainsi : s'il gagne ce jeu il ramasse toute la mise, et si gagne celui qui a un jeu il retire les 13/27, et si gagne celui qui n'a aucun jeu alors celui des deux jeux en a les 17/27, si bien que tu ajoutes ensemble tout avec 13/27 et avec 17/27 et ça fait 57/27, dont le tiers est 19/27, si bien qu'il touche les 19/27. Et celui de un jeu il en touche 6/27 et celui qui n'a aucun jeu il en touche les 2/27 de toute la mise fournie par eux trois. Cela s'entend toujours[43] et tu as l'offre. Et note tout bien.

Il manque maintenant si on disait que l'un a deux jeux et les deux autres n'ont aucun jeu ; combien revient par personne ? Ceci se connaît par ce qui a été dit plus haut, et nous dirons ainsi : si celui qui a les deux jeux gagnait l'autre jeu il aurait toute la mise et les autres n'auraient rien. Maintenant si un des deux qui n'ont aucun jeu chacun gagne ce jeu **<96r>** *ce serait la raison déjà dite plus haut, qui aurait maintenant un jeu et il toucherait les 6/27 de toute la mise et l'autre les 2/27. Si bien que, maintenant, tu vois que les deux qui n'ont aucun jeu chacun sont à l'aventure ou de n'avoir rien ou l'un d'avoir les 6/27 ou les 2/27, si bien que tu joins ensemble rien et 6/27 et 2/27 et ça fait 8/27, si bien que le tiers de 8/27 qui est 8/81 est touché par personne par ceux qui n'ont aucun jeu, si bien que entre eux deux ils touchent les 16/81 ; le reste enfin de toute la mise c'est 65/81 qui est ce que touche celui qui avait deux jeux. Maintenant, voyons si c'est ainsi qu'il touche les 65/81, et disons que si celui qui a deux jeux gagne il aura toute la mise, et si gagne un des deux autres qui n'ont aucun jeu il en aura 19/27, et aussi, si c'est l'autre des deux qui gagnait, celui des deux qui gagne a les 19/27. Si bien que pour chacun de ces deux qui gagnait il aurait 19/27 et gagnant lui-même il aurait tout, si bien que tu joins ensemble tout et deux fois 19/27 et ça fait 65/27, dont il en touche le tiers qui est 65/81. Si bien que tu vois clairement que celui qui a deux jeux touche les 65/81 de toute la mise, et ceux qui n'ont pas un jeu ils touchent les 16/81 entre eux deux, ce qui fait 8/81 pour un... Et tu as l'offre. Et note bien les ressemblances. Et si tu as bonne intelligence, comme tu devrais avoir, pour ces raisons qui sont faites ici, tu dois voir comment on fait le mode d'autant d'hommes et d'autant de jeux qu'on a dit. Et par Dieu note bien tout ; ce sont des choses dont il faut être fier entre tous les maîtres du monde.*

[42] 1/3; il doit s'agir d'une erreur de transcription de Raffella Franci.

[43] "s'intenda senpre"... je ne suis pas très satisfait de la traduction.

Note que les susdites raisons se font toujours en commençant par faire celles qui sont le plus insérées dans le [?][44] des jeux qu'ils ont composés. Si bien que si je dis avec quatre joueurs et que tu mets que toutes les personnes ont trois jeux et qu'une personne avait deux jeux, c'est-à-dire un de moins que les autres, de mettre qu'ils ont trois jeux et qu'un avait deux jeux, et ainsi on va ensuite en descendant comme tu as vu descendu les sus-dites si bien que tu en viens à affirmer pour celle qui te fût proposée. Et prends bien note.

<Note marginale> *Au sujet de ces raisons de trois qui font en trois jeux il manque encore deux modes qui sont écrits plus loin à la page 97.*

<97r> *Aux raisons des trois personnes qui jouent en trois jeux il manque encore deux modes ; c'est-à-dire que l'un des deux modes est que si les deux avaient chacun un jeu et l'autre n'en avait aucun. Je demande combien revient par personne. Tu fais ainsi : que si un de ces deux qui ont un jeu par personne gagne l'autre jeu, il aurait deux jeux et cela lui vaudrait comme on a dit dans les [modes] passés les 19/27, si bien que à ceux qui ont un jeu par personne, celui d'entre eux qui gagnerait un autre jeu aurait les 19/27 de toute la mise et l'autre n'en aurait que les 6/27 et celui qui n'a aucun jeu n'en aurait que les 2/27. Et si celui qui n'a aucun jeu gagnait, lui, ce jeu là, chacun d'eux aurait le tiers de toute la mise. Si bien que tu vois maintenant clairement que chacun de ces deux qui ont un jeu par personne sont dans l'aventure d'avoir ou les 19/27 ou les 6/27 ou les 9/27, si bien que le tiers de cette aventure revient par personne, c'est-à-dire les 2/3 de toute la dite aventure entre eux deux, si bien que ajoute ensemble 19/27 avec 6/27 et avec 9/27 font 34/27 dont les 2/3 sont 68/81, si bien que ces deux touchent 68/81 d'où vient pour un 34/81. Donc tu diras que ceux qui ont un jeu touchent les 34/81 de toute la mise par personne, le reste qui est 13/81 va à celui qui a un jeu nul. Et fait le rôle[45] pour voir si c'est ainsi, et disons comme ça : si un de ces deux gagne, celui qui n'a pas un jeu touche les 2/27 de toute la mise, et ils sont deux ceux qui peuvent toucher les 2/27, si bien qu'ils peuvent toucher les 2/27 de deux façons, et s'il gagne il peut toucher les 9[46], si bien qu'il touche le tiers de deux fois 2/27 et d'une fois les 9/27 dont le 1/3 de tous est les 13/81 de toute la mise. C'est pourquoi tu ajoutes ensemble 2/27 et 2/27 avec 9/27 qui font 13/27 dont le tiers est 13/81 et tu as que ceux qui ont un jeu par personne touchent les 31/81[47] par personne de toute la mise, et celui qui n'a pas un jeu touche les 13/81. Et c'est l'offre.*

De l'autre de ces deux modes qui manquent, dont on a déjà parlé de l'un, reste à dire ceci : si l'un d'eux avait un je u et les deux autres n'en avaient

---

[44] "liviaticha".

[45] "E farola per vedere se cossi è".

[46] Il faut lire: 9/27.

[47] Il faut lire: 34/81.

aucun par personne, combien revient par personne ? Cela se connaît par ce qu'on a dit ci-dessus, c'est-à-dire si nous voulons voir combien en vient à celui qui a un jeu il faut dire ainsi : si celui qui a un jeu gagne un autre jeu il aura deux jeux et les autres aucun. Donc il viendrait alors à celui qui avait les deux jeux les 65/81 comme c'est dit où l'on parle de cette raison à la page 95. Si bien que ceux qui n'ont aucun jeu auraient les 8/81 par personne. Et si ce jeu c'est l'un des deux qui n'ont aucun jeu qui le gagnait, alors la raison serait comme ce qui est dit plus haut que les deux auraient un jeu par personne et l'autre aucun et viendrait par personne à ceux qui ont un jeu par personne comme il est dit là, les 34/81 et à celui qui n'a pas de jeu les 13/81. Si bien que deux sont ceux pour lesquels provient l'aventure de celui qui a un jeu de toucher les 34/81 de toute la mise, et si ce seul gagnait ce jeu il aurait les 65/81, et donc il devrait avoir le 1/3 de 65/81 joint avec deux fois 35/81 dont 133/81 est toute la somme, dont pour le 1/3 il lui vient 133/243, si bien que celui qui a un jeu touche les 133/243 de toute la mise et les deux autres le reste[48] par moitié, qui est 55/243 par personne. Maintenant il manque, pour voir s'il en est ainsi, combien vient par personne à chacun des deux qui n'ont aucun jeu, et on dit ainsi : tu vois que si celui qui a un jeu gagne il en vient à l'un de ces deux qui n'ont aucun jeu les 8/81 de toute la mise et si l'un de ces deux le gagnait ce jeu, l'autre aurait les 13/81, et si cet autre le gagnait, il aurait les 35/81[49], si bien que chacun de ces deux qui n'ont aucun jeu est dans l'aventure ou d'avoir les 8/81 ou les 34/81 ou les 13/81. Si bien que ajoutés ensemble ils font 55/81 dont le tiers revient à chacun de ces deux qui n'ont aucun jeu, qui est les 55/243. Si bien que l'offre reste comme faite. Et note bien tout. Et maintenant c'est dit pour autant de modes et par autant de manières que l'on peut dire de 3 hommes qui jouent à qui le premier a gagné 3 jeux et que chacun d'eux met dans la mise. Et de cette façon tu dois noter que si on fait tout ce qui se dit à ce même niveau de jeux et qu'on voudrait écrire dans tous les modes qu'on peut dire, il n'y aurait jamais de fin, si bien que toi qui étudies celà, juge le bien et tu auras notice de chacun des autres dans quelque forme qu'on t'ai dite. Celles-ci te donnent des éclairages si tu en as la compréhension, comme tu devrais l'avoir, ayant déjà étudié jusqu'à cette étape, si bien que je laisserai cela sans plus rien dire à présent, et ce qui est dit suffit. Et note bien tout ce qui est dit plus haut.

3.3. Analyse et commentaire

L'auteur pose la question du partage d'une mise de trois fois 8 dinars entre trois joueurs qui jouent en 3 parties gagnantes et veulent reprendre ce qu'il leur revient lorsqu'ils se trouvent dans la situation :

2/1/0

[48] "l'avanso".

[49] Il faut lire : 34/81.

Il commence alors par envisager la situation 2/2/1, qui, nous le savons dans la perspective Pascalienne, est la plus simple et peut être suivie de l'étude des situations successives : 2/1/1 et 2/2/0 (indifféremment) puis 2/1/0 (c'est la situation du problème) qui peut être suivie de celles de 2/0/0 ou 1/1/0 (indifféremment) et enfin de 1/0/0. C'est exactement le plan que suit l'auteur mais en allant dans un premier temps jusqu'à 2/0/0, sans attacher une importance particulière à la situation qui faisait l'objet de la question initiale, et en traitant un peu plus loin les deux dernières situations.

Le premier principe, explicite, est donc de se placer au départ du raisonnement dans une situation donnée telle que les situations possibles qui en découleraient si le jeu se poursuivait donnent un partage "évident".

Le point le plus délicat, pour ce qui est de la méthode, est de réussir à comprendre comment l'auteur justifie son principe de partage.

- Il est très clair que 2/2/1 peut déboucher, si l'on continue à jouer, sur 2/2/2, 2/3/1 ou 3/2/1.
- Il est clair que chacune de ces situations donne lieu à un partage "normal" dans deux cas (2/3/1 et 3/2/1): le vainqueur a toute la mise et les deux autres n'ont rien, et "évident" dans le dernier cas (2/2/2): chacun reprend sa mise.

Le deuxième principe, implicite, est donc de considérer que lorsque les joueurs sont dans la même situation ils se partagent la mise équitablement ce qui revient pour chacun à reprendre sa mise.

Si nous considérons, alors, le 3ème joueur, celui qui n'a gagné qu'une seule partie quand les deux autres en ont gagné deux :

- dans un cas il obtient *1/3* de la mise,
- dans les deux autres cas il n'obtient rien.

La méthode utilisée par la suite, telle que nous la comprenons, revient à additionner les trois gains possibles et à diviser la somme par trois, "parce qu'ils sont trois"; ... peut-on reconstituer le principe, implicite, qui la justifie ?

- Dans ce premier cas il semble que l'auteur dise quelque chose comme : "il a *1/3* de la mise comme chacun des deux autres joueurs, pour la situation 2/2/2, ce qui vaut *1/9* de la mise à chacun ; et il n'a que cela. Il lui revient donc *1/9* de la mise".

Comment peut être "pensé" ce passage du 1/3 au 1/9 de la mise ? Il me semble que rien ne s'oppose à ce que nous fassions l'hypothèse que le schème de pensée est le suivant :

- comme il y a trois joueurs, il y a dans chaque situation donnée trois situations possibles ("à l'aventure") ; pour pouvoir envisager chacune de ces situations possibles il faudrait miser trois fois, donc, proportionnellement pour une seule de ces trois situations il revient le tiers de la mise de base. Le fait que les trois situations possibles se voient en trois coups est une idée que l'on retrouve chez Cardan, dans son *De ludo aleae*, lorsqu'il évoque le "cycle" des possibilités pour un dé, où l'on peut comprendre qu'en lançant le dé 6 fois on devrait parcourir, logiquement sinon réellement, le cycle des 6 possibilités.

Le troisième principe, implicite, consiste ainsi à considérer que ce qui reviendrait à un joueur pour une situation à venir doit être divisé par trois, parce qu'il y a trois joueurs et donc trois situations à venir, pour donner ce que lui procure cette situation à venir dans le calcul de ce qui lui revient pour la situation présente.

Ce qui vient d'être calculé pour le troisième joueur peut l'être pour les deux autres qui, par exemple pour le premier joueur, dans un cas ont tout (3/2/1), dans un cas rien (2/3/1), et dans un cas 1/3 (2/2/2) ; mais l'auteur choisit ici de dire qu'ils leur reste *4/9* chacun car il reste *8/9* à partager à égalité d'après le premier principe puisqu'ils sont, tous les deux, dans la même situation.

Considérons alors la situation suivante : 2/1/1; celui qui a gagné 2 jeux, dans un cas il gagne tout (3/1/1), et dans deux cas il gagne *4/9* (2/2/1 ou 2/1/2); mais l'auteur s'intéresse alors aux deux autres: dans un cas rien, dans un cas *4/9* et dans le dernier cas *1/9* (par exemple, pour le deuxième joueur). Il ajoute, alors ces gains et comme ils sont trois, le tiers est ce qui revient à chacun des deux. On peut donc considérer que ce calcul est la conséquence du troisième principe dans une nouvelle version de ce principe qui additionne, explicitement, les trois revenus des trois situations possibles. Notre auteur va procéder ainsi dans tous les autres cas qu'il envisage et, dans la mesure où il répète, à deux reprises et assez explicitement, que cette méthode est générale et où nous la voyons utilisée de manière systématique, je considère que nous pouvons lui attribuer ce principe général implicite (et le surnom d'Ohrigens[50]) :

Principe général (implicite) d'Ohrigens : s'il y a n joueurs et que dans une situation donnée un joueur peut avoir dans les n situations possibles qui en découlent les n quantités d'argent $a_1, a_2, a_3, a_4, \ldots, a_n$ alors il lui revient, pour cette situation donnée, la quantité d'argent $a_1 + a_2 + a_3 + a_4 + \ldots + a_n / n$;

Il faut aussi remarquer que l'auteur, à plusieurs reprises en dehors de la première situation traitée, refait les calculs à titre de contrôle et, on peut le supposer, d'exercice pour ses élèves, chaque fois qu'il y a deux façons de trouver le résultat, c'est-à-dire lorsque deux joueurs ont gagné le même nombre de parties.

50 Allusion au principe de l'espérance de Huygens.

Enfin, il est particulièrement intéressant de noter que le texte nous livre un certain nombre d'informations liées à la résolution de ce problème de partage. Ce maître d'abaque est très conscient de posséder avec la résolution de ce problème, la cohérence de sa solution et sa généralité, un savoir remarquable par sa beauté, assez exceptionnel et original pour procurer à celui qui le possède une forme de pouvoir. Il est frappant et assez énigmatique d'entendre ce maître dire à ses élèves de garder ce savoir secret et que ce savoir se retrouve sous forme écrite. Est-ce lui, le maître, qui écrit ce texte qui doit rester secret, ou est-ce l'un de ses élèves, futurs maîtres d'abaques eux-mêmes ? Le fait est que le maître paraît considérer que ce savoir qu'il communique à ses élèves avec tant de souci pédagogique, leur procure un bien probablement monnayable dans le cadre du recrutement d'un maître où les postulants se lancent des défis, car le nombre de problèmes particulier que la méthode permet de résoudre est infini. Puisque ce savoir doit rester secret, on peut penser que le problème est alors bien connu d'un certain nombre de maîtres d'abaque du début du XVe siècle (ce que confirme le texte de Ohri) qui se cachent leurs solutions. D'autre part voir apparaître ainsi, sans référence aucune au cas plus simple de deux joueurs, une solution aussi claire et aussi générale renforce cette impression que le problème a déjà toute une histoire. Il faut noter encore, à l'appui du caractère général exceptionnel de cette solution que notre maître inconnu ne fait pas référence à un jeu particulier comme les autres auteurs du XVe siècle que nous connaissons : Ohri, Calandri et Pacioli.

Conclusion

Les découvertes successives ces dernières années par des historiennes italiennes de la présence du problème et de solutions "correctes" dans des arithmétiques commerciales dont on connaissait néanmoins l'existence sinon le contenu ne peuvent qu'encourager la recherche de nouvelles traces. De même peut-on raisonnablement imaginer, qu'ayant échappé à de multiples dégâts collatéraux, un manuscrit arabo-musulman nous livrera, un jour, une trace antérieure de ce type de problème de partage[51]. Mais le très grand intérêt de ces solutions du début du XVe siècle, est surtout de permettre de reposer la question de l'originalité du phénomène d'émergence qui va se développer autour des travaux, au milieu du XVIIe siècle, de Pascal, Fermat et Huygens[52]. Ainsi voit-on à quel point ce n'est pas, uniquement, le fait d'avoir une solution, même très cohérente, même "simple" et très générale, mais, aussi, un certain nombre de conditions structurelles de nature sociale qui va impulser le phénomène. En particulier l'opposition est particulièrement tranchée entre un milieu très fermé, où l'on devine que le secret freine considérablement la circulation des arguments et leur fécondité, et un milieu beaucoup plus ouvert organisé en réseau d'échange.

[51] Je suis d'autant plus porté à formuler cette hypothèse que le contexte du problème, dans le document qui est probablement le plus ancien, celui de Ohri, est celui d'un jeu d'échecs dont on sait qu'il est d'origine arabe et persane.

[52] Voir [Meu96].

Je remercie Marcel Marek et Pierre-Philippe Calvo qui m'ont aidé de leurs conseils dans la traduction des textes italiens.

Bibliographie

[Cal82] Calandri, Filippo. (1982) *Una raccolta di ragioni: dal codice L. VI. 45 della Biblioteca Comunale di Siena*, a cura e con introduzione di Daniela Santini, Quaderni del Centro studi della matematica medioevale, 4, Siena, pp. 13 - 39.

[Cou65] Coumet, Ernest. (1965) Le problème des partis avant Pascal, *Archives internationales d'histoire des sciences*, 18/73, pp. 245-272.

[Cou70] Coumet, Ernest. (1970) La théorie du hasard est-elle née par hasard ?, *Annales Economies, Sociétés, Civilisations*, 25 (1970), pp. 574-598.

[Fra03] Franci, Raffella. (2003) Una soluzione esatta del problema delle parti in un manoscritto della prima meta' del quattrocento, in corso di stampa su *Il bollettino di storia delle scienze mathematiche,* (à paraître).

[Meu96] Meusnier, Norbert. (1996) L'émergence d'une mathématique du probable au XVIIe siècle, *Revue d'histoire des mathématiques,* 2, pp. 119-147.

[Meu03] Meusnier, Norbert. (2003) Fermat et les prémices d'une mathématisation du hasard, *Actes du colloque Fermat 2001,* Toulouse, (à paraître).

[Ore60] Ore, Oystein. (1960) Pascal and the invention of probability theory, *American Mathematical Monthly*, 67, pp. 409-419.

[Pas98] Pascal, Blaise. (1998) *Œuvres complètes* (tome I), éditées par Michel Le Guern, Gallimard, La Pléiade, Paris.

[Tot85] Toti Rigatelli, Laura. (1985) Il "problema delle parti" in manoscritti del XIV e XV secolo, dans Folkerts (Menso), Lindgren (Uta), éds., *Mathemata. Festschrift für Helmuth Gericke*, Boethius, 12, Wiesbaden-Stuttgart : Franz Steiner Verlag, pp. 229-236.

[Tot92] Toti Rigatelli, Laura. (1992) Il problema delle parti, dans Bottazini (Umberto), Freguglia (Paolo), Toti Rigatelli (Laura), *Fonti per la storia della matematica*, Firenze : Sansoni Editore, pp. 347-351.

[Sch88] Schneider, Ivo. (1988) The market place and games of chance in the fifteenth and sixteenth centuries, dans Hay (Cynthia), éd., *Mathematics from manuscript to print.1300-1600*, Oxford : Clarendon Press, pp. 220-235.

HUYGENS ET SES LECTEURS : LE 5ème EXERCICE

Denis Lanier & Didier Trotoux

Résumé

A la fin de son traité "Du calcul dans les jeux de hasard", Huygens propose cinq exercices à ses lecteurs. Le 5ème exercice, qui fait apparaître le problème de la ruine de l'un des joueurs est le plus délicat et il est intéressant de voir, à la lecture des différents auteurs, comment une solution générale va s'élaborer au gré des méthodes employées et des généralisations successives.
Nous étudierons le 5ème exercice : sa solution par Huygens puis les solutions et les méthodes utilisées ensuite par Bernoulli, Montmort, de Moivre et Euler pour le résoudre.

Introduction

Le cinquième exercice présente la particularité d'aborder, pour la première fois les recherches sur la durée d'une partie potentiellement infinie et la ruine éventuelle d'un joueur.

Son énoncé est le suivant :

> *« Ayant pris chacun 12 jetons, A et B jouent avec 3 dés à cette condition qu'à chaque coup de 11 points, A doit donner un jeton à B, mais que B en doit donner 1 à A à chaque coup de 14 points, et qui celui là gagnera qui sera le premier en possession de tous les jetons. On trouve dans ce cas que la chance de A est à celle de B comme 244140625 est à 282429536481. »*

Ce problème avait été proposé par Pascal à Fermat et Huygens en avait eu connaissance par Carcavy. Huygens en donnera la solution qu'il énonce sous forme d'une règle générale dans une lettre à Carcavy en 1656. Il explicitera sa solution dans une réponse à Dierkens en 1676, mais sans trouver de démonstration pour cette généralisation du résultat. Montmort traite le problème donné à l'aide de 23 équations linéaires. De Moivre a l'idée ingénieuse d'affecter une valeur aux jetons pour que le jeu devienne équitable, ce qui lui permet un calcul plus simple.

Enfin, une démonstration « moderne » d'Euler, dont on peut trouver des prémisses chez Struyck dès 1716, est ici présentée. Elle consiste à considérer la relation de récurrence portant sur la suite des espérances de gain du joueur possédant un nombre donné de jetons.

1. Huygens et ses lecteurs

1.1. Huygens et son traité "De rationiciis in ludo aleae"

En 1654, date de la célèbre correspondance entre Pascal et Fermat, Christian Huygens a 25 ans, il vient de terminer ses études. Il les avait commencé avec son père, puis avec un mathématicien d'Amsterdam, Stampisen et les poursuit à Leyde, où il étudie le droit, et surtout à la nouvelle université de Breda, où il travaille sous la férule de Francis van Schooten. Huygens a publié déjà deux petits opuscules sur les quadratures, en particulier une réfutation de Grégoire de Saint Vincent, mais ce ne sont encore là que travaux d'étudiant. En 1655, il visite la France pour recevoir son doctorat de droit à l'université protestante d'Angers. A l'aller, comme au retour, il séjourne quelques mois à Paris et se lie avec les milieux mondains et savants. Il n'y rencontre ni Pascal - ce qu'il regrette -, ni Fermat - toujours à Toulouse -, ni Carcavy, mais se lie avec Mylon et rencontre Roberval. C'est sans doute à ce moment qu'il est informé du problème des partis et de l'existence des travaux des mathématiciens français, mais c'est sûrement une connaissance très partielle, puisqu'aucune publication n'a eu lieu. De retour en Hollande, il travaille sur le sujet, et, en 1656, écrit à van Schooten qu'il a un manuscrit sur les jeux de hasard.

Van Schooten projette alors la publication d'un recueil d'exercices, applications de l'analyse cartésienne à divers sujets. Il propose, donc, à Huygens d'y insérer son traité. Le recueil devant paraître en latin, puis en hollandais, il faut donc traduire le texte de Huygens en latin, ce qui est fait par van Schooten. Ceci ne semble pas aisé, car sur une matière aussi nouvelle, les mots et les usages ne sont pas encore fixés (cf annexe 1).

Parallèlement à ces problèmes de traduction, Huygens poursuit une abondante correspondance avec des mathématiciens français : Roberval, Carcavy, Mylon. Il s'agit principalement d'un échange de problèmes et de solutions, plus qu'une comparaison de méthodes. Une des questions qui préoccupe Huygens est l'avantage de la primauté : quand deux joueurs jouent tour à tour suivant certaines règles, quel est l'avantage de celui qui commence ? Vers juin 1656, le problème arrive finalement à la connaissance de Pascal et de Fermat, par le biais de Carcavy. Par le même canal, Fermat communique ses résultats que Huygens est bien heureux de trouver conformes aux siens. Fermat en profite pour proposer d'autres questions plus difficiles, que Huygens adjoindra à son traité, après les avoir résolus "en un après-midi". L'ouvrage paraît en août ou septembre 1657, en latin. L'édition hollandaise paraît trois ans plus tard.

Le traité, intitulé en latin *De rationiciis in ludo aleae*, en hollandais *Van rekeningh in spelen van geluck*, est traduit en français sous le titre *Du calcul dans les jeux de hasard.* Il est précédé d'une adresse au lecteur de van Schooten, où celui-ci présente le travail de Huygens comme une application de l'algèbre et plus généralement de l'analyse cartésienne.

Le traité, lui-même, commence ensuite. Il débute par une courte introduction, fixant les "éléments" sur lesquels s'est fondé Huygens, puis comporte 14 propositions et les cinq exercices terminaux.

On peut y distinguer quatre parties :

* les règles du calcul qui regroupe l'introduction et les propositions I, II et III ;
* le problème des partis, propositions IV à IX ;
* les problèmes de dés, propositions X à XIV ;
* les cinq exercices.

1.2. Les lecteurs de Huygens

Après la première période héroïque de l'histoire du Calcul des Probabilités (1654-1657, avec la correspondance Fermat-Pascal et la parution du traité de Huygens), c'est le début du 18ème siècle (plus précisément la période allant de 1708 à 1718) qui voit la parution de travaux engagés dès l'édition du traité de Huygens. Les trois principaux ouvrages de cette période sont dus à Pierre Rémond de Montmort, à Jacques Bernoulli et à Abraham de Moivre. Ces travaux sont principalement consacrés aux problèmes issus des jeux de hasard. On y voit se déployer le concept de probabilité, quantification d'un degré de certitude avec ses différents versants : la probabilité subjective, déterminée à partir d'hypothèses a priori (sur l'équiprobabilité des tirages, par exemple) ; la probabilité objective, déterminée grâce à la convergence des fréquences observées a posteriori. Ceci conduira aux énoncés permettant de préciser cette notion de convergence, qui sont regroupés sous le nom de « lois des grands nombres ».

Les principaux protagonistes de cette histoire sont présentés ci-dessous.

Jacques Bernoulli (1654-1705) a travaillé sur les probabilités dès 1685, à la suite de sa lecture du traité de Huygens. Son ouvrage principal, l'*Ars Conjectandi* paraît à Bâle en août 1713, huit ans après la mort de son auteur, par les soins de son neveu Nicolas Bernoulli. Pendant ces vingt ans de recherche, Jacques Bernoulli opère un glissement progressif du calcul des espérances de Pascal et Huygens vers celui des probabilités. Cela le conduit à définir la probabilité comme le degré de certitude avec lequel un événement futur peut éventuellement se produire. L'*Ars Conjectandi* comporte, dans sa forme publiée, quatre parties. La première est une reprise annotée et commentée du traité de Huygens de 1656-7. La deuxième partie est une compilation systématique de résultats sur les permutations et combinaisons. La troisième partie applique les résultats précédents aux jeux de hasard. Enfin la quatrième partie, inachevée, envisage l'extension de la théorie à d'autres domaines, extension fondée sur l'énoncé et la démonstration du fameux théorème de Bernoulli, première expression de la loi des grands nombres.

Pierre Rémond de Montmort (1678-1719) étudie d'abord la physique cartésienne et la philosophie avec Malebranche. Il travaille ensuite les mathématiques avec Nicole. Ayant hérité de son père, il se retire dans son château de Montmort, où il reçoit régulièrement des mathématiciens européens. Sa réputation scientifique est fondée sur son ouvrage *Essay d'analyse sur les jeux de hazard* paru à Paris en 1708. Une seconde édition paraît en 1713. Elle est très largement revue et augmentée de plusieurs lettres dont les plus importantes sont de Nicolas Bernoulli. Principalement consacré aux jeux de hasard, cet ouvrage trouve son importance plus dans la manière de poser systématiquement les problèmes que dans les solutions apportées. On y trouve ainsi la source des travaux ultérieurs sur les problèmes de durée de jeu, ainsi que sur les problèmes stratégiques de théorie des jeux.

Abraham de Moivre (1667-1754), issu d'une famille protestante, s'exile en Angleterre après la révocation de l'Édit de Nantes en 1685 et passe le reste de sa vie à Londres, donnant des leçons particulières tout en publiant divers travaux mathématiques. Élu en 1697 à la Royal Society, c'est un ami estimé de Newton. La première édition de *The Doctrine of Chances*, de 1718, est dédiée à Newton. Elle avait été précédée en 1711 par le *De Mensura Sortis*, publié dans les *Philosophical Transactions* de la Royal Society. La seconde édition de *The Doctrine of Chances* est de 1738, la troisième de 1756, deux ans après la mort de l'auteur. Ces deux dernières versions sont considérablement augmentées, entre autres à la suite du débat qui oppose de Moivre à Montmort. De Moivre se place dans la lignée de Huygens et de Jacques Bernoulli, mais en outre il élabore des méthodes différentes. Son originalité consiste à mettre en œuvre dans le Calcul des Probabilités les idées du Calcul Infinitésimal, de Newton, Leibniz et des frères Bernoulli, calcul obtenant alors ses premiers succès. *The Doctrine of Chances* est consacré aux jeux de hasard et aux problèmes des annuités. Le traité contient des résultats remarquables, par exemple sur la durée de jeu, à l'aide d'approximations fonctionnelles et de séries infinies. On y trouve aussi la première approximation normale d'une loi binomiale, qui restera sous le nom de théorème de De Moivre-Laplace.

Le dernier protagoniste n'est pas un successeur direct de Huygens. Il se place dans la lignée de Struyck, qui en 1716 avait abordé la résolution du dernier problème de Huygens. *Leonhard Euler* (1707-1783) est la figure dominante des mathématiques au milieu du 18ème siècle. Il a fait progresser presque toutes les branches des mathématiques pures et appliquées. Ses œuvres complètes comportent près de soixante-quinze volumes. S'il n'a pas publié de grand traité sur le calcul des probabilités, ses carnets mathématiques contiennent la solution de quelques problèmes sur les jeux de hasard, dont le cinquième problème de Huygens.

2. La solution de Montmort

2.1. Le problème 5 par Montmort

Montmort suit exactement la méthode proposée par Huygens dans son traité. Il commence par remarquer que sur les 216 issues possibles du lancer de trois dés, 27 donnent un jeton à Pierre, 15 donnent un jeton à Paul et 174 reviennent à la situation précédente.

Au premier coup, la situation de jeu est la suivante, en notant entre parenthèses les nombres de jetons respectifs de Pierre et Paul, et en désignant par x, y, k les espérances de Pierre dans les différents cas (12,12), (13,11), (11,13) :

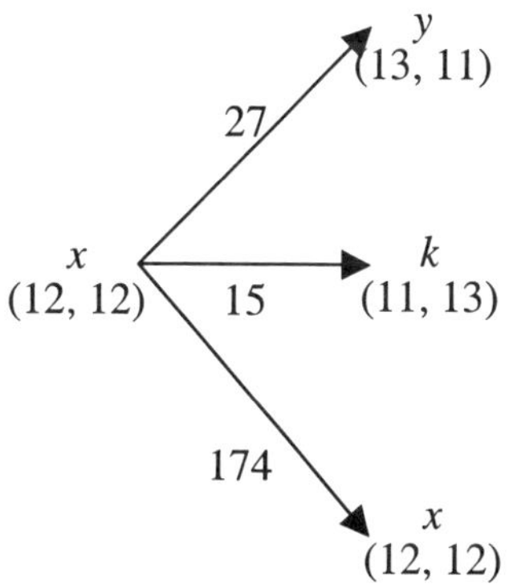

En appliquant la proposition III, généralisée, de Huygens, il vient : $x = \dfrac{27y + 15k + 174x}{216}$, ou encore : $x = \dfrac{9y + 5k}{14}$ (voir annexe 2). Ceci permet de remplacer la situation de jeu précédente par celle-ci :

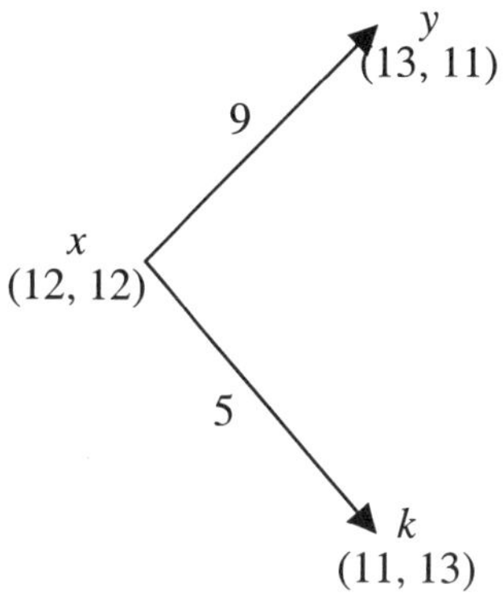

Montmort écrit ensuite les 23 équations venant des 23 situations de jeu possibles pour tous les couples (a,b) avec $1 \leq a \leq 12$ et $1 \leq b \leq 12$ et $a + b = 24$:

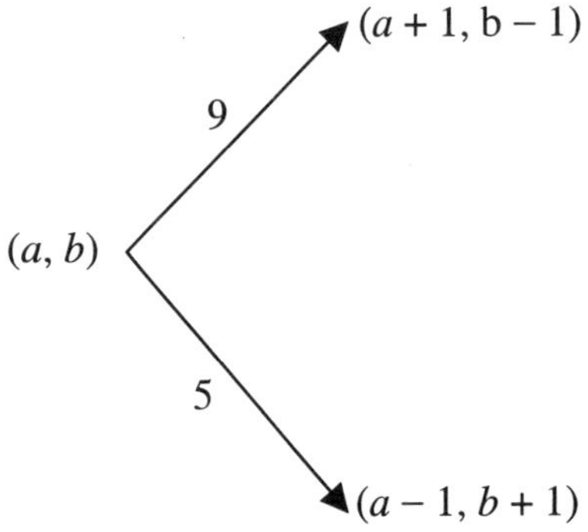

Les deux dernières équations, dans les cas (1,23) et (23,1), représentent les deux situations où l'un des deux joueurs va gagner.

En résolvant ensuite le système de ces 23 équations à 23 inconnues, on peut trouver x et $A - x$ qui expriment respectivement les sorts de Pierre et Paul.

Dans la remarque qui suit le texte, qui date manifestement de la deuxième édition de 1713, Montmort relève la difficulté à généraliser cette méthode pour un nombre quelconque de jetons initiaux, bien qu'il esquisse une loi générale. Il renvoie pour cela aux travaux de Bernoulli et de Moivre qui sont étudiés plus loin.

2.2. Le texte de Montmort

PROPOSITION XXXVI.

Pierre et Paul prennent chacun douze jettons & jouent avec trois dés aux conditions qui suivent. Si les dés amènent onze, Paul donnera un jetton à Pierre. Si les dés amènent quatorze, Pierre donnera un jetton à Paul. Celui des deux qui le premier aura tous les jettons, gagnera. On demande quel est le sort des deux Joueurs.

SOLUTION.

176. Il faut remarquer d'abord que trois dés donnent deux cent seize coups, puisque deux dés donnent trente-six coups, avec chacun desquels chaque face du troisième dé peut se trouver successivement. On observera ensuite qu'entre ces deux cent seize coups il y en a vingt-sept qui donnent un jetton à Pierre, sçavoir, six quatre & as qui arrive en six façons, six trois & deux qui arrive en six façons, cinq quatre & deux qui arrive en six façons, cinq cinq & as qui arrive en trois façons, quatre quatre & trois qui arrive en trois façons, trois trois & cinq qui arrive en trois façons, & quinze qui donnent un jetton à Paul, sçavoir six cinq & trois qui arrive en six façons, cinq cinq & quatre qui arrive en trois façons, six six & deux qui arrive en trois façons, quatre quatre & six qui arrive en trois façons. Cela posé, soient nommés A *l'argent du jeu,* x *le sort de Pierre, quand il a douze jettons & Paul douze ;* y, z, u, t, r, s, q, p, n, m, o, *son sort, lorsqu'il a gagné à Paul ou un jetton, ou deux jettons, ou trois jettons, ... ou onze jettons.* k, i, l, h, g, f, e, d, c, b, w, *son sort, lorsqu'il a perdu contre Paul ou un jetton, ou deux jettons, ou trois jettons, ... ou onze jettons.*

On a $x = \frac{27y+15k+17x}{216}$, *ou ce qui est la même chose* $x = \frac{9y+5k}{14}$.

Et de même toutes les autres égalités.

$14y = 9z + 5x$	$14p = 9n + 5q$	$14h = 9l + 5g$
$14z = 9u + 5y$	$14n = 9m + 5p$	$14g = 9h + 5f$
$14u = 9t + 5z$	$14m = 9o + 5n$	$14f = 9g + 5e$
$14t = 9r + 5u$	$14o = 9A + 5m$	$14e = 9f + 5d$
$14r = 9s + 5t$	$14k = 9x + 5i$	$14d = 9e + 5c$
$14s = 9q + 5r$	$14i = 9k + 5l$	$14c = 9d + 5b$
$14q = 9p + 5s$	$14l = 9i + 5h$	$14b = 9c + 5w$

$$14w = 9b + 5 \times \text{zéro}$$

De toutes ces égalités on tirera

$y = \frac{31381059609A+39165289355x}{70546348964}$, & $K = \frac{70497520839}{70548348964}x$.

Et par conséquent l'on trouvera

$x = \frac{9y+5k}{14} = \frac{282429536481A+352487604195x}{9876488885496}$, *en substituant pour* y & k *leurs valeurs en* x, *& enfin on aura en réduisant* $x = \frac{282429536481}{282673677106}A$, *ce qui exprime le sort de Pierre*

& $A - x = \frac{244140625}{282673677106}A$, *ce qui exprime le sort de Paul.*

REMARQUE.

177. Il est à propos d'observer que la voie analytique n'est peut-être pas ici la meilleure, puisqu'on peut découvrir autrement que les sorts de Pierre & Paul sont comme les douzièmes puissances des nombres 9 & 5, ainsi qu'il a été observé par Messieurs Bernoulli qui m'en ont averti dans leurs lettres du 17 Mars 1710, & 26 Février 1711, & depuis par M. Moivre dans son Traité de Mensura Sortis, *qui parut l'année passée.*

3. La solution de Huygens

3.1. Le problème 5 par Huygens

Huygens a retravaillé le problème 5 en 1676 dans une lettre à Dierkens, publiée dans ses *Œuvres Complètes*. Il s'agit pratiquement d'un brouillon où Huygens explore la situation, résout effectivement le problème dans le cas numérique proposé, mais ne semble pas voir de généralisation possible. La méthode employée est semblable à celle de Montmort, avec une simplification des calculs pour éviter le trop grand nombre d'équations.

Le raisonnement de Huygens peut être modernisé ainsi : la situation est décrite à un moment du jeu par un couple (a,b), a et b représentant des points attribués à chacun des joueurs A et B de la manière suivante : à chaque coup favorable, le joueur retire un point à son adversaire s'il en a, sinon il s'en marque un de plus. Les joueurs commencent à (0,0) et le gagnant est le premier à obtenir un total donné ; ici 12. L'enjeu est égal à n ; c est le nombre de chances qui font gagner A (ici $c = 5$) et d le nombre de chances qui font gagner B (ici $d = 9$), en éliminant le cas improductif où les deux joueurs se retrouvent dans la même situation. A partir de la situation (a,b), deux possibilités se présentent :

* ou bien A gagne (c chances) et la situation devient $(a, b - 1)$, si b est différent de 0, ou $(a + 1, b)$ si $b = 0$.

* ou bien B gagne (d chances) et la situation devient $(a - 1, b)$, si a est différent de 0, ou $(a, b + 1)$ si $a = 0$.

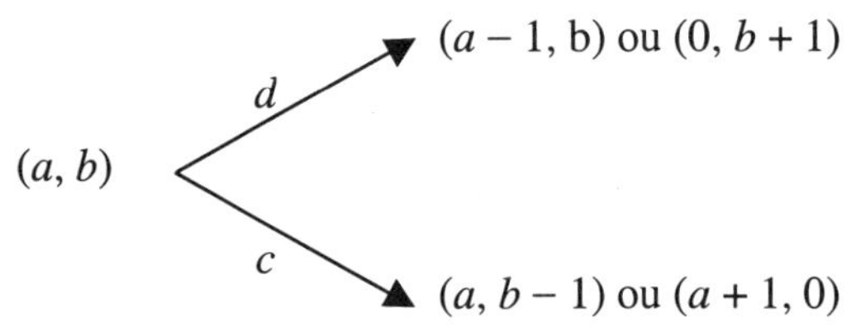

Dans le cas où il faut 2 points pour gagner, Huygens note x, y et z les espérances de gain du joueur B respectivement dans les cas suivants (0,0), (1,0) et (0,1).

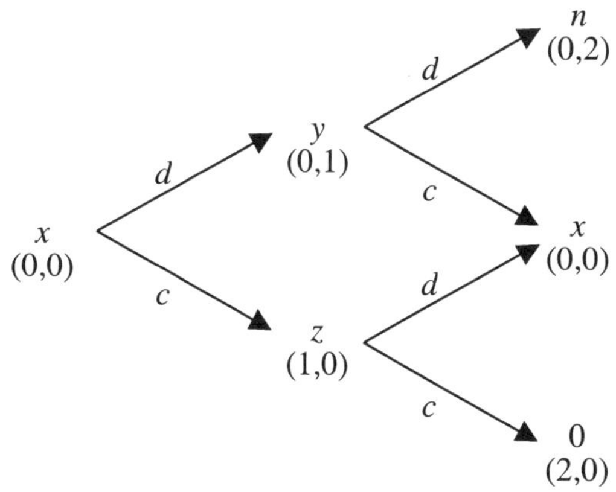

Les règles du calcul des chances, donnent : $y = \dfrac{cx + dn}{c + d}$, $z = \dfrac{cx}{c + d}$ et $x = \dfrac{cz + dy}{c + d}$, système dont la résolution produit $x = \dfrac{d^2 n}{c^2 + d^2}$. Les chances des deux joueurs sont donc dans le rapport de c^2 à d^2.

Huygens passe ensuite au cas où il faut 4 points pour gagner. D'après le résultat précédent, les chances sont dans le rapport de c^4 à d^4.

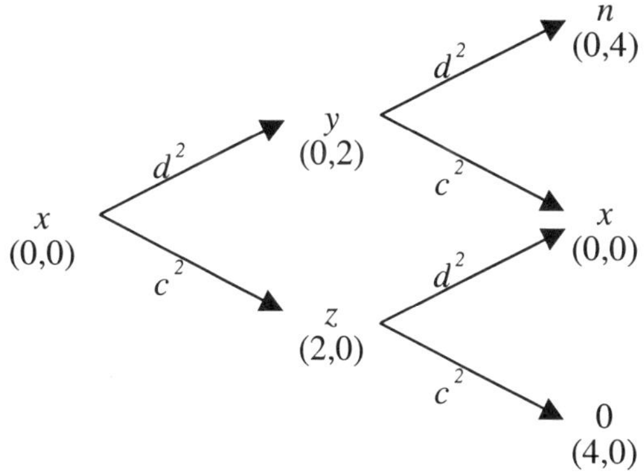

Par un calcul un peu plus compliqué, mais du même type, Huygens trouve aussi le résultat dans le cas où il faut 3 points pour gagner : c^3 à d^3. En combinant tous ces cas, il apparaît évidemment que les chances sont dans un rapport de c^{12} à

d^{12}, dans le cas proposé où il faut 12 points pour gagner. Ce qui permet de trouver le résultat annoncé.

Huygens a l'idée inductive de la généralisation à p jetons : rapport c^p à d^p. Mais il n'en trouve pas de démonstration.

Dans le texte de Huygens le symbole « ∞ » désigne l'égalité.

3.2. Le texte de Huygens

APPENDICE D'AOÛT 1676

La dernière des questions que j'ai posées dans mon traité De Ratiociniis in Ludo Aleae *; proposée autrefois par Pascal.*

Les joueurs A et B, qui possèdent le même nombre de jetons, jouent avec trois dés, à la condition que chaque fois qu'il arrive 14 points, A reçoit un jeton de B ; chaque fois que 11 points surviennent, c'est au contraire B qui reçoit un jeton de A. Le gagnant sera celui qui le premier ramassera tous les jetons.

On demande quel est le rapport de leurs attentes respectives ; ou bien quelle part de l'enjeu est due à chacun d'eux. Or cela est la même chose que si, lorsque 14 points sont obtenus, A marque un point, et, lorsque 11 points apparaissent, B marque de même un point, la victoire revenant à celui qui le premier dépasse l'autre d'un nombre de points fixé.

14 points surviennent de 15 façons, puisque l'on joue avec trois dés ; et 11 points de 27 façons. 15 est à 27 comme 5 est à 9.

Si celui qui marque le premier point était déclaré vainqueur, il est clair que le sort du joueur A serait à celui du joueur B comme 5 est à 9.

Si le vainqueur est celui qui le premier a devancé l'autre de 2 points, le calcul s'obtiendra de la manière suivante :

Soit x *la part de la mise due à B, la mise étant appelée* n *:*

- 0 à 0 (x)
  - 9 (d) pour obtenir 1 à 0 (y)
    - 9 (d) [pour] 2 à 0 (n)
    - 5 (c) [pour] (x)
  - 5 (c) pour obtenir 0 à 1 (z)
    - 9 (d) [pour] (x)
    - 5 (c) [pour] 0

$$z \infty \frac{dx}{d+c}\ ;\ y \infty \frac{dn+cx}{d+c}$$

- 0 à 0 (x)
  - d [pour] $\frac{dn+cx}{d+c}$
  - c [pour] $\frac{dx}{d+c}$

donc $x \infty \dfrac{ddn+2dcx}{cc+2dc+dd}$

$ccx+2dcx+ddx \infty ddn+2dcx$

$x \infty \dfrac{ddn}{cc+dd}$ part du joueur B

Comme il revient à B $\frac{ddn}{dd+cc}$, *A aura* $\frac{ccn}{dd+cc}$, *lesquels additionnés ensemble doivent donner* n. *Donc le sort de B est à celui de A comme* dd *est à* cc.

Si le vainqueur est celui qui devance l'autre de 4 points, on déduira sans difficulté du calcul précédent : $x \infty \frac{d^4 n}{c^4+d^4}$. *En effet, le calcul s'obtient de la manière suivante :*

- 0 à 0 (x) ∞
  - dd [pour obtenir] 2 à 0 (y)
    - dd [pour] 4 à 0 (n)
    - cc [pour] 0 à 0 (x)
  - cc [pour obtenir] 0 à 2 (z)
    - dd [pour] 0 à 0(x)
    - cc [pour] 0 à 4 (0)

Il y a ici dd *et* cc *où précédemment on avait* d *et* c*, pour le reste la même opération que précédemment. On a donc nécessairement* $x \propto \frac{d^4 n}{c^4 + d^4}$. *Et le sort de B est à celui de A comme* d^4 *est à* c^4.

De là, en continuant, si le vainqueur est celui qui a devancé l'autre de 8 points, on conclut que $x \propto \frac{d^8 n}{c^8 + d^8}$. *Et ainsi de suite si l'on double continûment le nombre de points.*

Enfin, si le vainqueur est celui qui a trois points d'avance, il faut établir le calcul de la manière suivante :

x $\propto$
- d [pour] 1 à 0 (l)
  - dd [pour] 3 à 0 (n)
  - cc [pour] 0 à 1 (k)
- c [pour] 0 à 1 (k)
  - dd [pour] 1 à 0 (l)
  - cc [pour] 0 à 3 (0)

$$k \propto \frac{ddl}{dd + cc}$$

$$l \propto \frac{ddn + \frac{ccddl}{dd+cc}}{dd + cc} \; ; \; ddl + ccl \propto ddn + \frac{ccddl}{dd + cc}$$

$$d^4 l + 2ddccl + c^4 l \propto d^4 n + ccddn + ccddl$$

$$l \propto \frac{d^4 n + ccddn}{d^4 + ddcc + c^4} \text{. } \textit{Donc } k \propto \frac{d^4 n}{d^4 + ddcc + c^4}$$

x
- d [pour] l [$\propto$] $\frac{d^4 n + ccddn}{d^4 + ddcc + c^4}$
- c [pour] $\frac{d^4 n}{d^4 + ddcc + c^4}$

$$x \propto \frac{d^5 n + ccd^3 n + cd^4 n}{(d+c) \times (d^4 + ddcc + c^4)} \text{ div par}$$

dd + dc + cc

$$x \propto \frac{d^3n}{(d+c)\times(dd - dc + cc) \text{ et ainsi } d^3 + c^3} \qquad x \propto \frac{d^3n}{d^3+c^3}$$

Donc le sort de B est à celui de A comme d^3 *est à* c^3.

De là, on peut déduire que si le vainqueur est celui qui a 6 points d'avance, le sort du joueur B sera à celui de A comme d^6 *est à* c^6.

Si le nombre de points d'avance était 5, le sort de B serait à celui de A comme d^5 *est à* c^5*, mais il y a ici un travail rétrospectif qui serait un peu plus long que dans le cas de 3 points ; je ne vois pas jusqu'à présent ce qui permet de démontrer le cas général : les sorts des joueurs B et A sont entre eux comme le sont les puissances de* d *et* c*, dont les exposants sont égaux au nombre de points dont l'un doit surpasser l'autre.*

4. La solution de Bernoulli

4.1. Le problème 5 par Bernoulli

Bernoulli commence son travail sur le problème 5 comme Montmort et Huygens en examinant des cas particuliers simples. Les notations sont à peu près les mêmes que celles de Huygens : b et c désignent les nombres de chances respectifs pour les joueurs A et B de gagner un écu, $a = b + c$, enfin la mise (le *dépôt*) est initialisée à 1.

Si les deux joueurs n'ont chacun qu'un écu, le rapport de leurs chances est clairement comme b à c.

Si les deux joueurs ont chacun deux écus, la figure ci-dessous résume la situation de jeu étudiée par Bernoulli, les nombres représentent les nombres d'écus possédés par A et z représente son sort quand il a deux écus :

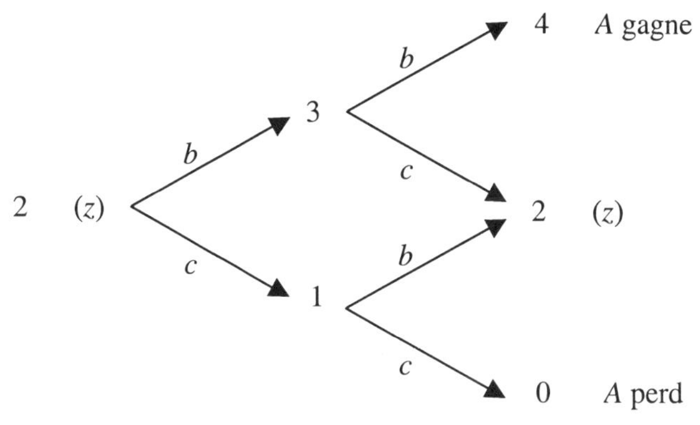

Le deuxième coup donne dans le premier cas un sort de $\frac{b+cz}{a}$ et dans le deuxième cas $\frac{bz}{a}$. Finalement en tenant compte du premier coup : $z=\frac{b\frac{b+cz}{a}+c\frac{bz}{a}}{a}$, soit $z=\frac{b^2+2bcz}{a^2}$, ce qui donne $z=\frac{b^2}{b^2+c^2}$ et la conclusion les sorts de A et B sont dans le rapport de b^2 à c^2.

Bernoulli traite en détail de la même manière le cas où les deux joueurs ont trois écus : leurs sorts sont dans le rapport de b^3 à c^3.

Bernoulli généralise alors le résultat par *induction* : quand les joueurs ont n écus, leurs sorts sont dans le rapport de b^n à c^n. Il peut alors donner pour $n = 12$ la solution du problème posé par Huygens.

Bernoulli donne deux justifications de cette généralisation par induction, dont aucune ne paraît satisfaisante. La première consiste à considérer l'arbre qui décrit la situation de jeu dans le cas général et à ne s'intéresser qu'aux branches supérieures pour A et aux branches inférieures pour B. A a ainsi b^n chances de gagner et B c^n chances de gagner, d'où la conclusion. Il ne tient donc pas compte des autres branches qui ramènent la situation de jeu à une situation antérieure. Au vu du résultat correct qu'il énonce, tout se passe effectivement ainsi, mais il n'y a pas de démonstration rigoureuse du fait que ces cas intermédiaires peuvent être négligés, voire, en termes modernes, que la probabilité qu'il n'y ait pas de gagnant (i.e. les deux joueurs continuent à échanger leurs écus indéfiniment) soit non nulle.

L'autre « démonstration », destinée à ceux qui ne seraient pas satisfaits de la première argumentation, consiste à renvoyer le lecteur réticent aux détails des calculs, quitte à utiliser des raccourcis, comme ceux que Huygens a utilisés dans la démonstration de la proposition XI de son traité.

La dernière partie du texte de Bernoulli propose, sans plus de justification, une généralisation au cas où les deux joueurs n'ont pas au départ le même nombre d'écus. Bernoulli se contente de donner une formule correcte, sans doute établie aussi par induction.

4.2. Le texte de Bernoulli

Il faut considérer d'abord que trois dés offrent 216 combinaisons, parmi lesquelles il y en a 15 de 14 points et 27 de 11 ; qu'ainsi le joueur A a 15 cas pour recevoir un écu du joueur B, tandis que celui-ci en a 27 pour recevoir un écu de son adversaire, et qu'il reste 174 cas où chacun des deux conserve le même nombre d'écus, et se trouve par conséquent au même état qu'avant le jet.

Il faut observer ensuite que, par le coroll. 4 de la proposition III (voir annexe 2), on peut faire abstraction de ces 174 cas inutiles, où le sort de chaque joueur reste le même, comme si les trois dés n'offraient que 42 combinaisons, dans 15 desquelles A dût recevoir un écu, B le recevant dans les 27 autres.

Il faut considérer en troisième lieu qu'aux nombres de cas 42, 15 et 27 qui ne sont pas premiers entre eux, on peut substituer les plus petits nombres dans le même rapport, savoir, 14, 5 et 9 auxquels nous substituerons même, pour rendre la solution plus générale, les lettres a, b *et* c.

Cela posé, je procède à la résolution de la question proposée en cherchant par ordre quels auraient été les sorts respectifs des joueurs, s'ils eussent eu chacun un écu, puis s'ils en eussent eu chacun deux, ensuite chacun trois, quatre, etc., jusqu'à ce qu'on découvre ce qu'ils ont droit d'attendre dans le cas présent où ils sont supposés en avoir chacun douze.

Si chacun des joueurs a un écu, il est clair que leurs sorts sont dans la raison de b *à* c.

S'ils ont chacun deux écus, l'effet du premier jet sera ou que le joueur A possède trois écus, ou qu'il ne lui en reste plus qu'un. S'il en possède trois, il a b *cas pour avoir tous les quatre écus, c'est-à-dire pour gagner la partie et obtenir le dépôt 1, et* c *cas pour en avoir deux de reste, ou pour avoir le sort qui lui appartenait d'abord, et que j'appelle* z *; ce qui, par conséquent, lui vaut* $\frac{b+cz}{a}$. *S'il n'a plus qu'un écu, il a* b *cas pour en avoir deux ou pour le sort* z, *et* c *cas pour perdre la partie, ce qui vaut* $\frac{bz}{a}$. *Mais aussi il y a* b *cas pour que le joueur A ait trois écus après le premier jet, et* c *cas pour qu'il n'en n'ait plus qu'un. Donc, au commencement, il y a* b *cas qui lui donnent* $\frac{b+cz}{a}$ *et* c *cas qui lui donnent* $\frac{bz}{a}$, *ce qui produit* $\frac{bb+2bcz}{aa}$. *Ainsi* $z = \frac{bb+2bcz}{aa}$ *ou* $z = \frac{bb}{aa-2bc} = \frac{bb}{bb+cc}$, *et il reste au joueur B* $\frac{cc}{bb+cc}$, *de manière que leurs sorts sont dans la raison de* bb *à* cc.

Si A et B ont chacun trois écus, il arrivera au premier jet, ou que A se voye en possession de quatre écus, ou qu'il n'en ait plus que deux. Soient x *et* y *ses attentes dans ces deux états. S'il se trouve avoir quatre écus, alors, ou il recevra le premier deux écus de B, ce qui lui fera gagner la partie, ou B en recevra deux de lui, et alors A n'aura plus que deux écus ; mais A a* bb *cas et B en a* cc *pour acquérir le premier deux écus de son adversaire, comme on peut s'en convaincre en rapprochant ce qui vient d'être démontré de la note I sur la proposition XI. Ainsi A a* bb *cas pour 1 et* cc *cas pour* y, *ce qui vaut* $\frac{bb+ccy}{bb+cc}$ *; et comme nous avons appelé* x *ce même sort, on aura* x =

$\frac{bb+ccy}{bb+cc}$ *ou* $y = \frac{bbx+ccx-bb}{cc}$. *De même lorsqu'il n'en reste plus à A que deux écus, il a* bb *cas pour en recevoir deux autres, c'est-à-dire, pour obtenir le sort* x, *et* cc *cas pour perdre les deux siens et en même temps tout le dépôt ; ce qui lui vaut* $\frac{bbx}{bb+cc}$ *; et comme il est supposé avoir alors* y, *on aura* $y = \frac{bbx}{bb+cc}$. *Mais on a aussi trouvé précédemment* $y = \frac{bbx+ccx-bb}{cc}$. *Donc* $\frac{bbx+ccx-bb}{cc} = \frac{bbx}{bb+cc}$ *; d'où l'on tire* $x = \frac{b^4+bbcc}{b^4+bbcc+c^4}$. *Donc* y $(= \frac{bbx}{bb+cc}) = \frac{b^4}{b^4+bbcc+c^4}$. *Cette opération terminée, il faut en venir à l'état de la question, et observer que les joueurs ayant chacun trois écus, il peut arriver en* b *cas qu'après le premier jet A ait quatre écus, c'est-à-dire, le sort* x, *ou* $\frac{b^4+bbcc}{b^4+bbcc+c^4}$, *et en* c *cas qu'il lui reste deux écus, ou qu'il ait le sort* y, *ou* $\frac{b^4}{b^4+bbcc+c^4}$. *Donc son attente vaut* $\frac{b^5+b^4c+b^3cc}{b^5+b^4c+b^3cc+b^2c^3+bc^4+c^5}$ *qui se réduit à* $\frac{b^3}{b^3+c^3}$ *après la division par* bb+bc+cc. *Et il reste à B* $\frac{c^3}{b^3+c^3}$ *; de sorte que dans l'hypothèse présente les sorts des joueurs sont dans la raison de* b^3 *à* c^3.

Puis donc que les sorts de A et de B se trouvent être comme les nombres b *et* c *lorsqu'ils ont chacun un écu ; comme les quarrés de ces nombres, lorsqu'ils en ont chacun deux ; comme leurs cubes, lorsqu'ils en ont chacun trois ; nous en concluons par induction que, quel que soit le nombre des écus de chacun, leurs sorts seront toujours comme les puissances de* b *et de* c, *ayant un exposant égal au nombre des écus de chacun, et qu'ainsi dans l'exemple proposé par l'auteur, où il suppose chacun des joueurs muni de 12 écus, leurs sorts respectifs sont comme* b^{12} *et* c^{12}, *ou, en resubstituant à* b *et* c *les nombres 5 et 9, comme 244140625 à 282429536481, ainsi que l'a trouvé l'auteur. C'est ce qu'on peut encore découvrir, sans calcul, de la manière suivante : A ayant tous les écus, excepté un, a* b *cas ou chances pour vaincre B ; et B ayant tous les écus, excepté un, a* c *chances pour vaincre A : ensuite A ayant tous les écus, excepté deux, a* b *chances pour les avoir tous excepté un, c'est-à-dire pour avoir les* b *chances précédentes, et par conséquent il a* b *fois* b *chances, ou* bb *chances pour vaincre B ; et B ayant tous les écus, excepté deux, a, par la même raison,* cc *chances pour vaincre A. Ainsi, à raison de chacun des écus qui manquent aux joueurs pour gagner la partie, il y a* b *chances pour A et* c *chances pour B, qui les reportent aux chances précédentes. Donc, puisqu'au commencement du jeu chacun a 12 écus, et par conséquent 12 écus de moins qu'il n'en faut pour gagner le pari, les nombres* b *et* c, *élevés à la puissance 12, donneront la raison des sorts, comme on l'a trouvé précédemment.*

Que s'il se trouve quelqu'un à qui ce raisonnement ne paraisse pas assez évident, ou qui n'ait pas assez de confiance dans cette induction, il pourra achever le calcul et l'abréger par un procédé semblable à celui que l'auteur a suivi dans la proposition XI, en passant aussitôt de trois à six écus, et de là à 12, sans s'occuper des cas intermédiaires. C'est ce qu'on peut faire, même sans se livrer à aucun nouveau calcul ; car celui que nous avons appliqué précédemment à l'hypothèse de deux écus par chaque joueur, est encore valable, si nous supposons qu'au lieu d'un écu chaque joueur en ait un nombre quelconque n, *et au lieu de deux,* 2n, *pourvu qu'aux nombres de cas* b *et* c, *où l'un ou l'autre des joueurs gagne ou perd un écu, nous substituions aussi les nombres des cas où il peut gagner ou perdre ces* n *écus. Et l'on peut en conclure légitimement que les sorts des joueurs, ayant chacun* 2n *écus, sont toujours comme les quarrés de ceux qui se trouvent leur appartenir lorsque le nombre d'écus de chacun est* n. *Ainsi, comme les sorts des joueurs ayant chacun trois écus, ont été trouvés être dans la raison de* b^3 *à* c^3, *ils seront dans celle de* b^6 *à* c^6 *dans le cas de six écus, et partant dans celle de* b^{12} *à* c^{12} *dans le cas de 12 écus, comme nous l'avons conclu par induction.*

On voit donc clairement quels sont les sorts des joueurs lorsqu'ils ont le même nombre d'écus ; mais on n'a encore rien de déterminé sur ceux qu'ils acquièrent dans le cours du jeu, lorsqu'il est échu à l'un plus et à l'autre moins d'écus. Cependant il y a pour cela une règle générale ; car si l'on appelle m *le nombre des écus de A, et* n *le nombre des écus de B, je trouve que le sort de A sera toujours au sort de B comme* m *à* n, *si* b *et* c *sont égaux ; et comme* $b^n c^m - b^{m+n}$ *à* $c^{m+n} - b^n c^m$, *si* c *excède* b. *Mais comme la démonstration de cette règle exige un calcul trop laborieux, je l'abandonne à la sagacité du lecteur ; et, sans m'arrêter davantage, je passe à la seconde partie de mon ouvrage.*

5. La solution de de Moivre

5.1. Le problème 5 par de Moivre

Abraham de Moivre est le premier à donner une démonstration générale de la solution du problème 5 de Huygens. Il faut noter d'une part que de Moivre énonce le résultat dans le cas le plus général, celui où les joueurs ont au départ des nombres différents de jetons. D'autre part, il donne ce résultat en termes de *probabilités* et non plus en termes de chances, au sens de l'espérance de gain de ses prédécesseurs. La démonstration est très ingénieuse mais difficile à suivre à cause des notations. De Moivre note d'abord *a* et *b* les probabilités respectives de

A et B de gagner un coup. L'idée fondamentale de Moivre est d'attribuer une valeur à chacun des jetons possédés par les joueurs afin d'obtenir un jeu équitable.

Ainsi, A possède p jetons appelés E, F, G, H, ... que nous noterons ici, u_1, u_2, ..., u_p. B possède q jetons appelés I, K, L, ... que nous noterons ici u_{p+1}, u_{p+2}, ..., u_{p+q}. De Moivre suppose que la valeur de chaque jeton est à celle du suivant comme a est à b, c'est-à-dire que $\frac{u_n}{u_{n+1}} = \frac{a}{b}$. Autrement dit, la suite u est une suite géométrique de raison $\frac{b}{a}$. On notera S_A la somme des valeurs des jetons possédés initialement par A et S_B la somme correspondante pour B. A chaque coup du jeu, A mise son jeton d'indice maximum et B mise son jeton d'indice minimum. Ainsi au premier coup, A mise le jeton u_p et B mise u_{p+1}. Si A gagne le coup avec une probabilité a, il gagnera le jeton u_{p+1} et si B gagne avec une probabilité b, il gagnera le jeton u_p. L'espérance du gain de A après le premier coup est donc au_{p+1} et celle de B est bu_p. Comme la suite u est géométrique, ces deux espérances sont égales et le jeu est équitable, y compris lors de tous les coups suivants (cf. annexe 3).

Comme le jeu est maintenant équitable, les espérances finales de gain des deux joueurs sont aussi égales. L'espérance finale de gain est l'espérance de gain une fois que le jeu est terminé, c'est-à-dire quand l'un des joueurs a été ruiné. Le gain représente ici, non pas le nombre de jetons gagnés, mais la somme des valeurs des jetons gagnés. Si on note p_A (resp. p_B) la probabilité que A (resp. B) gagne tous les jetons de B (resp. A), l'espérance finale de A est donc $S_B \times p_A$, produit de la somme qu'il peut gagner par la probabilité de la gagner. De même l'espérance finale de B est $S_A \times p_B$. Ces deux espérances étant égales, on a : $\frac{p_A}{p_B} = \frac{S_A}{S_B}$.

Mais $S_A = \sum_{n=1}^{p} u_n = u_1 \frac{1-\left(\frac{b}{a}\right)^p}{1-\frac{b}{a}}$ (si $a \neq b$) et $S_B = \sum_{n=p+1}^{p+q} u_n = u_1 \left(\frac{b}{a}\right)^p \frac{1-\left(\frac{b}{a}\right)^q}{1-\frac{b}{a}}$.

D'où : $\frac{S_A}{S_B} = \frac{a^q(a^p - b^p)}{b^p(a^q - b^q)}$, qui donne le rapport des probabilités respectives de gain de la partie pour les deux joueurs.

De Moivre indique en corollaire comment il traite le cas $a = b$.

En effet, $a^p - b^p = (a-b)(a^{p-1} + a^{p-2}b + ... + ab^{p-2} + b^{p-1})$ et de même pour $a^q - b^q$.

Après simplification par $a - b$, on peut faire $a = b$, ce qui donne $\frac{p_A}{p_B} = \frac{p}{q}$.

5.2. Le texte de de Moivre

PROBLÈME VII

Deux Joueurs A et B, ayant chacun 12 Jetons, jouent avec trois Dés, à la condition que si le résultat est de 11 Points, B donnera 1 Jeton à A ; si 14 Points arrivent, A donnera un Jeton à B ; et que le vainqueur sera celui qui le premier aura tous les Jetons de son Adversaire : quelle est la Probabilité qu'a chacun d'eux de gagner ?

SOLUTION

Soit p *le nombre de Jetons que chacun d'eux possède ; et soient* a *et* b *le nombre de Chances qu'ils ont respectivement de gagner un Jeton, à chaque lancer du Dé : ceci étant supposé, je dis que leurs Probabilités respectives de gagner sont entre elles comme* a^p est à b^p *; et puisque dans cet exemple* p=*12 et que par le Lemme précédent,* a = *27, et* b = *15, il s'ensuit que les Probabilités de gagner sont entre elles comme* 27^{12} est à 15^{12}, *ou comme* 9^{12} à 5^{12}, *ou comme 282429536481 à 244140625 : laquelle est la proportion donnée par* Huygens *dans son cas particulier, mais sans aucune Démonstration.*

Ou plus généralement :

Soit p *le nombre de Jetons de* A, *et* q *le nombre de Jetons de* B *; que le rapport de leur Chances soit comme celui de* a *à* b. *Je dis que les Probabilités de gain seront entre elles comme* $a^q \times \overline{a^p - b^p}$ *et* $b^p \times \overline{a^q - b^q}$ *; et par conséquent, les Probabilités elles-mêmes seront égales à*

$$\frac{a^q \times \overline{a^p - b^p}}{a^{p+q} - b^{p+q}} = R, \textit{ et } \frac{b^p \times \overline{a^q - b^q}}{a^{p+q} - b^{p+q}} = S.$$

DÉMONSTRATION

Supposons que A *possède les Jetons E, F, G, H & c. dont le nombre est* p, *et que* B *possède les Jetons I, K, L, & c. dont le nombre est* q *; de plus, supposons que les Jetons sont l'enjeu de la partie, et que la valeur de chaque Jeton est à celle du suivant comme* a *est à* b, *de telle sorte que E, F, G, H, I, K, L soient en Progression géométrique ; ceci étant supposé, à quelque moment du Jeu qu'ils se trouvent,* A *et* B *miseront des Jetons dont* les valeurs seront proportionnelles à leurs Chances respectives de gagner un Jeton ; car au commencement du Jeu, A posera son Jeton H, qui est son Jeton de plus petite valeur, et B le Jeton I qui est son plus grand ; mais H,I::a,b, donc A et B jouent équitablement. Si A l'emporte, alors A misera le Jeton I qu'il vient de prendre à son adversaire, et B le Jeton K ; mais I,K::a,b ainsi les enjeux de A et B restent toujours égaux. Mais si A perd la première fois, alors A devra miser le Jeton G, et B le Jeton H, qu'il vient de prendre à son adversaire ; mais G,H::a,b, et par conséquent le jeu reste équitable : De cette sorte, tant qu'ils jouent l'un contre l'autre, ils jouent sans avantage ni désavantage. La Valeur de l'Espérance qu'a A de prendre tous les Jetons de B est le produit de la Somme qu'il espère remporter, et de la probabilité de l'obtenir, et la même chose est valable pour B : mais les Espérances de A et B sont supposées égales, ainsi les Probabilités qu'ils ont respectivement de gagner sont inversement proportionnelles aux Sommes qu'ils espèrent gagner, c'est à dire directement proportionnelles aux Sommes qu'ils ont en leur possession. D'où il découle que la Probabilité qu'a A de gagner tous les Jetons de B est à la Probabilité qu'a B de remporter tous les Jetons de A, comme la Somme des termes E, F, G, H, dont le nombre est p, est à la Somme des termes I, K, L, dont le nombre est q, c'est à dire comme $a^q \times \overline{a^p - b^p}$ est à $b^p \times \overline{a^q - b^q}$; ce qui apparaîtra clairement si les termes qui sont en Progression géométrique, sont sommés par les Méthodes habituelles. Les Probabilités de gain ne sont pas modifiées par la Supposition faite ici, selon laquelle chaque Jeton est au suivant comme a est à b ; et par conséquent si ces Jetons sont supposés de même valeur, ou plutôt d'aucune valeur, mais servent seulement à marquer le nombre de parties gagnées ou perdues de chaque côté, les Probabilités de gagner sont les mêmes comme nous l'avons affirmé.

COROLLAIRE 1

Si nous supposons a et b dans un rapport d'égalité, les expressions par lesquelles les Probabilités de gagner sont déterminées seront réduites à la proportion de p à q : ce qui apparaîtra facilement si ces expressions sont toutes deux divisées par a – b.

COROLLAIRE 2

Si A et B jouent tous les deux pour une Guinée la Partie, et que A n'a qu'une Guinée à perdre, mais B un certain nombre, aussi grand que l'on veut ; si A a pour chaque Partie une Chance de 2 contre 1, il a plus de chances de gagner toutes les pièces de B que de perdre son unique Guinée ; et il en serait de même si B en avait une quantité infinie.

REMARQUE

Si p *et* q, *ou l'un seulement d'entre eux, sont de grands nombres, l'usage des logarithmes sera le mieux adapté. [...]*

6. La solution d'Euler

6.1. Le problème 5 par Euler

Leonhard Euler énonce le problème 5 dans son cas le plus général : le joueur A possède initialement a jetons, le joueur B en possède b, A gagne un coup avec une probabilité de $\frac{1}{m}$ et B avec une probabilité de $\frac{1}{n}$. Euler calcule explicitement les deux espérances de gain de chacun des deux joueurs, puis donne le rapport de leurs sorts. Le résultat est le même que celui énoncé par Bernoulli, et démontré par de Moivre, mais la justification en est très différente.

En effet, Euler considère la suite des espérances de gain du joueur A suivant le nombre de jetons possédés à un moment de la partie. Soit u_p l'espérance de gain de A quand il possède p jetons. On a clairement $u_0 = 0$ et $u_{a+b} = 1$. De plus, à chaque moment du jeu, le schéma ci-dessous permet d'écrire une relation entre u_p, u_{p-1} et u_{p+1} :

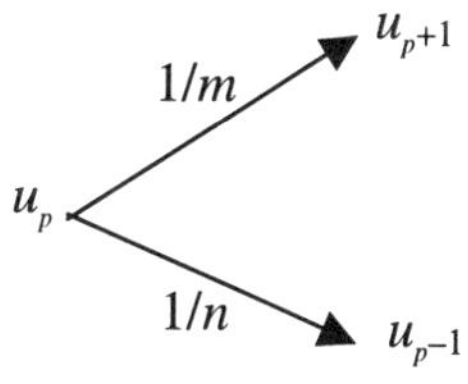

On peut alors écrire : $u_p = \dfrac{\frac{1}{m}u_{p+1} + \frac{1}{n}u_{p-1}}{\frac{1}{m} + \frac{1}{n}} = \dfrac{nu_{p+1} + mu_{p-1}}{m+n}$, ou encore $nu_{p+1} = (m+n)u_p - mu_{p-1}$.

Euler reconnaît ici une suite récurrente linéaire d'ordre 2. Classiquement, on cherche alors les raisons r des suites géométriques (r^p) vérifiant la même relation de récurrence. On obtient, après simplification par r^{p-1}, l'équation du second degré $nr^2 - (m+n)r + m = 0$, dont les racines sont 1 et $\frac{m}{n}$. Dans le cas où $m \neq n$, précision qui n'est pas apportée par Euler, on sait que toutes les suites vérifiant la relation de récurrence sont de la forme : $u_p = A + B(\frac{m}{n})^p$, A et B étant des constantes réelles. Les deux conditions $u_0 = 0$ et $u_{a+b} = 1$ permettent de trouver les valeurs de A et B : $A = -B = \frac{-n^{a+b}}{m^{a+b} - n^{a+b}}$. Ceci permet de trouver u_p, pour tout p, en particulier pour $p = a$, u_a est l'espérance de gain de A au début du jeu.

Soit, comme annoncé, $u_a = \frac{n^b(m^a - n^a)}{m^{a+b} - n^{a+b}}$.

Euler calcule alors l'espérance de gain de B en prenant le complément à 1, soit $\frac{m^a(m^b - n^b)}{m^{a+b} - n^{a+b}}$, ce qui donne le rapport des sorts annoncé.

Euler a donc supposé implicitement d'une part $m \neq n$ et d'autre part que la somme des espérances des deux joueurs était égale à 1, la mise en jeu, ce qui n'est pas si évident.

Euler examine ensuite un exemple : $a = 9$; $b = 7$; $\frac{m}{n} = \frac{3}{2}$. Il montre alors que B a plus de chances de gagner, y compris dans le cas où l'on fait tendre a vers $+\infty$.

Dans le scholie enfin, Euler recherche le nombre de jetons que doit posséder A pour que le jeu soit équitable, b et $\frac{m}{n}$ étant donnés. L'égalité des espérances des joueurs conduit à l'équation : $\left(\frac{m}{n}\right)^a = \frac{n^b}{2n^b - m^b}$, d'où en prenant le logarithme, noté simplement l par Euler, on trouve $a = \frac{b\log n - \log(2n^b - m^b)}{\log m - \log n}$.

Euler remarque enfin que cette valeur n'existe que si $2n^b - m^b > 0$, ou encore que $b < \frac{\log 2}{\log m - \log n}$, ce qui n'était pas réalisé dans l'exemple précédent. Tous ces calculs supposent $m > n$.

6.2. Le texte d'Euler

PROBLEMA DE SORTE IN LUDIS

(UN PROBLÈME DE HASARD DANS LES JEUX)

Un joueur A possède a *jetons tandis que B en possède* b. *Les dés sont jetés et à chaque lancer qui amène un résultat dont la chance de se produire est* $\frac{1}{\mathrm{m}}$, *B donne un jeton à A ; en revanche, à chaque lancer qui amène un autre résultat dont la chance de se produire est* $\frac{1}{\mathrm{n}}$, *A donne un jeton à B. A et B jouent à cette condition jusqu'à ce que l'un des deux ait gagné tous les jetons de l'autre, auquel cas il emporte la totalité de la mise. On demande de calculer l'espérance de gain de chacun des deux joueurs.*

RÉPONSE

L'espérance de A vaut $\dfrac{n^b(m^a - n^a)}{m^{a+b} - n^{a+b}}$.

L'espérance de B vaut $\dfrac{m^a(m^b - n^b)}{m^{a+b} - n^{a+b}}$.

et par suite,

le sort de A est à celui de B comme $n^b(m^a - n^a)$ *est à* $m^a(m^b - n^b)$.

SOLUTION

Dans cette situation, pour le joueur A, les espérances de gain et de perte d'un jeton sont dans un rapport de n *à* m. *Pendant la durée de la partie, on aura :*

Au moment où A a ··· jetons	son espérance vaut
0	0
1	$\alpha = \dfrac{n\beta + m0}{m+n}$
2	$\beta = \dfrac{n\gamma + m\alpha}{m+n}$
3	$\gamma = \dfrac{n\delta + m\beta}{m+n}$
4	$\delta = \dfrac{n\varepsilon + m\gamma}{m+n}$
5	ε
⋮	⋮
a + b	1

Soient X, Y, Z *trois termes consécutifs de cette suite. Alors on a*

$nZ = (m + n)\, Y - mX$

qui définit une suite récurrente ; pour la déterminer, on pose :

$nzz = (m + n)z - m$

qui admet pour racines : $z = 1$ *et* $z = \dfrac{m}{n}$ *;*

par suite, le terme d'indice général [de cette suite] est de la forme

$$A + B\left(\frac{m}{n}\right)^x.$$

On pose $x = 0$ *; il vient* $A + B = 0$.

On pose $x = a + b$ *; il vient* $A + B\left(\dfrac{m}{n}\right)^{a+b} = 1$

et ensuite $$A = \frac{1}{1 - \left(\dfrac{m}{n}\right)^{a+b}} = \frac{-n^{a+b}}{m^{a+b} - n^{a+b}}$$

et $$B = \frac{n^{a+b}}{m^{a+b} - n^{a+b}}.$$

C'est pourquoi lorsque A a x *jetons, son espérance est égale à*

$$\frac{n^{a+b}}{m^{a+b} - n^{a+b}}\left(\frac{m^x - n^x}{n^x}\right),$$

c'est-à-dire : $$\frac{n^{a+b-x}(m^x - n^x)}{m^{a+b} - n^{a+b}}.$$

Et comme A possède au début a *jetons, son espérance vaut*

$$\frac{n^b(m^a - n^a)}{m^{a+b} - n^{a+b}}.$$

Et de même celle de B vaut :

$$1 - \frac{n^b(m^a - n^a)}{m^{a+b} - n^{a+b}} = \frac{m^{a+b} - m^a n^b}{m^{a+b} - n^{a+b}}.$$

Q.E.I.

EXEMPLE

Le lancer est favorable à A s'il obtient 9 avec deux dés (4 façons),
Le lancer est favorable à B s'il obtient 7 avec deux dés (6 façons),
donc m *et* n *sont dans un rapport de 3 à 2. Soit* b *= 2, alors on a*

le rapport du sort de A à celui de B vaut $\frac{2^2(3^a - 2^a)}{3^a(3^2 - 2^2)} = \frac{4.3^a - 4.2^a}{5.3^a}$.

Si b = *2 et* a = ∞, *on aura*

$$\frac{\textit{sort de A}}{\textit{sort de B}} = \frac{4}{5}.$$

Ainsi, même si A possède un nombre infini de jetons, le sort de B sera cependant meilleur.

SCHOLIE

Pour que les espérances des deux [joueurs] soient égales, il faut que l'on ait

$$m^a n^b - n^{a+b} = m^{a+b} - m^a n^b$$

soit

$$2m^a n^b = m^{a+b} + n^{a+b} ;$$

et si le rapport m : n *est donné, on a*

$$a = \frac{b l n - l(2n^b - m^b)}{l m - l n}.$$

Soit m = *9,* n = *5,* b = *12 ; on a*

$$a = \frac{12 l 5 - l(2.5^{12} - 9^{12})}{l 9 - l 5}.$$

Donc on s'aperçoit que pour pouvoir obtenir l'égalité des chances, il est nécessaire que l'on ait

$$2n^b > m^b \quad \text{soit} \quad 2\left(\frac{n}{m}\right)^b > 1,$$

ce qui équivaut à

$$l 2 - b l \frac{m}{n} > 0$$

soit

$$b < \frac{l 2}{l m - l n}.$$

Bibliographie

HUYGENS, Christiaan, *Du Calcul dans les jeux de hasard*, in *Œuvres Complètes de Christiaan Huygens*, publiées par la Société Hollandaise des Sciences, La Haye, Martinus Nijhoff, 1888-1950, tome XIV, traduction D.J. Kortwerg.

MONTMORT, Pierre Rémond de, *Essay d'Analyse sur les jeux de Hazard*, 2ème édition, Paris, J. Quillot, 1713, Extrait : prop XXXVI sur le problème 5 de Huygens, pp. 222-223.

HUYGENS, Christiaan, *Appendice d'août 1676*, in *Œuvres Complètes de Christiaan Huygens*, publiées par la Société Hollandaise des Sciences, La Haye, Martinus Nijhoff, 1888-1950, tome XIV, publiées par D.J. Kortwerg, pp. 151-155. Traduction du latin par Frédéric Métin.

BERNOULLI, Jacques, *L'art de conjecturer*, traduit du latin par L. G. F. VASTEL, membre du Lycée et de la Société d'Agriculture et de Commerce de Caen, G. Le Roy, Caen, 1801, remarques sur le problème 5 de Huygens, pp. 94-99.

MOIVRE, Abraham de, *The Doctrine of Chances*, 3ème édition, Londres, 1756. Problème VII sur le problème 5 de Huygens, pp 51-53, traduction de l'anglais par Frédéric Métin.

EULER, Leonhard, *Fragmenta ex adversariis mathematicis deprompta*, 1740-1750 ?, in *Leonhardi Euleri Opera Omnia, Series prima opera mathematica volumen septimum*, 1923, pp. 539-542. traduction du latin par Didier Trotoux.

Annexe 1.

VOCABULAIRE

CHANCE : cas d'apparition d'un événement (trois chances sur quatre).
« Chances égales » : équiprobabilité.

CHANCE : ensemble des résultats (gains) possibles, d'une situation de jeu, affectés de leurs chances (loi de probabilité d'une variable aléatoire finie).

Exemple :
On a 3 chances de gagner 13 et 2 chances de gagner 8.

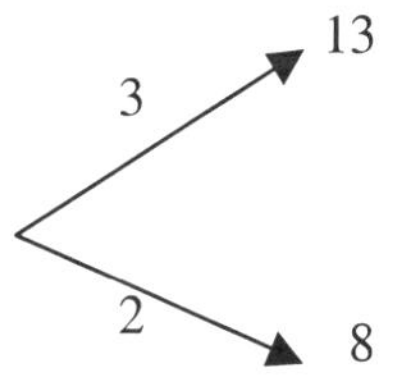

VALEUR DE LA CHANCE : valeur unique qui permet de remplacer la situation de jeu précédente (« expectatio », « sort », espérance de la variable aléatoire).

Exemple :

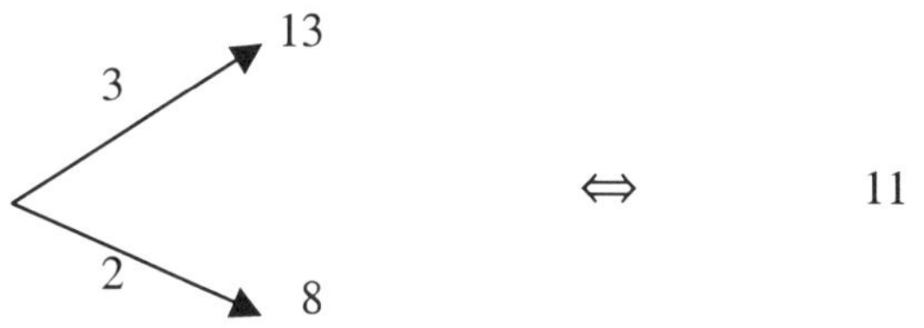

Annexe 2.

HUYGENS : PROPOSITION III

Avoir p chances d'obtenir a et q d'obtenir b, les chances étant équivalentes, me vaut $\dfrac{pa+qb}{p+q}$.

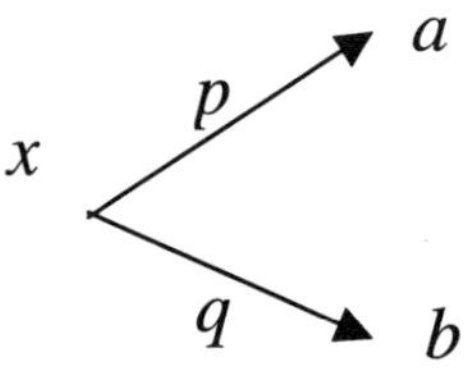

$$\Leftrightarrow \quad x = \frac{pa+qb}{p+q}$$

BERNOULLI : COROLLAIRE 4

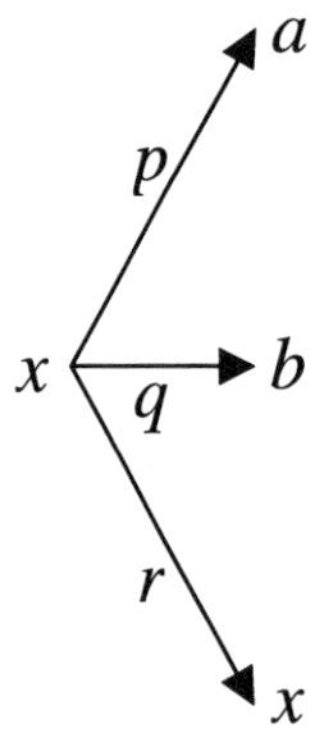

$$\Leftrightarrow x = \frac{pa+qb+rx}{p+q+r} \Leftrightarrow x = \frac{pa+qb}{p+q} \Leftrightarrow x$$

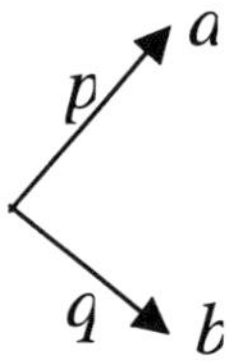

Annexe 3.

DE MOIVRE

Au début :

Jetons de A

E, F, G, H, …

Valeurs des jetons :

$u_1, u_2, u_3, \ldots, u_p$

S_A : somme des jetons initiaux.

p_A : probabilité pour A de gagner tous les jetons de B.

Jetons de B

I, K, L, …

Valeurs des jetons :

$u_{p+1}, u_{p+2}, \ldots, u_{p+q}$

S_B : somme des jetons initiaux.

p_B : probabilité pour B de gagner tous les jetons de A.

On suppose $a > b$ et $\boxed{\dfrac{u_n}{u_{n+1}} = \dfrac{a}{b}}$

A chaque coup : A mise le jeton u_n ; B mise le jeton u_{n+1}.

Espérance de A :

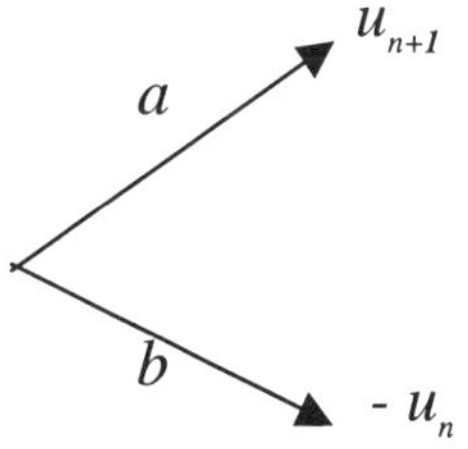

$\Leftrightarrow \quad \dfrac{a u_{n+1} - b u_n}{a+b} = 0$

Le nouveau jeu est équitable donc : $\boxed{p_A . S_B = p_B . S_A}$.

Soit : $\dfrac{p_A}{p_B} = \dfrac{S_A}{S_B}$. Mais $S_A = u_1 \dfrac{1 - \left(\frac{b}{a}\right)^p}{1 - \frac{b}{a}}$ et $S_B = u_1 \left(\frac{b}{a}\right)^p \dfrac{1 - \left(\frac{b}{a}\right)^q}{1 - \frac{b}{a}}$;

d'où

$$\boxed{\frac{p_A}{p_B} = \frac{a^q (a^p - b^p)}{b^p (a^q - b^q)}}$$

LA PORTÉE PHYSIQUE ET SOCIALE DE LA RÈGLE DE BAYES

« Ce devait être l'œuvre propre de l'homme que d'inventer ses moyens d'existence (pour lesquels la nature ne lui avait donné ni les cornes du taureau, ni les griffes du lion, ni les crocs du chien, mais seulement des mains), tous les divertissements qui peuvent rendre la vie agréable, son intelligence, sa sagesse même et jusqu'à la bonté de son vouloir ».

Kant, Réflexions sur l'éducation.

Jean-Pierre Cléro

Le nom de Bayes n'est pas seulement associé aujourd'hui à un théorème que tous les probabilistes connaissent comme « théorème ou principe de Bayes » -qui, d'ailleurs, sous la forme où il est présenté, est plutôt un principe de Laplace[1]- ; il est, sous l'aspect d'un adjectif qualificatif (« bayesien », « bayesienne »), souvent lié à une façon -voire à un ensemble de façons- d'envisager les probabilités et les statistiques ; et même, plus généralement encore, selon l'expression de Mme Fagot-Largeault à « une philosophie de l'entreprise humaine de rationalité (théorique et pratique) »[2]. C'est ainsi que G.G. Granger consacre les dernières pages de son livre *La philosophie du style*, qui examine diverses façons fondamentales pour les sciences de s'écrire et de s'exprimer, à la conception bayesienne dans laquelle il voit « une interprétation de la connaissance comme travail, en nous écartant de l'interprétation qui en ferait le dévoilement d'un être-en-soi caché »[3].

On assiste, depuis l'entre-deux guerres, à une sorte de réhabilitation de la méthode bayesienne en calcul des probabilités et en statistiques, après un rejet

---

1 Ce principe donne la probabilité pour que, un événement B s'étant produit et pouvant se produire de plusieurs manières différentes (s'excluant mutuellement) par la cause A_1, A_2, ...A_n, ce soit précisément à cause de A_1 qu'il s'est produit : $P(A_1 \text{ si } B) = [P(B \text{ si } A_1) \times P(A_1)] / [\Sigma_1 P(B \text{ si } A) \times P(A)]$. Le §2 du *Mémoire sur la probabilité des causes par les événements* de 1774 énonce le « principe » en ces termes : « Si un événement peut être produit par un nombre n de causes différentes, les probabilités de l'existence de ces causes prises de l'événement sont entre elles comme les probabilités de l'événement prises de ces causes, et la probabilité de l'existence de chacune d'elles est égale à la probabilité de l'événement prise de cette cause, divisée par la somme de toutes les probabilités de l'événement prises de chacune de ces causes ».

2 Actes de la journée d'études du 15 décembre 1979, *Médecine et probabilités*, Institut de recherche universitaire d'histoire de la connaissance, Université Paris-Val de Marne, Didier-Erudition, Paris, 1982, p.79.

3 A. Colin, Paris, 1968, p.294.

quasi-unanime au début du XXème siècle, faisant suite à une mise en doute commencée cinquante ans auparavant. Le nom de Bayes est devenu une sorte de titre de ralliement des positions dites « subjectivistes » en statistiques et en probabilités : la probabilité devant être regardée comme une opinion ou comme une croyance dont on peut discuter et même calculer le bien-fondé, mais qu'on ne considère pas comme livrant des propriétés objectives qui s'attacheraient aux choses mêmes ou aux événements eux-mêmes, comme on pourrait en avoir l'illusion[4]. On découvre -parfois on redécouvre- des domaines de prédilection de la conception bayesienne de l'activité théorique et pratique, en matière de diagnostic médical à partir de symptômes, en droit pénal lorsqu'il s'agit d'évaluer le degré de culpabilité présumée d'un justiciable et le poids de la peine qu'on doit lui infliger, mais aussi en psychologie lorsqu'il s'agit d'apprentissage par expérience de réussites et d'échecs, en matière économique lorsqu'il s'agit de définir des stratégies sur le marché, et par ce dernier biais qui m'intéressera particulièrement pour cet exposé, dans les questions morales -au sens actuel du terme certes, mais aussi au sens plus large qu'il prenait au XVIIIème siècle où « moral » avait à peu près l'acception de « social »-.

Ce mouvement, qui s'est peut-être amplifié récemment, est assez important (sur le plan quantitatif du volume des publications, sur celui de ses enjeux idéologiques et celui de ses divers usages réels) pour piquer la curiosité du philosophe ou de l'historien des sciences, d'autant plus vivement que, à ma connaissance, la règle de Bayes n'a pas fait l'objet de beaucoup d'études en notre langue du moins -elles sont plus nombreuses en anglais- et qu'elle n'a été traduite pour la première fois, avec un tirage quasi-clandestin d'ailleurs puisque la Bibliothèque nationale elle-même n'en possède pas d'exemplaire, qu'en 1988 dans le n°18 des *Cahiers d'histoire et de philosophie des sciences* publiés par la Société française d'histoire des sciences et des techniques. C'est pourquoi je partirai de l'*Essai* même de Bayes dans la formulation publiée par Price au XVIIIème siècle ; puis sans m'attarder outre mesure au détail de l'argumentation et des démonstrations mathématiques, je m'intéresserai particulièrement à la destinée des règles qui concluent l'*Essai*, en montrant leur intérêt pour la physique du XVIIIème siècle, sans doute, mais aussi bien au-delà puisque la physique du XXème siècle -je pense en particulier à la microphysique de Louis de Broglie- n'a pas cessé d'être hantée par la question de l'existence réelle ou simplement épistémologique de la probabilité des phénomènes physiques. Toutefois, quand bien même Price a essentiellement donné, ne serait-ce que par les exemples qu'il prend dans l'appendice de sa publication, une interprétation « physique » de la règle de Bayes, dont il montre l'intérêt pour le problème de l'induction, il nous appartient de comprendre la valeur de cette règle sur le terrain des sciences de l'homme, ce que nous ferons particulièrement en approchant la façon dont un

---

[4] Dans la préface de sa *Théorie des probabilités*, trad. A. Machi & A. Smith, Wiley, New York, 1974, De Finetti écrit : « LA PROBABILITE N'EXISTE PAS » et il ajoute que « la probabilité, si on la regarde comme une chose douée d'une certaine forme d'existence objective, est [...] un concept erroné, une tentative illusoire d'extérioriser ou de matérialiser nos véritables croyances probabilistes ». Il reprend le thème humien de « la chance qui n'est rien de réel ».

penseur utilitariste contemporain, mort en 2000, John Harsanyi, s'est servi de Bayes. Mais je voudrais aller un peu au-delà et me demander si la grande facilité avec laquelle cette règle et, plus généralement, les probabilités bayesiennes rendent compte des phénomènes humains, sociaux ou moraux, n'est pas liée à un effet de miroir qui nous surprend tout simplement parce que le schème fondamental des probabilités bayesiennes est emprunté spontanément, non seulement à la structure de la langue anglaise, ce qui n'est pas sans conséquences majeures, mais aussi à une structure politique et juridique particulière à la Grande Bretagne, qui est celle du *trust* (que l'on traduit parfois par le mot barbare en notre langue de *fidéicommission*), lequel trame, plus ou moins sourdement le problème résolu par Bayes. E. Coumet avait montré, il y a plus de trente ans, dans un article justement célèbre[5], que les calculs de Pascal étaient entièrement tramés par des conceptions juridiques qu'il avait trouvées dans le droit positif de l'époque, réglant les affaires et les héritages, et tout particulièrement chez Domat ; on peut, dans ce sillage montrer que le *trust* a schématisé la *truth* des calculs qui nous intéressent. Il se trouve d'ailleurs que *trust* et *truth* sont originaires du même mot[6]. Mais ces remarques historiques et linguistiques ne suffisent évidemment pas à régler tous les problèmes qui sont aigus et dont le plus difficile est peut-être celui de savoir ce que signifie la vérité d'une solution dès lors qu'elle est tramée par des schèmes manifestement issus de la pratique.

1. Questions biographiques et bibliographiques ; présentation et explication du problème de l'*Essai* de Bayes

Avant de nous engager dans les questions précédentes, il nous faut d'abord présenter la personne de Bayes -ce qui sera vite fait puisque nous n'en connaissons pas grand chose-, celle de Price -qui est mieux connue en raison de son activité politique-, le problème de l'*Essai* et le style de sa solution.

Lorsqu'on veut remonter aux origines du courant dit « bayesien », on aboutit à l'*Essai en vue de résoudre un problème de la doctrine des chances*, publié en 1763 (après la mort de son auteur le 17 avril 1761) dans les *Philosophical Transactions* de la Royal Society par les soins de Richard Price, qui était ami de Bayes et dont l'inscription dans certains courants philosophiques du temps est

[5] La théorie du hasard est-elle née par hasard ? in : *Annales Economies Sociétés Civilisation*, 25ème année, mai-juin 1970, n°3, p.574-575.

[6] Les dictionnaires classiques d'étymologie attestent de cette origine proto-germanique et indo-européenne commune. *Origins*, d'E. Partridge, Routledge, London, 1991, p.741. *The Barnhart Dictionary of etymology*, ed. R.K. Barnhart, The H.W.Wilson Company, 1988, p.1173. *The Oxford English Dictionary* (Clarendon Press, Oxford, 1989, 2d ed.) fait état d'un verbe *to truth*, qui signifie *to believe, to trust* (vol.XVIII, p.629). *A comprehensive etymological dictionary of the english language*, d'E. Klein, (Elsevier pub. Company, Amsterdam, Londres, Paris, 1967) fait aussi état de l'ancêtre commun en vieil anglais de *truth* et de *trust* dans les mots *treowian, treowe* (vol. II, p.1660).

plus explicite que celle de Bayes. Cette publication de 1763 s'est trouvée complétée, toujours grâce à Price et dans les mêmes *Philosophical transactions*, en 1765 cette fois, par quelques précisions concernant la démonstration de la seconde règle qui termine l'*Essai*. Si certains auteurs philosophes ou historiens des probabilités de notre temps n'hésitent pas à présenter comme un véritable pionnier d'une nouvelle rationalité un auteur qui n'a rien publié par lui-même sur la question qui nous intéresse, les deux publications de 1763 et 1765 n'ont suscité sur le champ, en dépit des efforts de Price pour souligner l'intérêt de ces textes en mathématiques, en physique et en philosophie, aucune espèce d'attention. Il faut attendre une quinzaine d'années pour voir les recherches de Bayes prises en compte par Condorcet, qui les cite en 1781 dans un texte de l'Histoire de l'Académie Royale des Sciences de Paris et par D'Alembert en 1780. Laplace, qui publie en 1774 son *Mémoire sur la probabilité des causes par les événements*, ne semble pas les avoir connues. Il y a plus paradoxal encore que l'ignorance d'un texte qui se signalait pourtant comme essentiel sur le problème crucial de l'induction et de la causalité ; car les auteurs que nous venons de citer, du moins Condorcet et Laplace, qui feront connaître Bayes en France, sont des « déterministes »[7] résolus dans les questions de physique comme dans la pensée des affaires sociales et ils n'ont guère tiré de leçons sceptiques touchant la nécessité des phénomènes sociaux qu'ils ont continué à affirmer sur le même mode que s'ils n'avaient jamais lu l'auteur dont ils ont pourtant contribué à divulguer le nom.

Mais qui était Bayes ? Il est né en 1702 ; il reçut une éducation privée, comme il était ordinaire chez les non-conformistes de l'époque. Il n'est pas impossible qu'il ait appris les mathématiques par l'un des fondateurs de la théorie des probabilités, A. de Moivre. Fils d'un Ministre de l'Eglise presbytérienne à Leather Lane, près de Holborne, il devint lui-même l'un des six ministres non-conformistes publiquement ordonnés comme tels en Angleterre. En 1742, Bayes fut élu Membre de la Société Royale, soutenu par Stanhope, Martin Folkes, J. Burrow, Cromwell Mortimer et John Eames.

On sait peu de chose sur son amitié avec Price. Les deux hommes se sont probablement rencontrés grâce à John Eames, ami de Newton par lequel il avait été introduit à la Royal Society, qui enseigna les mathématiques à Price à Moorfields ; Bayes avait aussi probablement étudié par ses soins les mathématiques à l'Académie dissidente de Tenter Alley. On sait un peu plus de

7 On connaît la fameuse formule de Laplace, qui a été retenue pour la définition même du déterminisme ; mais Condorcet n'est pas moins déterministe en ce sens : « Si l'homme peut prédire avec une assurance presque entière les phénomènes dont il connaît les lois ; si, lors même qu'elles sont inconnues, il peut, d'après l'expérience, prévoir avec une grande probabilité les événements de l'avenir ; pourquoi regarderait-on comme une entreprise chimérique, celle de tracer avec quelque vraisemblance le tableau des destinées futures de l'espèce humaine d'après les résultats de son histoire ? Le seul fondement de croyance dans les sciences naturelles est cette idée : que les lois générales, connues ou ignorées, qui règlent les phénomènes de l'univers, sont nécessaires et constantes ; et par quelle raison de principe serait-il moins vrai pour le développement des facultés intellectuelles et morales de l'homme que pour les autres opérations de la nature ? » (*Esquisse d'un tableau historique des progrès de l'esprit humain*).

chose sur son œuvre. Il est peut-être l'auteur d'une *Défense des mathématiciens contre les objections de l'auteur de l'Analyste* publiée anonymement en 1736 sous le titre d'*Introduction à la doctrine des fluxions* ; du moins la Bodleian Library d'Oxford l'assure-t-elle. Il s'agit d'une réponse aux attaques du philosophe Berkeley qui, en 1734, avait rudement mis en cause, non pas la vérité des résultats obtenus en analyse par Newton mais la rigueur des méthodes qui y conduisent telles qu'elles sont présentées, par exemple, dans son *Traité de la quadrature des courbes* (de 1676, publié en 1704). La *Défense*, qui présente une argumentation originale pour plaider les droits du temps et du devenir en mathématiques, paraît porter, pour cette raison, la marque de Bayes dont le souci du temps éclate dans l'*Essai*. Il est aussi possible qu'il soit l'auteur, à moins que ce ne soit son père Josuah Bayes, d'un essai sur la Providence intitulé *De la divine bienveillance ou Essai en vue de prouver que la fin principale de la divine Providence et du Gouvernement divin est le bonheur de ses créatures* (publié en 1731). En dépit de l'anonymat de la publication, la Bodleian Library assure que Thomas Bayes en est l'auteur ; ce qui n'est pas sans apporter une caution à l'interprétation utilitariste que je ferai de la règle de Bayes. Il est, cette fois certainement, l'auteur d'une lettre à John Canton, Secrétaire de la Royal Society, sur les séries asymptotiques, publiée après sa mort en 1763 dans les *Philosophical transactions*, l'année même de la parution de l'*Essai*.

Quant à Price, dont je traite ici plus succinctement, il est né en 1723, mort en 1791 ; il fut ministre presbytérien à Newington Green et il partagea son temps entre ses obligations de prêcheur et ses études de théologie, de mathématiques et de philosophie. En chacun de ces domaines, il marquera la vie intellectuelle de son temps. Il entrera en polémique avec Hume, non sans lui occasionner des difficultés, d'une part, sur des questions liées au fondement de la morale qu'il prétend intuitionner par la raison, d'autre part, sur des questions théologiques portant soit sur la Providence, soit sur les miracles. Price connaît les idées de Hume sur la cause et il en apprécie la valeur polémique. De plus, Price est connaisseur assez reconnu du calcul des probabilités pour être expert des questions d'assurances et des questions financières, conseiller d'une grande société et même conseiller des gouvernants (Shelburne et Pitt) sur les moyens de rembourser la dette nationale. Son travail d'édition de l'*Essai* de Bayes a certainement dû peser dans son élection comme *Fellow of the Royal Society*. Il est temps de présenter le problème de Bayes et de l'expliquer.

Pour mieux comprendre en quoi consistent le projet de Bayes et sa réalisation, pour mieux apprécier aussi l'interprétation qu'en donne Price et ses insuffisances, il faut exposer le problème forgé par Bayes et la façon dont il l'a résolu.

Le problème de Bayes est inverse du problème qui a conduit Jacques Bernoulli, à formuler cinquante ans auparavant, ce qui s'est appelé, longtemps après, la « loi des grands nombres ». Cette loi établit que, comme le dit Laplace dans son Introduction à la *Théorie analytique des probabilités*[8], « en multipliant indéfiniment les observations et les expériences, le rapport des événements de

8 Courcier, Paris, 1814, p.C.

diverses natures qui doivent arriver, approche de celui de leurs possibilités respectives, dans des limites dont l'intervalle se resserre de plus en plus et devient moindre qu'aucune quantité assignable ». Ainsi, en un grand nombre d'essais de jets d'un dé non pipé, le nombre de fois que l'as est sorti est proche du nombre de fois que le 2, le 3, le 4, le 5 ou le 6 sont respectivement sortis.

Mais que se passe-t-il quand la moisson de l'expérience devient maigre et quand il faut tout de même se prononcer sur la probabilité d'un événement alors que l'on ne dispose que de peu d'essais pour dresser le répertoire des fois où l'événement a eu lieu et des fois où il n'a pas eu lieu ? Avec quelle chance d'avoir raison établit-on la probabilité qu'un événement ait lieu, lorsqu'on n'a fait l'expérience de cet événement qu'un nombre modeste de fois, qui ne permet pas l'application de la loi des grands nombres ? Par un calcul de combinaisons, à partir des cas qui se sont produits, et par un rapport du dénombrement de ces combinaisons à l'ensemble des combinaisons possibles pour un grand nombre de cas, Bayes établit la chance d'avoir raison lorsqu'on conjecture que la probabilité d'un événement se situe entre deux degrés que l'on se donne. Le problème est formulé exactement en ces termes : « Etant donné le nombre de fois qu'un événement inconnu s'est réalisé ou a fait défaut, on demande la chance que la probabilité de sa réalisation lors d'une seule épreuve soit comprise entre deux degrés que l'on puisse assigner ».

Le texte qui donne la solution de ce problème est divisé en deux sections. Les sept propositions de la première section établissent principalement que, si nous notons A le premier événement dans le temps, B le second, P la probabilité :

$$P\ (A\ \&\ B) = P\ (A) \times P\ (B \text{ si } A) \text{ ou : } P\ (B \text{ si } A) = P\ (A\ \&\ B)\ /\ P\ (A)$$

et que :

$$P\ (A \text{ si } B) = P\ (A\ \&\ B)\ /\ P\ (B).$$

On peut tirer, des propositions précédentes, la fameuse formule de la probabilité des causes, dont on doit l'expression à Laplace :

$$P\ (A_1 \text{ si } B) = [P\ (B \text{ si } A_1) \times P\ (A_1)]\ /\ \Sigma^n\ P\ (B \text{ si } A) \times P\ (A).$$

Bayes formule cette règle différemment : « Si rien n'est connu d'un événement, sinon qu'il s'est produit p fois et ne s'est pas produit q fois en p + q, soit n essais, et si, de là, je conjecture que la probabilité de sa production en un seul essai est comprise entre deux degrés de probabilité X et x, la chance que j'ai d'avoir raison dans ma conjecture est : (n+1) E multiplié par la différence entre deux séries [calculées par Bayes, dont l'une est liée à p, q et X, et dont l'autre est liée à p, q et x] ; E étant le coefficient de $a^p b^q$ lorsque [le binôme de Newton] $(a+b)^n$ est développé ».

Cette règle est d'abord de prudence et d'intelligence ; elle permet d'éviter les inductions indues que l'on est assez porté à faire lorsqu'on dispose de peu d'expériences au départ. Il est vrai que, lorsqu'un médecin, par exemple, ne dispose que de peu de cas pour lier la présence de tel symptôme avec le développement de telle maladie, il est néanmoins tenté d'étendre le rapport du nombre de fois où l'événement de cette liaison a eu lieu au nombre de fois où il n'a pas eu lieu, du moins à sa connaissance, à l'ensemble beaucoup plus vaste des cas futurs ou des cas passés qu'il n'a pas directement expérimentés. Or cette tentation est erronée et il n'y céderait qu'avec de fortes chances de se tromper, calculées précisément par la règle de Bayes. Il n'est sans doute pas faux qu'une certaine impulsion psychologique donne un sens au problème ; mais cette impulsion doit être impérativement corrigée si on veut qu'elle soit vraie ou que, du moins, elle prenne une valeur mathématique. Price prend, dans l'Appendice un exemple pour illustrer le problème : « Imaginons, dit-il, une personne présente au tirage d'une loterie qui ne sait rien de son organisation ou de la proportion de billets perdants et de billets gagnants qu'elle contient. Supposons en outre qu'elle soit obligée de l'inférer du rapport du nombre de billets gagnants à celui des billets perdants, tandis qu'elle assiste à leur tirage.

Supposons d'abord qu'elle assiste au tirage de 10 billets perdants pour 1 gagnant, et qu'elle cherche quelle chance elle a de dire vrai quand elle conjecture que la proportion de perdants aux gagnants de la loterie est comprise entre 9 pour 1 et 11 pour 1. [...] Il y aurait *contre* la vérité de cette affirmation une chance d'environ 12 contre 1.

Supposons [désormais] qu'elle ait assisté au tirage de 20 billets perdants pour 2 gagnants, les chances contre elle, si elle fait la même conjecture passent approximativement de 9 contre 1.

Supposons en outre qu'elle ait assisté au tirage de 40 billets perdants et de 4 gagnants, il n'y aura désormais plus que 5 à parier contre 1 contre l'éventualité que la proportion des billets perdants aux billets gagnants soit comprise entre 9/1 et 11/1.

Supposons qu'elle ait assisté au tirage de 100 billets perdants pour 10 gagnants, la chance que la véritable proportion soit comprise entre 9/1 et 11/1 est de 0,2506 ; autrement dit, il y aura environ 3 à parier contre 1 contre cette dernière éventualité ».

Il n'équivaut pas de disposer de 20 cas, de 100, de 10 000 ou de 100 000 pour obtenir des rapports de probabilités fiables ; et même si les rapports de 1/20, de 5/100, de 500/10 000 et de 5 000/100 000 sont arithmétiquement égaux, on ne raisonne pas en probabilités sur 20 cas comme on raisonne sur 100.

2. L'interprétation physique de la règle de Bayes

Il est temps désormais de caractériser le type de rationalité mis en œuvre par cette règle. On peut l'envisager par opposition avec la conception que Newton se fait de la loi. Produite dans un contexte théiste, la règle bayesienne est l'un des meilleurs instruments pour mettre en péril cette conception.

Curieusement, le calcul des fluxions, que Newton avait envisagé pour rendre compte au mieux des processus naturels et remplacer l'aveugle et inadéquate géométrie des indivisibles, disqualifiée pour représenter la dynamique naturelle[9], est strictement et banalement utilisé par Bayes pour représenter et calculer des combinaisons. Le calcul des fluxions est utilisé comme une algèbre commode, qui permet de fonder la règle fixant un degré de croyance pour un degré de probabilité compris dans un intervalle entre deux degrés de probabilité donnés. Ainsi la méthode du *De quadratura curvarum*, qui est aussi celle des *Principia*, est-elle prise ici complètement *a contrario*. Ce que repérera Bentham qui s'étonnera de voir des considérations sur les probabilités emprunter à un fallacieux langage naturaliste l'essentiel de sa symbolique et de son imaginaire, embrouillant par là son véritable sens[10]. L'étrangeté tient à ce que le type de temporalisation de l'outil mathématique, voulue par Newton pour exprimer les processus naturels, n'intéresse nullement Bayes, qui en spatialise l'usage pour, paradoxalement, permettre de penser une autre temporalisation, non plus du devenir et du passage, mais des dates et du repérage historique des événements.

A supposer que la démarche bayesienne ait, comme le soutient Price, un sens « naturel », l'image de la nature est, chez Bayes, très différente de celle qu'en produit Newton. Le langage des fluentes et des fluxions est explicitement réglé pour rendre compte des surgissements et des disparitions de phénomènes, des trajectoires continues suivies par des objets en mouvement. A ce réseau serré de trajectoires et à ce système de lois, Bayes oppose plutôt la figure d'une urne qui dissimule la majeure partie de ses phénomènes et n'en offre que parcimonieusement quelques-uns à notre considération, à partir desquels nous développons hasardeusement nos supputations. Il ne s'agit plus du tout de se mettre à l'unisson d'une nature pour en suivre sympathiquement les processus, mais plutôt de développer une stratégie rationnelle de conduite à l'égard de phénomènes massivement ignorés ou dont seul un petit nombre est connu. La connaissance même est, chez Bayes comme chez Pascal, une stratégie de mise en ordre quand les véritables règles du jeu, telles qu'elles sont en soi, nous échappent, au moins durablement et vraisemblablement pour toujours. La

---

9 Dans l'introduction au traité *De la quadrature des courbes* (1676), Newton donne le principe de sa méthode. Il propose de substituer à la composition des quantités mathématiques par des parties les plus petites possibles leur description par un mouvement continu. Ainsi « les lignes sont-elles décrites et engendrées, non pas l'apposition de parties, mais par un mouvement continuel de points ; les surfaces le sont par des mouvements de lignes ; les solides par le mouvement de surfaces ; les angles par la rotation des côtés, les temps par un flux continuel et ainsi de suite dans les autres cas » (in : *The Mathematical Papers of Isaac Newton*, vol.VIII, 1697-1722, ed. by D. T. Whiteside, Cambridge, University Pess, 1981, p.107).

10 Chrestomathia, p.372-373 : « Lorsque, sur un sujet particulier auquel on les [la géométrie et l'algèbre] applique respectivement, la figure peut, quoiqu'elle ait lieu d'exister, être négligée sans dommage en raison de sa fausseté ou sous toute autre raison, dans ce cas, au lieu de la géométrie, qui semble la forme la plus appropriée et la plus naturelle, l'algèbre, si on y a recours, est utilisée, de façon non dommageable, sans fiction et, par conséquent, sans produire d'obscurité ; et, dans la mesure où la recherche du résultat a pu aboutir avec le moins de travail et le plus de célérité, avec un avantage clair, particulier et net.

Mais si, dans un cas où la figure n'a pas lieu d'être, comme dans le cas du calcul concernant les degrés de probabilité, qui s'expriment en nombres, si donc une proposition revêt une forme géométrique, dans cette mesure, on aura recours à la fiction et, avec elle, se sera immiscée sa fidèle accompagnatrice, l'obscurité ».

connaissance en matière de probabilité ne saurait, chez l'un comme chez l'autre, avoir de sens que pratique : elle ne porte jamais directement sur la nature. La règle de Bayes ne fait que définir le degré de croyance ou de confiance que je puis légitimement accorder à une assignation de degré de probabilité dont je fais l'hypothèse à l'égard d'un phénomène ou d'une association de phénomènes.

Ainsi la réalité selon Bayes n'est pas une réalité naturelle au sens strict. Elle ne coïncide jamais directement avec les phénomènes, quand bien même ces phénomènes en seraient partie prenante ; elle définit le degré de croyance que je puis avoir quand je mise sur tel ou tel phénomène avec l'espérance qu'il se produise (ou ne se produise pas). La réalité bayesienne est donc complexe ; elle n'est pas celle d'une nature dont Dieu serait l'auteur ; elle est, au contraire, dès le départ, fortement « anthropologisée » ou « humanisée ». Le sujet bayesien, le *I guess* qui est mis en scène dans toutes les démonstrations, suppute des probabilités, se donne une marge de manœuvre à l'égard des événements et calcule avec quelle chance d'avoir raison il fait cette supputation ou s'accorde la marge de manœuvre. Le principe de réalité est moins celui de la pression des phénomènes sur le sujet que l'évaluation d'un choix ou d'une conjecture ; si le choix est relativement libre, il est clair que l'évaluation de ce choix ne l'est pas et que l'on peut évaluer le degré d'avoir raison (ou tort) en misant sur la production de tel ou tel phénomène. La réalité de l'expérience n'est pas l'imposition directe des phénomènes sur un sujet qui en produirait la copie plus ou moins conforme, mais elle est liée à une stratégie qui met en tension un choix, lequel dépend d'intentions, de besoins, de désirs humains, et une évaluation de ce choix ; car, si l'ordre du monde ne contrevient pas à notre bonheur, il est clair qu'il ne se règle pas non plus sur nos désirs.

Alors que la structure newtonienne élémentaire qui conduit à la loi se compose des phénomènes, d'un Auteur divin qui édicte la loi des choses, puis d'une activité d'induction et de mise en forme mathématique qui rejoint idéalement cette loi en reconstruisant schématiquement l'intermédiaire des phénomènes et de l'édiction autoritaire, la structure bayesienne comprend les phénomènes, une annonce d'espérance à leur égard et une évaluation de cette annonce d'espérance par confrontation de la combinaison sortie avec l'ensemble des combinaisons possibles. Dès lors, si la nécessité de la loi est profondément théologique chez Newton, quand bien même elle requerrait d'être exprimée et rejointe par la nécessité de la déduction mathématique, la nécessité bayesienne est strictement celle des mathématiques, qui sous-tend l'explication et la déduction de la règle, sans jamais permettre d'établir la nécessité ontologique ou métaphysique des lois. C'est de l'intérieur de notre ignorance et sans la vaincre théoriquement que nous définissons une des attitudes pratiques possibles à l'égard d'une situation. Si nos projets rencontrent une résistance qui en limite la portée, ce n'est pas, comme de l'extérieur, par quelque transcendance divine, mais de l'intérieur par la prise en compte mathématique de possibles, qui viennent peser ou contrepeser les cas réels. La rationalité bayesienne est une rationalité « coudée », qui est une évaluation d'évaluation, le théorique n'ayant fondamentalement de sens qu'à partir d'une orientation pratique en direction des phénomènes. Le principe de réalité, quand on n'en a pas un témoignage direct et sensible, est lié à une pratique d'investissement, de mise en jeu, d'espérance, dont le frein est moins du côté des phénomènes que du côté des possibles. Le support des probabilités est le sujet qui conjecture, pris entre les informations phénoménales dont il dispose et l'immense poids des possibles, qui sont autant pris au sérieux que les cas phénoménalement existants ou qui ont réellement existé[11].

La principale conséquence de cette conception du rapport de la règle et de la loi chez Bayes est que, à la différence de ce qui se passe chez Newton, on ne peut jamais s'assurer par la règle de la constance des lois. Aucune récurrence d'événements, fût-ce, dans nos contrées, celle de l'alternance des jours et des nuits, n'est jamais assurée, comme y insiste Price avec raison[12] ; aucune loi n'aura jamais la parfaite garantie de sa constance, fût-elle confirmée dans sa stabilité, événement après événement. Il n'est de loi que probable : le travail de la règle sous la loi, s'il peut confirmer graduellement l'existence d'une loi, empêche toujours ultimement l'affirmation de sa nécessité absolue et contribue donc plutôt à nous rendre sceptiques à son égard. Il y a toujours suffisamment de raisons de croire que la nécessité d'une loi trouvera ou a trouvé quelque exception. Le scepticisme humien se trouve donc, sur ce point, justifié par les mathématiques : l'idéalité parfaite des lois est une fiction infondée. Paradoxalement, le projet d'établir l'idéalité des lois sur le modèle parfait des mathématiques est démenti par les mathématiques elles-mêmes. Les règles qui « labour under the law » ont donc des effets directement opposés chez Bayes et chez Newton.

Ainsi quand on prétend, comme le fait Kant après Descartes, que toute science ne sera parvenue à son idéal que dans la proportion où elle sera devenue semblable aux mathématiques[13], on oublie que l'on peut prouver, par les mathématiques mêmes, que cet idéal est inatteignable. Le calcul des probabilités a constitué le ver qui ronge le fruit de la science classique.

On trouvera le même résultat dans une considération qui ne va pas sans conséquences empiriques, encore qu'elles n'aient pas été clairement aperçues au siècle même où Bayes écrit son *Essai*. L'écriture d'une loi, comme l'a bien établi Kant à propos de la physique de Newton, implique le dépassement du cours du

---

[11] R. Musil s'est montré particulièrement avisé sur ce point, quand il écrit dans *L'homme sans qualités*, I, IV : « S'il y a un sens du réel, et personne ne doutera qu'il ait son droit à l'existence, il doit bien y avoir quelque chose que l'on pourrait appeler le sens du possible. L'homme qui en est doué, par exemple, ne dira pas : ici s'est produit, va se produire, doit se produire telle ou telle chose ; mais il imaginera : ici pourrait, devrait se produire telle ou telle chose ; et quand on lui dit d'une chose qu'elle est comme elle est, il pense qu'elle pourrait aussi bien être autre. Aussi pourrait-on définir simplement le sens du possible comme la faculté de penser tout ce qui pourrait être « aussi bien » et ne pas accorder plus d'importance à ce qui est qu'à ce qui n'est pas (...) ».

[12] ERPDC, p.95 : « Ce qui a été dit, explique Price dans l'appendice qui suit l'exposé du problème de Bayes et sa solution, semble suffisant pour montrer quelles conclusions tirer d'une expérience *uniforme*. Au lieu de prouver que les événements se dérouleront *toujours* en conformité avec elle, ce qui a été dit prouve qu'il y aura toujours à objecter contre cette conclusion. En d'autres termes, là où le cours de la nature a été le plus constant, nous pouvons seulement avoir des raisons de compter sur une récurrence des événements proportionnellement au degré de cette constance ».

[13] « Je prétends, dit Kant dans les *Principes métaphysiques de la science de la nature*, que, dans toute théorie particulière de la nature, on ne peut atteindre de science proprement dite qu'autant qu'on y trouve de mathématique ». Descartes avait écrit à Mersenne le 27 juillet 1638 : « Toute ma physique n'est autre chose que géométrie ».

temps, appréhendé seulement subjectivement, par l'ordre du temps, qui prétend à l'objectivité[14]. La loi réordonne les phénomènes selon des principes qui ne dépendent pas de la simple succession subjective ou psychologique selon laquelle il arrive aux phénomènes de se dérouler. Or on découvre une tout autre attitude de Bayes pour ordonner le temps. Dans le travail des propositions qui aboutit à la première règle sur laquelle s'arrête l'*Essai*, si l'on en croit Price, Bayes distingue pratiquement la rétrodiction et la prédiction, dans son calcul des probabilités conditionnelles et il éprouve le besoin de calculer la probabilité de l'événement B si son antécédent A a eu lieu séparément de celle de l'événement A si son successeur B a eu lieu, cela dans diverses situations temporelles de l'observation des événements A et B, réduites à partir des divers schèmes linguistiques de la syntaxe anglaise. Le mathématicien travaille à partir de l'organisation symbolique des temps dans la grammaire anglaise[15]. Sur ce point, Bernoulli avait ouvert la voie, puisque la grande affaire de l'*Ars conjectandi*, comme l'a remarqué Leibniz, n'est pas tant la production de la loi des grands nombres[16] que la possibilité d'ouvrir le calcul des probabilités à l'expérience, en rendant semblables des cas hétérogènes, c'est-à-dire, à la lettre, en les *assimilant*.

Il faut mesurer la portée de ne pas tenir pour évident que la probabilité de A si B est égale à la probabilité de B si A, et de chercher à démontrer cette équivalence ; alors que la plupart des mathématiciens probabilistes ne s'embarrasseront bientôt plus de ce genre de difficultés, évacuant de leur discipline le souci du temps orienté et fléché. Cette portée est moins épistémologique, puisque la démonstration neutralisera, au bout du compte, la différence de perspectives, que métaphysique ou ontologique. En effet présupposer cette équivalence sans la prouver, c'est faire comme si la perspective sur l'événement A, du point de vue de son subséquent B, ou celle de B du point de

---

14 *Critique de la raison pure*, PUF, Paris, 1963, p.190-191. Il s'agit essentiellement, pour Kant, de distinguer, dans ce qui peut être perçu simultanément, l'ordre de préséance de la cause par rapport à l'effet, donc de dépasser la perspective que l'on prend sur les phénomènes. « [Dans l'ordre du temps,] le rapport demeure, même s'il ne s'est pas écoulé de temps ». Il s'agit, pour Bayes, non pas de dépasser les perspectives temporelles que l'on prend sur les phénomènes, mais de les organiser essentiellement. On regarde le même rapport dans tous les cas possibles de prédiction et de rétrodiction.

15 Cet « ordre du temps » est infiniment plus subtil que celui qui est envisagé par Kant et les newtoniens. En tout cas, il permet d'effectuer une réfutation beaucoup plus efficace de Hume, comme le fait bien ressortir M. R. Ayers dans *The refutation of determinism. An Essay in Philosophical Logic*, Methnen & CO.LTD, 1968, p.63. M. R. Ayers montre en effet que Hume privilégie indûment le schéma de la constitution de la nécessité par les expériences passées, de telle sorte qu'elle permette le transfert à l'avenir. Mais le passage de ce qui vaut au passé au présent n'est pas conscient, dit-il. Il est vrai que Hume n'envisage pas une logique du temps aussi fine que celle de Bayes.

16 Bernoulli possédait le théorème qui définit la « loi des grands nombres » bien avant qu'il ne travaille à la mise au point de la « théorie de l'estimation des probabilités », comme disait Leibniz dans une lettre qu'il lui adressait en avril 1703. Est-il besoin de préciser qu'il est mort avant d'achever cet aspect de son travail ? Sur tous ces points, voir la publication de Norbert Meusnier, *Jacques Bernoulli & l'Ars conjectandi*, IREM de Rouen, Université de Rouen, 1987, en particulier p.78 et 88.

vue de son antécédent A étaient perspectives sur un même « monde d'événements », organisé selon un ordre indifférent aux perspectives que l'on prend, que l'on est contraint de prendre, sur lui. Tout au contraire, et l'on trouve là sa cohérence avec ses positions sur l'impossibilité de prouver la constance idéale de la loi, le style bayesien est délibérément un perspectivisme temporel.

Quand bien même elle s'exprimerait dans une langue classique, cette conception bayesienne du savoir se rapproche, par quelques traits, de la physique moderne : l'expérience n'est pas le contact avec le tout autre du discours, quoiqu'il le paraisse ; il faudrait plutôt dire avec Cavaillès que « l'expérience est incorporation du monde à l'univers scientifique », l'extra-scientifique radical n'ayant aucun sens[17]. Dès lors, l'établissement des lois n'est pas la copie d'une réalité étrangère ; il ne l'est pas davantage qu'une gravure ou qu'un chiffre[18]. De Broglie a énoncé cette idée devant laquelle il lui est arrivé de reculer. La science a une force propre qui s'empare de l'expérience pour la plier à elle, dans un mouvement qui peut bien idéologiquement se donner comme extérieur, mais qui est essentiellement interne, rapport du sujet à lui-même. Enfin on n'a pas découvert aussi récemment qu'on le croit souvent que le sujet doive se prendre en compte dans sa propre observation ; non seulement il ne peut pas faire autrement, mais la règle de Bayes exprime la conscience de cette prise en compte et de cette nécessité. Par cette anthropologisation de la science selon les règles de probabilité, les méthodes de la physique ne sont pas si éloignées qu'on le dit des méthodes des sciences sociales.

3. La règle de Bayes et les sciences sociales

Il serait imprudent de croire que les sciences sociales se distinguent essentiellement, par leurs méthodes, des sciences physiques. Leur stratégie de chiffrage et de déchiffrage n'est pas très différente ; qu'il faille inventer le vrai et que l'expérience ne fasse jamais que participer de cette stratégie d'invention sont des points que les sciences sociales partagent avec les sciences physiques. P. Kaufmann l'a rappelé dans son livre sur *Kurt Lewin* sous-titré *Une théorie du champ dans les sciences de l'homme*[19] et il n'avait pas le sentiment de dire des

---

17 *Sur la logique et la théorie de la science*, PUF, Paris, 1960, p.23-24. Cavaillès a cette formule très belle qui montre, par ailleurs et du même coup, comment la science est elle-même incorporation de ses propres produits : « La science est un volume riemannien qui peut être à la fois fermé et extérieur à lui ».

18 Descartes et Pascal savaient parfaitement que le savoir n'était pas une copie, que l'expérience était un chiffre ou qu'elle avait la fonction de décoder. Quant à Galilée, il le savait si bien que c'est un dessinateur au travail qu'il met à bord du bateau dont il étudie en physicien le mouvement dans les *Discours sur les deux plus grands systèmes du monde*.

19 Vrin, Paris, 1968. Le livre s'ouvre sur une citation de Louis de Broglie qui « rappelait que, depuis un siècle, la physique avait été le théâtre d'une lutte entre les théories qui admettent la possibilité de décrire, au moins dans une certaine mesure, la réalité physique par des images dans le cadre de l'espace et du temps, et les théories abstraites et formelles à tendance positiviste ». Et

choses très nouvelles par rapport à Hume, même s'il reconnaissait que la dynamique humienne méritait un approfondissement. L'idée humienne est que la nécessité est la même, qu'elle soit celle des choses ou celle qui régit les rapports entre hommes ; puisqu'elle n'est rien en soi, qu'elle n'existe pas plus qu'une probabilité, quoiqu'elle soit le plus haut degré possible de probabilité et qu'elle se déroule uniquement dans le psychisme qui tisse des relations. Dans le II^{d} Livre du *Traité de la nature humaine*, Hume montre qu'il n'y a pas de différence entre l'évidence naturelle et l'évidence morale et qu'elles dérivent, l'une comme l'autre, des mêmes principes : « Un prisonnier qui n'a pas d'argent et qui ne présente aucun intérêt pour son geôlier découvre l'impossibilité de s'évader aussi bien dans l'inflexibilité de ce dernier que dans l'épaisseur des murs et des barreaux qui l'entourent ; et s'il tente de recouvrer sa liberté, c'est encore à la pierre et à l'acier de la geôle qu'il préfère s'attaquer plutôt qu'à l'inflexible nature du gardien. Ce même prisonnier, conduit à l'échafaud, prévoit sa mort aussi certainement d'après la constance et la loyauté de ses gardes que d'après l'action de la hache et de la roue. Son esprit parcourt une suite déterminée d'idées : le refus des soldats de consentir à son évasion, l'action du bourreau, la décollation, l'hémorragie, les mouvements convulsifs de la mort. Cet enchaînement est constitué de causes naturelles et d'actions volontaires reliées les unes aux autres ; mais l'esprit ne sent aucune différence entre elles lorsqu'il passe d'un maillon à l'autre et il n'est pas moins certain de l'avenir que si l'événement futur était relié aux impressions présentes de la mémoire de la mémoire et des sens par une suit de causes solidaires les unes des autres que par ce qu'il est convenu d'appeler une *nécessité* physique » (p.261). L'homme n'est pas un empire dans un empire et il ne convient pas de distinguer les sciences humaines des sciences physiques par une prétendue liberté qui distinguerait les premières d'une nécessité qui serait l'apanage des secondes. La règle de Bayes permet très bien de montrer que la stratégie est la même pour penser les phénomènes humains et les phénomènes physiques, dès lors que la science procède essentiellement en un calcul sur des représentations plutôt que sur des choses.

S'il est une différence qui apparaît, c'est dans l'interprétation que l'on peut faire de cette règle. Sans doute est-il de celle-ci une valeur épistémologique qui s'étend à toutes sortes de phénomènes. Mais comme John Harsanyi l'a bien fait ressortir, la règle de Bayes peut prendre une valeur plus ontologique, ou plutôt déontologique, car il n'y a jamais d'être que par l'action humaine, qu'épistémologique quand il s'agit de penser le comportement social et économique des hommes. Ainsi le *I guess* peut pendre une autre valeur que celle, épistémologique, d'une sorte de *Je* transcendantal qui ferait la science en rectifiant son opinion. Associant le *guess* de la conjecture au plaisir que je recherche ou à la

---

c'est bien du second côté que L. de Broglie situait les théoriciens actuels de la physique quantique « qui ont été amenés à la présenter sous la forme d'une théorie abstraite reposant sur une axiomatique, et ayant pour but unique de prévoir les phénomènes observables sans qu'il soit utile ou même légitime de chercher à se faire une image du monde physique dans le cadre de l'espace et du temps » (p.8). De même Kaufmann, s'il ne récusait pas complètement la perspective de la description, lui préfèrait la construction, et rejetait en tout cas radicalement une description envisagée comme copie (p.11).

douleur que je fuis, Harsanyi interprète le *I guess* bayesien comme un *je préfère* et se demande comment les préférences sont compatibles, en d'autres termes comment le système des préférences est cohérent[20]. On retrouve la rationalité « coudée » du bayesianisme constituée d'une conjecture passionnelle critiquée par les conjectures des autres, qui doivent être rendues compatibles avec la mienne, ou plutôt dont les unes et les autres doivent être rendues compatibles entre elles. Le *I guess* n'est pas un *je transcendantal* qui dominerait le tout des préférences et l'organiserait : il n'y a pas réellement de telle position et chaque préférence n'est jamais en réalité qu'une perspective sur le système entier. Toutefois, le problème se pose de savoir comment on obtient la commensurabilité, indispensable au calcul, des plaisirs entre eux, des douleurs entre elles, des plaisirs et des douleurs entre eux. Les utilitaristes modernes ont posé le problème et Hare, par exemple, qui ne croit pas plus à la sympathie que Hume ou que Bentham, a cru pouvoir montrer que l'on pouvait obtenir la cohérence recherchée en nous demandant ce que cela nous ferait de nous trouver dans la situation de l'autre, éprouvant tel plaisir ou telle douleur, et en agissant à partir de cette fiction -car il s'agit délibérément d'une fiction-. C'est bien une intersubjectivité de ce genre que Harsanyi suppose pour que son système de préférences ait quelque cohérence ; et c'est à peine si le *I guess* a besoin du statut de *I prefer*, l'intrication des préférences ne requérant pas nécessairement de sujets autres que provisoires, volages et surtout fictifs. Il semble toutefois que Harsanyi ait eu quelque doute sur le fonctionnement d'un tel calcul de passions, puisque, dans ses *Essays on Ethics, social behavior and scientific explanation* (D. Reidel, Dordrecht-Hollande/Boston-USA), de 1976, il préconise un système un peu différent, mais toujours bayesien, qui résulte moins du fait que chaque individu se demande en étant témoin d'un plaisir ou d'une douleur de l'autre comment il ferait s'il était à sa place, qu'à obtenir la commensurabilité à partir de ce que chacun imagine comme devant être les meilleures solutions sociales ou politiques communes, la préférence individuelle étant en quelque sorte mise entre parenthèses dans le calcul. On obtient, par ce moyen, une meilleure commensurabilité, dans la mesure où, dans la visée de la préférence, se trouve déjà contenue une intention collective : le jeu de la préférence personnelle et de la pression critique est plus propre à donner un meilleur résultat[21]. La subtilité de Harsanyi tient en ce que,

---

20 *Essays...*, p.77 : « Our social welfare function must be based on interpersonal utility comparisons. For, in order to assign the same weight to the various individuals'utility functions, we must be able to express all of them on the same utility unit. Of course, when we first define a Von Neumann-Morgenstern utility function for each individual in the usual way, we shall normally choose an independant utility unit for each individual. But we must engage in interpersonal utility comparisons in order to estimate conversion ratios between the different individual's utility units ».

21 *Essays...*, p.65 : « It can be shown that the social welfare function must be a linear function of all individual utilities -or, more exactly, it must be defined as the arithmetic means of the utility levels of all individuals in the society. To establish this result, we must distinguish between two classes of preferences by any given individual. One class comprises his personal preferences, based on his personal taste and his personal interests (as well as on the interest of those individuals, if any, whose well-being is a matter of personal concern for him). The other class comprises his moral or social preferences, which express his views about the general interests of

venant de montrer que la rationalité individuelle, c'est-à-dire les calculs que fait un individu au sein d'une société pour satisfaire ses préférences propres, ne coïncide pas avec la rationalité sociale, c'est-à-dire avec les calculs faits par les instances juridiques et politiques pour satisfaire des préférences morales ou sociales de ces individus, l'auteur des *Essays* n'en affirme pas moins qu'aucune morale ne peut se passer de l'une et de l'autre rationalités, l'une et l'autre reposant d'ailleurs sur le fameux schème bayesien[22]. Le vrai problème moral, éthique, social, politique est donc de savoir comment faire coexister, dans ce jeu qui mêle sans cesse entités réelles et entités fictives, les poids différents qui les coefficientent et comment assurer leur distribution et leur assemblage. On voit, au passage, que le bayesianisme est assez souple pour recevoir les interprétations les plus diverses, non seulement chez des auteurs différents, mais simultanément chez le même auteur, tout simplement parce qu'il permet, mieux que d'autres approches de concilier des entités réelles et des entités fictives et de jeter des ponts pour les rendre commensurables. L'intérêt de la réflexion utilitariste sur la règle de Bayes et l'usage par l'utilitarisme de cette règle font que ressort particulièrement en elle l'articulation du théorique et du pratique : les jugements théoriques n'ont de sens que solidaires d'une pratique, à la fois parce qu'elle est orientée vers la pratique et parce qu'elle est soumise d'entrée de jeu à une pression pratique. La règle de Bayes ne se donne que comme une instance de transformation d'une pratique en une autre. Mais comment peut-elle jouer ce rôle de machine théorique à transformer la pratique ou plutôt à transformer, par la critique, les représentations que l'on se fait de telle ou telle pratique ? La réponse tient au moins en partie dans quelques remarques sur lesquelles je voudrais terminer.

4. Trust et truth

Tous ceux qui rêvent d'une vérité autonome comme d'une essence distincte du prétendu « contexte » psychologique, économique, social, et qui sont prêts à dénoncer toute confusion de l'essence et des circonstances sous couvert de l'attaque du psychologisme, du sociologisme, de l'historicisme, feraient bien de

---

society as a whole, defined in termes of impersonal and impartial criteria. Assuming that both classes of his preferences satisfy certain consistency (and continuity) requirements, the personal preferences of each individual will have a soacial welfare function of his own, possibly different from the social welfare function. Thus, under this model, each individual will have a social welfare function of his own, possibly different from the social welfare functions of other individuals ».

22 *Essays*..., p.80 : « Owing to the great cogency of the Bayesian rationality postulates, it seems to me that it is a rather hopeless undertaking to build up a moral theory on a rejection of these postulates either for individualor for social choices (i.e., on rejection of my postulates a or b) ». Ces postulats a et b ont été définis précédemment, en début de chapitre, p.66 : « In order to characterize the mathematical relationships between the social welfare function of a given individual (individual j) and the utility functions of all individuals in the society, I propose the following postulates : a) Individual Rationality : The personal preferences of all individuals satisfy the Bayesian rationality axioms. B) Social Rationality : The moral (or social) preferences of individual j satisfy the Bayesian rationality axioms ».

considérer les schèmes qui trament le calcul des probabilités, dès son origine chez Pascal et Fermat. La vérité de ce calcul ne peut absolument pas être séparée d'une structure juridique de droit des affaires et des héritages tels qu'ils étaient réglés et apparaissaient justes au XVIIème siècle[23] et encore de nos jours, moyennant des différences sensibles. L'ordre de la concupiscence ne sert pas seulement de contexte au vrai ; sans composition en arbalète avec cet ordre, il n'y aurait aucune vérité des probabilités. Sans vouloir ramener toutes les lois des calculs utilitaristes aux probabilités et aux statistiques, puisque les lois de maximum et de minimum sont constamment aussi actives qu'elles en son sein, il est clair que la structure du *trust* sert de schème au traitement de l'*expectation* et au calcul de ses degrés.

Glenn Shafer avait, dans un article célèbre[24], de façon intéressante, quoique trop imprécise et assez imprudente[25], montré que le schème qui sous-tendait le calcul bayesien était celui d'un contrat ; la probabilité d'un événement se définissant comme le rapport de valeurs de deux contrats[26]. Or l'allure générale de la règle de Bayes est moins celle d'un contrat que celle d'un *trust*. Qu'est-ce qu'un *trust*, au XVIIème, au XVIIIème siècle et jusqu'à nos jours mêmes, puisque l'on ne peut se passer de lui en droit et probablement pas davantage en politique ? C'est une structure telle qu'une personne peut, pour des raisons diverses liées à son grand âge, à son bas âge, à son état mental, à un éloignement, confier des biens ou des services à une autre qui est habilitée, c'est-à-dire qui est autorisée mais aussi contrainte, à les gérer au mieux des intérêts du possesseur ou du bénéficiaire[27].

Ce qui est curieux, c'est que la structure même de la vérité mise en place dans l'*Essai* bayesien n'est pas sans rapport avec le *trust*. Dans une situation que l'on ne connaît pas en vérité ou quand on ne connaît pas le résultat d'une opération quelconque, on peut laisser s'exprimer son intérêt ou son désir par l'opinion qui lui est liée. Sans doute l'expression de cet intérêt ou de ce désir n'est-elle pas la vérité même et serait plutôt son contraire ; mais il est possible d'évaluer avec quelle chance d'avoir raison (ou d'avoir tort) on a commencé par exprimer l'objet de son désir ou de son intérêt. Le vrai ne s'obtient pas sans une collaboration avec l'intérêt et l'opinion que l'on en a ; c'est en ce sens que la règle bayesienne, par elle-même si l'on ose dire, et pas seulement par ses usages, s'inscrit dans une

---

23 Au moins à un certain nombre de juristes comme Domat, qui ont su imposer leur point de vue.

24 « Bayes's two arguments for the rule of conditioning » in : *The Annals of Statistics*, 1982, vol. n°4, p.1075-1089.

25 Par la confusion qu'elle intime entre le contrat et le trust.

26 Plutôt que de dire que P(A) est le rapport de P (A & B) et de P (B si A), Shafer, très conformément à la démonstration de Bayes, dit que P (A) est le rapport de la valeur d'un contrat qui accorde, si A se produit, un contrat qui apporte un dollar si B se produit, sur la valeur, une fois que A s'est produit, d'un contrat qui rapporte un dollar si B se produit.

27 C'est ainsi que Bentham définit le *trust* : « Il y a *trust* lorsqu'un acte particulier doit être fait au bénéfice d'un parti par un autre qui exerce un pouvoir ou un droit qui lui a été conféré. Ou, plus complètement : on dit qu'un parti est investi d'un *trust* (une commission) lorsque, étant investi d'un pouvoir ou d'un droit, il existe un certain comportement que, dans l'exercice de ce pouvoir ou de ce droit, il est contraint d'adopter au bénéfice de quelque autre parti » (*Works of Jeremy Bentham*, J. Bowring, Edimbourg, 1838-1843, I, 105-106).

idéologie utilitariste. Pourvu que cet intérêt se laisse rectifier. Quand on ne peut pas dire directement la vérité, on peut encore délimiter dans quel intervalle ce qui nous intéresse peut être vrai. La vérité résulte d'une sorte de partenariat où chacun joue son rôle ; l'indication qui, chez Bentham, nous met sur la voie de l'utilitarisme moderne, tient dans sa compréhension que la règle de Bayes ne doit pas être théâtralisée comme dialogue du *Je*, du *I guess* avec lui-même, mais comme un jeu à deux ou à plusieurs partenaires qui fait que ce que veut l'un est contrebalancé par l'autre ou par les autres et que, dans des circonstances données, on trouve un point d'équilibre. Le *I guess* est en réalité une intersubjectivité à l'œuvre. On est très loin du schéma réaliste pascalien, qui porte encore sur un état réel du jeu, alors qu'ici la réalité des tirages -la réalité de ce qu'on sait de la situation- ne donne lieu qu'à une confrontation de supputations. C'est le sens de l'étrange déclaration de Bentham selon laquelle la logique ne vise pas la vérité, mais qu'elle a pour objectif le bien-être, comme l'éthique (B, VIII, 221-2) ; le point qui met les intérêts en équilibre est bien visé par la recherche du bien-être. *Trust* et *truth* sont donc radicalement liés dans une même structure où le droit, la politique et l'administration n'ont pas d'autre fonction que d'aménager le redressement des intérêts ou, si l'on préfère, leur conjugaison artificielle. Il n'y a pas de valeurs indépendantes, quoiqu'elles puissent nous apparaître telles de temps à autre ; il ne s'agit pas d'en cultiver une purement contre l'autre ; elles n'existent que dans une structure qu'aucune ne domine sauf, peut-être, l'utilité, puisqu'elle en est l'équilibre.

Je n'ai pas le temps de montrer ici comment une langue comme l'anglais peut influer de façon contingente sur la production d'une vérité ; il n'est pas fortuit que telle vérité naisse dans telle langue, qui permet telle locution ou telle expression, que dans telle autre. Ainsi les probabilités subjectives ne pouvaient peut-être naître qu'en Angleterre ou, si l'on préfère, dans la langue anglaise, quand bien même il serait facile par la suite, comme l'expérience le prouve assez, d'en parler dans d'autres langues que la langue anglaise, voire dans toutes les autres langues pourvu qu'on utilise les détours convenables. Je me suis contenté de montrer qu'une institution peut scander une vérité ; ce qui rend cette institution quasi invulnérable à la critique, puisque la critique même utilise l'institution pour se dire.

Mais est venu le moment de montrer les problèmes d'une telle affirmation, car, en prononçant la phrase que je viens d'énoncer, ne suis-je pas en train de me contredire ? Comment puis-je mettre en évidence le *trust*, montrer qu'il structure et trame les vérités, sans que, par l'une de ces vérités au moins, ne soit mis à distance ce schème même dont je prétends qu'il les scande ? A vrai dire, il y a une radicale solidarité des valeurs, vérité comprise. Lacan a justement dit que la vérité avait structure de fiction ; c'est-à-dire que son dessein, qui est aussi son fantasme, d'universalité ne peut se passer de la langue des événements qui sont toujours, quoique l'on puisse la mettre au service des jugements apodictiques, fortuits et contingents. Pascal disait que l'esprit n'ayant pas de nature -ou l'ayant perdue- « tout devient sa nature » (Laf.397, Br.426) ; ce qui revient à dire que l'esprit se constitue par intrusion, introjection, de toutes sortes d'objets, de situations, qu'il rend typiques ou schématiques pour structurer ses autres productions -lesquelles ont valeur et prétention universelles-. Il faut ajouter que, par un curieux jeu de miroirs ou de réflexions, l'esprit se confectionne avec ses propres productions ; il assimile et devient ses propres productions, transformant un certain nombre de ses affects et représentations en affects et représentations essentielles, qui permettent de structurer les autres. Les mathématiques offrent paradoxalement et contre toute attente -car elles passent depuis longtemps pour être une activité *a priori*, qui ne doit rien à l'expérience- toutes sortes de lieux privilégiés pour voir à l'œuvre cette structuration d'une activité conceptuelle selon des schèmes imaginaires beaucoup plus grossiers. C'est particulièrement vrai du domaine des probabilités. Ainsi, l'arbre, simplifié dans son organisation de racines, tronc, branches, rameaux, brindilles, est-il constamment, quoique plus ou moins ouvertement, convié pour structurer le raisonnement par récurrence dont le calcul des probabilités a besoin. Il n'y a aucun rapport entre une structure conceptuelle où se partagent réalité et virtualité, qui sert de cadre à une prise de décision, et un arbre avec ses ramifications. Et pourtant, l'arbre, à travers sa force structurante propre, que connaissent bien les peintres qui savent qu'on ressaisit un espace qui tend à se disperser dans un tableau en figurant un arbre, permet de former le calcul des partis dans son autonomie organisatrice des situations. Mais ce schème, qui paraît si évident, est à la fois si aveuglant, si refoulé peut-être, que les plus grands mathématiciens eux-mêmes -comme Cardan- n'ont pas su faire un dénombrement qui paraît aujourd'hui faisable par un adolescent. Ce que je viens de dire de l'arbre peut être reproduit à propos de la figure plus sociale et à coup sûr moins naturelle du *trust*, comme j'espère l'avoir montré[28].

Russell, dans *L'analyse de la matière*, pouvait « se demander si la science conservait sa vitalité quand elle était sevrée de nos habitudes animales ; [si], exposée de manière abstraite, elle ne perdait pas de son caractère plausible. Il est difficile, ajoutait-il à titre d'exemple, de justifier l'induction et elle est, cependant, indispensable en science »[29]. Mais la remarque n'est pas vraie seulement en physique ; il en va de même en mathématique et en logique où la plus grande exigence de rigueur s'accompagne, dans les schèmes les plus moteurs de ces sciences, de concessions à l'imagination. Il appartient à une théorie des fictions, non seulement d'observer le partage qu'un calcul comme celui des probabilités opère entre ce qui est réel et ce qui est fictif, mais de remarquer la façon dont le système se trame et se charpente fondamentalement. Bachelard s'était trompé en analysant les schèmes en termes d'obstacles comme s'ils étaient systématiquement facteurs d'erreur ; or, ils organisent aussi les vérités, ce qui complique le problème. Plus pertinemment, Bentham observait le jeu des mots et des concepts ; il montrait comment leurs destins respectifs différaient, se croisaient, s'opposaient tour à tour, promouvant ou dévoyant, sinon la recherche même, du moins l'enseignement des sciences. Il faut sans doute aller plus loin car les mots ne sont pas seuls en cause et une théorie des fictions doit prendre en

28 Jamais mieux que dans le domaine des probabilités on ne peut ressentir à quel point le partage des problèmes des partis, tel qu'il est réalisé par le calcul pascalien, est fortuit et dépendant d'une culture. Certes, il a sa logique implacable, mais il repose sur des axiomes qui auraient pu être différents.

29 *L'analyse de la matière*, Payot, Paris, 1965, p.156-157.

compte, par-delà le langage, qui peut être privilégié, la fonction symbolique dans son ensemble. Or un très grand nombre d'expériences peuvent servir de symboles pour organiser les jugements scientifiques de la façon dont nous avons commencé à l'établir avec le *trust*. On voit d'ailleurs, au passage, que les expériences ne sont pas toutes extérieures et que les expériences que l'on pourrait qualifier d'intérieures sont aussi structurantes que les autres et pas plus indûment. Il faudrait se demander selon quels principes ces expériences se trouvent sélectionnées pour emplir ce rôle. Pascal disait, certes dans le vocabulaire de la chute, que, « depuis que [l'homme] a quitté [son véritable bien], c'est une chose étrange qu'il n'y a rien dans la nature qui n'ait été capable de lui en tenir la place, astres, ciel, terre, éléments, plantes, choux, poireaux, animaux, insectes, veaux, serpents, fièvre, peste, guerre, famine, vices, adultère, inceste » (Laf. 148). Cette collection, digne de Perec ou de Prévert est sans doute encore ouverte et pourtant la liste ne paraît pas tout à fait indéfinie. Une théorie qui montrerait le principe de cette finitude, en sortant délibérément de la seule perspective de l'inventaire, mériterait de la philosophie. Mais comment avoir l'intelligence adéquate de ces productions de l'imagination ?

Deuxième partie

HISTOIRES DE DÉCISIONS

LE JOUEUR ET LE BANQUIER. SUR UNE CORRESPONDANCE DES FRÈRES HUYGENS

Bernard Parzysz

Dans cette correspondance de 1669 –publiée seulement en 1920- Christian Huygens et son frère cadet Louis se livrent à une joute qui a pour point de départ la première table de mortalité, publiée 7 ans plus tôt par John Graunt. L'un comme l'autre se lancent dans la résolution de problèmes démographiques, mais avec des points de vue fort différents : l'aîné raisonne en parieur et le cadet en banquier. Ce faisant, nous voyons que cette controverse les oblige l'un et l'autre à reprendre et à préciser leur pensée, jusqu'à ce que les deux points de vue soient clairement identifiés et distingués.

Introduction

En 1669, Christian (Christiaan) Huygens (1629-1695) est déjà un savant reconnu pour ses travaux en physique (pendule, chute des corps) : il a déjà publié *De ratiociniis in ludo aleæ* (1657), où il reprend en particulier le problème des partis (Pascal-Fermat, 1652), et il est membre de la *Royal Society* de Londres depuis 1663). Louis XIV l'attire à Paris en 1666, où il devient membre fondateur de l'Académie des Sciences et travaillera à l'Observatoire nouvellement créé (1667). Il passera quinze ans à Paris et ne rentrera finalement en Hollande, malade, qu'en 1681. Son frère cadet, Louis (Lodewijk)[1], est resté en Hollande, et les deux frères correspondent régulièrement, en français. A l'occasion, ils se posent l'un à l'autre des défis, comme celui qui fait l'objet de la présente étude[2]. La présente correspondance s'étend sur 3 mois (22 août – 29 novembre 1669)[3].

---

1 Nous donnerons aux deux frères leurs prénoms sous la forme française, qui est celle qu'ils utilisent dans la présente correspondance, écrite en français.

2 J'ai publié il y a quelque temps un article prenant également pour sujet cette correspondance ([Par98]), en me centrant sur des points différents.

3 Cette correspondance figure dans [Huy20] tome VI, p. 519 *sq.*

Le point de départ se situe sept ans plus tôt : un drapier londonien, John GRAUNT (1620-1674) a étudié les bulletins de mortalité tenus dans sa ville depuis 1603, et il fait imprimer, en 1662, les *Natural & Political Observations upon the Bills of Mortality of the City of London.*

Il ne se contente pas de publier telles quelles les données recueillies, mais suppose l'existence d'une loi cachée, qu'il cherche à retrouver :

> *Nous avons trouvé que, sur 100 individus conçus et animés, 36 environ meurent avant l'âge de 6 ans et peut-être un seul est survivant à 76 ans. Comme il y a 7 décennies entre 6 et 76, nous avons recherché six nombres moyens proportionnels entre 64, nombre de survivants à 6 ans, et 1, celui qui survit à 76 ans, et nous trouvons que les nombres suivants sont pratiquement assez proches de la vérité, car les hommes ne meurent pas selon des proportions exactes ni en fractions.*[4]

En clair, Graunt dit qu'il a déterminé (à quelque chose près) une progression géométrique de 7 termes de 1er terme 64 et de 7ème terme 1 (d'où, par passage au continu, une loi de survie exponentielle). Mais Dupâquier [Dup96] remarque que ce principe ne correspond pas tout à fait aux nombres donnés, et il suppose plutôt -pour des raisons de simplicité de calculs ?- le choix de la raison 5/8 (= 0,625) au lieu de $\sqrt[7]{64}$ ($\approx$ 0,552) et l'arrondi des nombres obtenus à l'entier le plus proche[5], ce qui correspond effectivement aux résultats publiés par Graunt :

Il s'ensuit que, sur ces 100 individus conçus, il en survit

Au bout de	*6 ans*	*64*
	16 ans	*40*
	26 ans	*25*
	36 ans	*16*
	46 ans	*10*
	56 ans	*6*
	66 ans	*3*
	76 ans	*1*
	86 ans	*0*

En conclusion, il s'agit là d'un modèle et non d'une représentation statistique de la réalité : les effectifs indiqués sont des effectifs théoriques pour une population de 100 personnes, et non des effectifs observés ; on pourrait presque

4 Traduction française par E. Vilquin. Ed. INED 1977, cité dans [Dup96] et dans [Leb00].

5 Sauf pour l'âge de 66 ans, pour lequel Graunt a « adapté » le résultat théorique dans le but d'aboutir à l'unique survivant annoncé à 76 ans.

parler, en ce sens, de « proto-probabilités »[6]. Il y a au moins deux raisons à cette incompréhension :

1° Christian s'est trompé dans ses calculs (comme on l'a vu)

2° Les deux frères ne parlent apparemment pas de la même chose : pour Louis, *« la partie est égale »* si on parie qu'une personne de 16 ans atteindra l'âge de 36 ans, ce qui, on l'a vu, n'est pas le cas pour Christian. Louis utilise donc le vocabulaire de joueur de son frère[7], mais en réalité il n'est pas question ici de pari. On pourrait plutôt parler de rentabilité d'un investissement : si un grand nombre de personnes de 16 ans versent une somme à un banquier, celui-ci leur paiera une rente viagère pendant 20 ans environ en moyenne. Ce qui peut permettre audit banquier de calculer le montant de cette rente pour ne pas être perdant[8].

1. Le défi de Louis

Louis Huygens a lu l'ouvrage de Graunt (« best seller » qui a été réédité en 1665) et s'y est intéressé. Il recopie la table ci-dessus, l'envoie à Christian en même temps qu'une lettre[9] dans laquelle il lui soumet un problème sous la forme d'un défi ; il le taquine, et l'appâte enfin par un post-scriptum énigmatique :

> *J'advoüe que j'ay eu assez de peine d'en venir à bout, mais à vous il n'en sera pas de mesmes, et les consequences qui en resultent sont fort plaisantes et peuvent mesme estre utiles pour les constitutions des rentes à vie. La question est jusqu'à quel aage doibt vivre naturellement un enfant aussi tost qu'il est conceu. Puis un enfant de 6 ans, puis un de 16 ans, de 26, etc. Si vous y trouvez de la difficulté ou trop d'embaras, je m'offre à vous faire part de ma methode, qui est asseuree, par la première occasion.*
>
> *Adieu.*
>
> *Selon mon calcul, vous vivrez environ jusqu'à l'aage 56 ans et demy. Et moy jusqu'à 55.*

Dans sa réponse[10], Christian chipote sur le fait qu'on ne dispose pas du nombre de survivants à chaque âge :

[6] La distinction entre fréquence et probabilité ne sera clairement établie qu'à la fin du 18e siècle.

[7] Qui est également celui de Pascal et de Fermat dans leur fameuse correspondance de 1654.

[8] Et même gagnant, si possible.

[9] Datée du 22 août 1669.

[10] Datée du 28 août 1669. Au passage, on peut admirer la rapidité du courrier à l'époque : moins de six jours pour venir des Pays-Bas à Paris !

(...) A fin que ce calcul fust exact, il faudroit avoir une table qui marquast d'année en année combien il meurt des personnes de 100 qu'on suppose, et il faut que vous l'ayez suppléée par quelque moyen comme j'en scay pour cela, ou autrement vous ne scauriez determiner au vray combien doibt vivre une personne de 6, 16 ou 26 ans, etc, et encore moins de quelque aage moyen entre ceux là, comme vous l'avez entrepris de vous et de moy. Je crois donc que vous n'en décidez qu'à peu près.

2. Désaccord de Christian

Qu'entend donc Christian par « *quelque moyen comme j'en sais pour cela* » ? Patience, nous en saurons bientôt plus. En attendant, après avoir critiqué la méthode de son cadet (bien qu'il ne la connaisse pas), il énonce deux assertions :

Ce que je puis conclure de certain par les données de la table, c'est que qui gageroit qu'un enfant nouveau-né (...) vivra à 16 ans, prendroit le mauvais party et hazarderoit 4 contre 3. De même, qui gageroit qu'une personne de 16 ans vivra jusqu'à 36, il hazarde tout de mesme 4 contre 3.

Remarque : Christian affirme ici que quelqu'un qui parierait sur la survie à 16 ans d'un nouveau-né ferait un mauvais pari, car il a 4 chances de perdre contre 3 de gagner. Or, d'après Graunt, sur 100 nouveau-nés, 60 meurent avant 16 ans et 40 dépassent cet âge : ce n'est donc pas 4 contre 3, mais 3 contre 2 qu'il aurait fallu dire. De même, sur 40 individus de 16 ans, 24 meurent avant 36 ans et 16 dépassent cet âge. Ici non plus ce n'est pas 4 contre 3, mais toujours 3 contre 2. S'agit-il là d'une double étourderie ? C'est vraisemblable, car dans une autre lettre à Louis[11], Christian nous fournit la valeur correcte :

Il est certain, puis que de 100 il n'en reste d'ordinaire que 40 de 16 ans, que j'aurois du desavantage et que je ne devois avoir gagé que 40 contre 60, ou 2 contre 3, pour faire la partie égale. (...)
Et qui gageroit qu'un garçon de 16 ans vivra jusqu'à l'aage de 36, peut mettre 16 contre 24 ou 2 contre 3 .

3. Louis s'explique

Louis se décide alors à exposer sa méthode à Christian[12] :

[11] Datée du 21 novembre 1669.

[12] Datée du 30 octobre 1669.

Je compte premierement les annees que toutes ces 100. personnes ensemble doivent avoir vescu, qui font en tout 1 822. annees, ce que vous verrez prouvé dans la page qui suit.

Les 36 personnes qui meurent au dessoubs de 6. ans ont vescu l'un portant l'autre 3. ans,

qui fait 108 ans

Les 24. qui meurent entre 6. et 16. ont vescu l'un portant l'autre 11. ans, qui fait 264.

Les 15. qui meurent entre 16. et 26. ont vescu 21. ans, qui fait	*315.*
les 9. entre 26. et 36. ont vescu 31. ans, qui fait	*279.*
les 6. entre 36. et 46. ont vescu 41. ans, qui fait	*246.*
les 4. entre 46. et 56. ont vescu 51. ans, qui fait	*204.*
les 3. entre 56. et 66. ont vescu 61. ans, qui fait	*183.*
les 2. entre 66. et 76. ont vescu 71. ans, qui fait	*142.*
Et l'un qui meurt entre 76. et 86. a vescu 81. ans	*81.*
Somma	*1822 ans*

Ces 1 822. ans partagez esgalement entre 100. personnes il vient pour chacun 18. ans et environ 2. mois, qui est l'aage de chaque personne creee ou conceüe, l'une portant l'autre.

Louis calcule donc la somme de toutes les années vécues par les 100 individus, mais pour cela il est obligé de « *suppléer la table* », comme dit Christian : c'est-à-dire qu'il attribue arbitrairement l'âge n+5 aux personnes décédées entre l'âge n et l'âge n+10 (« *l'un portant l'autre* ») (nous parlerions aujourd'hui de « regroupement au centre de la classe »), et il divise par l'effectif (100) le total obtenu. Il obtient donc ainsi la durée de vie moyenne de la population, ce que Nicolas Bernoulli (1687-1759) appellera plus tard « *espérance de vie* » et que nous appelons aujourd'hui « espérance de vie à la naissance ».

Puis Louis s'attaque aux solutions données par Christian dans sa lettre précédente :

(...) pour venir à nostre compte et specifier combien il reste de vie à chaque personne d'un tel ou tel aage, voylà comme je fay.

J'oste premierement les 108. ans (qui est l'aage des 36. enfants qui meurent au dessoubs des 6. ans) de tout ce nombre de 1 822. ans; reste 1 714. ans, lesquels doivent estre partagez entre les 64. personnes qui restent, ce qui fait pour chacun, c'est-à-dire pour chaque enfant de 6. ans, 26. ans et environ 10. mois, de sorte qu'il leur reste encor à vivre au susdit aage de 6. ans, 20. ans et 10. mois.(…)

C'est-à-dire que Louis recommence le calcul fait précédemment, mais en l'appliquant à la sous-population des 64 personnes ayant atteint l'âge de 6 ans. Il obtient ainsi leur âge moyen au décès, d'où il retranche 6 ans pour obtenir la durée moyenne de survie à 6 ans (ce que nous appelons aujourd'hui l'espérance de vie à 6 ans). Puis il fait de même pour les différents âges limites de la table de Graunt.

Il termine en avouant qu'il ne comprend pas les résultats obtenus par son frère :

En suite de ce que dessus, je ne comprends pas la raison de vostre calcul de 4 contre 3 car, à mon advis, la partie est environ esgale lors qu'on gage qu'une personne de 6. ou une de 16. vivront environ encor 20 ans. J'attends donc vos raisons comme je vous ay envoyé les miennes.

Il y a au moins deux raisons à cette incompréhension :
1° Christian s'est trompé dans ses calculs (comme on l'a vu)
2° Les deux frères ne parlent apparemment pas de la même chose : pour Louis, « *la partie est égale* » si on parie qu'une personne de 16 ans atteindra l'âge de 36 ans, ce qui, on l'a vu, n'est pas le cas pour Christian. Louis utilise donc le vocabulaire de joueur de son frère[13], mais en réalité il n'est pas question ici de pari. On pourrait plutôt parler de rentabilité d'un investissement : si un grand nombre de personnes de 16 ans versent une somme à un banquier, celui-ci leur paiera une rente viagère pendant 20 ans environ en moyenne. Ce qui peut permettre audit banquier de calculer le montant de cette rente pour ne pas être perdant[14].

4. Une nouvelle énigme…

Dans sa réponse[15] à cette lettre, Christian critique la solution de Louis :
Vous concluez assez pres du vray, que les 100 personnes ont a faire ensemble 1822 ans de vie, mais il ne s'en suit pas que les 18 ans et 2 mois, qui viennent en divisant ce nombre par 100. soit l'aage de chasque personne creee ou conceue, ainsi que vous tenez pour certain. Prenons, par exemple, que les hommes soient encore plus foibles dans leur enfance qu'ils ne le sont, et que de 100 il en meure d'ordinaire 90 dans les premieres 6 annees, mais que ceux aussi qui surpassent cet aage soient des Nestors, et Mathusalems, et qu'ils vivent d'ordinaire jusqu'à 152 ans et 2 mois. Vous aurez pour les 100. le mesme nombre de 1822 ans, et cependant qui

[13] Qui est également celui de Pascal et de Fermat dans leur fameuse correspondance de 1654.
[14] Et même gagnant, si possible.
[15] Datée du 21 novembre 1669.

> *gageroit, qu'un enfant conceu parviendroit alors à l'aage de 6 ans seulement, auroit grand desavantage, puis que de 10 il n'y a qu'un qui y parvient.*

On est ici au cœur du problème, à savoir l'incompréhension de Christian pour la méthode de Louis, car les 18 ans et 2 mois représentent bien l'âge au décès de chacune des 100 personnes, *« l'une portant l'autre »*. Mais la différence des points de vue (joueur contre banquier, comme indiqué plus haut) n'est pas encore clairement perçue par Christian, qui se contente de réexposer les deux méthodes sur un exemple caricatural. Son raisonnement est toujours celui d'un joueur : sur 10 cas possibles, un seul est favorable, donc le pari est hautement défavorable.
[N.B. Notons au passage que Christian dit que le total des âges fait 1822 ans. Mais, si on considère que les 90 individus qui meurent jeunes vivent, *« l'un portant l'autre »*, 3 ans, la somme de leurs âges fait 270 ans et on obtient un total de 1792 ans (et non 1822) : il semble que Christian se soit encore trompé, en multipliant cette fois 3 ans par 100 au lieu de 90.]

Christian revient ensuite aux données de la table de Graunt, et trouve cette fois 2 cas favorables contre 3 (il a donc, comme nous l'avons déjà signalé, corrigé l'erreur de sa précédente lettre) :

> *Voicy encore une autre instance. Prenez que sur 100 enfans conceus (dans la supposition ordinaire) je gageasse pour chacun d'eux qu'il atteindra l'aage de 16 ans. Il est certain, puis que de 100 il n'en reste d'ordinaire que 40 de 16 ans, que j'aurois du desavantage et que je ne devois avoir gagé que 40 contre 60, ou 2 contre 3, pour faire la partie égale.*
>
> *Et partant vous voiez que les 18 ans 2 mois ne sont nullement l'aage d'un chascun qui soit conceu, et je ne le trouve que d'11 ans environ.*

Au-delà du dialogue de sourds qui s'est instauré, voici qu'apparaît une nouvelle énigme : d'où vient que Christian trouve que *« l'âge d'un chacun qui soit conçu »* n'est que de 11 ans ? Après avoir encore appliqué son raisonnement à d'autres exemples traités par son frère, il indique -enfin !- une piste :

> *Ce calcul comme vous voiez est fort seur et fort facile, mais vous demanderez comment je pourray determiner comme vous, combien il reste raisonnablement à vivre à une personne d'un aage proposé. Pour faire cela j'ay suppleé la petite table angloise, sans pourtant m'embarasser d'aucun calcul, mais en traçant une ligne courbe, sur la quelle avec le compas je mesure la vie de celuy qu'on veut, et je vois par exemple qu'à vostre aage de 38 ans, vous pouvez encore faire estat de 19 ans et 4 mois environ.*

Ainsi donc, Christian a construit -et utilisé- une courbe pour compléter les données de Graunt. Il promet d'ailleurs de lui transmettre cette « ligne de vie » :

Je vous envoieray la ligne de vie une autre fois avec la pratique d'icelle et mesme une table des vies à chaque aage d'annee en annee, qui ne me coustera guere.

5. …et sa solution

Il ne l'a malheureusement pas fait. Mais, par chance, il se trouve que cette courbe a été retrouvée à la bibliothèque de Leyde :

Sur la ligne droite d'embas sont marqués les aages des personnes et sur les 6 il y a une perpendiculaire de 64 parties parce que de 100 personnes selon la table angloise il en reste 64 à l'aage de 6 ans. Sur le 16 il y a une perpendiculaire de 40 parties parce qu'à l'aage de 16 ans il reste 40 personnes des 100 qui estoient conceues, et ainsi du reste. Et par tous les points ou bouts de ces perpendiculaires j'ay mené la ligne courbe 64, 40, 25 etc.

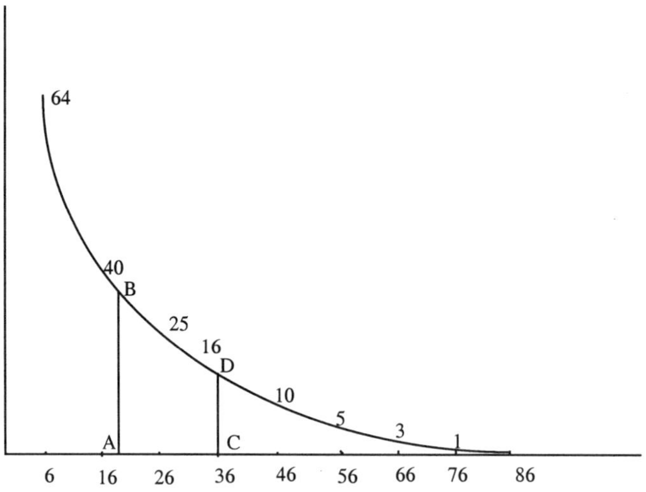

Nous avons ainsi accès à la façon dont Christian s'y est pris pour tracer cette courbe :

1° graduer un axe horizontal de gauche à droite (les âges)

2° (pour représenter les données de Graunt) tracer les perpendiculaires à cet axe aux points 0, 6, 16, etc.

3° sur chaque perpendiculaire, porter vers le haut un segment de longueur proportionnelle à l'effectif correspondant

4° joindre par une ligne courbe les extrémités supérieures de ces segments.

Les trois premiers points ci-dessus correspondent très exactement à la construction d'un diagramme en bâtons des effectifs. Quant au dernier, c'est le moyen qui a permis à Christian de « suppléer la petite table anglaise », et au sujet duquel il avait titillé Louis au début de ces échanges épistolaires ; l'idée qui le sous-tend est bien sûr celle d'interpolation. Christian rejoint ainsi, inconsciemment, le modèle exponentiel de Graunt.

Il explicite ensuite l'intérêt de ce procédé pour la finalité qu'il vise, en l'appliquant à l'exemple de la recherche du nombre de survivants à 20 ans :

> *Si je veux sçavoir maintenant combien il reste de personnes après les 20 années de 100 enfants conceus, je prens sur la ligne d'embas l'aage de 20 ans au point A d'ou ayant erigé une perpendiculaire qui rencontre la courbe en B, je dis que AB, qui pris sur l'eschelle d'embas fait presque 33 parties, est le nombre des personnes qui de 100 conceus atteignent l'aage de 20 ans (...)*

Enfin, il expose en détail comment il a procédé pour obtenir les énigmatiques résultats annoncés à son frère dans ses précédentes lettres :

> *(...) si je veux sçavoir ensuite combien il reste raisonnablement à vivre à une personne de 20 ans par exemple, je prens la moitié de BA et l'ajuste en DC entre la courbe et la droite en sorte qu'elle soit perpendiculaire à la dernière. Et j'ay AC pour les annees qui restent à vivre à la dite personne, qui font pres de 16 ans, comme il paroit par les divisions dont chacune est une annee. La raison est, que la perpendiculaire DC estant la moitié de BA qui marquoit le nombre d'hommes qui restent des 100, 20 ans après la conception, à sçavoir 33, cette DC tombant sur 36 de la droite marquera qu'il reste la moitié de 33 c'est à dire 16 1/2 hommes après la 36e année. Donc puis que des 33 personnes de 20 ans la moitié meurt d'ordinaire dans les prochains 16 ans, on peut gager avec egal avantage qu'une personne de 20 ans vivra encore 16 ans. On trouvera de mesme que la vie d'un enfant conceu doit estre taxee à 11 ans, au lieu que mon frere contait 18 et 2 mois.*

L'idée est maintenant très claire : il s'agit pour Christian de déterminer le temps au bout duquel la moitié de la population (ou sous-population) considérée n'a pas survécu. S'il s'agit de la population entière, on obtient ainsi l'âge médian ; s'il s'agit des survivants à un âge x donné, on obtient la durée médiane d_x de survie à cet âge. C'est ce que les démographes nomment de nos jours la *durée de vie probable*.

Christian affirme alors qu'il y a une chance sur deux qu'une personne de l'âge x atteigne l'âge $y = x + d_x$, et donc que si on parie sur la survie d'un individu d'âge

x à l'âge y le pari est équitable, puisque les chances « pour » et les chances « contre » sont égales. C'est bien d'une logique de joueur que fait preuve Christian en s'intéressant à un individu particulier (celui contre lequel il parie). Au contraire, la logique de Louis est, comme nous l'avons dit, celle d'un banquier, qui travaille sur une population entière et sait que, *« l'un portant l'autre »*, il récupérera finalement sa mise puisque ce qu'il aura perdu avec l'un (qui aura vécu longtemps) sera récupéré sur l'autre (qui sera mort plus jeune). Les concepts statistiques actuels sous-jacents sont respectivement ceux de *médiane* (pour Christian) et de *moyenne arithmétique* (pour Louis), tous deux étant appliqués, soit à la population entière, soit à la sous-population constituée des survivants à un âge donné.

6. Vers le clash ?

Le différend entre les deux frères ne se résoud pas aisément, comme on peut s'en persuader grâce à un écrit de Christian, intitulé *En examinant le calcul de mon frère Louis*[16]. Dans ce manuscrit, Christian commence par retranscrire la table de Graunt, puis repart sur son idée de chances égales, en donnant plusieurs exemples :

> *Qui gageroit donc qu'un enfant conceu vivroit jusqu'à 6 ans peut mettre 64 contre 36, ou 16 contre 9.*
>
> *et qui gageroit qu'un enfant conceu vivra jusqu'à 16 ans ne peut mettre que 40 contre 60, ou 2 contre 3, puisque de 100 il y en aura seulement 40 qui vivront jusqu'à l'aage de 16 ans.*

Puis il change brusquement de propos et reprend les calculs de son frère :

	36 par 3		*108*
	24 par 11		*264*
	15 par 21		*315*
	9 par 31		*279*
	6 par 41		*246*
multipliez	*4 par 51*	*fait*	*204*
	3 par 61		*183*
	2 par 71		*142*
	1 par 81		*81*
			1 822

de cent enfans conceus il en meur 36 devant l'aage de 6 ans lesquels on peut dire avoir vescu, l'un portant l'autre, 3 ans.

des 64 restans de 6 ans il en meurt 24 devant l'aage de 16 ans lesquels ont vescu l'un portant l'autre, 11 ans.

Et ains du reste comme il y a dans cette table.

16 Daté du 21 novembre 1669.

1 822 per 100

108

1 714 per 64

364

1 450 per 40 (...)

Donc un enfant conceu a 36 chances pour vivre 3 ans et 24 chances pour vivre 11 ans et 15 chances pour vivre 21 ans, etc.

Donc par ma regle des jeux de hazard il faut multiplier chaque nombre de chances par les ans qu'elles donnent, et diviser la somme des produits, qui est icy 1 822, par la somme de toutes les chances qui sont icy 100. Et le quotient, qui est icy 18 ans et environ 2 1/2 mois, sera ce que vaut la chance de l'enfant conceu.

Remarquons que le dernier paragraphe n'est rien d'autre qu'une procédure d'obtention de la moyenne arithmétique[17], procédure qu'il identifie –à juste titre- avec celle de Louis :

La méthode de mon frere Louis revient a la mesme chose, quoyqu'il y soit parvenu par d'autres voies.

Puis, Christian reprend son point de vue initial, et critique à nouveau la méthode de son frère :

Mais quoyque l'esperance d'un enfant conceu vaille ces 18 ans 2 1/2 mois, ce n'est pas à dire qu'il soit apparent qu'il vivra si longtemps, car il est beaucoup plus apparent qu'il mourra devant ce terme.

De sorte que si on vouloit gager qu'il y parviendroit la partie seroit desavantageuse, car on peut seulement gager avec egal avantage qu'il vivra jusqu'à 11 ans environ.

Christian met ici le doigt sur la discordance entre les deux points de vue : il y a moins d'une chance sur deux pour qu'un nouveau-né vive jusqu'à l'âge de 18 ans et 2 mois. Mais il fait preuve de mauvaise foi, car ce n'est pas ce que dit Louis, qui, lui, se place au niveau de la population et non au niveau individuel. Les deux points de vue sont définitivement inconciliables.

Après avoir encore repris un exemple, Christian finit par entrevoir ce dont il s'agit, puisqu'il conclut cette partie par : *Son calcul est bon pour les rentes viageres*, et il se met tout de go à résoudre, en utilisant la méthode de Louis,

---

[17] « *ma règle des jeux de hasard* » fait allusion à son ouvrage *De ratiociniis in ludo aleæ*, publié 12 ans auparavant.

divers problèmes de ce type. On peut noter qu'il imagine à ce propos un schéma d'urne :

> *Pour savoir combien vivra le dernier de 2 personnes de 16 ans, il faut s'imaginer que chacun d'eux tire un billet hors de 40 (complets) dont il y en a:*
>
> *15 qui donnent 5 ans,*
>
> *(...)*
>
> *1 qui donne 65 ans.*
>
> *Et qu'il prendront des 2 billets celui qui a le plus d'ans pour la vie du dernier.*

7. Le dénouement

Après cette période de doute, une dernière lettre de Christian[18] (qui constitue comme un *addendum* à celle du 21 novembre) fait heureusement le point sur le sujet, et vient tout éclairer :

> *Le calcul que je vous ay envoiè vous aura embarassé sans doute, au quel ayant songé depuis, et aussi au vostre, je trouve que nous avons tous deux raison en prenant la chose en different sens. Vous donnez à un enfant conceu 18 ans, et 2 1/2 mois de vie, et il est vray que son esperance vaut autant que cela. Cependant il n'est pas apparent qu'il vivra si longtemps, car il est beaucoup plus apparent qu'il mourra devant ce terme. (...)*
>
> *Ce sont donc deux choses differentes que l'esperance ou la valeur de l'aage future d'une personne, et l'aage auquel il y a egale apparence qu'il parviendra ou ne parviendra pas. Le premier est pour regler les rentes à vie, et l'autre pour les gageures. Je verray si vous avez faict la mesme distinction. Cependant votre methode est fort belle et subtilement trouvee.*

On le voit, Christian a maintenant une idée tout à fait claire des deux points de vue qui ont fait l'objet de la controverse, ainsi que de l'usage qu'on peut faire des idées qui les sous-tendent. Et il rend –finalement- hommage à son cadet. D'un point de vue cognitif, on peut aussi constater que cette controverse contraint Christian à une étude plus approfondie des idées sous-jacentes aux deux points de vue en présence[19], ce qui l'amène finalement, non seulement à les identifier pour pouvoir les distinguer, mais aussi à envisager les applications pratiques qu'on peut en tirer.

---

[18] Datée du 29 novembre 1669.

[19] Les didacticiens parleraient ici de « conflit socio-cognitif ».

8. Une dernière énigme

Le lecteur attentif aura sans doute remarqué qu'une phrase de Louis, dans sa première lettre, est restée sans explication. Redonnons-la pour mémoire :

> *Selon mon calcul, vous vivrez environ jusqu'à l'aage 56 ans et demy. Et moy jusqu'à 55.*

Selon l'optique de Louis, il s'agit de déterminer -selon la terminologie actuelle- l'espérance de vie de chacun des deux frères ; cela nécessite donc –comme l'a fait remarquer Christian- de *« suppléer la petite table anglaise »*. Nous avons vu que, dans ce cas, Christian utilise une interpolation curviligne (manuelle) mais, comme cela ne peut être le cas de Louis, faisons l'hypothèse que celui-ci a eu recours au procédé courant que constitue l'interpolation linéaire. Nous pouvons d'ailleurs tester cette hypothèse car nous savons que Christian est né le 18 avril 1629 : en août 1669, il a donc 40 ans. Appliquons-la donc à ce cas particulier, en utilisant des calculs effectués par Louis dans sa lettre du 30 octobre (cf § 3). À la suite de la partie déjà citée, Louis y calcule en effet la durée moyenne de survie des individus de 6, 16, … 76, 86 ans, en passant par l'âge moyen au décès. En particulier :

Pour ceux de 36. 53. ans 6. mois; pour leur reste *17. 6.*

Pour ceux de 46. 61. ans. Pour leur reste *15. 0.*

Ainsi donc, une personne de 36 ans peut escompter vivre jusqu'à l'âge de 53 ans ½ et une personne de 46 ans jusqu'à l'âge de 61 ans. On peut donc estimer qu'une personne de 40 ans peut escompter vivre jusqu'à l'âge de $53{,}5 + (61 - 53{,}5)\dfrac{40-36}{46-36}$, soit 56,5 ans. Ce qui est très précisément ce que prédit Louis[20].

Cette hypothèse d'interpolation linéaire paraissant vraisemblable, conservons-la pour résoudre cette fois le problème inverse, à savoir déterminer l'âge de Louis.

On a vu que l'âge au décès des personnes de 36 ans est de 53,5 ans

46 ans est de 61 ans.

Il vient alors, pour l'âge d'un individu dont l'âge au décès est de 55 ans :

$$36 + (46 - 36)\frac{55-53{,}5}{61-53{,}5} = 38.$$

20 Christian décèdera en fait le 8 juillet 1695, c'est-à-dire à l'âge de 66 ans.

Ce qui nous conduit à penser que Louis a 38 ans en 1669, soit deux ans de moins que son frère aîné[21].

Conclusion

Ces lettres des frères Huygens, on l'a vu, sont restées inédites jusqu'en 1920, et on peut penser que c'est fort dommage car, comme le souligne Jacques Dupâquier [Dup96], *« elles auraient épargné à leurs successeurs 75 ans de tâtonnements »*. On y voit en effet comment des fréquences correspondant à une population déterminée –celle de Londres au 17e siècle- sont étendues à l'ensemble de l'humanité et utilisées comme des fréquences théoriques. On y voit également à l'œuvre la longue difficile genèse de concepts tels que ceux d'espérance de vie et de durée de vie probable, apparentés respectivement à ceux de moyenne arithmétique et de médiane, ainsi que le rôle stimulant de la confrontation des idées dans l'émergence des concepts.

Bibliographie

[Dup96] Dupâquier, J. (1996) *L'invention de la table de mortalité.* P.U.F. coll. Sociologies

[Huy20] Huygens, C. *Œuvres complètes* (1920). La Haye, Martinus Nijhoff

[Leb00] Le Bras, H. (2000) *Naissance de la mortalité, l'origine politique de la statistique et de la démographie.* Gallimard-Le Seuil coll. Hautes Études

[Par98] [Parzysz, B. (1998) L'espérance de vie des frères Huygens, in *Bulletin de l'APMEP,* 416, pp. 374-381

[21] Je n'ai malheureusement pu trouver, ni dans la littérature, ni sur le web, l'année de naissance de Louis.

TABLES DE NATALITÉ, TABLES DE MORTALITÉ « A TABLES ! »

Henry Plane, Frédéric Métin, Patrick Guyot

Résumé

Les registres des décès à Londres au XVIIe siècle inspirent à un notable amateur de sciences, John Graunt, l'invention d'une table répertoriant la répartition de la population suivant les âges ; cette table de mortalité, dont les usages sont multiples tant pour la connaissance de la composition d'une population donnée (nombre d'habitants, répartitions diverses, ...) que pour les calculs financiers dans lesquels intervient la durée (intérêts, rentes viagères) est étudiée par de nombreux auteurs, que ce soit pour le traitement des données brutes en vue de la construction même de la table, ou pour son utilisation en vue de connaître les caractéristiques de la population. La répartition des sexes des nouveaux-nés fait également l'objet d'enregistrements à la même époque, et l'on peut y rechercher les traces des catastrophes, famines, périodes de prospérité, etc. Cet article en présente plusieurs exemples.

Introduction

Qu'il est loin le temps où l'élève de collège ou de lycée, héritier d'une longue tradition, devait se servir de tables (de sinus, de logarithmes, ...) pour évaluer des résultats ! La question était de *choisir*, parmi des données déjà établies, celles qui permettraient d'abréger les souffrances du jeune calculateur. L'usage des tables se perd dans les écoles et sur les lieux de travail, devant les ressources actuelles de la technique, la convivialité, et la modernité des nouveaux moyens de calcul et de stockage de données. Pourtant, il s'agit encore d'utiliser des données déjà préparées : la table, sous sa nouvelle forme, a encore de beaux jours devant elle ! Un cas particulier de table attire notre attention : il s'agit de celle qui concerne la mortalité d'une population (il y a aussi la table de natalité, moins tragique, mais plus tardive). La gestion des villes puis des Etats modernes en a rendu vite l'usage indispensable, et pourtant l'idée n'apparaît qu'à la fin du XVIIe siècle, dans les écrits d'un marchand londonien, John Graunt, et sera traitée avec méthode quelques années plus tard par le célèbre astronome Halley. De nombreux mathématiciens, tels Huygens, Leibniz et plus tard Laplace ou Condorcet, ont étudié son utilisation dans les affaires de l'Etat et les affaires financières (en particulier la question des assurances sur la vie).

Les tables de vie (naissance et mort) constituent un exemple intéressant d'organisation et de traitement mathématique de données concrètes, d'invention d'un outil abstrait à des fins utilitaires. Nous avons voulu, à travers cet atelier et cet article, mettre à disposition des personnes intéressées quelques ressources simples qui peuvent être exploitées en classe.

1. Tables de natalité

Lorsque l'Histoire des Mathématiques est évoquée, on pense le plus souvent à un courant allant de l'historien vers le matheux. Parce que tel Calife avait lu dans le Coran un encouragement à faire de la science, alors les traductions du grec abondèrent et… Parce que les marchands enrichis de la Hanse voulurent prémunir leurs enfants contre les agissements des banquiers, alors les arithméticiens furent encouragés et…

Au début de cet atelier, il fut essayé, à l'aide des premières données statistiques, de montrer que le courant inverse existe.

Dans une lettre adressée à Monsieur de Montmort ([Mon1713], p. 394), en août 1713, N. Bernoulli lui communique le "catalogue des Enfans mâles et femelles nés à Londres depuis 1629 jusqu'à 1710" (voir l'annexe A).

Pourquoi distinguer les sexes ? D'aucuns pensent qu'il y avait là, alors, une donnée de caractère surnaturel. Nous sommes plus intéressés aujourd'hui par la variation du nombre global des naissances, mais on note la quasi constance du pourcentage de garçons contenu entre 50,8 et 52,7. Les données actuelles sur ce point varient peu.

Mais voyons comment évolue la natalité. Puisqu'il s'agit d'un phénomène continu (le temps) au lieu de s'en tenir à des points reliés entre eux on utilise volontiers une courbe "lissée". Ce ne sont pas les points images des effectifs annuels qui sont joints, mais ceux-ci sont remplacés par leurs barycentres successifs. Ainsi :

Si A_1, A_2 et A_3 sont les images des données équidistantes en temps, l'image G_1 de la moyenne a même abscisse que A_2 et que le milieu M_1 de $[A_1A_3]$ et est aux deux tiers de $[A_2M_1]$. Donc G_1 peut être situé "à main levée".

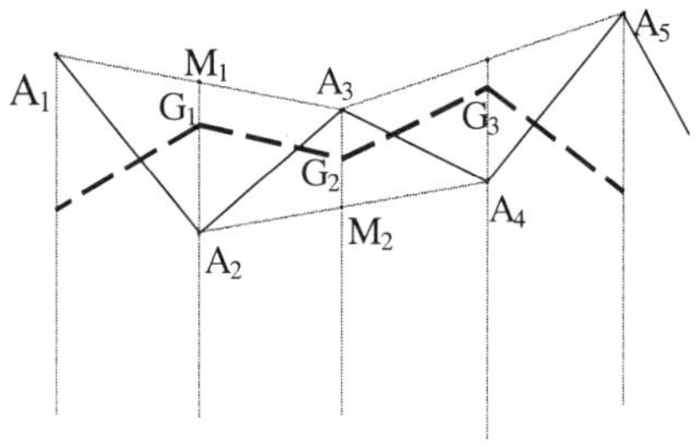

On joindra G_1 à G_2 obtenu pareillement à partir de A_2, A_3, A_4, etc.

Telles sont les Annexes B et C (graphiques à la même échelle ; les participants à l'atelier ont eu à achever C).

L'historien est alors interrogé : pourquoi cette chute entre 1640 et 1650 ? Un effet du *long Parliament* ? L'arrivée de Cromwell rétablit-elle provisoirement la situation (1640-55), pour rechuter avec le fils du *Lord Protector* ? Quel retournement avec le retour des Stuarts sur le trône après 1660 ?

Quel historien veut répondre ?

1665, 66, 67, c'est plus facile : la grande peste de Londres, puis l'incendie de la capitale (n'oublions pas un certain délai de neuf mois).

Poursuivons nos colles aux partisans de Clio, et pour la seconde manche du tournoi franchissons le Channel : il s'agit d'un extrait des *Mémoires de l'Académie Royale des Sciences* (Annexe D), le relevé des baptêmes (jusqu'à la Révolution, ce qui deviendra l'Etat-civil est tenu par les curés des paroisses, il peut donc manquer les enfants juifs et ceux dont les parents adhèrent à la R.P.R.[1], s'il en reste), des décès (même remarque) et des abandons d'enfants (on sait que, aux portes de certains couvents, existait un "tour", où, dans l'anonymat, on plaçait les nouveaux-nés que l'on abandonnait).

Si l'on tire de ce tableau deux graphiques associés (Annexe E), ceux-ci ne parlent guère mais si on dresse celui des pourcentages d'abandon (Annexe F) quelle situation ne révèle-t-il pas, quelles questions ne suscite-t-il pas ?

Le graphique de l'Annexe G est réalisé selon le principe du lissage trois par trois, pour naissances et décès. Ne faudrait-il pas mettre en face le prix de la farine dans la capitale à la même époque ?

1709, 1739 ; "les hommes mouraient drû comme des mouches" a écrit le chancelier d'Aguessau.

1717 ? Jean Le Rond D'Alembert est sans doute inscrit dans la cinquième colonne.

1720 ? Chute des systèmes Law. Y a-t-il un lien ?

Alors TPE ou pas, essayons-nous autour de ces tables qui parlent d'histoire !

2. Tables de mortalité

A propos de l'autre extrémité de la vie en tant qu'objet statistique, nous avons choisi d'étudier quelques textes caractéristiques, plutôt que prétendre à une exhaustivité dont nous n'étions pas capables...

Il fallait mentionner Graunt, car bien qu'il soit contesté en tant qu'inventeur de la table de mortalité (voir ci-dessous), c'est lui qui en publia la première mouture en 1662. Mais les données recueillies étaient peu fiables (population instable, mode opératoire) et le choix du "lissage" semble plus d'ordre métaphysique que rationnel. Trente ans plus tard, en 1694, Edmund Halley donne une table fondée sur des observations méthodiques d'une population quasi-fermée, et un traitement mathématique rigoureux. Au Siècle des Lumières, en France, Buffon est le "grand amateur" qui propose un lissage réaliste (moins théorique) et simple des données pour obtenir une table encore plus proche d'une réalité sociale que l'on cherche

[1] Les membres de la Religion Prétendue Réformée n'avaient pas le droit de cité dans le Royaume.

tant à atteindre. A la même époque, Euler fait exactement le contraire et explique, avec la clarté qui le caractérise, la théorie sous-jacente avant de proposer l'application numérique.

2.1. John Graunt (1620-1674)

Notre premier auteur n'est pas un professionnel des mathématiques, mais fils de marchand drapier et marchand lui-même. Apprenti à seize ans dans l'établissement de son père, il apprend seul le latin et le français (le matin avant son travail), et fonde sa propre affaire en 1641. Sa réputation de sagesse lui permettra d'accéder rapidement à des postes importants dans sa corporation, puis dans la Milice londonienne (c'est là qu'il devint "Capitaine"), mais aussi de faire embaucher son ami William Petty comme Maître de musique à Gresham College. Reçu en 1662 membre de la "Society of Philosophers meeting at Gresham College" (embryon de la Royal Society) au moment de la publication de ses *Observations upon the Bills of Mortality*, il n'aura pas le temps de profiter pleinement de sa réputation d'inventeur de l'*arithmétique politique*[2], puisque sa conversion au Catholicisme coïncide avec sa déchéance : il meurt pauvre en avril 1674.

La création de l'arithmétique politique est-elle vraiment due à Graunt ? Les avis sont partagés, car certains ne croient pas à son génie inventif et préfèrent penser que la substance de son œuvre provient de William Petty[3] ; le lecteur se reportera à ce propos à l'ouvrage d'Hervé Le Bras ([LeB00]), qui rapporte en détail les querelles idéologiques au sujet de la paternité de l'arithmétique "morale". C'est en tout cas sous le nom de John Graunt que paraissent en 1662 les *Observations sur les billets de mortalité...* [Grau62], dont rend compte un certain Sieur G. P. (on se plaît à rêver qu'il s'agisse de Guillaume Petty) dans le *Journal des Savants* ([JdS66]) du lundi 2 août 1666, en des termes enthousiastes, balançant entre anglophobie et anglophilie :

> *C'est vne chose particulière aux Anglois de faire des Billets de mortalité, c'est-à-dire des listes qui contiennent combien il naist de personnes chaque semaine, combien il en meurt, & quelle est la cause de leur mort. Les maladies contagieuses qui ont fait de grands rauages en Angleterre ont donné lieu à ces Billets. Car la curiosité qu'on a euë de sçauoir si la peste diminuoit ou augmentoit, a fait qu'on a d'abord tenu registre de tous ceux qui mouroient de cette maladie [...]*

Effectivement, quels originaux ces Anglais ! Les données permettent à l'auteur d'estimer quelles sont les principales causes de mortalité (on dirait un médecin légiste), et dans quelles proportions ; on remarquera que Londres est une ville sûre et saine, que les conditions de vie y sont très bonnes :

> *I. Il compare les maladies entre elles, & il remarque que de deux cent vingt-neuf mille personnes qui sont mortes à Londres pendant vingt ans, les*

---

2 Buffon parlera d'*arithmétique morale*.

3 D'ailleurs, l'édition complète des Œuvres économiques de Petty, par C.H. Hull en 1899, précise *with the Observations upon the bills of mortality more probably by Captain John Graunt.* On appréciera ce "more probably"...

> *conuulsions, les vers, les dents*[4] *& d'autres semblables maladies en ont emporté 71124. Il en est mort 12210. de la petite verole & de la rougeole : de fievre il n'en est pas mort plus d'vn entre quarante : Les maladies chroniques, comme l'hydropisie, phtisie ou maladie de poulmon &c. en ont fait mourir enuiron 70. Les maladies externes, par exemple, les blessures, les Cancers, &c. emportent beaucoup moins de mõde de 60. personnes n'y en ayant gueres qu'vne qui soit morte de ces maladies : La Peste fait d'estranges desordres de temps en temps ; car en 1603 & en 1625 elle emporta presques la cinquiesme partie des Habitans de Londres. Cet Autheur adiouste qu'il se fait fort peu de meurtres dans cette ville, & que pour deux cent personnes qui meurent de maladie, à peine y en a t'il vne qui ait esté tuée : Qu'il ne meurt presque personne de faim, & que de quatre cent il n'y en a pas vn qui meure de disette : Que de cent femmes il n'en meurt pas plus d'vne en couche ; Et qu'entre 200. il n'y en a presque qu'vne qui meure en trauail.[...]*

Les données recueillies vont permettre à Graunt de construire, avec des interpolations dont le fondement *a priori* n'est pas très scientifique[5], une table qui montre, à partir de la répartition de la population de Londres selon les âges, ce que deviendrait une cohorte de cent nouveaux-nés. Il faut donc accepter que la répartition donnée pendant le temps de l'établissement des billets reste constante.

> 2. *Il compare les diuers âges de la vie entr'eux, & il obserue qu'il y a vingt fois plus d'enfans qui viennent à terme, que de ceux qui viennent morts ou qui meurent en naissant : Que de cent enfans qui naissent en mesme temps, il n'en reste, six ans apres, que soixante-quatre ; au bout de 16. ans il n'y en a plus que quarante ; au bout de 26. ans il ne s'en trouue que vingt-cinq ; au bout de 36. ans il n'en demeure que seize ; au bout de 46. ans il n'y en a plus que dix ; au bout de 56. ans il n'en reste que six ; au bout de 66. ans il n'en demeure que trois ; & au bout de 76. ans ces trois sont reduits à vn ; Enfin au bout de 80. ans il ne reste plus personne.*

Mais les comparaisons ne s'arrêtent pas là. Une question intéressante est la répartition de la population entre hommes et femmes ; c'est l'article 3 de ce compte rendu du "Sr G.P.", dans lequel on apprend que *dans Londres il naist quatorze Garçons pour treize Filles, & dans la campagne quinze Garçons pour quatorze Filles*. Ce qui tombe à pic, puisque les hommes meurent plus (ils vivent avec *plus d'intemperance, &* [...] *les guerres en emportent beaucoup*). Mais cela est contrebalancé par les maladies et les humains s'en arrangent fort bien puisque *les Medecins ont remarqué que pour vn hommes qui est malade, il y a tousiours deux femmes qui le sont. Il adiouste que comme le nombre des Hommes est plus*

[4] La mortalité des nourrissons de moins d'un an était attribuée à la poussée dentaire.

[5] *cf.* le chapitre "Le joueur et le banquier. Sur une correspondance des frères Huygens" par B. Parsysz.

grand ou pour le moins égal à celuy des Femmes ; on a pris de là occasion de faire des Eunuques dans les pays où la pluralité des Femmes est permise.

Quatrième information : on meurt moins à la campagne qu'à Londres (tous âges confondus, une personne sur 32 à Londres, une sur 50 à la campagne.) La cinquième, pas très claire car basée sur une inférence, a trait au renouvellement des générations, par la proportion des naissances et des décès ; il n'est pas question d'un âge moyen qui augmenterait ou diminuerait, car l'idée même de caractéristique moyenne d'*un* être, ou caractéristique d'un "être moyen" semble étrangère à Graunt. C'est Quételet, au début du XIXe siècle, qui inventera le concept d'*homme moyen*. Cependant, après avoir traité la question de l'estimation du nombre d'habitants de Londres et du Royaume, le Capitaine établit des moyennes :

> *7. Il fait plusieurs autres remarques curieuses : Par exemple que de 7. malades il n'en meurt ordinairement qu'vn : Que de chaque mariage, l'vn portant l'autre, il naist enuiron quatre enfans : Qu'il y a dans chaque famille de Londres enuiron 8. personnes &c.*

Ne s'agit-il pas déjà d'une "radiographie" de la société ?

2.2. Edmund Halley (1656-1742)

Halley est le grand astronome que l'on sait, l'ami de la comète qui porte aujourd'hui son nom, puisqu'il en étudia la périodicité et qu'il put prévoir son retour ; mais aussi ami de Newton, qu'il poussa à publier en 1687 sa grande œuvre *Les Principes Mathématiques de la Philosophie Naturelle*. En plus de ses nombreux travaux astronomiques, Halley s'est également distingué dans d'autres domaines ; parmi ceux-ci nous retiendrons la fabrication d'une carte du monde montrant les vents dominants au-dessus des océans, qui constitue la première carte météorologique publiée, des recherches sur les mesures des longitudes, la table de mortalité…

Le fameux mémoire des *Philosophical Transactions* ([Ha193]) intitulé "*Estimation des Degrés de la Mortalité Humaine, tirée des curieuses Tables des Naissances et des Décès de la Cité de Breslau, avec une Tentative d'Etablir le Prix des Annuités sur la Vie, par Mr. E. Halley, R.S.S.*"[6] constitue la première tentative sérieuse de construction d'une table de mortalité. Après avoir rappelé les travaux de Graunt/Petty sur le sujet, Halley souligne que la non-stabilité des populations étudiées (habitants de grandes métropoles) ne permettait pas de conclusion assurée, il justifie son choix des données recueillies à Breslau[7] par le peu d'échange de population de cette ville avec l'extérieur. D'ailleurs, les

---

[6] Texte traduit par Frédéric Métin, frmetin@u-bourgogne.fr.

[7] Nom allemand de l'actuelle ville polonaise de Wroclaw, située en basse Silésie ; cette cité était alors sous domination autrichienne et deviendra prussienne une cinquantaine d'années plus tard. L'édition abrégée (*the philosophical transactions abridged*, pp. 669-678) cite comme auteur des Tables le Dr Newman, de Breslau, dont il n'est pas fait mention dans le mémoire original de Halley.

premières conclusions ont trait à la progression annuelle moyenne de la population, pour légitimer ce choix.

> *Il apparaît de là, que pendant les Cinq Années de 87 à 91 inclus, il est Né 6193 Personnes, et Mort 5869 ; c'est-à-dire, nés per Annum 1238, et Morts 1174. On peut donc arguer d'un Accroissement de la Population de 64 per Annum, ou d'à peu près une 20ème partie ; ce qui pourrait peut-être se trouver contrebalancé par les Levées pour les Guerres au Service de l'Empereur. Mais ceci étant contingent et les Naissances Certaines, je supposerai la Population de Breslau accrue de 1238 Naissances annuelles.*

La table de Newmann n'est pas annexée au mémoire, mais Halley en tire une première estimation de la longévité de ces 1238 nouveaux-nés annuels, qui ne commencent à se trouver vraiment hors de danger qu'à partir de 7 ans :

> *De ceux-ci, il apparaîtra par la même Table que 348 Meurent chaque Année dans leur Première Année et que seuls 890 Arrivent à l'Age d'un An ; et de même, que 193 meurent dans les Cinq Années entre 1 et 6, pris comme un Milieu ; ainsi, que seules 692 des Personnes Nouvelles-nées survivent Six Années complètes. A partir de cet Age, les Enfants, étant parvenus à un certain degré de Force, deviennent de moins en moins Mortels ; et l'on voit que de la Population entière de Breslau, il en meurt chaque Année le nombre indiqué dans la Table suivante, dans laquelle la Ligne Supérieure donne l'Age et la suivante le Nombre de Personnes de cet Age qui Meurent chaque Année.*

7. 8. 9. . .14. . .18 . . 21. . .27. 28. . .35.36. . . 42. . .45. . .

11. 11. 6. $5\frac{1}{2}$*. 2.* $3\frac{1}{2}$*. 5. 6.* $4\frac{1}{2}$*.* $6\frac{1}{2}$*. 9. 8. 7. 7. 8.* $9\frac{1}{2}$*. 8. 9. 7. 7.*

49.. 54.55.56. . .63. . .70.71.72. . .77. . .81. . .84 .. 90.

10.. 11. 9. 9. 10. 12. $9\frac{1}{2}$*. 14. 9.11.* $9\frac{1}{2}$*. 6. 7. 3. 4. 2. 1. 1.*

91. 98. 99. 100.

1. 0. $\frac{2}{5}$*.* $\frac{3}{5}$*.*

> *Quant aux endroits au-dessus desquels aucun Nombre n'est placé, il faut comprendre qu'il s'agit de ceux qui Meurent à un Age compris entre ceux des Colonnes précédente et suivante.*

> *De par cette Table, il est évident que de l'Age de 9 ans à celui d'environ 25 ans, il ne meurt pas plus de 6 personnes per Annum de chaque Age, ce qui est à très peu-près un pour Cent de ceux qui ont cet Age : Et si dans les Années 14, 15, 16, 17, il semble qu'il y ait bien moins de morts, de l'ordre de 2 et* $3\frac{1}{2}$*, cela pourrait être attribué au Hasard ; ainsi des autres*

Irrégularités dans la Série des Ages, qui se rectifieraient d'elles-mêmes, si le nombre des Années était beaucoup plus considérable, comme 20 au lieu de 5. Et par notre propre Expérience au Christ Church Hospital, je sais qu'il meurt de Jeunes Personnes, à peu près un pour Cent. per Annum, des Ages ci-dessus mentionnés. De 25 à 50 ans, il semble qu'il en meure de 7 à 8, et 9, per Annum, de chaque Age ; et depuis là jusqu'à 70 ans, devenant plus séniles, bien que leur nombre ait fort diminué, la Mortalité augmente encore, et on trouve qu'il en meurt 10 ou 11 de chaque Age per Annum. Par conséquent, le nombre des Vivants étant devenu très petit, ils Déclinent graduellement jusqu'à ce qu'il n'y ait plus personne pour mourir ; ce qu'on pourra Constater en regardant simplement la Table.

Dans la suite du texte, l'astronome, à partir de ces données solides, montre la répartition actuelle par âge de la population de Breslau, et, ce qui nécessite encore la croyance en une immuabilité des proportions, *par là-même les Chances de Mortalité à tous les Ages.* [Voyez la table à l'annexe H.] La seconde partie du mémoire est le détail de toutes les utilisations que l'on peut faire de la table, à commencer par l'estimation de la population de la ville (*34000 Ames, étant la Somme Totale des Personnes de tous Ages dans la Table.*), puis celle de sa puissance guerrière, fonction du nombre d'hommes en page de porter les armes : *18053 est le nombre de Personnes entre ces Ages* [18 ans et 56 ans]. *Au moins une moitié en est composé d'Hommes, ou 9027 : Ainsi, la Force totale que cette Cité peut tirer de ses Fencible Men, comme les appellent les Ecossais, est d'environ 9000, ou 9/34, ou un peu plus d'un quart du Nombre des Ames ; ce qui peut-être peut passer pour une Règle pour toutes les autres villes.*

On en arrive aux problèmes les plus nouveaux, la question étant maintenant de calculer la probabilité de survie ou non d'un individu d'un âge donné pendant un nombre d'années donné, puis la durée de vie probable (et non moyenne, car il s'agit de parier sur une durée, le pari étant équitable) d'une personne d'un âge donné, enfin l'application à l'estimation de la valeur actuelle des rentes, pensions, etc.

Le Second Usage de cette Table est de montrer les différents degrés de Mortalité, ou plutôt de Vitalité, dans tous les Ages ; car si le nombre de Personnes d'un Age quelconque restant en vie après un an est divisé par la différence entre lui et le nombre de l'Age proposé, cela montre les chances [odds] qu'il y a pour une personne de cet Age de ne pas mourir en une Année. Par Exemple, une Personne Âgée de 25 Ans a 560 chances contre 7, ou 80 contre 1, de ne pas mourir en une Année : Parce que parmi 567 vivants de 25 Ans, il n'en meurt pas plus de 7 en une Année, laissant 560 atteindre l'âge de 26 Ans.

De même pour les chances qu'a une Personne de ne pas mourir avant d'avoir atteint un certain Age Proposé : Prenez le nombre de Personnes restantes de l'Age proposé, et divisez le par la différence entre lui et le nombre de ceux de l'Age de la Partie proposée ; et cela montre les Hasards qui existent entre les chances des Parties des vivants et des morts. Comme par Exemple ; Quelle est la Chance qu'un Homme de 40 Ans vive 7 Ans ?

Prenez le nombre de Personnes de 47 ans, qui dans la Table est 377, et soustrayez-le du nombre de Personnes de 40 ans, qui est 445, et la difference est 38 : Ce qui montre que les Personnes Mourant durant ces 7 ans sont au nombre de 68, et qu'il y a 377 contre 68, ou 5½ contre 1 qu'un Homme de 40 Ans vive 7 Années. Il en est de même pour tout autre nombre d'Années.

Usage III. Mais s'il était demandé en quel nombre d'Années il vaut mieux parier qu'une personne d'un Age quelconque Mourra, cette Table permet de répondre facilement : Car si le nombre de Personnes vivantes de l'Age Proposé est divisé en deux, on trouvera dans la Table au bout de combien d'Années le nombre susdit est diminué de moitié par la Mortalité ; et c'est l'Age auquel il est avantageux de Parier qu'une Personne de l'Age proposé parviendra avant de mourir. Par Exemple ; une Personne de 30 Ans est proposée, le nombre de cet Age est 531, sa moitié de 265, nombre que je trouve être entre 57 et 58 Années ; ainsi, un Homme de 30 Ans peut raisonnablement s'attendre à vivre entre 27 et 28 Ans.

Usage IV. Le Prix des Assurances sur la Vie devrait être réglé sur ce qui a été dit : et l'on découvre la différence entre le prix de l'assurance sur la Vie d'un Homme de 20 Ans et d'un Homme de 50 Ans, par Exemple ; elle est de 100 contre 1 pour qu'un Homme de 20 Ans ne meure pas dans l'année, mais seulement de 38 contre 1, pour un Homme de 50 Ans.

Usage V. De ceci dépend l'Estimation des Annuités sur la Vie : car il est manifeste que l'Acheteur ne devrait Payer que pour la Partie de la Valeur des Annuités, correspondant aux Chances qu'il a d'être Vivant ; et cela devrait être Calculé Annuellement, et la Somme de toutes ces Valeurs Annuelles, ajoutées ensemble, aura pour montant la Valeur de l'Annuité sur la Vie de la Personne Proposée. Mais la Valeur Actuelle de l'Argent payable au Terme d'un certain Nombre d'Années, à un Taux d'Intérêt donné quelconque, peut être obtenue soit dans les Tables déjà Calculées; soit d'une manière presque aussi Concise, par la Table de Logarithmes [...]

Le reste est plus technique : Halley donne la table des valeurs des annuités par tranches de cinq années, et s'intéresse aux probabilités de survie de deux ou plusieurs personnes, dans la perspective de résoudre les problèmes financiers liés à la fin de la vie (rentes viagères, dernier conjoint survivant, ...) Il cherche même à éclairer son propos à l'aide d'illustrations géométriques (le problème de deux personnes étant représenté par des surfaces et celui de trois personnes par des volumes), mais le moins que l'on puisse dire, c'est que cela ne fonctionne pas comme il l'espère...

Les successeurs de Halley n'ajouteront rien de fondamentalement différent à la philosophie générale et aux usages de sa table ; l'essentiel sera le recueil et le traitement de données de plus en plus fiables.

2.3. Georges-Louis Leclerc, Comte de Buffon (1707-1788)

L'œuvre scientifique du grand naturaliste revêt plusieurs aspects souvent ignorés, particulièrement ses travaux dans des domaines autres que les sciences naturelles (outre la littérature) ; or, le jeune Leclerc (pas encore Comte) était passionné de mathématiques, c'est par un mémoire sur les probabilités géométriques qu'il gagna, avec l'appui de Clairaut, son siège à l'Académie Royale des Sciences. On trouve dans le tome II de l'*Histoire Naturelle* [Buf49], des considérations sur la durée de la vie humaine typiques de l'esprit des Lumières, le calcul venant en contrepoint d'une approche d'ordre philosophique et moral :

> *[p.588] Après avoir fait l'histoire de la vie & de la mort par rapport à l'individu, considérons l'une & l'autre dans l'espèce entière. L'homme, comme l'on sçait, meurt à tout âge, & quoiqu'en général on puisse dire que la durée de sa vie est plus longue que celle de la vie de presque tous les animaux, on ne peut pas nier qu'elle soit en même temps plus incertaine & plus variable. On a cherché dans ces derniers temps à connoître les degrés de ces variations, & à établir par des observations quelque chose de fixe sur la mortalité des hommes à différens âges ; si ces observations étoient assez exactes & assez multipliées, elles seroient d'une très-grande utilité pour la connoissance de la quantité du peuple, de sa multiplication, de la consommation des denrées, de la répartition des impôts, &c. [...]. Pour faire une bonne table de cette espèce*[8]*, il faut dépouiller non-seulement les registres des paroisses d'une ville comme Londres, Paris, &c. où il entre des étrangers & d'où il sort des natifs, mais encore ceux des campagnes, afin qu'ajoûtant ensemble tous les résultats, les uns compensent les autres ; c'est ce que M. Dupré de Saint-Maur, de l'Académie françoise a commencé à exécuter sur douze paroisses de la campagne, & trois paroisses de Paris ; il a bien voulu me communiquer les tables qu'il en a faites, pour les publier ; je le fais d'autant plus volontiers, que ce sont les seules sur lesquelles on puisse établir les probabilités de la vie des hommes en général avec quelque certitude.*

S'ensuivent dix pages [pp. 590-599] de tables des âges de décès dans les quinze paroisses citées. L'auteur explique ensuite les raisons pour lesquelles les données lui paraissent faussées, et propose une version rectifiée, mais il n'indique pas sa méthode de lissage.

> *On peut observer que dans les colonnes qui répondent à 10, 20, 30, 40, 50, 60, 70, 80 ans, & aux autres nombres ronds, comme 25, 35, &c. il y a dans les paroisses de campagne beaucoup plus de morts que dans les colonnes précédentes ou suivantes, cela vient de ce que les Curés ne mettent pas sur leurs registres l'âge au juste mais à peu près : la plûpart des paysans ne savent pas leur âge à deux ou trois années près ; s'ils meurent à 58 ou 59 ans, on écrit 60 ans sur le registre mortuaire ; il en est de même des autres termes en nombres ronds, mais cette irrégularité peut aisément*

[8] i.e. une table "de la mortalité du genre humain", comme celle de Deparcieux que cite Buffon.

s'estimer par la loi de la suite des nombres, c'est-à-dire, par la manière dont ils se succèdent dans la table, ainsi ça ne fait pas un grand inconvénient.[...] en estimant les degrés de mortalité par les deux tables réunies[9]*, ce qui me paraît approcher beaucoup de la vérité, j'ai calculé les probabilités de la durée de la vie comme il suit.*

On peut observer que dans les colonnes qui répondent à 10, 20, 30, 40, 50, 60, 70, 80 ans, & aux autres nombres ronds, comme 25, 35, &c. il y a dans les paroisses de campagne beaucoup plus de morts que dans les colonnes précédentes ou suivantes, cela vient de ce que les Curés ne mettent pas sur leurs registres l'âge au juste mais à peu près : la plûpart des paysans ne savent pas leur âge à deux ou trois années près ; s'ils meurent à 58 ou 59 ans, on écrit 60 ans sur le registre mortuaire ; il en est de même des autres termes en nombres ronds, mais cette irrégularité peut aisément s'estimer par la loi de la suite des nombres, c'est-à-dire, par la manière dont ils se succèdent dans la table, ainsi ça ne fait pas un grand inconvénient.[...] en estimant les degrés de mortalité par les deux tables réunies[10]*, ce qui me paraît approcher beaucoup de la vérité, j'ai calculé les probabilités de la durée de la vie comme il suit.*

Il n'y a point de correction à faire jusqu'au nombre 154[11]*, qui correspond à la neuvième année, parce qu'on ne se trompe guère d'un an sur l'âge d'un enfant de 1, 2, 3, 4, 5, 6, 7 ou 8 ans ; mais le nombre 114, qui correspond à la dixième année est trop fort, aussi-bien que le nombre 100 qui correspond à la douzième, tandis que le nombre 81 qui correspond à la onzième est trop foible. Les seul moyen de rectifier ces défauts & ces excès, & d'approcher de la vérité, c'est de prendre les nombres cinq à cinq, & de les partager de manière qu'ils augmentent proportionnellement à mesure que leurs sommes vont en augmentant ; & au contraire de les partager de manière qu'ils aillent en diminuant si leurs sommes vont aussi en diminuant : par exemple, j'ajoute ensemble les cinq nombres 114, 81, 100, 73, & 73 qui correspondent dans la table à la 10e, 11e, 12e, 13e & 14e année, leur somme est 441 ; je partage cette somme d'abord en cinq parties égales, ce qui me donne 88 $\frac{1}{5}$.*

J'ajoute de même les cinq nombres suivans 90, 97, 104, 115 & 105, leur somme est 511, & je vois par-là que ces sommes vont en augmentant ; dès-lors je partage la somme 441 des cinq nombres précédens, en sorte qu'ils aillent en augmentant, & j'écris 87, 87, 88, 89 & 90 au lieu de 114, 81, 100, 73, & 73. De même avant de partager la somme 511 de cinq nombres 90, 97, 104, 115 & 105 qui correspondent à la 15e, 16e, 17e, 18e & 19e année ; j'ajoute ensemble les cinq nombres suivans pour voir si leur somme est plus ou moins forte que 511 : & comme je la trouve plus forte, je partage 511

[9] Celle des paroisses de campagne et celle des paroisses parisiennes.

[10] Celle des paroisses de campagne et celle des paroisses parisiennes.

[11] Dans l'édition de 1777, on trouve aux pp. 152 à 157, la table des morts corrigée, et aux pp. 158 à 161 la table de la probabilité de la vie d'un enfant qui vient de naître, auxquelles fait référence ce texte.

comme j'ai partagé 441 en cinq parties qui aillent en augmentant ; & si au contraire cette somme des cinq nombres suivans étoit plus petite que celle des cinq nombres précédens (comme cela se trouve dans la suite), je partagerai cette somme de manière que les nombres aillent en diminuant. De cette façon, nous approcherons de la vérité autant qu'il est possible, d'autant que je ne me suis déterminé à commencer mes corrections au terme 114, qu'après avoir tâtonné toutes les autres suites que donnoient les sommes des nombres pris cinq à cinq & même dix à dix & que c'est ce terme que je me suis fixé, parce que leur marche s'est trouvée avoir le plus d'uniformité.

Les conclusions que Buffon tire de sa table sont d'abord techniques, mais le grand écrivain ne peut s'empêcher d'interpréter les chiffres d'une manière plus morale [Buf49] :

On observera 1° que l'âge auquel on peut espérer une plus longue durée de vie, est l'âge de sept ans, puisqu'on peut parier un contre un qu'un enfant de cet âge vivra encore 42 ans 3 mois ; 2° qu'à l'âge de 12 ou 13 ans on a vécu le quart de sa vie, puisqu'on ne peut légitimement espérer que 38 ou 39 ans de plus, & de même qu'à l'âge de 28 ou 29 ans on a vécu la moitié de sa vie, puisqu'on n'a plus que 28 ans à vivre, & enfin qu'avant 50 ans on a vécu les trois quarts de sa vie, puisqu'on n'a plus que 16 ou 17 ans à espérer. Mais ces vérités physiques si mortifiantes en elles-mêmes peuvent se compenser par des considérations morales ; un homme doit regarder comme nulles les 15 premières années de sa vie, tout ce qui lui est arrivé, tout ce qui s'est passé dans ce long intervalle de temps est effacé de sa mémoire, ou du moins a si peu de rapport avec les objets & les choses qui l'ont occupé depuis, qu'il ne s'y intéresse en aucune façon ; ce n'est pas la même succession d'idées, ni, pour ainsi dire, la même vie ; nous ne commençons à vivre moralement que quand nous commençons à ordonner nos pensées, à les tourner vers un certain avenir, & à prendre une espèce de consistance, un état relatif à ce que nous devons être dans la suite. En considérant la durée de la vie sous ce point de vûe qui est le plus réel, nous trouverons dans la table qu'à l'âge de 25 ans on n'a vécu que le quart de sa vie, qu'à l'âge de 38 ans on n'en a vécu que la moitié, & que ce n'est qu'à l'âge de 56 ans qu'on a vécu les trois quarts de sa vie.

Une bonne raison de garder l'espoir…

2.4. Leonhard Euler (1707-1783)

Le dernier de nos quatre personnages est certainement l'un des savants les plus éclectiques et les plus prolifiques de son temps. Sa carrière se déroula entièrement hors de son pays natal, la Suisse, d'abord à Saint-Petersbourg de 1727 à 1741, puis à Berlin de 1741 à 1766, pour se poursuivre à nouveau à Saint-Petersbourg de 1766 à sa mort. Il est peu de domaines de la physique ou des mathématiques dans lesquels il n'ait laissé une découverte ou une étude d'importance. Ses articles ou ouvrages se comptent par centaines. On lui doit le développement de la mécanique newtonienne, des travaux en analyse, en algèbre, en optique, en astronomie, en hydraulique, en musique, etc...

Euler s'est, à son tour, penché sur notre sujet, mais à sa manière, à la fois celle du mathématicien chercheur et inventeur, et celle de l'homme de son siècle proche des préoccupations "de terrain". Il fait paraître dans *l'Histoire de l'Académie Royale des Sciences et Belles Lettres de Berlin pour l'année 1760* un article de vingt et une pages intitulé "*Recherches générales sur la mortalité et la multiplication du genre humain*" dans lequel il se montre novateur : il ne s'agit pas de fournir des tables de mortalité s'appuyant sur des résultats concernant un lieu et une période donnés, mais – et c'est une première – de mettre en place une théorie que l'on pourra ensuite appliquer à volonté.

L'auteur, pour justifier ce travail, débute son article par une réflexion sur la difficulté que l'on rencontre dans l'étude des registres ; chaque ville représente un cas particulier, et Euler choisit de traiter ces questions d'une façon générale, sans s'appuyer sur des chiffres locaux ; ainsi cette étude pourra ensuite être utilisée en s'aidant des mesures. Le mémoire nous offre donc un contenu fort intéressant d'un point de vue mathématique, une sorte d'algébrisation de ce qui n'était que décrit ou suggéré par Edmund Halley.

Pour Euler toutes les questions concernant la quantification humaine dépendent de deux hypothèses. La première est celle de la mortalité, "*par laquelle on détermine, combien d'un certain nombre d'hommes, qui sont nés à la fois, seront encore en vie après chaque nombre d'années écoulées*". Dans la première partie du texte, seule la mortalité est prise en compte, la deuxième hypothèse ne viendra qu'ensuite dans une seconde partie que nous évoquerons à la fin de cet article.

Le paragraphe suivant présente un système d'écriture abrégée des données qui permettra d'alléger le texte des questions étudiées par l'auteur.

> *3. Pour la premiere hypothese, concevons un nombre quelconque N d'enfans, qui soient nés en même tems ; & je marquerai le nombre de ceux qui seront encore en vie au bout d'un an par (1) N, de ceux qui y seront encore au bout de deux ans par (2) N, de trois ans par (3) N, de quatre ans par (4) N, & ainsi de suite. Ce sont des signes généraux que j'emploie pour marquer, comment les nombre [sic] des hommes nés en même tems décroit successivement ; qui auront pour chaque climat & chaque maniere de vivre des valeurs particulieres. Cependant on peut remarquer que les nombres indiqués par (1), (2), (3), (4), (5), &c. constituent une progression décroissante de fractions, dont la plus grande (1) est moindre que l'unité ; & quand on continue ces termes au de là de 100, ils décroitront si fort, qu'ils évanouissent presque entierement. Car, si de 100 millions d'hommes aucun n'atteint l'âge de 125 ans, il faut que le terme (125) soit moindre que* $\frac{1}{100000000}$.

Une remarque permet alors de relier le nombre des décès et le nombre des survivants, en s'appuyant sur les abréviations littérales qu'on vient de définir.

> *4. Ayant établi pour un certain lieu par un assez grand nombre d'observations les valeurs des fractions (1), (2), (3), (4), &c. on peut*

résoudre quantité de questions qu'on propose ordinairement sur la probabilité de la vie humaine. D'abord il est évident, si le nombre des enfans nés en même tems est = N, que selon la probabilité il en mourra tous les ans autant que cette table en marque :

1 - - - - - - - - - - 2- (1) N – (2) N,

2 - - - - - - - - - - 3- (2) N – (3) N,

3 - - - - - - - - - - 4- (3) N – (4) N,

4 - - - - - - - - - - 5- (4) N – (5) N,

&c.

Et comme de ce nombre N il y aura encore probablement en vie (n) N au bout de n ans, il faut que le nombre des morts avant ce terme de n ans soit = N – (n) N. Après cette remarque je donnerai la solution des questions suivantes.

Cette introduction est suivie d'une série de six questions, dont les quatre premières se limitent à des opérations autour de la probabilité de survie ou de décès, et les deux autres permettent le calcul de rentes viagères.

La première d'entre elles consiste à chiffrer le nombre de survivants parmi des personnes du même âge après un certain nombre d'années.

I. QUESTION.

5. Un certain nombre d'hommes dont tous soient du même âge, étant donné, trouver combien en seront probablement encore en vie après un certain nombre d'années.

Supposons qu'il y ait M hommes, qui ayent le même âge de m ans, & qu'on demande, combien en vivront probablement encore après n ans ? Qu'on pose M = (m) N pour avoir $N = \frac{M}{(m)}$, *où N marque le nombre de tous les enfans nés en même tems, dont il reste encore en vie M après m ans. Or de ce même nombre seront probablement encore en vie (m + n) N après m + n ans depuis leur naissance, & partant après n ans depuis le tems proposé. Donc le nombre cherché dans la question est =* $\frac{(m+n)}{(m)}M$ *; ou après n ans il y aura probablement encore autant de vivans de M hommes, qui ont tous à présent m ans.*

Donc il est probable que du nombre d'hommes M âgés tous de m ans, il en mourra $1 - \frac{(m+n)}{(m)}$, *avant qu'il s'en écoulent n ans.*

Cette première question utilise le terme "*probablement*" mais permet la recherche d'une formule conduisant à la détermination d'un nombre de personnes.

Dans la deuxième question on reprend le même problème mais pour donner cette fois une relation établissant une probabilité mathématique.

II. QUESTION.

6. Trouver la probabilité qu'un homme d'un certain age soit encore en vie après un certain nombre d'années.

Que l'homme en question soit agé de m ans, & qu'on cherche la probabilité que cet homme soit encore en vie au bout de n ans. Concevons M homme du même âge, & puisque, après n ans, il y en aura probablement encore vivans $\frac{(m+n)}{(m)}M$*, la probabilité que l'homme proposé se trouve dans ce nombre sera =* $\frac{(m+n)}{(m)}$.

Donc la probabilité que cet homme vienne à mourir avant le bout de ces n ans, est 1 - $\frac{(m+n)}{(m)}$*. Et partant l'espérance, que cet homme peut avoir de ne pas mourir dans l'intervalle des (m + n) années prochaines, est à la crainte de mourir dans ce même intervalle comme (m + n) à (m) – (m + n). Donc l'espérance surpassera la crainte si* $(m + n) > \frac{1}{2}(m)$ *; & la crainte sera plus fondée si* $(m + n) < \frac{1}{2}(m)$*. Or la crainte égalera l'espérance, si* $(m + n) = \frac{1}{2}(m)$.

La probabilité de survie vient d'être calculée, on s'attache maintenant à en déduire la probabilité de décès pendant une année donnée.

III. QUESTION.

7. On demande la probabilité, qu'un homme d'un certain âge mourra dans le cours d'une année donnée.

Que l'homme en question soit âgé de m ans, mais qu'il meure avant qu'il parvienne à l'âge de n + 1 ans. Pour trouver cette probabilité, concevons un grand nombre d'hommes M du même âge, & ayant M = (m) N, & $N = \frac{M}{(m)}$*, il y aura* $\frac{(n)}{(m)}M$ *hommes, qui atteignent l'âge de n ans, &* $\frac{(n+1)}{(m)}M$*, qui atteignent celui de n + 1 ans : il en mourra donc probablement dans le cours de cette année* $\frac{(n)-(n+1)}{(m)}M$ *; & partant la probabilité que l'homme proposé se trouve dans ce nombre sera =* $\frac{(n)-(n+1)}{(m)}$.

De là il est évident, pour que ce même homme meure entre l'année n + v de son âge, la probabilité sera = $\frac{(n)-(n+v)}{(m)}$.

Or, pour que cet homme meure un jour marqué de l'année proposée, la probabilité sera = $\frac{(n)-(n+1)}{365(m)}$.

Si la question est d'un enfant nouvellement né, on n'a qu'à écrire 1 au lieu de la fraction (m).

Dans la quatrième question, on pourra déterminer la durée de vie probable d'une personne d'un âge donné, en s'appuyant sur une équiprobabilité.

IV. QUESTION.

8. Trouver le terme, auquel un homme d'un âge donné peut espérer de parvenir, de sorte qu'il est également probable qu'il meure avant ce terme qu'après.

Soit l'âge de l'homme en question de m ans, & celui qu'il peut espérer d'attendre (sic) de z ans, qu'il s'agit de trouver. Or la probabilité qu'il parvienne à cet âge étant = $\frac{(z)}{(m)}$, *la probabilité qu'il meure avant ce terme sera =* $1 - \frac{(z)}{(m)}$. *Donc, puisque l'une & l'autre probabilité doit être la même, nous aurons cette équation* $\frac{(z)}{(m)} = 1 - \frac{(z)}{(m)}$, *& partant* $(z) = \frac{1}{2}(m)$, *dont il est aisé de trouver le nombre z, dès qu'on a déterminé par les observations les valeurs de toutes ces fractions :*

(1), (2), (3), (4), (5), (6), &c.

car on verra d'abord laquelle (z) sera la moitié de la proposée (m).

Ayant trouvé ce nombre z, on nomme l'intervalle z – m la force de la vie d'un homme de m ans.

Les deux dernières questions traitent des rentes viagères. Le texte bien construit d'Euler se suffit à lui-même, nous le reprendrons seulement un peu plus loin en l'éclairant par un exemple numérique.

V. QUESTION.

9. Déterminer les rentes viageres, qu'il est juste de payer à des hommes d'un âge quelconque tous les ans, jusqu'à leur mort, pour une somme qu'ils auront avancée d'abord.

Concevons M hommes, qui ayent tous le même âge de m ans, & que chacun paye d'abord la somme a ; ce qui fournira un fond = M a. Soit x la somme qu'on doit payer à chacun tous les ans, tant qu'il est en vie, & après un an le fond doit payer $\frac{(m+1)}{(m)} M\ x$*, après deux ans* $\frac{(m+2)}{(m)} M\ x$*, après trois,* $\frac{(m+3)}{(m)} M\ x$*, & ainsi de suite. Or, comptant que le fond soit placé à 5 pour cent, une somme S payable après n ans ne vaut à présent que* $\left[\frac{20}{21}\right]^n S$ *: mais, pour rendre notre détermination plus générale, supposons qu'une somme S croisse par les intérêts dans un an à* λS*, &* $\frac{1}{\lambda}$ *sera ce que nous avons marqué par* $\frac{20}{21}$*, & une somme S payable au bout de n ans ne vaudra à présent que* $S : \lambda^n$*. De là on dressera le calcul suivant :*

	on doit payer	*ce qui fait à présent*
après un an	$\frac{(m+1)}{(m)} M\, x$	$\frac{(m+1)}{(m)} \cdot \frac{Mx}{\lambda}$,
après 2 ans	$\frac{(m+2)}{(m)} M\, x$	$\frac{(m+2)}{(m)} \cdot \frac{Mx}{\lambda^2}$,
après 3 ans	$\frac{(m+3)}{(m)} M\, x$	$\frac{(m+3)}{(m)} \cdot \frac{Mx}{\lambda^3}$,

&c.

Or l'équité exige que toutes ces sommes réduites au tems présent soient égales au fond entier M a, d'où l'on tire cette équation :

$$a = \frac{x}{(m)} \left[\frac{(m+1)}{\lambda} + \frac{(m+2)}{\lambda^2} + \frac{(m+3)}{\lambda^3} + \frac{(m+4)}{\lambda^4} + \&c. \right],$$

& partant ce que le fond doit payer par an à chacun des intéressans est

$$x = \frac{(m)a}{\frac{(m+1)}{\lambda} + \frac{(m+2)}{\lambda^2} + \frac{(m+3)}{\lambda^3} + \frac{(m+4)}{\lambda^4} + \&c.}.$$

Sachant donc les valeurs de toutes ces fractions (1), (2), (3), &c. il est aisé de trouver la somme x, qui convient à chaque âge de m ans rapportée à un intérêt donné.

VI. QUESTION.

10. Quand les intéressans sont des enfans nouvellement nés, & que le payement des rentes viageres ne doit commencer, que lorsqu'ils auront atteint un certain age, (sic) déterminer la quantité de ces rentes.

Supposons qu'on paye la somme a pour chaque enfant nouvellement né, & qu'il ne doive recevoir des rentes, que lorsqu'il aura atteint l'age de n ans, que depuis ce tems on lui paye tous les ans la somme x, qu'il faut déterminer. Comptant donc les intérêts comme auparavant, on parviendra à cette équation :

$$a = x\left(\frac{(n)}{\lambda^n} + \frac{(n+1)}{\lambda^{n+1}} + \frac{(n+2)}{\lambda^{n+2}} + \frac{(n+3)}{\lambda^{n+3}} + \&c. \right),$$

qui fournit

$$x = \frac{a}{\frac{(n)}{\lambda^n} + \frac{(n+1)}{\lambda^{n+1}} + \frac{(n+2)}{\lambda^{n+2}} + \frac{(n+3)}{\lambda^{n+3}} + \&c.}$$

D'où il est évident qu'une telle rente peut devenir fort avantageuse, & qu'un homme, lorsqu'il aura atteint un certain âge, peut jouir de rentes considérables à peu de fraix (sic) *pendant toute sa vie.*

Pour clore cette première partie Euler nous invite à reprendre ses questions en utilisant des nombres. Il nous met en garde devant certaines erreurs habituelles, puis nous propose l'utilisation des fractions fournies par M. de Kerseboom. Les tables de mortalité de Kerseboom devaient être d'un usage courant à cette époque, puisque Voltaire, dans l'article "*âge*" de son Dictionnaire Philosophique publié en 1764, s'appuie sur elles.

11. Toutes ces questions se résoudront donc facilement dès qu'on connoitra les valeurs des fractions (1), (2), (3), (4), &c. qui dépendent tant du climat que de la maniere de vivre : aussi a-t-on remarqué que ces valeurs sont différentes pour les deux sexes, de sorte qu'on ne sauroit rien déterminer en général. Or, pour les conclure des observations, on comprend aisément, qu'il en faut employer un grand nombre, qui s'étend même sur toutes sortes de personnes : & à cet égard on ne sauroit se servir des régistres des rentes viageres, qui commencent par des enfans au dessous d'un an. Car d'abord, on ne peut pas regarder ces enfans comme nouvellement nés, & la plupart est sans doute déjà échappée aux dangers des premiers mois : & ensuite, on ne s'engagera gueres souvent pour des enfans d'une complexion foible, de sorte qu'on doit regarder comme choisis les enfans pour lesquels on prend des rentes viageres. Ainsi les valeurs de nos fractions (1), (2), (3), &c. qu'on conclura des régistres des rentes viageres seront infailliblement trop grandes, surtout à l'égard des premiers ans. Cependant, puisqu'il faut regler les rentes sur de tels régistres plutôt que sur la véritable mortalité, j'ajoûterai les valeurs de nos fractions telles qu'on les tire des observations de M. Keerseboom. [Voir à l'annexe J, la reproduction de cette table.]

Nous pouvons illustrer l'utilisation de la table de Kerseboom à travers le calcul des réponses à une ou deux questions d'Euler. Prenons par exemple un nombre M = 1000 personnes d'un âge m = 30 ans. La première question traitée nous proposait de calculer combien seront encore en vie après n ans. Choisissons n = 25, nous obtiendrons 629 personnes encore en vie. Il aura été nécessaire d'utiliser deux fractions (30) = 0,507 et (55) = 0,319. Avec la même table la quatrième question nous fournit une espérance de vie de 32 ans pour un homme de 30 ans. Et nous pourrions continuer ainsi et reprendre chacune des questions. Nous intéressant seulement aux tables de mortalité, nous n'irons pas plus loin dans l'étude du mémoire d'Euler. Signalons seulement qu'il ne s'agit plus seulement de prendre en compte la mortalité, mais de faire intervenir la deuxième hypothèse évoquée plus haut, *la multiplication du genre humain*, qui considère, en plus des décès, les mariages et les naissances, ce qui nous permettra d'avoir un reflet exact de la variation d'une population.

Bibliographie

[Buf49] Buffon, Georges-Louis Leclerc (Comte de), *Histoire Naturelle, générale et particulière, avec la description du Cabinet du Roy.* Tome Second. [Histoire Naturelle de l'Homme.] Paris, Imprimerie Royale, 1749.

[Buf77] Buffon, Georges-Louis Leclerc (Comte de), *Histoire Naturelle, générale et particulière, Servant de suite à l'Histoire Naturelle de l'Homme.* Supplément, Tome Quatrième. Paris, Imprimerie Royale, 1777

[Dup96] Dupâquier, Jacques, *L'invention de la table de mortalité.* De Graunt à Wargentin, 1662-1766. Paris, PUF, 1996.

[Grau62] Graunt, John, Natural and political observations... made upon the bills of mortality, by John Graunt, citizen of London, with reference to the government, religion, trade, growth, ayr, diseases and the several changes of the said city.... London, J. Martin, J. Allestry and T. Dicas, 1662. Voir aussi [JdS66].

[Hal93] Halley, Edmund, "An Estimate of the Degrees of the Mortality of Mankind, drawn from curious Tables of the Births ans Funerals at the City of Breslaw...", Philosophical Transactions, giving some Accounts of the present Undertakings, Studies and Labours of the Ingenious in Many Considerable Parts of the World. Vol. XVII, for the Year 1693. Londres, 1694, n° 196, pp. 596-610.

[Eul60] Euler, Leonhard, "Recherches générales sur la mortalité et la multiplication du genre humain", *Histoire de l'Académie Royale des Sciences et Belles Lettres de Berlin* pour l'année 1760, Berlin, 1767.

[JdS66] G. P. (le S^{r}) (?), "Natural and Political Observations made vpon the Bills of Mortality, by Iohn Graunt. London. In 4", Le Journal des Sçavans, XXXI, Paris, Jean Cusson, 1666, pp 359-370 (i.e. 364).

[LeB00] Lebras, Hervé, *Naissance de la mortalité. L'origine politique de la statistique et de la démographie*, Paris, Gallimard Seuil, 2000.

[Mon13] Montmort (Rémond de), Pierre, *Essay d'analyse sur les jeux de hazard*, 2nde édition, Paris, Jacques Quillau, 1713.

Annexe A

D'après la correspondance de N. Bernoulli à P. de Montmort, Naissances à Londres de 1629 à 1710 (*Catalogue ;* premier tableau), puis total des naissances et pourcentage de garçons (*Tableau*, deuxième tableau, page suivante).

Catalogue des Enfans mâles & femelles nés à Londres depuis 1629 jusqu'à 1710.

	mâles.	*femell.*		*mâles.*	*femell.*
1629	5218	4683	1670	6278	5719
30	4858	4457	71	6449	6061
31	4422	4102	72	6443	6120
32	4994	4590	73	6073	5822
33	5158	4839	74	6113	5738
34	5035	4820	75	6058	5717
35	5106	4928	76	6552	5847
36	4917	4605	77	6423	6203
37	4703	4457	78	6568	6033
38	5359	4952	79	6247	6041
39	5366	4784	80	6548	6299
40	5518	5332	81	6822	6533
41	5470	5200	82	6909	6744
42	5460	4910	83	7577	7158
43	4793	4617	84	7575	7127
44	4107	3997	85	7484	7246
45	4047	3919	86	7575	7119
46	3768	3395	87	7737	7114
47	3796	3536	88	7487	7101
48	3363	3181	89	7604	7167
49	3079	2746	90	7909	7302
50	2890	2722	91	7662	7392
51	3231	2840	92	7602	7316
52	3220	2908	93	7676	7483
53	3196	2959	94	6985	6647
54	3441	3179	95	7263	6713
55	3655	3349	96	7632	7229
56	3668	3382	97	8062	7767
57	3396	3289	98	8426	7626
58	3157	3013	99	7911	7452
59	3209	2781	1700	7578	7061
60	3724	3247	1	8102	7514
61	4748	4107	2	8031	7656
62	5216	4803	3	7765	7683
63	5411	4881	4	6113	5738
64	6041	5681	5	8366	7779
65	5114	4858	6	7952	7417
66	4678	4319	7	8379	7687
67	5616	5322	8	8239	7623
68	6073	5560	9	7840	7380
69	6506	5829	10	7640	7288

Extrait de : **Pierre de Montmort**, *Essay d'analyse sur les jeux de hazard*, 2nde édition, 1713, page 394.

Tableau des données pour l'activité.
(Année, total des naissances, pourcentage de garçons)

1629	9901	52,7			
30	9315	52,1	1670	11997	52,4
1	8524	51,9	1	12510	51,6
2	9584	52,5	2	12563	51,3
3	9997	51,6	3	11895	51,1
4	9855	51,1	4	11851	51,6
35	10034	50,9	5	11775	51,4
6	9522	51,6	6	12399	52,8
7	9160	51,3	7	12626	50,9
8	10311	52,0	8	12601	52,1
9	10150	52,9	9	12288	50,8
1640	10850	50,9	1680	12847	51,0
1	10970	51,3	1	13355	51,1
2	10370	52,7	2	13653	50,6
3	9410	50,9	3	14735	51,4
4	8104	50,7	4	14702	51,5
45	7966	50,8	85	14730	50,8
6	7163	52,6	6	14694	51,6
7	7332	51,8	7	14851	52,1
8	6544	51,4	8	14588	51,3
9	5825	52,9	9	14771	51,5
1650	5612	51,5	1690	14211	52,0
1	6071	53,2	1	15054	50,9
2	6128	52,5	2	14918	51,0
3	6155	51,9	3	15159	50,6
4	6620	52,0	4	13632	51,2
55	7004	52,2	95	13976	52,0
6	7050	52,0	6	14861	51,4
7	6685	50,8	7	15829	50,9
8	6170	51,2	8	16052	52,5
9	5990	53,6	9	15363	51,5
1660	6971	53,4	1700	14639	51,8
1	8855	53,6	1	15616	51,9
2	10019	52,1	2	15687	51,2
3	10292	52,6	3	15448	50,3
4	11722	51,5	4	11851	51,6
65	9972	51,3	5	16145	51,8
6	8997	52,0	6	15369	51,7
7	10938	51,3	7	16066	52,2
8	11633	52,2	8	15862	51,9
9	12335	52,7	9	15220	51,5
			1710	14928	51,2

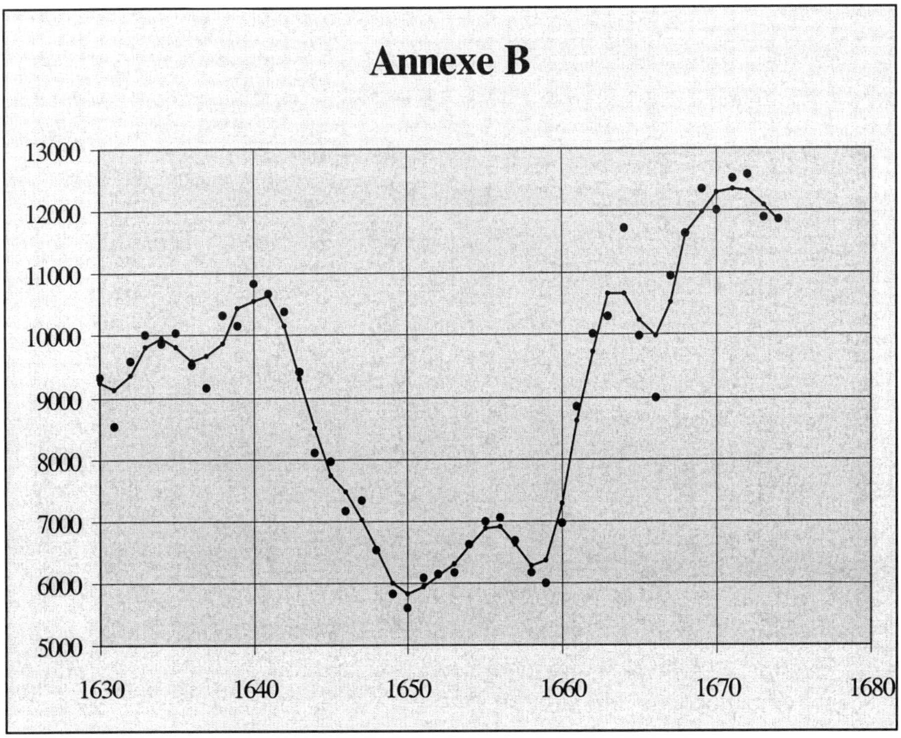

Naissances à Londres - Lissage par barycentres successifs de trois points.

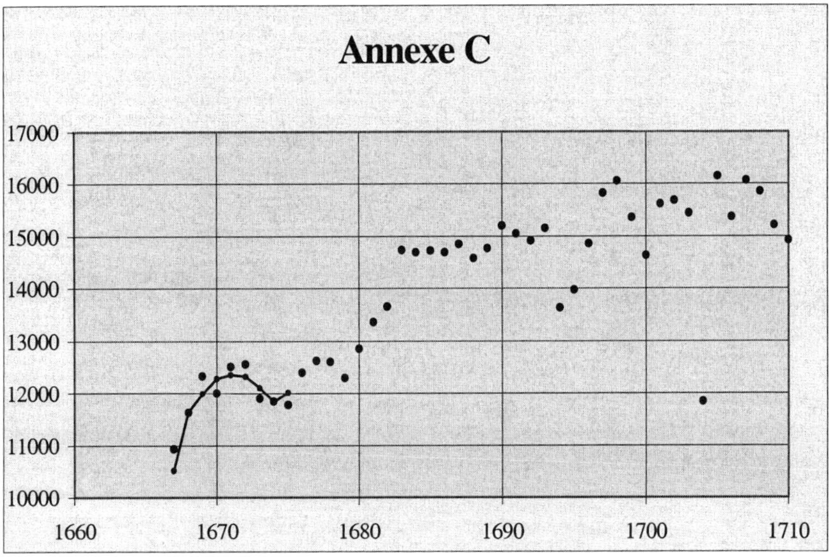

Naissances à Londres - Lissage : suite, à compléter.

Annexe D

Années	*Baptêmes.*	*Mariages.*	*Morts.*	*Enfans-trouvés*
1709.	16910.	3047.	29288.	
1710.	13634.	3382.	22389.	1179.
1711.	16593.	4484.	15920.	1653.
1712.	16589.	4264.	15721.	1743.
1713.	16763.	4289.	14860.	1745.
1714.	16866.	4553.	16380.	1734.
1715.	17631.	4555.	15478.	1795.
1716.	17719.	3795.	15140.	1780.
1717.	18660.	4527.	13533.	1673.
1718.	18517.	4290.	21954.	1723.
1719.	18620.	4378.	24151.	1734.
1720.	17679.	6105.	20371.	1441.
1721.	19917.	4467.	15978.	1730.
1722.	19673.	4464.	15517.	1857.
1723.	19622.	4255.	20024.	1982.
1724.	19828.	4278.	19719.	2095.
1725.	18564.	3311.	18039.	2260.
1726.	18209.	3295.	19022.	2466.
1727.	18715.	3813.	19100.	2302.
1728.	18189.	4198.	16887.	2166.
1729.	18163.	4231.	19852.	2336.
1730.	18966.	4403.	17452.	2401.
1731.	18877.	4169.	20832.	2539.
1732.	18605.	3983.	18532.	2474.
1733.	17825.	4132.	17466.	2414.
1734.	19835.	4133.	15122.	2654.
1735.	18862.	3876.	16196.	2577.
1736.	18877.	3990.	18900.	2681.
1737.	19767.	4158.	18678.	2914.
1738.	18617.	4247.	19581.	2786.
1739.	19781.	4108.	21986.	3289.
1740.	18632.	4017.	25284.	3150.
1741.	18578.	3928.	23574.	3388.
1742.	17722.	4178.	22784.	3163.
1743.	17873.	5143.	19033.	3101.
1744.	18318.	4210.	16205.	3034.

Annexe D (suite)

Années	BAPTÊMES.		Mariages.	MORTS		ENFANS-TROUVÉS.	
	Garçons.	Filles.		Hommes	Femmes	Garçons.	Filles.
1745.	945 4.	9386.	4135	9261.	8061.	1661.	1573.
1746.	9363.	8984.	4146	9418.	8633.	1677.	1605.
1747.	9394.	9052.	4169	9592.	8566.	1677.	1692.
1748.	9197.	8710.	4003	10265.	9264.	1762.	1667.
1749.	9819.	9339.	4263	9864.	8743.	1923.	1852.
1750.	9711.	9324.	4619	9961.	8123.	1943.	1842.
1751.	9905.	9416.	5013	8800.	7873.	1922.	1861.
1752.	10308.	9909.	4359	9573.	8179.	2046.	2081.
1753.	10229.	9500.	4146	11676.	10040.	2216.	2113.
1754.	9507.	9402.	4143	11978.	9620.	2117.	2114.
1755.	9725.	9687.	4501	10930.	9091.	2171.	2102.
1756.	10169.	9837.	4710	9083.	8050.	2453.	2374.
1757.	9931.	9438.	4089	10682.	9438.	2502.	2467.
1758.	9677.	9471.	4342	10027.	9175.	2632.	2450.
1759.	9798.	9260.	4059	9560.	8886.	2693.	2571.
1760.	9214.	8777.	3787	9674.	8767.	2573.	2458.
1761.	9414.	8960.	3947	9446.	8228.	2747.	2671.
1762.	9047.	8762.	4113	10691.	9276.	2698.	2591.
1763.	8935.	8524.	4479	11126.	8045.	2630.	2623.
1764.	9745.	9659.	4838	9438.	7761.	2825.	2735.
1765.	9872.	9567.	4782	9651.	9383.	2780.	2715.
1766.	9542.	9231.	4693	10940.	8754.	2898.	2706.
1767.	10023.	9726.	4677	10805.	8070.	3065.	2942.
1768.	9577.	9001.	4573	11522.	9376.	3044.	2981.
1769.	9971.	9474.	4860	9700.	8727.	3254.	3172.
1770.	10000.	9549.	4775	9922.	8797.	3531.	3387.

Extraits de : *État général des Baptêmes, Mariages, Mortuaires & Enfans–trouvés de la ville & faubourgs de Paris, depuis l'année 1709 iusques & compris 1770.*
in Histoire de l'Académie Royale des Sciences, avec les Mémoires…,

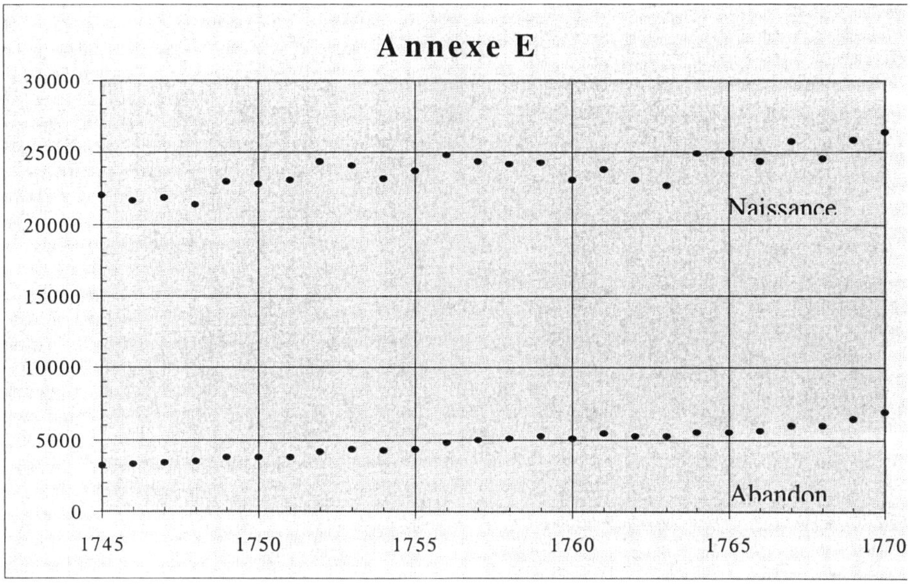

Naissances et abandons à Paris.

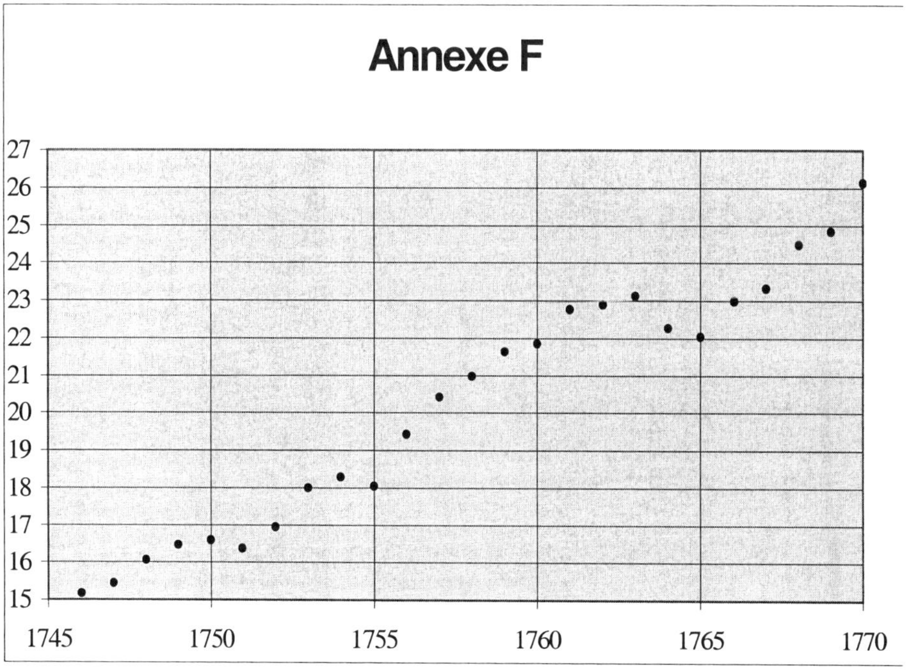

Pourcentage d'abandons à Paris.

Annexe G

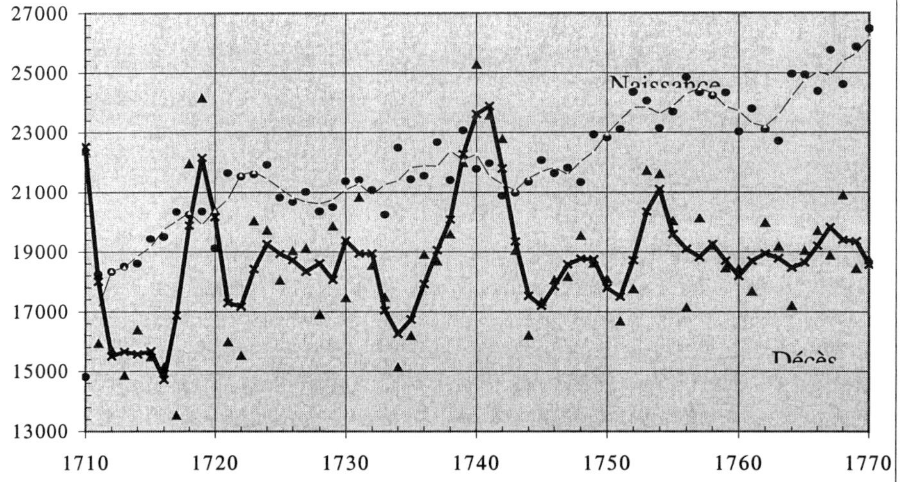

Naissances et décès à Paris - Lissage "trois par trois" des deux séries de données.

Annexe H

Age Curt.	Persons	Age Curt.	Persons	Age Curt.	Persons	Age Curt.	Persons	Age Curt.	Persons	Age Curt.	Persons	Age.	Persons.
1	1000	8	680	15	628	22	586	29	539	36	481	7	5547
2	855	9	670	16	622	23	579	30	531	37	472	14	4584
3	798	10	661	17	616	24	573	31	523	38	463	21	4270
4	760	11	653	18	610	25	567	32	515	39	454	28	3964
5	732	12	646	19	604	26	560	33	507	40	445	35	3604
6	710	13	640	20	598	27	553	34	499	41	436	42	3178
7	692	14	634	21	592	28	546	35	490	42	427	49	2709
Age Curt.	Persons	Age Curt.	Persons	Age Curt.	Persons	Age Cutr.	Persons	Age Curt.	Persons	Age Curt.	Persons	56 63	3194 1694
43	417	50	346	57	272	64	202	71	131	78	58	70	1204
44	407	51	335	58	262	65	192	72	120	79	49	77	692
45	397	52	324	59	252	66	182	73	109	80	41	84	253
46	387	53	313	60	242	67	172	74	98	81	34	100	107
47	377	54	302	61	232	68	162	75	88	82	28	Sum	34000
48	367	55	292	62	222	69	152	76	78	83	23	Total.	
49	357	56	282	63	212	70	142	77	68	84	20		

Edmund Halley, *An Estimate of the Degrees of the Mortality of Mankind...* [Hal93]

Annexe I

TABLE des Probabilités de la durée de la Vie.								
Âge	Durée de la vie		Âge	Durée de la vie		Âge	Durée de la vie	
ans.	années	mois.	ans.	années.	mois.	ans.	années.	mois.
0.	8.	0.	29.	28.	6.	58.	12.	3.
1.	33.	0.	30.	28.	0.	59.	11.	8.
2.	38.	0.	31.	27.	6.	60.	11.	1.
3.	40.	0.	32.	26.	11.	61.	10.	6.
4.	41.	0.	33.	26.	3.	62.	10.	0.
5.	41.	6.	34.	25.	7.	63.	9.	6.
6.	42.	0.	35.	25.	0.	64.	9.	0.
7.	42.	3.	36.	24.	5.	65.	8.	6.
8.	41.	6.	37.	23.	10.	66.	8.	0.
9.	40.	10.	38.	23.	3.	67.	7.	6.
10.	40.	2.	39.	22.	8.	68.	7.	0.
11.	39.	6.	40.	22.	1.	69.	6.	7.
12.	38.	9.	41.	21.	6.	70.	6.	2.
13.	38.	1.	42.	20.	11.	71.	5.	8.
14.	37.	5.	43.	20.	4.	72.	5.	4.
15.	36.	9.	44.	19.	9.	73.	5.	0.
16.	36.	0.	45.	19.	3.	74.	4.	9.
17.	35.	4.	46.	18.	9.	75.	4.	6.
18.	34.	8.	47.	18.	2.	76.	4.	3.
19.	34.	0.	48.	17.	8.	77.	4.	1.
20.	33.	5.	49.	17.	2.	78.	3.	11.
21.	32.	1.	50.	16.	7.	79.	3.	9.
22.	32.	4.	51.	16.	0.	80.	3.	7.
23.	31.	10.	52.	15.	6.	81.	3.	5.
24.	31.	3.	53.	15.	0.	82.	3.	3.
25.	30.	9.	54.	14.	6.	83.	3.	2.
26.	30.	2.	55.	14.	0.	84.	3.	1.
27.	29.	7.	56.	13.	5.	85.	3.	0.
28.	29.	0.	57.	12.	10.			

Georges-Louis Leclerc de Buffon, *Histoire Naturelle, générale et particulière...* [Buf77].

Annexe J

152

(1) =	0,804	(31) =	0,499	(61) =	0,264	(91) =	0,c
(2) =	0,768	(32) =	0,490	(62) =	0,254	(92) =	0,c
(3) =	0,736	(33) =	0,482	(63) =	0,245	(93) =	0,c
(4) =	0,709	(34) =	0,475	(64) =	0,235	(94) =	0,c
(5) =	0,688	(35) =	0,468	(65) =	0,225	(95) =	0 c
(6) =	0,676	(36) =	0,461	(66) =	0,215		
(7) =	0,664	(37) =	0,454	(67) =	0,205		
(8) =	0,653	(38) =	0,446	(68) =	0,195		
(9) =	0,646	(39) =	0,439	(69) =	0,185		
(10) =	0,639	(40) =	0,432	(70) =	0,175		
(11) =	0,633	(41) =	0,426	(71) =	0,165		
(12) =	0,627	(42) =	0,420	(72) =	0,155		
(13) =	0,621	(43) =	0,413	(73) =	0,145		
(14) =	0,616	(44) =	0,406	(74) =	0,135		
(15) =	0,611	(45) =	0,400	(75) =	0,125		
(16) =	0,606	(46) =	0,393	(76) =	0,114		
(17) =	0,601	(47) =	0,386	(77) =	0,104		
(18) =	0,596	(48) =	0,378	(78) =	0,093		
(19) =	0,590	(49) =	0,370	(79) =	0,082		
(20) =	0,584	(50) =	0,362	(80) =	0,072		
(21) =	0,577	(51) =	0,354	(81) =	0,063		
(22) =	0,571	(52) =	0,345	(82) =	0,054		
(23) =	0,565	(53) =	0,336	(83) =	0,046		
(24) =	0,559	(54) =	0,327	(84) =	0,039		
(25) =	0,552	(55) =	0,319	(85) =	0,032		
(26) =	0,544	(56) =	0,310	(86) =	0,026		
(27) =	0,535	(57) =	0,301	(87) =	0,020		
(28) =	0,525	(58) =	0,291	(88) =	0,015		
(29) =	0,516	(59) =	0,282	(89) =	0,011		
(30) =	0,507	(60) =	0,273	(90) =	0,008		

Leonhard Euler, table de Kerseboom, dans Recherches générales sur la mortalité et la multiplication du genre humain, Berlin, 1767…[Eul60].

Troisième partie

HISTOIRES DE RENCONTRES DES PROBABILITÉS ET DES STATISTIQUES

LA DÉMONSTRATION PAR JACQUES BERNOULLI DE SON THÉORÈME

Michel Henry

Résumé

Cette première démonstration du théorème de Bernoulli par lui-même est intéressante à plus d'un titre [1]. Le travail fin sur les coefficients binomiaux met bien en évidence la propriété de stabilisation des fréquences, source de la loi des grands nombres. Le traitement que fait Bernoulli de la notion de limite en probabilité est aussi très instructif, passant d'un raisonnement erroné inspiré par le calcul infinitésimal à une démonstration rigoureuse en termes de limites, bien avant que cette notion soit clairement dégagée notamment par Cauchy. Le caractère constructif de la démonstration de Bernoulli permet de déterminer le nombre optimal d'observations pour estimer une probabilité. C'est sans doute le premier résultat sur l'estimation par intervalle de confiance. Le résultat peu performant obtenu en fin de compte par Bernoulli est instructif sur les limites de la méthode et appelle les avancées de Moivre et de Laplace sur l'approximation de la loi binomiale par la loi normale. Après avoir situé historiquement la naissance de la pensée probabiliste et présenté les enjeux dégagés par Bernoulli dans son quatrième chapitre de la quatrième partie d'Ars Conjectandi, *nous étudions cette démonstration donnée en chapitre 5 dans le texte authentique traduit par Norbert Meunier [2].*

1. La notion de probabilité avant Jacques Bernoulli

1.1. Les précurseurs : Galilée, Cardan

La pensée probabiliste suppose de pouvoir spéculer sur des événements qui ne se sont pas encore produits. C'est une des raisons pour lesquelles elle n'est vraiment apparue qu'au 17ème siècle[1].

On trouve cependant la trace d'une approche fréquentiste dans un poème épique du moyen âge, *De Vetula* [4], racontant la jeunesse amoureuse du poète Ovide. Ce texte a été écrit vraisemblablement vers 1250 par Richard de Fournival (1201-1260), Chancelier du Chapitre de la cathédrale d'Amiens. Dans une partie

[1] Les origines du calcul des probabilités, de Cardan à De Moivre, ont fait l'objet d'une étude approfondie de Jean-François Pichard, accompagnée d'une riche bibliographie dans *Enseigner les probabilités au lycée*, publication de la commission inter-IREM *Statistique et Probabilités* [3].

de ce long poème, l'auteur décrit un jeu de dés où l'on s'intéresse à la somme des points qui se présentent quand on lance trois dés. Il fait un décompte correct des différents cas donnant chacune des sommes possibles et suggère que les joueurs s'en inspirent pour déterminer leurs paris.

C'est à propos de ce même jeu que, plus de trois siècles après, le Grand Duc de Toscane a posé vers 1620 sa fameuse question à Galilée pourquoi la somme 10 semble se présenter plus fréquemment que 9 ? La solution de Galilée sera publiée en 1718 dans *Le Opere de Galileo Galilei*, reprend la même analyse des cas que celle que l'on trouve dans *De Vetula*.

On sait que la notion de probabilité apparaît explicitement pour la première fois dans la correspondance entre Pascal et Fermat de 1654, à propos du " problème des partis ". On trouve une version de ce problème ancien dans le traité de Luca Pacioli (1445-1514), *Summa de arithmetica geometria proportioni et proportionalita*, publié en 1494. Pacioli présente ce problème à propos d'un match de jeu de paume entre deux équipes de soldats qui doivent interrompre leur compétition alors qu'une équipe a pris l'avantage sur l'autre : comment répartir les mises ? Mais il propose une réponse erronée en suggérant de répartir l'enjeu proportionnellement aux points déjà marqués par les uns et les autres.

De nombreux auteurs s'accordent à trouver chez Jérôme Cardan (1501-1576) l'expression d'une pensée probabiliste dans son ouvrage traitant des dénombrements de possibilités dans les jeux de hasard, *Liber de ludo aleae*, écrit entre 1526 et 1560, mais publié seulement en 1663. Cardan est le premier mathématicien à spéculer clairement sur les événements hasardeux, ouvrant la voie à la notion de probabilité [3].

1.2. Les fondateurs : Pascal et Fermat

On fait donc remonter à la correspondance de 1654 entre Blaise Pascal (1623-1662) et Pierre Fermat (1601-1665) l'apparition de la probabilité. Dans cette correspondance, Pascal et Fermat comparent leurs solutions au " problème des partis ", soumis à Pascal par le Chevalier de Méré : *comment répartir les mises (faire le parti) entre les joueurs d'un jeu de hasard en plusieurs manches, interrompu avant que le sort attribue l'enjeu à l'un des joueurs.* Pascal avance une réponse élégante en termes d'espérance de gain, alors que Fermat fait une analyse combinatoire de la situation au moment où le jeu est interrompu et propose une répartition de l'enjeu proportionnellement aux probabilités de gain de chacun des joueurs. Dans sa lettre du 25 septembre 1654, Fermat prend l'exemple d'un jeu à trois joueurs dans lequel il manque une partie au premier et deux à chacun des deux autres. Il présente le premier calcul de probabilités :

> " *... cette fiction d'étendre le jeu à un certain nombre de parties, ne sert qu'à faciliter la règle, et (suivant mon sentiment) à rendre tous les hasards égaux, ou bien, plus intelligiblement, à réduire toutes les fractions à une même dénomination. (...) Il faudra voir combien de combinaisons feront gagner au premier une partie plutôt que deux à chacun des autres. (...) Le premier peut gagner, ou en une seule partie, ou en deux, ou en trois. Sil gagne en une seule partie, il faut qu'avec un dé qui a trois faces il rencontre la favorable du coup. Un seul dé produit 3 hasards ; ce joueur a donc pour*

lui 1/3 des hasards, lorsqu'on ne joue qu'une partie. (...) Deux dés produisent 9 hasards : ce joueur a donc pour lui 2/9 des hasards lorsqu'on joue deux parties. (...) Trois dés ont 27 hasards ; donc ce premier joueur a 2/27 de hasards lorsqu'on joue trois parties. La somme des hasards qui font gagner ce premier joueur, est par conséquent $\frac{1}{3}$, $\frac{2}{9}$ *et* $\frac{2}{27}$ *ce qui fait en tout* $\frac{17}{27}$ ".

Pascal convient de la justesse et de la généralité des vues de Fermat et dans sa célèbre adresse à l'Académie Parisienne de Mathématiques, il annonce :

> " *Une recherche toute nouvelle et portant sur une matière entièrement inexplorée, savoir sur les combinaisons du hasard dans les jeux qui lui sont soumis. (...) par l'union ainsi réalisée entre les démonstrations des mathématiques et l'incertitude du hasard, et par la conciliation entre les contraires apparents, elle peut tirer son nom de part et d'autre et s'arroger à bon droit ce titre étonnant : Géométrie du hasard. ...* "

1.3. Premières définitions de la Probabilité

Le mot " probabilité ", utilisé au Moyen-Âge en jurisprudence, apparaît pour la première fois au sens actuel dans la *Logique ou l'art de penser* (1662) d'Arnauld et Nicolle, " ces gens de Port-Royal ", amis de Pascal [3]. Traitant de l'incertitude des témoignages, Arnauld et Nicolle s'interrogent sur les degrés de crédibilité. Passant aux événements futurs, ils donnent l'exemple de joueurs pour lesquels " *il est neuf fois plus* probable *à l'égard de chacun qu'il perdra son écu... Ainsi, chacun a pour soi neuf écus à espérer, un écu à perdre, neuf* degrés de probabilité *de perdre un écu ...* ".

On doit à Christian Huygens (1629-1695) le premier traité de probabilités, *De ratiociniis in alea ludo* (du calcul dans les jeux de hasard), publié en 1657 [5]. Il y présente un exposé clair des idéees de Pascal, mises en forme dans son *Traité du triangle arithmétique*, reprenant l'approche par l'espérance mathématique. Huygens explique :

> " *Quoique dans les jeux de hasard par les résultats soient incertains, la chance qu'un joueur a de gagner ou de perdre a cependant une valeur déterminée* "

et il donne la définition suivante :

> " *Avoir p chances d'obtenir a et q chances d'obtenir b, les chances étant équivalentes, me vaut* $\frac{pa+qb}{p+q}$ ".

Huygens appliquera ce principe à l'étude des tables de mortalité établies à Londres et en tirera le concept d'espérance de vie.

Huygens termine son traité par les énoncés de cinq exercices de probabilités qui auront une importance historique car ils permettront à Jacques Bernoulli d'exercer sa sagacité :

" Vous trouverez qu'à la fin de ce traité j'ai proposé encore quelques questions du même genre (...) parce qu'il me semblait utile de laisser quelque chose à chercher à nos lecteurs (s'il s'en trouve quelques-uns), afin que cela leur servît d'exercice et de passe-temps ".

Voici, par exemple, le cinquième énoncé :

" Ayant pris chacun 12 jetons, A et B jouent avec trois dés à cette condition qu'à chaque coup de 11 points, A doit donner un jeton à B et que B en doit donner un à A à chaque coup de 14 points, et que celui-là gagnera qui sera le premier en possession de tous les jetons. On trouve dans ce cas que la chance de A est à celle de B comme 244 140 625 est à 282 429 536 481 ".

Ce nouveau calcul des probabilités éveille l'attention des mathématiciens contemporains. Le plus grand d'entre eux, Gottfried Wilhelm Leibniz (1646-1716), mis au fait par Huygens, écrit dans les nouveaux essais sur l'entendement humain (1704) :

" Les mathématiciens de notre temps ont commencé à estimer les hasards à l'occasion des jeux. (...) J'ai dit plus d'une fois qu'il faudrait une nouvelle espèce de logique qui traiterait des degrés de probabilité. (...) Je souhaiterais qu'un habile mathématicien voulût faire un ample ouvrage bien circonstancié et bien raisonné sur toute sorte de jeux, ce serait de grand usage pour perfectionner l'art d'inventer, l'esprit humain paraissant mieux dans les jeux que dans les matières plus sérieuses ".

Leibniz suggère ainsi de travailler sur les jeux de hasard comme modèles simples de situations aléatoires réelles. Jacques Bernoulli, qui était en correspondance régulière avec lui, ira bien au-delà de cette attente.

La notion de probabilité, adaptée à ce contexte, est présentée par Pierre Raymond de Montmort dans son livre *Essay d'analyse sur les jeux de hasard* (1708) :

" Le sort de Pierre est le rapport de tous les coups qui lui sont favorables au nombre de tous les coups possibles. (...) Dans une gageure égale les mises des deux joueurs doivent avoir le même rapport que les divers degrés de probabilité ou d'espérance que chacun des joueurs a de gagner ".

Ce point de vue, repris tout au long du 18ème siècle jusqu'à son adoption par Pierre Simon LAPLACE comme *premier principe* de sa *Théorie analytique des probabilités* (1812), sera érigé en définition par Abraham De Moivre (1667-1754), poursuivant l'œuvre de Bernoulli dans *The doctrine of chances* (1718) :

" Ainsi, si on considère une fraction dont le numérateur est le nombre des chances qui peuvent réaliser un événement, et dont le dénominateur est le nombre de toutes les chances qui peuvent ou non le réaliser, cette fraction sera une véritable définition de sa probabilité ".

2. La probabilité selon Bernoulli (1654-1705)

L'œuvre majeure de Jacques Bernoulli, *Ars Conjectandi*, a été publiée en 1713 par son neveu Nicolas. Fruit de 20 ans de travail, elle est composée de quatre parties. La première partie est une analyse critique du traité de Huygens *De ratiociniis in aleae ludo*, Bernoulli y résout les 5 problèmes laissés ouverts. La seconde partie *d'Ars Conjectandi* contient la " *Doctrine des Permutations et des Combinaisons* ", la troisième partie explique " *l'emploi de la doctrine précédente dans les sorts variés et les jeux de dés* ". C'est dans la quatrième partie, traitant de " *l'usage et l'application de la doctrine précédente aux affaires civiles, morales et économiques* " que Bernoulli expose ses vues sur les probabilités et démontre pour terminer le théorème qui porte son nom [2].

Voici, sans commentaires, quelques citations essentielles, extraites des 4 premiers chapitre de cette dernière partie, qui éclairent bien le contexte conceptuel de la démonstration donnée dans le cinquième.

Chapitre I : *Préliminaires : la certitude, la probabilité, la nécessité, la contingence.*

> " *Tout ce qui bénéficie sous le soleil de l'être ou du devenir, passé, présent ou futur, possède toujours en soi et objectivement une certitude totale. (...) Car si n'arrivait pas avec certitude tout ce qui est futur, on ne voit pas comment le Créateur suprême pourrait conserver entière la gloire de son omniscience et de son omnipotence. (...)*

Quant à dire comment cette certitude de l'avenir peut subsister avec la contingence ou la liberté des causes secondes, que d'autres en disputent ; pour nous, nous ne voulons pas toucher aux points étrangers au but que nous visons. (...)

> *La probabilité est en effet un degré de la certitude et en diffère comme la partie diffère du tout* ".

Chapitre II : *Science et conjecture. L'art de conjecturer. Les arguments des conjectures. Axiomes généraux touchant ces points.*

> " *Conjecturer quelque chose, c'est mesurer sa probabilité : ainsi l'art de conjecturer ou la stochastique se définit pour nous comme l'art de mesurer aussi exactement que possible les probabilités des choses...* ".

Chapitre III : *Les divers espèces d'arguments, et comment estimer leur poids pour supputer les probabilités.*

> " *les probabilités sont estimées d'après le nombre et aussi le poids des arguments qui de quelque manière prouvent ou révèlent que quelque chose est, sera ou a été. (...) Posons que le nombre des cas, dans lesquels un argument quelconque peut exister est b ; le nombre de ceux dans lesquels il peut arriver qu'il n'existe pas est c, (...). Or je pose que tous les cas sont également possibles, ou qu'ils peuvent survenir avec une égale facilité ; (...) en sorte qu'un tel argument prouve* $\dfrac{b}{b+c}$ *de la chose ou de la certitude de la chose* ".

Chapitre IV : *La double manière de chercher les nombres de cas. Ce qu'il faut penser de celui qui est établi par des expériences.*

> *" On en est ainsi venu à ce point que pour former selon les règles des conjectures sur n'importe quelle chose, il est seulement requis d'une part que les nombres de cas soient soigneusement déterminés, et d'autre part que soit défini combien les uns peuvent arriver plus facilement que les autres.*
>
> *Mais c'est ici enfin que surgit une difficulté, nous semble-t-il : cela peut se voir à peine dans quelques très rares cas et ne se produit presque pas en dehors des jeux de hasard que leurs premiers inventeurs ont pris soin d'organiser en vue de se ménager l'équité.*
>
> *(...) Mais qui donc parmi les mortels définira par exemple le nombre de maladies, (...) qui encore recensera les cas innombrables des changements auxquels l'air est soumis chaque jour. (...) Il serait donc absolument d'un insensé de vouloir connaître quelque chose de cette matière.*
>
> *(...) Mais à la vérité ici s'offre à nous un autre chemin pour obtenir ce que nous cherchons. Ce qu'il n'est pas donné d'obtenir a priori l'est du moins a posteriori, c'est-à-dire qu'il sera possible de l'extraire en observant l'issue de nombreux exemples semblables, car on doit présumer que, par la suite, chaque fait peut arriver et ne pas arriver dans le même nombre de cas qu'il avait été constaté auparavant, dans un état de choses semblables, qu'il arrivait ou n'arrivait pas. ".*

Cette affirmation découle du théorème (forme faible de la loi des grands nombres) que Bernoulli va démontrer au chapitre 5, et que l'on peut énoncer ainsi :

> A la seule condition de répéter un nombre de fois suffisamment grand une même expérience aléatoire, il y a une probabilité aussi voisine de 1 que l'on veut (niveau de confiance) pour que la fréquence des issues réalisant un événement donné soit aussi proche que l'on veut de la probabilité de cet événement (précision de l'approximation).

Cette fréquence peut donc être prise pour ''estimer'' cette probabilité.
La présentation de cette démonstration fait l'objet de la suite de l'atelier.

3. Le cadre du théorème, hypothèses et énoncé

3.1. Remarques introductives

On part de l'expérience dite " de Bernoulli ". C'est une expérience aléatoire à deux issues possibles de probabilités p et q = 1 - p. Le modèle standard est donné par une urne à deux couleurs, avec une proportion p de boules blanches et q de boules noires.

Cela suppose p rationnel. Mais cette remarque n'a pas de sens, ni dans la réalité ni dans le modèle pseudo concret où se place Bernoulli. Il admet implicitement que toute expérience aléatoire à deux issues peut être représentée par un tirage d'une urne ayant t = r + s boules dont r blanches. Dans cette conception, toute probabilité s'exprime par un rapport de cas favorables (r) à tous les cas possibles (t). Il existerait donc derrière chaque situation aléatoire une réduction possible à l'équiprobabilité, même si celle-ci nous est inaccessible. La démonstration de Bernoulli est complète et rigoureuse dans cette hypothèse. Pourtant Bernoulli propose de l'appliquer à des situations où cela ne va pas de soi (épidémies, météo,...) pour "estimer" la probabilité théorique p d'un événement E par la fréquence stabilisée observée de l'événement E lorsque l'on répète l'expérience un très grand nombre de fois.

Il est à noter que le " théorème de Bernoulli " ne démontre pas la réalité du phénomène observable de stabilisation de la fréquence d'un événement, ce phénomène relève de la perception humaine d'une loi de la nature. Par contre, ce théorème, utilisant les hypothèses de modèle (propriétés de l'urne de Bernoulli), montre que la suite des fréquences théoriques, définies au sein du modèle par le rapport du nombre d'expériences (fictives) "fécondes" (ayant pour issue une boule blanche) au nombre total d'expériences répétées considérées, converge en probabilité vers p quand le nombre d'expériences tend vers l'infini. L'adéquation de ce résultat théorique avec les faits d'observation n'est pas une démonstration de la réalité du phénomène de stabilisation des fréquences observées, mais plutôt une présomption de la pertinence du modèle probabiliste pour expliquer ce phénomène, et par extension, pour produire des décisions quant aux résultats possibles d'un processus aléatoire.

3.2. Les hypothèses et les notations

Une épreuve aléatoire à deux issues est représentée par le tirage "au hasard" d'une boule d'une urne contenant t boules dont r blanches et s noires : r + s = t. La locution "au hasard" sous entend l'hypothèse de modèle : les boules dans l'urne sont équiprobables. L'extraction d'une boule blanche sera appelée "succès" et l'épreuve produisant ce succès sera dite "féconde", pour reprendre le vocabulaire de Bernoulli. Comme nous le faisons habituellement aujourd'hui, désignons par p et q les probabilités respectives du succès et de l'échec. Ces probabilités : p = r/t et q = s/t seront les donnécs fixes du problème.

On répète cette épreuve un grand nombre nt de fois (Bernoulli joue ainsi sur les deux variables t et n, c'est la clé de son résultat comme on le verra ensuite). Le nombre de succès dans cette expérience aléatoire est une variable binomiale *N* dont la loi *B*(nt, p) est donnée par $P(N = nt - k) = C_{nt}^{k}\ p^{nt-k}\ q^{k}$. Pour mieux suivre le texte de Bernoulli, il est préférable de noter le nombre d'échecs par k, plutôt que le nombre de succès, ce qui ne change pas le coefficient C_{nt}^{k}. (Pour simplifier les écritures, nous adoptons la notation C_{nt}^{k}, alors que Bernoulli explicite ce rapport sous la forme : $\frac{nt.nt-1.nt-2....nt-k+1}{1.2.3....k}$).

Cette probabilité binomiale est considérée par Bernoulli comme connue. C'est pour lui la proportion des nt-uplets comportant nt - k boules blanches parmi tous les nt-uplets que l'on peut former par répétition nt fois de l'épreuve de Bernoulli.

Cette probabilité est donc conçue comme le rapport $\frac{\text{nombre de cas favorables}}{\text{nombre de cas possibles}}$ qui suppose les nt-uplets équiprobables, hypothèse traduisant l'indépendance des épreuves successives dans le schéma binomial. La valeur de cette probabilité découle alors d'un raisonnement de combinatoire à partir des hypothèses de modèle, notamment de l'équiprobabilité des boules dans l'urne de Bernoulli. Le nombre de tels nt-uplets "favorables" est $C_{nt}^{k}\, r^{nt-k}\, s^{k}$ et celui de tous les nt-uplets possibles est t^{nt}.

Pour l'énoncé de son théorème, Bernoulli introduit un nombre c aussi grand que l'on veut, de telle sorte que $\frac{c}{c+1}$ est compris entre 0 et 1, aussi proche que l'on veut de 1.

3.3. L'énoncé du théorème selon Bernoulli

L'énoncé de Bernoulli est le suivant :

" Soit le nombre de cas fertiles (...) au nombre de tous dans le rapport $\frac{r}{t}$ *(...). On peut concevoir des expériences en un nombre tel qu'il soit plus vraisemblable d'autant de fois que l'on veut (soit c) (...) que le nombre des observations fertiles soit au nombre de toutes les observations dans un rapport ni plus grand que* $\frac{r+1}{t}$*, ni plus petit que* $\frac{r-1}{t}$ *".*

Traduit en français contemporain, voici le théorème démontré par Bernoulli :

Théorème : Soit E une issue possible d'une épreuve de Bernoulli. On suppose que la probabilité de E est $p = \frac{r}{t}$. Cette épreuve est répétée un grand nombre nt de fois. Soit F_{nt} la fréquence de réalisations de E au cours de ces nt épreuves.

Alors, pour tout nombre c aussi grand qu'on le veut, pour n assez grand, la probabilité que F_{nt} soit comprise entre $\frac{r-1}{t}$ et $\frac{r+1}{t}$ est plus grande que $\frac{c}{c+1}$.

<u>Interprétation</u> : en prenant t et r assez grands, de telle sorte que le rapport $\frac{r}{t}$ reste égal à p, posant $F_{nt} = \frac{1}{t}$, on obtient pour n assez grand le résultat : $P(p - \frac{1}{t} < F_{nt} < p + \frac{1}{t}) > \frac{c}{c+1}$. Autrement dit, F_{nt} converge en probabilité vers p.

Posant $\varepsilon = \frac{1}{t}$ et $\alpha = \frac{1}{c+1}$, cette inégalité devient : $P(F_{nt} - \varepsilon < p < F_{nt} + \varepsilon) > 1 - \alpha$. L'intervalle $]\, F_{nt} - \varepsilon, F_{nt} + \varepsilon\, [$ est donc un intervalle de confiance pour p de niveau $1 - \alpha$.

Bernoulli obtient le premier intervalle de confiance de l'histoire pour estimer une probabilité.

Commentaire : Notons que Bernoulli fait intervenir deux notions de probabilité :

- la probabilité p de tirer une boule blanche, valeur déterminée a priori, représentant la composition de l'urne, éventuellement inconnue. L'idée géniale de Bernoulli est de l'exprimer sous la forme $\frac{r}{t}$ en se laissant comme paramètre disponible la valeur de t.
- la probabilité que la fréquence F_{nt} des succès en nt épreuves reste assez voisine de p quand n est assez grand. Bernoulli préfère appeler cette probabilité "vraisemblance".

4. L'architecture de la démonstration

Les formulations de Bernoulli, un peu alambiquées pour un lecteur contemporain, doivent être interprétées. Conservant les idées essentielles, les énoncés suivants tentent cette traduction. Le théorème est démontré à partir de remarques fines sur les coefficients binomiaux.

On part de la formule du binôme de Newton, avec $t = r + s$:

$$\boxed{(r + s)^{nt} = \sum_{k=0}^{nt} C_{nt}^{k}\, r^{nt-k}\, s^{k}}$$

Une première remarque, triviale, mais qu'il est bon de faire pour la suite, fait l'objet du lemme 2 de Bernoulli :

Lemme 2 : *cette somme contient nt + 1 termes.*

Pour éclairer le raisonnement de Bernoulli et réduire ses formulations, il est préférable d'introduire une notation fonctionnelle, plus lisible à notre époque : on notera par $A(k) = C_{nt}^{k}\, r^{nt-k}\, s^{k}$ le $k^{\text{ième}}$ terme du développement du binôme, les puissances de s étant écrites dans l'ordre croissant.

Bernoulli distingue trois termes remarquables qu'il note M, de rang ns ; L placé n termes avant M et Λ placé n termes après M :

$M = A(ns) = C_{nt}^{nr}\, r^{nr}\, s^{ns}$ Remarquons que l'on a : $C_{nt}^{nr} = C_{nt}^{ns}$

$L = A(ns-n) = C_{nt}^{ns-n}\, r^{nr+n}\, s^{ns-n}$ et $\Lambda = A(ns+n) = C_{nt}^{ns+n}\, r^{nr-n}\, s^{ns+n}$

Dans les lemmes 1 et 3, Bernoulli étudie les A(k). Pour cela, on peut représenter les termes de $(r + s)^{nt}$ sur un schéma :

rang à partir du premier :	0	k	ns-n	ns	ns+n	nt	
termes du binôme :	r^{nt}	A(k)	L	M	Λ	s^{nt}	
rang à partir du dernier :	nt	nt-k	nr+n	nr	nr-n	0	
nombre de termes :	ns-n		n		n	nr-n	

Lemme 1 : *Avant* L, *il y a* s – 1 *fois plus de termes qu'entre* L *et* M, *après* Λ *il y a* r – 1 *fois plus de termes qu'entre* M *et* Λ.

Le lemme 3 est moins immédiat et met en évidence le rôle central que joue M : de part et d'autre de M, les termes du binôme vont en décroissant, et cela de plus en plus vite :

Lemme 3 : M *est le plus grand de tous les termes du développement du binôme. Les autres décroissent de part et d'autre de* M. *De plus, cette décroissance est de plus en plus rapide.*

La formulation de Bernoulli est :

" M sera le plus grand de tous, et ceux qui de part et d'autre sont plus proches de lui seront plus grands que d'autres plus éloignés du même côté : mais ce terme M sera dans un rapport plus petit avec un terme proche que ce terme avec un terme plus éloigné (pour des intervalles de termes égaux) ".

Autrement dit : A(k) est une fonction croissante de k entre 0 et ns, décroissante de ns à nt.

De plus, pour $0 < k \leq ns$ et j pas trop grand, on a :

$$1 < \frac{A(k)}{A(k-1)} < \frac{A(k-j)}{A(k-j-1)},$$

et notamment pour k = ns et j = n, $1 < \dfrac{M}{A(ns-1)} < \dfrac{L}{A(ns-n-1)}$.

De même, pour $ns \leq k < nt$ et j pas trop grand,

$$1 < \frac{A(k)}{A(k+1)} < \frac{A(k+j)}{A(k+j+1)}$$

et

$$1 < \frac{M}{A(ns+1)} < \frac{\Lambda}{A(ns+n+1)}.$$

Les lemmes 4 et 5 étudient les comportements de ces rapports quand n est grand, préparant la convergence annoncée dans le théorème.

Lemme 4 : *Dans le développement de* $(r + s)^{nt}$, *on peut prendre n assez grand pour que les rapports* $\frac{M}{L}$ *et* $\frac{M}{\Lambda}$ *soient aussi grands que l'on veut.*

En termes de limites : $\dfrac{M}{L} \xrightarrow[n \to \infty]{} \infty$ et $\dfrac{M}{\Lambda} \xrightarrow[n \to \infty]{} \infty$

Lemme 5 : *Dans le développement binomial de* $(r + s)^{nt}$, *pour n assez grand, le rapport de la somme des termes compris entre* L *et* Λ *à la somme de tous les autres (ceux qui précèdent* L *et ceux qui suivent* Λ*) est plus grand que tout nombre* c *donné.*

$$\text{Traduction symbolique : } c < \frac{\sum_{k=ns-n}^{ns+n} A(k)}{(r+s)^{nt} - \sum_{k=ns-n}^{ns+n} A(k)} \xrightarrow[n\to\infty]{} \infty$$

$$\text{Propriété équivalente utilisée : } \frac{c}{c+1} < \frac{\sum_{k=ns-n}^{ns+n} A(k)}{(r+s)^{nt}} \xrightarrow[n\to\infty]{} 1$$

5. La démonstration

5.1. Démonstration du théorème

Soit B_{nt} le nombre de succès obtenus lorsque l'on répète l'expérience de Bernoulli nt fois. B_{nt} est une variable binomiale. Soit $F_{nt} = \frac{B_{nt}}{nt}$ la fréquence de ces succès. Avec les notations introduites, où k désigne le nombre d'échecs, on a :

$$P(B_{nt} = nt - k) = \frac{C_{nt}^{k}\, r^{nt-k}\, s^{k}}{t^{nt}} = \frac{A(k)}{t^{nt}}.$$

D'où, d'après le lemme 5 :

$$P(nt\text{-}ns\text{-}n \le B_{nt} \le nt\text{-}ns\text{+}n) = \frac{\sum_{k=ns-n}^{ns+n} A(k)}{t^{nt}} \xrightarrow[n\to\infty]{} 1.$$

Or, $P(nt\text{-}ns\text{-}n \le B_{nt} \le nt\text{-}ns\text{+}n) = P(rn\text{-}n \le B_{nt} \le rn\text{+}n)$, ce qui s'écrit pour un c positif quelconque et n assez grand :

$$P\left(\frac{r-1}{t} \le F_{nt} \le \frac{r+1}{t}\right) > \frac{c}{c+1}\ . \text{ C.Q.F.D.}$$

En termes modernes, avec $p = \frac{r}{t}$, cela signifie que, $\varepsilon > 0$ étant donné, pour t tel que $\frac{1}{t} < \varepsilon$, on a :

$$P(|F_{nt} - p| \le \varepsilon) \xrightarrow[n\to\infty]{} 1, \text{ ou encore : } F_{nt} \xrightarrow[\text{prob.}]{} p.$$

5.2. Démonstration du lemme 3

5.2.1. A(k) passe par un maximum M pour k = ns

Pour tout k tel que $0 \le k < nt$, on a :

$$\frac{A(k+1)}{A(k)} = \frac{C_{nt}^{k+1}\, r^{nt-k-1}\, s^{k+1}}{C_{nt}^{k}\, r^{nt-k}\, s^{k}} = \frac{nt-k}{k+1} \cdot \frac{s}{r}$$

Soit $0 \leq k < ns$. En remarquant que $nt - k \geq nr$, on a : $\frac{nt - k}{k + 1} . \frac{s}{r} > 1$, d'où $A(k) < A(k+1)$, $A(k)$ est donc croissante sur $[0, ns]$.

De même, si $ns \leq k < nt$, $\frac{A(k+1)}{A(k)} = \frac{nt - k}{k + 1} . \frac{s}{r} \leq \frac{nr}{k + 1} . \frac{s}{r} < 1$. $A(k)$ est donc décroissante sur $[ns, nt]$. $A(k)$ passe donc par un maximum $M = A(ns)$ pour $k = ns$.

5.2.2. Variations de A(k)

L'égalité $\frac{A(k+1)}{A(k)} = \frac{nt - k}{k + 1} . \frac{s}{r}$ montre que $\frac{A(k+1)}{A(k)}$ est une fonction décroissante de k sur $[0, nt]$. On a donc pour tout $k \leq ns$ et $j < k-1$: $\frac{A(k)}{A(k-1)} < \frac{A(k-j)}{A(k-j-1)}$.

De même, $\frac{A(k)}{A(k+1)}$ étant croissante sur $[0, nt]$, pour $ns \leq k < nt$, et $j < nt - k$, on a :

$$\frac{A(k)}{A(k+1)} < \frac{A(k+j)}{A(k+j+1)}.$$

5.3. Démonstration du lemme 4

Ce lemme consiste en l'étude du comportement des rapports $\frac{M}{L}$ et $\frac{M}{\Lambda}$ quand n tend vers l'infini. Bernoulli fait d'abord une démonstration "intuitive", qui ne résiste pas à un contrôle rigoureux. Pressentant la critique, il la reprend dans une "scholie" (remarque critique), de manière bien plus fine. Son étude soigneuse le conduit à une méthode pour déterminer le nombre d'expériences à reproduire pour estimer la probabilité p aussi précisément que l'on veut (à 1/t près), avec une probabilité aussi petite que l'on veut de se tromper (inférieure à 1/c).

Ce résultat, pourtant majeur, n'est pas repris dans l'énoncé du théorème, bien qu'il intervienne dans l'application numérique que Bernoulli propose pour terminer. Nous le comparerons à celui, moins fort, que l'on obtient par l'inégalité de Bienaymé-Tchebychev, accessible également par les outils mathématiques à la portée de Bernoulli.

5.3.1. "Démonstration" élémentaire développée dans un premier temps par Bernoulli

On a : $\frac{M}{L} = \frac{A(ns)}{A(ns-n)} = \frac{A(ns)}{A(ns-1)} . \frac{A(ns-1)}{A(ns-2)} \cdots \frac{A(ns-n+1)}{A(ns-n)}$

et : $\frac{M}{\Lambda} = \frac{A(ns)}{A(ns+n)} = \frac{A(ns)}{A(ns+1)} . \frac{A(ns+1)}{A(ns+2)} \cdots \frac{A(ns+n-1)}{A(ns+n)}$

Utilisant l'égalité $\frac{A(k+1)}{A(k)} = \frac{nt - k}{k + 1} . \frac{s}{r}$ obtenue dans le lemme 3 et remarquant que nt – ns = nr, on obtient :

$$\frac{M}{L} = \frac{nr+1}{ns}.\frac{nr+2}{ns-1}...\frac{nr+n}{ns-n+1}.(\frac{s}{r})^n \text{ et } \frac{M}{\Lambda} = \frac{ns+1}{nr}.\frac{ns+2}{nr-1}...\frac{ns+n}{nr-n+1}.(\frac{r}{s})^n$$

Supposant " n *infini* ", Bernoulli. considère que " *les nombres* 1, 2, 3, *etc. sont négligeables devant* n , [et les facteurs comme] nr+n–1, nr+n–2,... *sont équivalents à* nr+n, *et* ns–n+1, ns–n+2,... *sont équivalents à* ns–n, *et en effectuant la division par* n, ***il s'ensuit*** *que* :

$$\frac{M}{L} = \frac{nr+n}{ns-n}.\frac{nr+n}{ns-n}...\frac{nr+n}{ns-n}.(\frac{s}{r})^n = \left(\frac{rs+s}{rs-r}\right)^n = \left(\frac{r+1}{r}.\frac{s}{s-1}\right)^n$$

$$\text{et } \frac{M}{\Lambda} = \frac{ns+n}{nr-n}.\frac{ns+n}{nr-n}...\frac{ns+n}{nr-n}.(\frac{r}{s})^n = \left(\frac{rs+r}{rs-s}\right)^n = \left(\frac{r}{r-1}.\frac{s+1}{s}\right)^n \text{"}$$

Ce faisant, Bernoulli considère comme " équivalents " à $\frac{nr+n}{ns-n}$ des facteurs de la forme $\frac{nr+j}{ns-j+1}$ pour j variant de 1 à n, alors que la majoration possible est dans le mauvais sens et ne garantit pas le résultat. De plus, " *le nombre de ces facteurs est* n, *c'est à dire un nombre infini* ", remarque qui invalide la démonstration.

Pourtant Bernoulli conclut que :

> " *les rapports sont des multiples (puissances) infinis des rapports* $\frac{rs+s}{rs-r}$ *et* $\frac{rs+r}{rs-s}$, *aussi, conséquence simple, sont-ils infinis* ".

et il énonce : " *le plus grand terme M est envers L et Λ dans un rapport supérieur à tout rapport assignable. C.Q.F.D.* ".

Bernoulli démontre ensuite le lemme 5, puis revient au lemme 4 dans la "scholie" dont l'introduction savoureuse est révélatrice de sa maîtrise de l'infini et implicitement de la notion de limite :

> " *Il peut être objecté aux 4ème et 5ème lemmes par ceux qui ne sont pas habitués à faire des observations sur l'infini, que même si dans le cas du nombre n infini, les facteurs des quantités qui expriment les rapports* $\frac{M}{L}$ *et* $\frac{M}{\Lambda}$, *nr+n–1 etc. et ns–n+1 etc. valent autant que nr+n et ns–n, alors que les nombres 1, 2, 3 etc. des facteurs pris un à un s'évanouissent normalement, il peut cependant arriver que, pris tous ensemble ou bien considérés en soi, ils croissent à l'infini (à cause du nombre infini de facteurs) et qu'ainsi ils diminuent infiniment le rapport infiniment multiple du rapport* $\frac{rs+s}{rs-r}$ *ou* $\frac{rs+r}{rs-s}$, *c'est à dire qu'ils le rendent fini. Je ne puis mieux apaiser ce scrupule, que si je montre maintenant un mode d'assignation, en fait un nombre* n *fini, soit une puissance finie du binôme, dans laquelle la somme des termes entre les limites* L *et* Λ *soit à la somme de ceux qui sont en dehors dans un rapport supérieur à un rapport donné ;*

il va de soi qu'après avoir montré cela l'objection s'écroule nécessairement d'elle-même ".

Bernoulli ne souligne pas le fait important que la démonstration qu'il propose maintenant permet le calcul effectif du n en fonction des données.

5.3.2. Reprise de la démonstration du lemme 4

– Soit un nombre γ aussi grand que l'on veut, montrons que l'on peut prendre n assez grand pour que $\frac{M}{L} > \gamma$. Pour cela, reprenons d'abord l'expression du rapport $\frac{M}{L}$:

$\frac{M}{L} = \frac{nr+1}{ns}.\frac{nr+2}{ns-1}\dots\frac{nr+n}{ns-n+1}.(\frac{s}{r})^n = \prod_{j=1}^{n}\frac{nrs+js}{nrs-(j-1)r}$, où chaque facteur est supérieur à 1.

– L'idée consiste à minorer un certain nombre m maximal de facteurs par $\frac{r+1}{r}$, les autres ne changeant pas, et obtenir le résultat $\frac{M}{L} > \left(\frac{r+1}{r}\right)^m \geq \gamma$ dès que m est assez grand (c'est à dire : $m \geq \frac{\log \gamma}{\log(r+1) - \log r}$, Bernoulli utilise les logarithmes décimaux). Cette minoration est possible pour les j tels que $\frac{nrs+js}{nrs-(j-1)r} \geq \frac{r+1}{r}$, donc tels que $\frac{ns+r+1}{s+r+1} \leq j \leq n$.

– Le nombre de ces valeurs de j est $m = n+1 - \frac{ns+r+1}{s+r+1} = \frac{n(r+1)\ +\ s}{s+r+1}$, aussi grand que l'on veut quand r et s sont fixés. Ainsi, pour n assez grand, r et γ étant donnés, il existe une valeur : $m_L = \frac{\log \gamma}{\log(r+1) - \log r}$ telle que si $m \geq m_L$, on a : $\frac{M}{L} > \left(\frac{r+1}{r}\right)^m \geq \gamma$. Pour cela, il faut prendre n au moins égal à la valeur n_L telle que $m_L = n_L + 1 - \frac{n_L s + r + 1}{s+r+1}$, ce qui donne :

$$n_L = m_L + \frac{m_L s - s}{r+1}.$$

– On procède ensuite aux mêmes minorations pour les termes situés après M, en changeant s en r :

$$\frac{M}{\Lambda} = \frac{ns+1}{nr}.\frac{ns+2}{nr-1}\dots\frac{ns+n}{nr-n+1}.(\frac{r}{s})^n = \prod_{j=1}^{n}\frac{nrs+jr}{nrs-(j-1)s},$$

où m facteurs sont minorés par $\frac{s+1}{s}$, avec $m = n+1 - \frac{nr+s+1}{s+r+1}$. Ainsi, pour n assez grand, s et δ étant fixés, il existe une valeur minimale, $m_\Lambda = \frac{\log \delta}{\log(s+1) - \log s}$, telle que si $m \geq m_\Lambda$, on a : $\frac{M}{\Lambda} > \left(\frac{s+1}{s}\right)^m \geq \delta$. Pour cela, il faut prendre n au moins égal à la valeur n_Λ telle que $m_\Lambda = n_\Lambda + 1 - \dfrac{n_\Lambda r + s + 1}{s + r + 1}$, ce qui donne :

$$n_\Lambda = m_\Lambda + \frac{m_\Lambda r - r}{s + 1}$$

– Pour avoir toutes ces conditions, le nombre d'expériences à réaliser sera donc :

$$nt = \sup(n_L t, n_\Lambda t).$$

5.4. Démonstration du lemme 5

Dans le lemme 5, on compare la somme des termes compris entre L et Λ à celle des autres termes du développement de $(r + s)^{nt}$. Pour cela, Bernoulli introduit les notations :

F = A(ns – 1) désigne le terme précédant M,

P = A(ns – n – 1) le terme précédant L, n termes avant F;

G = A(ns – 2) ; Q = A(ns – n – 2) ; H = A(ns – 3) ; R = A(ns – n – 3) ; ......; T = A(ns – 2n) :

0 ... T ... R Q P L .... H G F M

|________|________________|__|__|__|________________|__|__|__|

– D'après la deuxième partie du lemme 3, avec j = n, on a : $\frac{M}{F} < \frac{L}{P}$, $\frac{F}{G} < \frac{P}{Q}$, $\frac{G}{H} < \frac{Q}{R}$ etc. On en déduit : $\frac{M}{L} < \frac{F}{P} < \frac{G}{Q} < \frac{H}{R} < \ldots < \frac{L}{T}$ et par conséquent, par un calcul élémentaire, $\frac{M}{L} < \frac{F + G + H + \ldots + L}{P + Q + R + \ldots + T}$.

– Ce dernier rapport s'écrit $\dfrac{\sum_{k=ns-n}^{ns-1} A(k)}{\sum_{k=ns-2n}^{ns-n-1} A(k)}$, il est donc supérieur à $\left(\frac{r+1}{r}\right)^m \geq \gamma$ dès que $\frac{M}{L}$ l'est. Le dénominateur est la somme $\sum_{k=ns-2n}^{ns-n-1} A(k)$ des n termes qui précèdent L.

– Comme (lemme 3) la fonction A(k) est croissante sur [0, ns], on a pour i = 0, 1, ..., s – 2, les s – 1 inégalités suivantes entre les sommes analogues additionnant les A(k) par paquets de n termes :

$$\sum_{k=in}^{(i+1)n-1} A(k) \leq \sum_{k=ns-2n}^{ns-n-1} A(k). \text{ D'où } \sum_{k=0}^{ns-n-1} A(k) \leq (s-1) \sum_{k=ns-2n}^{ns-n-1} A(k).$$

– Pour un c donné, aussi grand que l'on veut, posant γ = (s – 1) c, r et s étant fixés, on obtient pour m et n assez grands ($n \geq n_L$ du lemme 4) :

$$\frac{\sum_{k=ns-n}^{ns-1} A(k)}{\sum_{k=0}^{ns-n-1} A(k)} \geq \frac{\sum_{k=ns-n}^{ns-1} A(k)}{(s-1)\sum_{k=ns-2n}^{ns-n-1} A(k)} > \frac{1}{s-1}\left(\frac{r+1}{r}\right)^m \geq \frac{\gamma}{s-1} = c$$

On obtient de même, avec $\delta = (r-1)\,c$ et $n \geq n_\Lambda$:

$$\frac{\sum_{k=ns+1}^{ns+n} A(k)}{\sum_{k=ns+n+1}^{nt} A(k)} \geq \frac{\sum_{k=ns+1}^{ns+n} A(k)}{(r-1)\sum_{k=ns+n+1}^{ns+2n} A(k)} > \frac{1}{r-1}\left(\frac{s+1}{s}\right)^m \geq \frac{\delta}{r-1} = c$$

– D'où, en ajoutant M au numérateur ce qui ne fait que renforcer l'inégalité :

$$\frac{\sum_{k=ns-n}^{ns+n} A(k)}{\sum_{k=0}^{ns-n-1} A(k) + \sum_{k=ns+n+1}^{nt} A(k)} > c$$

Le numérateur est la somme des termes compris entre L et Λ, le dénominateur est la somme de tous les autres. Le lemme 5 est ainsi démontré.

6. Application numérique

La probabilité p (inconnue) étant fixée, pour une précision ε et un nombre c donnés, il s'agit de déterminer le nombre nt d'expériences à réaliser pour que la fréquence de succès observée F_{nt} soit éloignée de p de moins de ε avec une probabilité supérieure à $\frac{c}{c+1}$.

Bernoulli propose $p = 3/5$, $\varepsilon = 0{,}02$ et $c = 1\,000$. Prenons donc $t = 50$, $r = 30$ et $s = 20$.

Le théorème montre que pour n assez grand, on a :

$$P(p - \varepsilon < F_{nt} < p + \varepsilon) > \frac{c}{c+1} = 0{,}999.$$

La démonstration du lemme 4 montre qu'il faut prendre $n \geq \sup(n_L, n_\Lambda)$, avec :

$$n_L = m_L + \frac{m_L s - s}{r+1}, \text{ où } m_L = \frac{\log \gamma}{\log(r+1) - \log r} \text{ et } \gamma = c(s-1), \text{ et}$$

$$n_\Lambda = m_\Lambda + \frac{m_\Lambda r - r}{s+1}, \text{ où } m_\Lambda = \frac{\log \delta}{\log(s+1) - \log s} \text{ et } \delta = c(r-1).$$

Numériquement, on obtient $\gamma = 19\,000$, $m_L = 301$ et $n_L = 495$, ainsi que $\delta = 29\,000$, $m_\Lambda = 211$ et $n_\Lambda = 511$.

On aura donc $n \geq 511$ et le nombre d'expériences à réaliser sera : $nt = 25\,550$.

Pour avoir une précision peu fameuse de 2 % sur la probabilité à estimer, il faut donc réaliser le nombre inaccessible de 25 550 expériences. On comprend la déception de Bernoulli qui a laissé *Ars Conjectandi* inachevé, cherchant sans doute à améliorer ce résultat.

On voit que diviser c par 10 permet de diminuer m_Λ de 1/[log(s+1) - logs] = 47 et n_Λ de 115, donc le nombre d'expérience de 115x50 = 5 750 (avec un calcul sans arrondis, Bernoulli trouve 5 708). Il faut donc encore faire 19 800 expériences pour avoir une probabilité de 0,99 d'encadrer effectivement la valeur de p. Cette situation étant additive, en acceptant une probabilité de 0,9 on aura à répéter plus de 14 000 expériences pour estimer la valeur de p par la fréquence observée.

Par contre, améliorer la précision ε coûte plus cher : avec $\varepsilon = 0{,}01$ (on obtient p à un centième près), t = 100 et c = 1 000, le calcul numérique précédent donne nt = 109 500 expériences à réaliser, à comparer avec les 25 550 nécessaires pour encadrer p à deux centièmes près, soit environ 4 fois plus d'expériences pour diviser par deux la longueur de l'intervalle de "vraisemblance".

7. Démonstration moderne du théorème de Bernoulli

7.1. Conséquence directe de l'inégalité de Bienaymé-Tchebychev

Pour démontrer plus simplement le théorème de Bernoulli, on peut s'inspirer de la démonstration classique utilisant l'inégalité de Bienaymé-Tchebychev (BT), ce qui ne suppose pas d'autres connaissances algébriques que celles qui étaient à la portée de Bernoulli, comme on le verra dans le paragraphe suivant. Mais l'encadrement obtenu de la probabilité p est beaucoup moins performant que ce que donne la démonstration de Bernoulli, quant au nombre d'expériences à réaliser pour garantir cet encadrement avec une probabilité acceptable.

L'inégalité (BT) fait intervenir la notion de variance, inconnue de Bernoulli. Elle s'applique à n'importe quelle loi de variable aléatoire dont la variance existe. On peut l'énoncer ainsi : $P[\,|X - E(X)| < \varepsilon\,] \geq 1 - \frac{Var(X)}{\varepsilon^2}$.

Quand $X = F_n$ est la fréquence des succès de probabilité p, observés dans un schéma binomial, on a $E(F_n) = p$ et $Var(F_n) = \frac{p(1-p)}{n}$. L'inégalité (BT) fournit alors une expression qui donne immédiatement le théorème de Bernoulli quand on fait tendre n vers l'infini :

$$P[\,|F_n - p| < \varepsilon\,] \geq 1 - \frac{p(1-p)}{n\varepsilon^2}.$$

Cette inégalité montre donc la convergence en probabilité de F_n vers p. Mais la généralité de (BT) la rend peu performante pour déterminer le nombre n minimum d'expériences à réaliser pour garantir l'encadrement de p avec une bonne probabilité.

Avec les données numériques de Bernoulli, prenons $p = 3/5$, $\varepsilon = 0{,}02$ et la condition :
$P[\,|F_n - p| < \varepsilon\,] \geq 0{,}999$. On obtient $n \geq 600\,000$ au lieu des 25 550 expériences issues de la démonstration de Bernoulli.

7.2. Une démonstration du théorème de Bernoulli suggérée par celle de l'inégalité de Bienaymé-Tchebychev

Le cadre d'espace probabilisé fini associé au schéma binomial permet une démonstration élémentaire de (BT), n'utilisant pas les propriétés de linéarité de l'intégrale abstraite de Lebesgue ou des séries infinies.

1- Partons d'abord du même résultat que Bernoulli donnant les probabilités binomiales.

Soit F_n la fréquence des succès de probabilité p, obtenus en n épreuves de Bernoulli.

On a pour $k = 0, ..., n$: $P(F_n = \frac{k}{n}) = C_n^k\, p^k (1-p)^{n-k}$.

Dans un premier temps, utilisons l'espérance et la variance de F_n bien connues aujourd'hui : $E(F_n) = p$ et $\mathrm{Var}(F_n) = \frac{p\,(1-p)}{n}$, résultats que nous justifierons ensuite.

Décomposons le calcul de la variance de F_n de la manière suivante :

$$\sum_{k=0}^{n} \left|\frac{k}{n} - p\right|^2 P(F_n = \frac{k}{n}) = \sum_{\left|\frac{k}{n} - p\right| < \varepsilon} \left|\frac{k}{n} - p\right|^2 P(F_n = \frac{k}{n}) + \sum_{\left|\frac{k}{n} - p\right| \geq \varepsilon} \left|\frac{k}{n} - p\right|^2 P(F_n = \frac{k}{n})$$

Minorons le premier terme par 0 et les valeurs absolues du deuxième par ε, on obtient :

$$\sum_{k=0}^{n} \left|\frac{k}{n} - p\right|^2 P(F_n = \frac{k}{n}) \geq \varepsilon^2 \sum_{\left|\frac{k}{n} - p\right| \geq \varepsilon} P(F_n = \frac{k}{n}) = \varepsilon^2\, P(|F_n - p| \geq \varepsilon)$$

D'où $\frac{p\,(1-p)}{n\varepsilon^2} \geq P(|F_n - p| \geq \varepsilon)$, et l'inégalité (BT) annoncée en prenant les événements contraires.

2- Il reste donc à calculer l'espérance et la variance de F_n en fonction de p et n.

Par commodité, posons $q = 1-p$. Par définition, $E(F_n) = \sum_{k=0}^{n} \frac{k}{n}\, C_n^k\, p^k q^{n-k}$. On obtient après simplifications :

$E(F_n) =$

$$\sum_{k=1}^{n} \frac{(n-1)!}{(k-1)!\,(n-k)!}\, p^k q^{n-k} = p \sum_{k=1}^{n} C_{n-1}^{k-1}\, p^{k-1} q^{n-k} = p\,(p+q)^{n-1} = p,$$

$$\text{et Var}(F_n) = \sum_{k=0}^{n} \left|\frac{k}{n} - p\right|^2 P(F_n = \frac{k}{n}) = \sum_{k=0}^{n} (\frac{k}{n} - p)^2 C_n^k\ p^k\ q^{n-k}.$$

Le calcul consiste à développer $(\frac{k}{n} - p)^2$ sous la forme $\frac{k(k-1)}{n^2} + (\frac{1}{n} - 2p)\ \frac{k}{n} + p^2$, et à utiliser la linéarité du $\sum$ afin d'obtenir pour le premier terme :

$$\frac{n-1}{n}p^2 \sum_{k=2}^{n} \frac{(n-2)!}{(k-2)!\ (n-k)!}\ p^{k-2}\ q^{n-k} = \frac{n-1}{n}p^2 (p + q)^{n-2} = \frac{n-1}{n}p^2,$$

pour le deuxième : $(\frac{1}{n} - 2p)\sum_{k=0}^{n} \frac{k}{n}\ C_n^k\ p^k\ q^{n-k} = \frac{p}{n} - 2p^2$,

et pour le troisième : $p^2 \sum_{k=0}^{n} C_n^k\ p^k\ q^{n-k} = p^2\ (p+q)^n = p^2$.

On obtient donc au total : $\text{Var}(F_n) = \frac{n-1}{n}p^2 + \frac{p}{n} - 2p^2 + p^2 = \frac{p\,(1-p)}{n}$.

3- Conclusion : cette démonstration n'utilise que des outils de l'époque de Bernoulli, à condition d'avoir dégagé la signification de $E(F_n)$ et $\text{Var}(F_n)$ pour conduire le calcul en séparant ce qui relève de l'inégalité (BT) de ce qui techniquement permet de les exprimer simplement.

Le résultat obtenu est identique à celui qu'énonce Bernoulli, mais on a vu ce que la minoration plus fine qu'il obtient permet pratiquement.

L'approximation normale de la loi binomiale donne à son tour un résultat bien meilleur, puisque avec les données numériques de Bernoulli, elle garantit l'encadrement de $p = 3/5$ par $[\,F_n - 0{,}02\ ;\ F_n + 0{,}02\,]$, avec une probabilité de 0,999 dès que $n \geq 6\,534$.

Ce résultat est obtenu à partir du théorème de Moivre (dont l'énoncé fut revendiqué par la famille Bernoulli). Sachant que la loi de F_n est approximativement $\mathcal{N}(p, \frac{p\,(1-p)}{n})$, on a :

$$P(|\,F_n - p\,| < 0{,}02) = P(|U| < \frac{0{,}02\sqrt{n}}{\sqrt{p\,(1-p)}}) = 0{,}999$$

où U est une variable normale centrée réduite.

On lit dans une table de cette loi la valeur de u telle que $P(U < u) = 0{,}9995$: $u = 3{,}3$; il faut donc que n soit au moins tel que : $\frac{0{,}02\sqrt{n}}{\sqrt{p\,(1-p)}} = 3{,}3$. D'où :

$$n \geq \frac{6 \times (3{,}3)^2}{25 \times (0{,}02)^2} = 6\,534.$$

Bibliographie

[1] Meunier, N., (1989) "Argumentation et démonstration : à quoi sert la démonstration de la "Loi des grands nombres" de Jacques Bernoulli (1654-1705)", *La démonstration mathématique dans l'Histoire,* pp. 81-97, Actes du 7ème colloque inter-IREM Épistémologie et Histoire des Mathématiques, Besançon, 1989.

[2] Bernoulli, J., (1713) *Ars Conjectandi,* 4ème partie, traduction du Latin par Norbert Meunier, IREM de Rouen, 1987.

[3] Pichard, J.F., (1997) "Les probabilités au tournant du XVIIIème siècle", *Enseigner les probabilités au lycée*, Commission inter-IREM Statistique et Probabilités, IREM de Reims, 1997 , pp. 105-130.

[4] Bellhouse, D.R., (2000) "*De Vetula* : a Medieval Manuscript Containing Probability Calculations", *International statistical Review,* vol. 68 n°2, August 2000, pp. 123-136.

[5] Lanier, D., (1992) "Huygens : l'espérance et l'infini", *Histoire d'infini*, Actes du 9ème colloque inter-IREM Épistémologie et Histoire des Mathématiques, IREM de Brest, 1992, pp. 555-577.

LA THÉORIE DES ERREURS (1750-1820), ENJEUX, PROBLÉMATIQUES, RÉSULTATS[1]

Michel Armatte

Résumé

La théorie des erreurs, produite par les géomètres du XVIIIème et premier tiers du XIXème siècle, vise à produire des méthodes standardisées de traitement de données d'observation entachées d'erreurs. Les enjeux de cette "mathématique mixte" sont d'abord la construction de sciences naturelles objectives et universelles, principalement l'astronomie et la géodésie, qui puissent confronter des modèles concurrents et des observations suffisamment précises, qui puissent ensuite résoudre des questions pratiques comme la navigation et la cartographie. La théorie des erreurs cherche à répondre aux trois questions de la combinaison des erreurs en un juste milieu, de l'identification d'une loi de probabilité des erreurs, et d'un critère d'optimisation pour déterminer des quantités dans un système surdéterminé. Nous examinons la succession des réponses à ces questions et la synthèse produite par Laplace et Gauss dans les années 1810 et 1820, mais aussi quelques uns des débats qui ont suivi l' adoption des solutions proposées : la moyenne, la loi de Laplace-Gauss et la méthode des moindres carrés.

La théorie des erreurs est une branche des mathématiques appliquées dont les travaux se sont étalés sur une assez longue période (1750-1820) et ont enrôlé les plus grands mathématiciens des Lumières et de la Révolution. A l'origine, il s'agissait ni plus ni moins que de répondre à la question suivante : comment peut on créer une science naturelle universelle sachant que les observations et mesures de la nature par les savants sont toujours entachées d'erreurs? La question est d'abord physique, voire métaphysique, puis elle devient une question mathématique vers 1730 quand il apparaît qu'une fois "réduite" par élimination des causes physiques connues, il reste encore une erreur résiduelle, irréductible. Celle-ci peut alors être l'objet d'une modélisation mathématique et d'un calcul d'erreur – en fait deux calculs différents comme on le verra. Les recherches faites

[1] Le présent texte est une mise à jour d'un texte publié sous le titre "théorie des erreurs, moyenne et loi normale" publié dans [Feldman et alii, 1991].

pendant cette période articulent différentes questions – la combinaison des mesures d'une même grandeur en un "milieu", la "loi" des erreurs, le critère d'optimisation de l'ajustement, la transmission des erreurs dans une chaîne de calcul – qui sont travaillées par les mathématiciens avec une très grande diversité des approches. La synthèse dite de Laplace et Gauss qui intervient dans les premières années du XIXème prend la forme d'un tiercé "gagnant" associant la moyenne, la loi "normale" et les "moindres carrés", qui dominera la méthodologie des sciences d'observations, non sans controverses d'ailleurs.

L'histoire de cette construction que nous allons reprendre à grands traits n'est ni une histoire de pure mathématique ni même une pure histoire des mathématiques. Par la nature même de son objet, la théorie des erreurs appartient aux mathématiques mixtes qui mêlent mathématiques, physique, et métaphysique, et elle est fortement liée aux domaines dans lesquels elle trouve à la fois ses problématiques et son domaine d'application. Par ailleurs, les enjeux de la théorie des erreurs ne sont pas uniquement des enjeux scientifiques, ils sont des enjeux de société dès lors que cette théorie permet de résoudre des questions cruciales pour la navigation, pour la cartographie, ou pour le système métrique. Au-delà de l'histoire des mathématiques, ce texte relève donc plus largement de l'histoire des sciences.

1. L'erreur astronomique et ses enjeux

L'Astronomie, la plus vieille science du monde, est très tôt confrontée avec le problème des erreurs. Les historiens de cette discipline ont montré combien ses progrès étaient liés tantôt à celui de ses modèles mathématiques (ptoléméen, copernicien, keplerien, newtonien, laplacien), tantôt au progrès de ses dispositifs d'observation (observatoires, instruments, tables échanges académiques…). Cette articulation difficile entre modèles théoriques et recueils d'observations est le moteur même du progrès de la science astronomique, le progrès des instruments et méthodes permettant de discriminer des modèles théoriques concurrents, et le renouvellement des modèles permettant de résoudre des contradictions dans les résultats d'observations. Or ces écarts entre modèles et mesures ne peuvent être perçus, établis, et dépassés que si les mesures elles mêmes sont établies avec un certain degré de certitude, de précision, et de consensus. Mais comment seraient elles consensuelles dans une communauté scientifique dès lors que les savants reconnaissent qu'ils sont incapables de trouver la même chose quand ils mesurent plus de deux fois le même objet ou phénomène? Comment une science générale, universelle, objective, peut-elle se construire sur la base d'observations fondamentalement locales, subjectives, et divergentes pour le même objet d'un sujet à l'autre? La philosophie des Lumières qui prétendait établir toutes ses connaissances et ses règles d'action sur la simple lecture du Grand Livre de la Nature devait se rendre à l'évidence que personne n'en avait la même lecture. Il fallait donc que s'établisse au plus vite des conventions visant à réduire la dispersion des résultats due à la subjectivité de l'observation, en un tableau objectif du monde à la fois réaliste et consensuel. Comme l'affirmait déjà Laplace, et plusieurs historiens des sciences[2], la modélisation des erreurs de mesure devenait centrale pour l'existence même d'une science.

Partons donc de la situation vers 1750, c'est à dire après Kepler et Newton. A cette date, la science d'observation qu'est l'astronomie se voit totalement réorganisée par une théorie – celle de l'attraction universelle - qui en fait une mécanique. Trois facteurs vont conduire les géomètres à s'intéresser non seulement à cette mécanique céleste, mais aussi aux traitements des observations astronomiques qui en permettent une validation et une application.

Le premier facteur de la mathématisation des erreurs réside dans certaines innovations des mathématiques elles-mêmes, qui ont produit depuis peu les deux outils que l'on peut mobiliser dans un calcul d'erreur, à savoir le calcul différentiel d'une part, développé par Newton et ses élèves, et le calcul des probabilités d'autre part, avec les premiers travaux de Pascal, Huygens, Jacques Bernoulli, et de Moivre. Les bases de ces calculs peuvent être considérées comme acquises en 1750 dans les deux cas.

Le second facteur, c'est l'amélioration des instruments de mesure. Toutes les mesures de distance, en astronomie, se ramènent à des mesures d'angle; et l'instrument principal de ses mesures est, jusqu'à la Révolution, le quart de cercle gradué; mais depuis les améliorations de Picard (1667) il est muni de deux lunettes de visée avec micromètre à fil mobile qui permettent de mesurer des distance zénithales et donc des latitudes, ou bien en position horizontale des angles de la triangulation supportant une distance terrestre. Il est possible d'y lire un angle à moins d'une minute de degré près. Les mesures de temps quant à elles, ont vu leur précision démultipliée grâce aux horloges à pendule et système d'échappement (Huygens 1656).

Or cette précision accrue de la mesure ne suffit pas à réduire les erreurs. Plus précisément, et c'est le dernier facteur, un certain nombre de problèmes astronomiques demeurent non résolus pour des raisons qui tiennent à la complexité théorique, mais aussi à l'imprécision des résultats d'observation. Théorie de la lune (distance exacte, oscillations sur son axe, accélérations irrégulières du mouvement), dimensions et forme du globe terrestre, problème plus général des trois corps (perturbation d'un corps céleste sur le mouvement newtonien des deux autres) résistent aux investigations, entre autres parce qu'ils nécessitent une très grande précision. Les évaluations de distance par la méthode de la parallaxe[3] conduisent à des angles très faibles pour lesquels une erreur de quelques secondes a des effets dévastateurs. La précision est une condition de la prévision. Or, si le calcul seul permit à Leverrier de découvrir Neptune en 1846, il fut aussi à l'origine de grosses déceptions : Lalande et Clairaut, après un an de calcul, se trompent d'un mois sur le passage au périhélie de la fameuse comète de Halley en 1759. Deux ans plus tard, 60 observations du temps de passage de Vénus sur le disque solaire donnent une parallaxe solaire qui varie de 7" à 11". Or "Encke appliquant en 1821 la méthode des moindres carrés à l'ensemble des

---

[2] Sheynin (1973)

[3] Angle sous lequel sont vu de l'astre un rayon du globe terrestre.

observations de 1761, trouva p=8,49; la valeur admise aujourd'hui est 8,80; son écart à 8,49 représente plus de trois fois l'écart-type estimé par Encke: ce qui est considérable."[4].

L'imprécision et la dispersion des mesures ne constituent pas seulement un handicap pour la validation de théories concurrentes. Au delà des enjeux de pure connaissance scientifique que vise à résoudre une théorie des erreurs se profilent des enjeux de société de premier plan. Il y va par exemple de la puissance maritime et donc commerciale et militaire des nations. En effet le problème du point en mer par le navigateur est très lié à l'astronomie pratique. J.Levy[5] rappelle que, dès le XVème siècle, la latitude est à peu près connue du navigateur grâce à l'observation de la hauteur solaire à midi; mais la longitude se fait à l'estime de la route faite (loch + boussole) à défaut de tables précises du mouvement de la lune qui permettraient d'utiliser la distance angulaire de la lune aux étoiles. Au XVIème siècle, des erreurs de 15 degré de longitude sont courantes, lesquelles entraînent aussi bien l'impossibilité de dresser des cartes correctes que la soumission à des risques physiques ou diplomatiques considérables. La capture du *Madre de Deus* en 1592 entraîne une perte de son chargement équivalente à la moitié du budget de l'Echiquier britannique. La mauvaise connaissance de la longitude était encore la raison d'un gigantesque naufrage d'une partie de la flotte de la Royal Navy un siècle plus tard (1707) sur les rochers des îles Scilly. Cette question de la longitude suscite plusieurs prix académiques pour lesquels une course de vitesse s'engage entre mise au point des méthodes astronomiques (distance de la Lune à certaines étoiles fixes) et progrès des horloges, qui verra finalement la victoire de cette dernière solution grâce à la montre H3 de Harrison[6].

2. L'erreur géodésique et ses enjeux

Des trois problèmes principaux non résolus que nous avons évoqué, celui de la "figure de la terre" fut un cadre privilégié de l'émergence de la théorie des erreurs, et mérite d'être décrit plus longuement, car sa solution dépendait à la fois des erreurs astronomiques et des erreurs de mesures géodésiques; de plus, ses enjeux étaient considérables, tant au niveau de la controverse théorique qui l'alimentait qu'à celui de ses conséquences sur la cartographie.[7]

L'Académie des Sciences (1666) et l'Observatoire de Paris (1664) furent les deux piliers d'une grande opération cartographique, qui à des fins militaires et économiques (par exemple le reboisement des forêts royales pour la construction navale) visait à remplacer une mosaïque de cartes partielles par une carte unique et précise, "La" Carte de la France[8]. Le maître d'oeuvre en fut d'abord l'abbé Picard qui applique la triangulation - connue depuis Léon Battista Alberti en 1445

[4] Bessel cité par J.Bertrand, 1889, et J.P.Benzecri, 1982.

[5] J.Levy, "L'astronomie et les expéditions" in H.Lacombe et P.Costabel, 1988.

[6] Sobel, 1995.

[7] Cf l'article de présentation synthétique de J.J.Levallois, "L'Académie Royale des Sciences et la Figure de la Terre", in H.Lacombe et P.Costabel, 1988.

[8] B.H.Vayssière, 1980.

et utilisée pour une première mesure méridienne par Snellius en 1617 - pour mesurer en 1669-70 un arc de méridien entre Paris et Amiens ; les longueurs sont mesurées avec des règles en bois de deux toises[9] et le degré de méridien par la distance zénithale d'une même étoile lors de son passage au méridien. Picard peut en déduire à la fois la longueur d'un degré (57060 toises), le rayon d'une terre supposée sphérique, et une première carte de l'Académie réduite à la région parisienne. Jean-Dominique Cassini puis son fils Jacques poursuivent en 1683, en 1700, puis en 1718 le relevé de cette chaîne de triangles sur la méridienne Dunkerque-Perpignan.

L'entreprise de la Carte ne fut relancée qu'en 1730 par le contrôleur Orry, et confiée par l'Académie au troisième des Cassini (César François) qui reprend la triangulation sur parallèles et méridiens (1733-44). C'est son fils qui terminera les relevés avant d'être balayé par la Révolution Française, et la dernière des 180 feuilles de cette carte paraîtra en 1815. Mais entre temps la commission des Poids et Mesures de la Constituante, puis de la Convention, présidée par Laplace chargeait Delambre et Méchain d'une nouvelle méridienne (1789-1793) sur laquelle devait s'appuyer le mètre étalon, base du système métrique promulgué en 1799. L'étirement du projet cartographique initié par Picard s'explique en grande partie par la controverse théorique ouverte par J.Cassini en 1718. Newton, dans ses "Principia" de 1687, partant de l'hypothèse que le globe terrestre est un fluide homogène en équilibre sous l'action de la gravité et de la force centrifuge due à sa rotation, en avait déduit que ce globe est aplati aux deux pôles et avait évalué cet aplatissement au facteur 1/231[10]. Deux ans après, Huygens[11], qui ne reconnaît pas les forces d'attraction, fait l'hypothèse d'une gravité constante en tout point du globe et en déduit comme Newton un aplatissement aux pôles , mais plus faible, de facteur 1/578[12]. Cet aplatissement est confirmé par une différence de gravité, la longueur du pendule battant la seconde faites à Cayenne (Richer, 1672) étant inférieure à celle du même pendule à Paris (Picard).

Mais la tradition cartésienne française ne suit pas Newton et se raccroche à une théorie des tourbillons circumterrestres pour rendre compte des phénomènes de gravité. Jacques Cassini, second directeur de l'Observatoire, défend cette tradition et maintient dans son traité de 1718[13], sur la foi de ses mesures de la Méridienne Collioure-Paris-Dunkerque, que le degré de méridien diminue de l'équateur au pôle, et donc que la terre est allongée selon l'axe polaire, "comme un melon" dira Voltaire. Cassini confirmera ce jugement par la mesure d'un arc de parallèle entreprise en 1733 pour la Carte de France.

Seule l'action de Maupertuis, géomètre et philosophe qui défend courageusement les thèses de Newton réussit à ébranler cette alliance de l'Académie, des Cassini et du Roi pour une figure qui ne serait pas déterminée par des étrangers. Avec l'appui du comte de Maurepas, ministre de la marine et académicien honoraire, il convainc l'Académie de décider d'une expérience

---

9 Une toise de l'académie = 1,949 m

10 Soit un rapport du demi axe polaire au rayon équatorial de 230/231.

11 Huygens, *discours de la Cause de la Pesanteur*, 1690.

12 Cf F.Mignard, "La théorie des Figures" in H.Lacombe et P.Costabel.

13 J.Cassini, "Traité de la Grandeur et de la Figure de la Terre", 1718.

cruciale, à savoir l'envoi de deux expéditions, l'une près du pôle, l'autre à l'équateur, pour y obtenir deux mesures d'un degré d'arc de méridien.

La première expédition, dirigée par Maupertuis, avec Clairaut et Camus, part en Laponie en avril 1736 et revient en août 1737 avec une mesure (un degré = 57438 toises) qui par comparaison avec Paris, consacre la théorie newtonienne et la victoire de Maupertuis sur Cassini. "Je vous félicite, messieurs, d'avoir aplati la terre et les Cassini" dira Voltaire. Clairaut tire de cette expédition l'essentiel de son ouvrage de synthèse sur la figure de la terre[14] qui clot à peu près la controverse.

A la seconde expédition dirigée par Louis Godin, sont attachés les noms prestigieux de La Condamine, Bouguer et Jussieu. L'expédition part en mai 1735 au Pérou (l'actuel Equateur), mais elle tourne vite à l'épopée, la tragédie, voire la débandade[15]. Sur les dix savants de l'expédition, seuls Bouguer en 1743, puis La Condamine en 1744 rapporteront en France les précieuses mesures qui s'avèrent contradictoires, mais qui corroborent, elles aussi, la thèse de l'aplatissement du globe aux pôles.

Si les expéditions règlent la controverse qualitative de la forme de la terre, elles en ouvrent une autre, quantitative, sur le degré d'aplatissement du globe terrestre, ou plus précisément, de l'ellipsoïde proposé comme modèle de la géode par Clairaut, et qui va rester longtemps la base des spéculations. L'évaluation du coefficient d'aplatissement qui définit cet ellipsoïde donne lieu en effet à une disparité alarmante selon les couples de mesures qui sont prises, et mettent toute la lumière sur le jeu des erreurs qui disqualifie plus ou moins chacune des déterminations. On recherche fébrilement les erreurs systématiques dues aux appareils: la toise du Nord est reconnue différente de celle de Picard ou de celle de l'Académie. Les quarts de cercles révèlent à leurs utilisateurs de légers mais significatifs défauts de fabrication. On soupçonne certaines montagnes d'agir sur la verticalité du fil à plomb. Mais surtout les conditions matérielles et climatiques des expéditions et la formation inégale des savants à l'astronomie pratique[16] rendent irréductibles les disparités de mesures de grandeurs équivalentes ou comparables.

Il appartient alors aux géomètres d'indiquer des moyens de combinaison des observations d'un même phénomène prises en nombre, qui réduisent au minimum l'erreur finale sur la vraie valeur du phénomène. C'est l'évolution de cette problématique que nous allons maintenant résumer.

---

[14] Clairaut, "Théorie de la figure de la terre tirée de l'hydrostatique", 1743.

[15] Cf. La Condamine, 1981. Mille et une péripéties dignes de Tintin en Amazonie marquèrent cette quête qui s'éparpilla sur quantité d'autres objectifs - relevés cartographiques, ethnographiques, mytologiques, climatiques, botaniques et zoologiques - qui de la découverte du "cahuchuc" à la poursuite des mythiques femmes amazones, firent la véritable richesse de cette investigation. Confrontés à toutes sortes de difficultés, nos savants y perdront tour à tour leur santé, leur vie, leurs bagages et instruments, ou leur entendement, tel Jussieu rentrant en France trente ans plus tard, à demi aveugle et paralysé, et sans mémoire de l'expédition.

[16] Dans une lettre à Jean I Bernoulli, Maupertuis révèle qu'avant l'expédition, lui et Clairaut vont "passer des vacances chez M.Cassini pour s'exercer à l'Astronomie"

3. Combinaison des observations et milieu d'erreur

Ce problème de combinaison des observations répétées d'un même phénomène est évidemment un problème pratique rencontré par tous les savants travaillant dans les différentes branches de la philosophie naturelle bien avant le XVIIIème siècle. Mais c'est vers 1750 que plusieurs mémoires de géomètres, souvent motivés par des questions astronomiques liées ou non à la figure de la terre, y proposent des bribes de solution mathématique. L'article "Milieu" du supplément à l'Encyclopédie de Diderot, rédigé dans les années 1770 par Jean III Bernoulli, introduit parfaitement à cette problématique :

> *"Quand on a fait plusieurs observations d'un même phénomène, et que les résultats ne sont pas tout à fait d'accord entr'eux, on est sûr que ces observations sont toutes, ou au moins en partie peu exactes, de quelque source que l'erreur puisse provenir; on a coutume de prendre le* <u>*milieu*</u> *entre tous les résultats, parce que de cette manière les différentes erreurs se répartissant également dans toutes les observations, l'erreur qui peut se trouver dans le résultat moyen devient aussi moyenne entre toutes les erreurs. Il n'est pas douteux que cette pratique ne soit très utile pour diminuer l'incertitude qui nait de l'imperfection des instrumens et des erreurs inévitables des observations ; mais il est aisé de s'appercevoir qu'elle ne la diminue pas autant qu'on le désireroit, et qu'elle est susceptible a plus d'un égard d'être perfectionnée, parce qu'en prenant simplement le milieu arithmétique, on ne tient pas compte du plus ou moins de probabilité de l'exactitude des observations, des différents degrés d'habileté des observateurs, etc. Différents grands géomètres ont entrepris cette utile recherche, ils l'ont considérée sous différents points de vue, et l'ont traitée plus ou moins en détail; il est fort à souhaiter que les astronomes, les physiciens et généralement tous les observateurs profitent des résultats de ces recherches dans la discussion de leurs observations."*

Faisons remarquer d'abord cet heureux usage du terme milieu, terme consacré de cette époque, qu'il faudrait réhabiliter de nos jours, et qui ne présume pas encore de la forme mathématique précise qu'il peut prendre.

Il est clair ensuite que la solution mathématique ne peut intervenir qu'une fois reconnues deux propriétés de l'erreur, à savoir son irréductibilité par des moyens physiques, et son indépendance de toute cause identifiable. Il faut "nettoyer" la notion d'erreur où se mêlent des considérations physiques et psychologiques, où entre en jeu l'infinité des conditions de l'observation, pour que la mathématique puisse en faire l'objet d'une unique théorie. Exit donc de celle ci les erreurs systématiques, assignables à des "causes constantes". Les mathématiciens ne traiteront que "de mesures faites dans les mêmes circonstances, et avec un égal soin" pour prendre une formulation ultérieure de Gauss. Il y a des conditions à la mise en équivalence qui précède ou sous-tend un calcul, fut-ce celui d'une moyenne, et dont Jean Bernoulli ne dit rien, bien que cette construction même du concept d'erreur aléatoire ait été obtenu par une lente décantation de la prénotion commune d'erreur dont l'on trouve trace dans les carnets de relevés et les compte rendus minutieux des praticiens de l'astronomie.

La seconde question que J. Bernoulli expédie un peu vite est de savoir si la multiplication des observations suivie du calcul d'un quelconque milieu est nécessaire, voire avantageuse, par rapport à la réalisation d'une seule bonne mesure, ou encore par rapport à la sélection d'une mesure qui semblerait a posteriori la moins entachée d'erreur.

Selon l'historien de l'astronomie Panekoeke (1961), la règle traditionnelle jusqu'au XVIIIème est celle de la sélection de la meilleure mesure, sans justification nécessaire, et ce n'est que petit à petit que l'usage s'est répandu de conserver un maximum d'observations et d'en prendre une moyenne. Kepler, vers 1620, utilise plusieurs fois la moyenne arithmétique et l'on trouve même sous sa plume un commentaire du livre de Bodini (1586), où les moyennes arithmétiques, géométriques et harmoniques sont curieusement associées respectivement à la Démocratie, à l'Aristocratie et à la Monarchie. L'astronome anglais Bradley (1693-1762) serait un des premiers à avoir introduit l'usage systématique de la moyenne. La "coutume de prendre un milieu" dont parle Bernoulli serait récente, et encore bien chancelante, ne serait-ce que parce que le progrès technique dans les instruments, très sensible vers 1750, peut faire croire de nouveau qu'une bonne mesure suffit.

Une seconde raison milite pour l'observation unique, ou la sélection a posteriori. S.Stigler (1986, p28) donne l'exemple d'Euler, mathématicien réputé mais peu entraîné lui-même aux mesures astronomiques, qui reste convaincu que les erreurs augmentent en fait lorsqu'il agrège ses équations. C'est que le calcul d'erreur du physicien raisonne sur des erreurs maximales qui se cumulent dans les procédures d'agrégation, selon une règle du calcul différentiel devenue la règle de Cotes [17]: si $F = A + B$, alors $dF = dA + dB$.

L'erreur du praticien au contraire, bien que non formalisée, est vue comme une quantité aléatoire dont l'agrégation produit des compensations. Lentement se dégage vers 1730 l'idée que l'erreur moyenne espérée diffère de l'erreur maximale à craindre.

Maupertuis sur la base d'une erreur <u>maximale</u> de 20" sur chaque angle en déduit une erreur maximale de 54,5 toises sur sa mesure. Mais Bouguer se trouve heureux d'avoir un grand nombre de triangles car, dit-il, "*s'il est possible que nous nous trompions sur chaque angle, il ne l'est pas moralement que toutes les erreurs soient égales, ni dans le sens précis qui fait qu'elles s'accordent à s'ajouter ensemble dans le résultat ; il faudrait pour cela se tromper de propos délibéré*"[18]. Cette intuition rencontre les premiers résultats du calcul des probabilités, en particulier les travaux de Pascal, J. Bernoulli (1713) et de Moivre (1733) qui ont développé le modèle binomial, dont certains entrevoient déjà l'analogie avec le calcul d'erreur. Ainsi Bouguer dans son rapport de 1749:

---

[17] Roger Cotes (1682-1716), élève de Newton, énonce dans un ouvrage posthume la règle d'une pondération des observations qui entrent dans la moyenne par "l'inverse des espaces de fluctuations qui contiennent les erreurs provenant de chaque observation.(...) Je dis que ce sera le lieu le plus probable de l'objet et que l'on peut en toute confiance le prendre pour le lieu vrai."

[18] Bouguer, "la Figure de la Terre", 1749, p95; cité par B. Bru, "Laplace et la critique probabiliste des mesures géodésiques", in H. Lacombe et P. Costabel, 1988.

"Deux dés donnent souvent une rafle de 6 et il y a cependant tout au monde à parier que 60 dés jetés ensemble ne s'accorderont jamais du premier coup à donner cette même rafle. Ceux des lecteurs qui voudront examiner plus particulièrement cette matière susceptible de recherches très délicates, verront que la multitude infinie des différents cas, qui rendent d'une grandeur déterminée l'erreur totale, est exprimée par les ordonnées de lignes paraboliques d'un genre d'autant plus élevé qu'il y a un plus grand nombre d'erreurs qui se combinent et que ces ordonnées qui vont en diminuant à mesure que l'erreur résultante est plus grande deviennent toujours nulles, ou plutôt se réduisent à un point, pour le cas où l'erreur totale parvient à ses dernières limites."[19]

Mais la précision du milieu quel qu'il soit dépend-elle de la "loi de facilité des erreurs"? les "recherches très délicates" faites par les géomètres à partir de 1750 vont de fait travailler toutes sortes de modèles de distribution des erreurs pour répondre à cette question.

Le mathématicien anglais Simpson, élève de De Moivre, dans une lettre de 1755 "sur l'avantage de prendre la moyenne d'un nombre d'observations en astronomie pratique", supposant une vraie valeur mesurée avec des erreurs qui suivent une loi discrète triangulaire, calcule qu'il est plus probable d'enfermer la moyenne qu'une seule des observations dans un intervalle donné. C'est la première fois que l'intuition des praticiens d'une règle de compensation se voit confirmée par un calcul d'un genre nouveau, le calcul des probabilités, et que l'on démontre par ce calcul que la variabilité d'une moyenne est inférieure à celle de chaque mesure, alors que le calcul différentiel montrait que les erreurs maximales de ces grandeurs sont égales. Le choix d'une loi triangulaire, qui sera étendu deux ans plus tard au cas continu, n'est pas innocent, il est dicté essentiellement par des propriétés qui la lient aux fonctions génératrices de De Moivre[20]. De plus cette densité triangulaire vérifie les trois types de contraintes qui vont longtemps circonscrire la famille des lois possibles, à savoir la symétrie qui rend équiprobable les erreurs de même grandeur absolue, la décroissance qui rend les petites erreurs plus probables que les grandes, et enfin l'hypothèse d'une borne supérieure ou limite d'erreur qui dépend à la fois de l'instrument et de l'observateur.

Ces trois critères déjà énoncés par Galilée, sont encore mis en avant par Lambert en 1760, et se retrouvent dans le mémoire de Daniel Bernoulli (référencé et discuté par Jean III dans son article "milieu") comme point de départ d'une proposition de loi des erreurs en arc de cercle[21], d'ellipse ou de parabole. Un mémoire de Lagrange de la même époque (lui aussi référencé et discuté dans l'article "milieu") se pose également la question de "la correction qu'il faudra faire au résultat moyen de plusieurs observations" et il envisage pour cela plusieurs cas

---

[19] Bouguer op. cit.

[20] Cf Stigler, 1986, p 91, et Seal, 1977 sur l'histoire des fonctions génératrices.

[21] La loi circulaire des erreurs a chez Lambert, qui l'utilise déjà, une justification implicite par sa similitude avec l'oculaire d'une lunette de visée. Chez Bernoulli, ce n'est qu'une forme simple de loi symétrique décroissante et bornée.

de distribution des erreurs (dont celle de Simpson) qui toutes vérifient les conditions empiriques ci-dessus, plus la condition mathématique de savoir inverser la transformation de la densité par les fonctions génératrices.

Les deux mémoires de Laplace de 1774 et 1777 proposent respectivement des modèles de courbes d'erreur en $exp(-m|x|)$ sur $]-\infty, +\infty[$, et en $log(a/|x|)$ sur [-a, +a] qui n'ont que des justifications ad hoc : "nous n'avons aucune raison de supposer une autre loi aux ordonnées qu'à leurs différences" affirme-t-il péremptoirement en 1774, tandis que la seconde loi est déduite d'une partition aléatoire de l'intervalle unitaire qui n'a pas davantage de justification physique.

Dans les années 1770, le problème du "milieu" optimal à prendre entre plusieurs observations se voit relié par les géomètres, d'une part au choix d'un modèle de distribution a priori des erreurs, et d'autre part au choix d'une procédure d'estimation. Mais les résultats ne sont pas tout de suite au rendez-vous. Daniel Bernoulli choisissant par exemple une loi de distribution des erreurs en demi-cercle et une optimisation selon un principe du maximum de vraisemblance est conduit malheureusement à des équations qui sont déjà du 5ème degré pour trois observations seulement. Laplace qui fait le choix de sa loi en $exp(-m|x|)$ et qui utilise la méthode "bayesienne" de la probabilité inverse pour obtenir la loi a posteriori (dont la médiane sera le milieu cherché) est conduit à de pires difficultés. La solution viendra curieusement d'un problème connexe, celui de la résolution des systèmes d'équations surdéterminés.

4. Le cas des observations indirectes

A la même époque les astronomes sont en effet confrontés au cas où l'on n'observe pas directement une grandeur entachée d'erreur, mais plutôt p grandeurs qui devraient, selon les modèles théoriques que l'on possède, être liées par une équation aux coefficients fixes mais inconnus; or un nombre d'observations n>p de ces p variables fournit un système surdéterminé de n équations à p inconnues. L'absence de solution unique à ce système amène à chercher une solution qui est une sorte de milieu généralisé[22] des n vecteurs-observations des p inconnues indirectement observées.

Prenons dans le cadre du problème de la figure de la terre, l'exemple du père Boscovich, qui a mesuré avec Maire en 1755 [23] un degré de méridien dans les Etats du pape et se trouve en possession de 5 observations des couples (a=longueur d'un degré de méridien, b= latitude du lieu) correspondant aux mesures de Laponie, du Pérou, de Paris, de Rome et du Cap de Bonne Espérance. Si le modèle elliptique de la géode est acceptable, les 5 mesures doivent vérifier une relation simple, linéaire entre a et $p = sin^2b$ de la forme $a = z + yp$, où les coefficients inconnus z et y s'interprètent respectivement comme la longueur d'un arc d'un degré à l'équateur et comme la variation de cette longueur du pôle à

[22] Lambert (1765) utilise le même terme de "Mittel" dans les deux cas des observations directes et indirectes, ce qui dénote, au moins chez lui, un point de vue unifié de ces deux problématiques.

[23] Cf la traduction française de Boscovich et Maire (1770), le livre de Stigler (1986) et l'article de C.Eisenhart (1961)

l'équateur. L'ellipticité ou facteur d'aplatissement est *3z/y*. Or *z* et *y* ne peuvent bien sûr être déterminés de manière unique puisque les 5 couples d'observations, à cause des erreurs, ne sont pas sur la même droite dans le plan (a,p), et fournissent donc 5 valeurs très différentes du coefficient d'aplatissement. Il revenait donc aux géomètres de proposer la droite la plus proche de ces points qui, en quelque sorte, en soit le milieu.

Boscovich propose en 1755 de prendre pour y la moyenne des 10 ratios de différences $(a_i-a_j)/(p_i-p_j)$ correspondant chacun à un couple de lieux d'observation, et en déduire aussi la moyenne des 10 valeurs de z correspondantes. Ce qui revient à prendre comme droite estimée la droite "moyenne" entre les 10 droites qui joignent les points pris deux à deux. Mais si cette solution donne des estimations non biaisées de la pente, on sait aujourd'hui qu'elles ne sont pas efficaces (de variance minimale) et que l'ellipticité *3z/y* qui en résulterait comme rapport des moyennes serait encore différente de la moyenne des 10 ellipticités obtenues sur les observations prises deux à deux.

L'astronome Mayer, suivi par Lambert, a proposé en 1750 une autre solution à ce type de problème, à propos de la question de la libration[24] de la lune qui l'avait conduit à un système, linéarisé par approximation trigonométrique, de 27 équations à 3 constantes inconnues et 3 arcs observables. Sa solution consistait à former 3 groupes de 9 équations qui furent agrégées par addition en 3 équations à 3 inconnues, lesquelles aboutissaient à une solution unique. Dans l'exemple de Boscovich, cela conduit à prendre la droite des centres de gravité de deux sous-nuages des 5 points, la dichotomie se faisant de façon optimale en maximisant le contraste selon l'une des inconnues.

Laplace perfectionnera cette méthode de réduction des n "équations de condition" en *p* "équations finales" (1788), et conservera jusqu'en 1820 cette approche et cette terminologie du problème. Mais il reprendra aussi pour les développer la "méthode de situation" de Boscovich (en 1789), et (en 1783) la solution du "mini-max" déjà proposée par Lambert (1765) et Euler (1749). La solution de Boscovich consiste à choisir les paramètres x et y de la droite qui équilibrent les écarts et minimisent la somme de leurs valeurs absolues; Boscovich en produit une solution graphique que Laplace se donnera la peine d'expliciter mais qui n'a pas de solution analytique. Grâce aux ordinateurs, la méthode a de nos jours retrouvé la faveur des mathématiciens sous le nom de "norme L1" parce qu'elle conduit à des estimations robustes, c'est à dire peu sensible à quelques grandes valeurs de l'erreur, comme d'ailleurs celle du minimax qui est en fait un algorithme de minimisation de la plus grande des erreurs[25].

La dernière solution historique au problème du milieu - simple ou généralisé - apparait tardivement, dans un court appendice à un travail de Legendre sur la détermination des orbites des comètes (1805) et propose une méthode de résolution des systèmes surdéterminés qui n'a guère d'autres avantages que la

---

[24] Balancement apparent

[25] On notera que, quelle que soit la procédure, l'écart dont on minimise une fonction est calculé entre les valeurs théoriques et observées de l'arc *a*, ce qui suppose que l'on admet une erreur sur sa mesure et non pas sur celle de la latitude.

facilité technique, aux dires mêmes de l'auteur, et ne recourt à cette date, à aucune justification probabiliste:

> *"De tous les principes que l'on peut proposer pour cet objet, je pense qu'il n'en est pas de plus général, de plus exact, ni d'une application plus facile que celui dont nous avons fait usage dans les recherches précédentes, et qui consiste à rendre minimum la somme des carrés des erreurs. Par ce moyen, il s'établit entre les erreurs une sorte d'équilibre qui empêchant les extrêmes de prévaloir, est très-propre à faire connoître l'état du système le plus proche de la vérité (...) La règle par laquelle on prend le milieu entre les résultats de différentes observations, n'est qu'une conséquence très simple de notre méthode générale, que nous appelleront* ***méthode des moindres carrés****."* [26]

Cette méthode, que Legendre applique à la mesure de la Méridienne dans le même appendice, offre donc en corollaire une première justification de la moyenne arithmétique comme milieu qui minimise la somme des carrés des erreurs sur une grandeur directement observée. Mais, compte tenu de l'arbitraire des moindres carrés, la méthode peut tout aussi bien être légitimée par le fait qu'elle conduit à un tel milieu d'usage courant, et l'argument peut alors être considéré comme circulaire: moyenne et moindres carrés sont associés dans une justification mutuelle.

5. La synthèse de Gauss et Laplace

C'est la même circularité de l'argumentation que l'on retrouve dans les travaux du mathématicien astronome C. F. Gauss (1777-1855), opposé d'ailleurs à Legendre dans une querelle de priorité sur la découverte des moindres carrés[27]. En 1909, il démontre que, si la loi des erreurs est continue et paire, si l'on choisit pour milieu la valeur qui maximise la probabilité a posteriori des observations, et si l'on veut de plus que ce milieu soit la moyenne arithmétique des observations, alors la loi a priori des erreurs est en $exp(-h^2v^2)$. C'est ce qu'il faudrait alors appeler la loi de De Moivre-Laplace-Gauss[28]. Le critère du maximum de la loi a posteriori se confond alors avec celui des moindres carrés.[29]

Ici encore, l'usage ancestral de la moyenne arithmétique sert de critère de sélection d'une loi des erreurs. C'est pour certains auteurs un postulat que de prendre pour milieu la moyenne, postulat que depuis Gauss, on appelle le "principe de la moyenne arithmétique":

> *"Il est devenu habituel de considérer comme axiome l'hypothèse que, si une quantité a été déterminée par plusieurs observations directes, faites dans les*

---

26 Legendre, 1805, Nouvelles méthodes pour la détermination des orbites des comètes, Paris, Courcier. Appendice p 73-74.

27 Cf. Plackett, 1977

28 Découverte par de Moivre en 1733 comme limite de la Binomiale et dont l'intégrale est travaillée par Euler, puis Laplace dès 1781

29 Une condition supplémentaire est celle de l'indépendance des erreurs, condition qui marquera pour Pearson (1920) la coupure profonde entre Théorie des Erreurs et Statistique Mathématique.

mêmes circonstances et avec le même soin, la moyenne arithmétique des valeurs observées donne la valeur la plus probable, si ce n'est exactement du moins approximativement, si bien qu'il est toujours plus sûr d'y recourir."[30]

Pour la première fois, une forme précise de la loi des erreurs est associée à une procédure d'estimation "classique" et un milieu "naturel". De plus la généralisation à des mesures de précisions inégales conduisant aux moindres carrés généralisés, ainsi qu'une procédure de résolution des équations "normales" - première version de l'algorithme "du pivot" - sont décrites par Gauss, et rendent le tout opérationnel[31].

Dès lors les choses vont aller très vite et cette association va se renforcer dans une suite de publications de Laplace. Un mémoire de 1810 donne une première version du "théorème central limite", qui montre que la moyenne d'un grand nombre de variables indépendantes de densité (paire) quelconque suit asymptotiquement une loi gaussienne[32]. Prenant alors connaissance de la justification de cette loi donnée par Gauss, Laplace rédige un supplément à son mémoire qui fait le lien entre ce théorème et son approche antérieure de la théorie des erreurs: si le nombre d'observations est grand, la distribution de l'erreur sur les paramètres devient gaussienne, et la valeur qui minimise l'erreur absolue espérée sur las paramètres recherchés minimise aussi la somme des carrés des erreurs d'observation. Les deux critères, les deux normes d'erreur, sont dans ce cas conciliés.

La première édition de la "Théorie Analytique des probabilités" reprend de façon synthétique[33] ces différentes approches, en abandonnant sur ce problème le point de vue "bayesien" qui était celui du mémoire sur la probabilité des causes de 1774, pour un point de vue asymptotique qui permet de rendre les résultats indépendants de la loi des erreurs.

Dans le cas par exemple de n observations indirectes où celles-ci sont fonction d'un seul élément "déjà connu à fort peu près", et dans des notations et une terminologie laplaciennes, on dispose d'observations en grand nombre d'une grandeur b qui est une fonction de k dont on connaît une valeur approchée k*. Par développement limité nous avons :

$$b = f(k) = f(k^*+z) = f(k^*) + z\,df(k^*)/dk + \ldots$$

b peut être approché par $b^* = f(k^*)$ mais la correction à faire sur ce terme, si l'on s'en tient à une approximation linéaire de premier ordre, est $a = b - b^* = f(k^*+z) - f(k^*) = pz$, et si nous tenons compte d'une erreur d'observation e_i, nous obtenons pour chaque observation ce que Laplace nomme l'équation de condition $a_i = p_i z + e_i$, où a_i résulte de la *i*-ème observation de b en écart à son approximation. Comment combiner ces équations en une seule équation finale? Le faire par

---

30 Gauss, 1809.

31 Mis à part le facteur de précision h de la loi des erreurs qui est un paramètre inconnu dont il ne donne pas, alors, d'estimation à partir des observations.

32 Sans relever les conditions sur les moments pour que ce théorème s'applique.

33 Laplace , 1812, Livre II, Chap IV.

simple addition et annulant la somme des erreurs conduit à "la règle ordinaire de la moyenne": $z = \Sigma a_i / \Sigma p_i = \bar{a} / \bar{p}$

Mais si le nombre d'observations étant grand, on cherche la combinaison linéaire des équations "la plus avantageuse", alors la loi de l'erreur sur z est gaussienne, et les trois critères suivants coïncident:

- maximiser la probabilité que l'erreur sur z soit dans un intervalle donné
- minimiser l'erreur moyenne à craindre sur z
- minimiser la somme des carrés des erreurs d'observation e_i.

Et ces critères donnent la solution $z = \Sigma a_i\, p_i / \Sigma p_i^2$ préférable à la moyenne arithmétique. Les moindres carrés sont ainsi justifiés à partir des critères laplaciens.

Laplace développera dans les suppléments de la seconde édition (1820) des applications aux données astronomiques et aux données géodésiques. Dans ce dernier cas la méthode doit tenir compte de contraintes sur les observations qui ne sont plus indépendantes (la somme des angles d'un triangle fait presque 180° sur une sphère). Il est ici fait référence au "cercle répétiteur de Borda" qui remplace le quart de cercle dans la mesure des angles et permet une répétition de la mesure qui organise, physiquement, sur l'appareil lui-même, une compensation des erreurs et une illustration mécanique du théorème central limite. Mais la théorie laplacienne des erreurs n' a pas besoin, dans le cas général d'une distribution gaussienne des erreurs élémentaires pour trouver en bout de calcul, dans sa version asymptotique, une distribution gaussienne de l'erreur sur les quantités inconnues. Quant à la moyenne arithmétique, elle est retrouvée par la méthode la plus avantageuse dans le cas des observations directes, c'est à dire d'équations de condition de la forme $a_i = z + e_i$.

Gauss éprouvera le même besoin de s'émanciper de la condition de normalité des erreurs d'observation qu'il avait associée aux moindres carrés en 1809. En 1821, il présente à la société royale de Göttingen un mémoire "sur la théorie de la combinaison des observations" dans lequel il annonce :

> *"Nous espérons donc être agréable aux géomètres en démontrant, dans ce mémoire, que la méthode des moindres carrés fournit les combinaisons les plus avantageuses des observations, non seulement approximativement, mais encore d'une manière absolue, et cela quelque soit la loi de probabilité des erreurs et quelque soit le nombre des observations pourvu que l'on adopte pour l'erreur moyenne, non pas la définition de Laplace, mais celle que nous avons donnée dans les articles 5 et 6."*

Il s'agit dans ces articles de l'erreur quadratique, en grande partie justifiée par l'inégalité très générale qu'il a démontrée pour toute loi symétrique : $prob\ \{|X-m_1| \geq \lambda\sigma\} \leq 4/9\lambda^2$ si $\lambda \geq 2/\sqrt{3}$. Il montre alors que les moindres carrés se déduisent de la seule condition de minimiser l'erreur quadratique moyenne sur les coefficients inconnus, sans aucune condition sur la loi des erreurs. Ce résultat n'est rien d'autre que ce que l'on appelle aujourd'hui le théorème de Gauss-Markov[34] et qui sert encore de justification générale des moindres carrés. Gauss confiera, dans une lettre à Bessel de 1839, que cette démarche qui revient à minimiser la moyenne

---

[34] On dit que les estimateurs des moindres carrés sont "BLUE" (Best Linear Unbiased Estimators).

quadratique de l'erreur est préférable à celle qu'il avait suivi en 1809, comme Laplace en 1774, et qui consiste à maximiser la probabilité d'une erreur nulle. Dans ce même mémoire, Gauss établit également une estimation a posteriori de "la précision du système des observations", c'est-à-dire de la variance commune des erreurs ε_i dans l'équation de condition $y_i = \sum a_j x_{ij} + \varepsilon_i$, par la quantité $\sum e_i^2/(n-p)$ dans laquelle les e_i sont les résidus ou écarts entre valeurs observées et valeur estimée de la variable y. Ces résultats sont étendus dans un supplément de 1826 au cas d'observations d'inégales précision, et au cas de systèmes linéaires contraints par des conditions supplémentaires, comme celles que l'on observe dans la question de la compensation des erreurs angulaires d'une triangulation géodésique.

6. La Théorie des Erreurs mise à l'épreuve

Il est possible de poursuivre les améliorations apportées à la théorie des erreurs tout au long du siècle qui suit. Les principales contributions seraient celles de Poisson (généralisation du Théorème Central Limite à des variables de lois différentes, 1832), de Cauchy (1835) sur la réduction du nombre de variables, de Bravais (1846), Edgeworth (1892) et Pearson (1896) sur la loi normale multidimensionnelle, de Chebychev (1858) et Gram (1883) sur l'orthogonalisation, de Helmert (1872), Pizetti (1891), Pearson (1901) et Student (1907) sur les distributions du Khi-2 et du T, et celle de Aitken (1935) sur une formulation matricielle [35]. Mais on peut considérer que la synthèse de Laplace-Gauss marque l'achèvement du noyau de cette théorie, et d'ailleurs sert toujours de base à un cours moderne sur le Modèle Linéaire.

Partant de la notion de milieu à prendre sur les observations répétées d'une même grandeur, la Théorie des Erreurs englobe ce cas dans celui du modèle linéaire, et se focalise sur la justification de la méthode des moindres carrés, dans laquelle la loi de Laplace-Gauss, après avoir joué le premier rôle (Gauss, 1809) n'est plus du tout indispensable à cette justification, soit que le nombre suffisant d'observations permette de s'en passer (Laplace, 1812), soit que le critère d'erreur quadratique minimale justifie à lui seul les moindres carrés (Gauss, 1821). Les débats du XIXème portent sur chacun des trois éléments de la théorie des erreurs.
La moyenne arithmétique est tantôt considérée par principe (Encke) comme le bon milieu à prendre entre les observation, tantôt justifiée par le fait qu'elle minimise les carrés des écarts de toutes les observations à sa valeur, tantôt par le théorème central limite qui lui donne une distribution normale asymptotique, ou par sa convergence inexorablement vers la vraie valeur dans des conditions pourtant mal élucidées et mises à mal par le contre-exemple de la loi de Cauchy, malgré la défense énergique de Bienaymé, convergence qui prend la forme de la loi des grands nombres quand la variable est de Bernoulli.

La méthode des moindres carrés s'est répandue en astronomie, en géodésie et en artillerie, pas toujours cependant jusqu'à être régulièrement enseignée et

---

[35] Voir Seal, 1977 et Armatte 1995.

appliquée. Marie-Françoise Jozeau[36] a montré que les géodésiens français avaient pris un certain retard jusqu'en 1870 par rapport aux allemands et aux belges, et elle a rappelé avec Pierre Crepel que l'enseignement de la méthode des moindres carrés avait disparu des programmes de l'Ecole polytechnique avec la réforme Le Verrier de 1850. Le poids important donné aux grandes erreurs par la méthode des moindres carrés pose des problèmes de robustesse, c'est à dire de sensibilité à des valeurs accidentelles. Il faut donc rediscuter de ce qui était au début de la théorie des erreurs, c'est à dire de l'élimination de mesures entachées d'erreurs systématiques ou "anormales" (Peirce, 1852; Newcomb 1886). La médiane est pour cette raison (et pour d'autres) réhabilitée par Cournot (1843) et Galton (1885) tandis que Fechner et Galton réintroduisent la moyenne géométrique dans le cadre d'un modèle log-normal issu des découvertes de la psycho-physique.

La loi de Laplace-Gauss est petit à petit considérée dans les manuels comme la loi des erreurs par excellence, bien que très peu de vérifications empiriques aient pu être faites en dehors de celle de Bessel en 1815 sur 48 mesures de l'ascension droite de la polaire, étendu en 1818 et repris par Quételet pour sa transposition à la "physique sociale". Des observateurs comme Bravais ont exhibé des exemples où la distribution empirique des erreurs n'était absolument pas gaussienne. Mais la théorie de Hagen(1937) [37] qui veut que toute erreur puisse se concevoir comme une somme d'erreurs élémentaires i.i.d. de loi quelconque suffisait à beaucoup comme justification de la normalité grâce au théorème de Laplace. Rien ne résume mieux l'effet de mystification qui fera de ce modèle mathématique la "Loi des Erreurs", ou la "loi de possibilité" pendant la majeure partie du XIXème, puis la "loi normale" à la fin du siècle selon un usage dû semble-t-il à Lexis [38] puis Galton, que la boutade suivante, rapportée par Poincaré (1912) : "*Tout le monde y croit cependant, me disait un jour M. Lippmann, car les expérimentateurs s'imaginent que c'est un théorème de mathématique, et les mathématiciens que c'est un fait expérimental.*" Borel affirmait quant à lui que "*Les phénomènes humains ressemblent à la loi des erreurs à peu près comme une orange ressemble à une figure géométrique idéale, la sphère.*"[39]

L'omniprésence du modèle de la Normalité se perpétue essentiellement par les usages statistiques qu'en fera Quetelet, dans une transposition aux sciences morales, qui suscitera plusieurs controverses centrées sur le concept d'homme moyen et sur l'hypothèse d'homogénéité[40]. Et c'est seulement à la fin du XIXème siècle que d'autres modèles de distributions seront proposés. Les uns, tel le système de courbes de Pearson, n'ont d'autres justification que des ajustements ad hoc purement descriptifs. D'autres au contraire reconstruisent un modèle génétique de distribution des observations, justifié par une certaine procédure d'agrégation des éléments qui y contribuent. C'est le cas de la théorie généralisée

---

[36] Voir M.F. Jozeau, 1997

[37] Cf Särndal (1977)

[38] Lexis (1877) paradoxalement cherchait d'autres modèles que ceux qui résultent du shéma binomial, et pour cela introduisit des shémas de tirages à dispersion hypo-normale, normale et hyper-normale. Il n'est pas attesté qu'il ait parlé de loi normale.

[39] Cité par A.Julin, 1921.

[40] Cf Armatte, 1989.

des erreurs élémentaires d'Edgeworth (1898), des travaux de Thiele et Charlier au début de ce siècle, et de la "loi de l'effet proportionnel" ou loi log-normale, de Gibrat en 1931.

En fait l'ensemble des résultats de la théorie des erreurs ne produit pas la démonstration que la loi des erreurs est gaussienne, pas plus qu'il ne produit la preuve que la moyenne est le meilleur milieu et que les moindres carrés sont optimaux de façon absolue. Les auteurs du XIXème siècle comme Andoyer ou Brunt reconnaissent qu'il n'y a pas et qu'il ne peut y avoir de preuve mathématique de la loi des erreurs. Les différents théorèmes que nous avons évoqués ont pour effet de construire une très forte association entre trois réponses possibles aux questions posées dans le cadre de la théorie des erreurs : quel milieu des observations? quelle loi des erreurs? quelle règle d'optimisation? Le trio de la moyenne, la loi de Laplace-Gauss, et les moindres carrés est en quelque sorte le vainqueur provisoire que des rapports de forces à la fois cognitifs et empiriques ont constitué pour un temps. Mais Glaisher (1871), puis Estienne (1890) démontrent que la médiane des observations minimise la somme des valeurs absolues des erreurs si la loi supposée pour ces erreurs est la première loi de Laplace (loi en $\exp(-m|x|)$), proposant ainsi une autre association entre milieu, loi des erreurs et critère d'ajustement. Il est trop tard cependant pour détrôner à la fois la méthode si simple des moindres carrés, le rôle central pris entre temps par la moyenne en statistique, et la justification de la loi normale par la théorie de l'additivité des erreurs élémentaires.

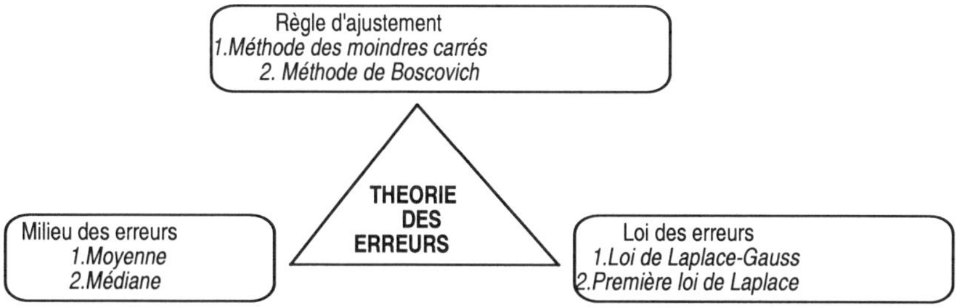

Lorsqu'en 1877, l'américain Merriman publie un traité et une bibliographie de la méthode des moindres carrés, c'est 408 [41] titres et 193 auteurs qui sont recensés entre 1722 et 1874, montrant l'importance théorique de ce champ. Mais sans le détournement qu'en fit Quételet pour fonder une science sociale positive qui prit les noms de "physique sociale", de théorie de l'homme moyen et de théorie des moyennes[42], il est probable que la Théorie des Erreurs serait restée confinée dans les domaines privilégiés de l'astronomie, la géodésie et l'artillerie. Car la statistique mathématique anglaise fondée par Pearson et Fisher, et qui d'une certaine façon la prolonge, ne se reconnut pas dans sa descendance. Galton découvrit les lois de la régression dans un contexte de recherches sur l'hérédité et l'eugénisme, en toute ignorance des travaux des géomètres du début du siècle.

41 Dont 153 publications allemandes, 78 françaises et 56 anglaises.

42 Cf Armatte, 1995.

Malgré les travaux de Yule qui montrèrent en 1897 que la droite des moindres carrés était la meilleure estimation d'une droite de régression dans la plupart des cas, Pearson affirmait encore en 1920 que la théorie de la corrélation et de la régression mise en avant par la biométrie n'avait rien à voir avec les travaux de Laplace, Gauss et Bravais, car jamais ceux-ci n'avaient imaginé des observations qui ne soient pas indépendantes, si bien que la corrélation n'était chez eux qu'un paramètre sans importance de la loi de probabilité conjointe des erreurs de deux ou plusieurs variables construites comme combinaisons linéaires de n variables indépendantes communes.

Il est vrai que si les propriétés des modèles linéaires que Galton, Yule et Pearson redécouvraient étaient formellement les mêmes que celles qu'avaient établies Gauss et Laplace, les problématiques, les significations, et les usages en étaient fort différents. Une même syntaxe recouvrait des sémantiques bien différentes. Tandis que les physiciens partent d'une relation nécessaire a priori entre x et y qui est une loi de la nature, et qui se traduit par un modèle théorique linéarisé au voisinage des valeurs moyennes, les "social-scientists" n'ont aucune idée a priori de la relation à trouver. Au réalisme des premiers s'oppose le phénoménalisme et l'idéalisme des seconds. Suivant la philosophie de Pearson, ils partent des seules observations des phénomènes et de leur contingence bien résumée par une table de même nom ou par un nuage de points traduisant la loi du couple (x,y), et la liaison fonctionnelle entre les variables n'est qu'une fiction conceptuelle, un résumé sténographique de cette contingence. Pour les premiers la droite du modèle est première et le nuage de points résulte de fluctuations des observations autour du modèle pour cause d'erreur. Pour les seconds c'est le nuage (ou la table) qui est premier et traduit la distribution contingente des deux variables, la droite n'étant qu'un résumé construit par commodité opératoire et sans fondement ontologique. Ce que les premiers avaient appelé une "erreur" a maintenant le statut d'une variabilité "naturelle".

L'histoire de la théorie des erreurs ne permet pas seulement de comprendre la genèse des notions et des outils développés dans le cadre des sciences de la nature entre 1755 et 1826, pour rendre compte des rapports entre modèles et observations, elle permet de montrer comment ce traitement de l'erreur dans les sciences exactes a pu inspirer un traitement analogue de la variabilité dans les sciences de l'homme dans la seconde moitié du siècle, et combien cependant les sémantiques de ces deux constructions diffèrent profondément. Les tentatives faites dans l'après guerre pour fusionner ces deux approches au sein d'un corpus rebaptisé "statistique mathématique" montrent alors leur limites : l'utilité de ces synthèses à des fins d'unification des sciences, ou à des fins pédagogiques cache mal que les hybrides produits, cohérents d'un point de vue syntaxique, sont parfois totalement inconsistants d'un point de vue sémantique et pragmatique.

Bibliographie

ANDOYER H. (d'après BAUSCHINGER J.), 1908, "Théorie des Erreurs", *Encyclopédie des Sciences Mathématiques Pures et Appliquées*, édition française de J.Molk, Paris, Gauthier-Villars.

ARMATTE M., 1991, "Théorie des erreurs, moyenne et loi normale", *Moyenne ,milieu, centre. Histoire et usages*, J.Feldman, G.Lagneau, B.Matalon (eds), Paris, Editions E.H.E.S.S.

ARMATTE M., 1991, "Une discipline dans tous ses états: la Statistique à travers ses traités (1800-1914), *Revue de synthèse*, IVème série, N°2, Avril-juin 1991

ARMATTE M., 1995, *Histoire du Modèle linéaire. Formes et usages en Statistique et en Econométrie jusqu'en 1945*, Thèse EHESS, sous la dir. de J. Mairesse.

ARMATTE M., 1998, "Erreurs et moyennes", *Les Cahiers de Sciences et Vie,* N°48, Décembre.

ARMATTE M., 2001, "Developments in Statistical reasonning and their links with mathematics" in *Changing Images in Mathematics, From the French Revolution to the new Millenium*, Actes du colloque international d'histoire des mathématiques, Luminy, sept. 1997, dir. U. Bottazzini et A. Dahan Dalmedico, London, Harwood Acad. Publish, pp. 137-162.

BERNOULLI J. (III), 1789, "Milieu", *Encyclopédie Méthodique*, tome II, pp. 404-409

BERTILLON L. A., 1876, "Moyenne", in *Dictionnaire Encyclopédique des Sciences Médicales*, A.Dechambre, II-10, Paris:Masson,296-324; et *JSSP*, 1876, pp. 265-271 et pp. 286-308.

BERTRAND J.,(1889), 1971, *Calcul des probabilités*, 3ème édition, New York, Chelsea, XLIX + 317 p.; 1ère ed. 1889; 2ème ed. 1907.

DE MOIVRE A., 1967 (1718-1738-1756), *The Doctrine of Chance. A method of Calculating the Probability of Events in Play*, Londres, W. Pearson. Seconde édition, Londres, Woodfall, 1738. Troisième édition, Londres, Millar, 1756. Réédition New York, Chelsea.

DONKIN W. F., 1850 (1844), *Essay on the Calculus of Observations,* Oxford, Asmolean Society, 1844. Version abrégée en français dans *Le journal de Liouville.*

EISENHART C. , 1977, "Boscovich and the combination of observations", in *Studies in the history of statistics and probability*, Kendall et Plackett ed.

EISENHART C., 1978, "Gauss Karl Friedrich", *Intern.Encycl.of Stat.*, Kruskal et Tanur eds.

ESTIENNE J. E., 1890, "Etude sur les erreurs d'observation, *Rev.d'artillerie*, 36, pp. 235-259

FAA DE BRUNO , 1869, *Traité élémentaire des erreurs*. Gauthier-Villars, Paris.

FELDMAN J. et alii (eds), 1991, *Moyenne, milieu, centre. Histoire et usages.*, Paris, EHESS.

GAUSS C. F. (1809), 1855, *Méthode des moindres carrés. Mémoire sur la combinaison des observations*, Trad. J. Bertrand, Mallet-Bachelier, Paris

GAUSS C.F. (1821), 1957, *Theoria Combinationis...*, tr. angl. H.F.Trotter in *Gauss's Work (1803-1826) on the theory of Least Squares*, Princeton Univ.

GILLISPIE C.C. ,1978, Laplace, *Dictionary of Scientific Biography*, Scibner's, New York.

GLAISHER J.W.L., 1872, "On the Law of Facility of Errors of Observations and on the Method of Least Squares" , *Mem.R.A.S.*, vol 36.

GOEDSEELS P. J. E., 1902, *Théorie des Erreurs d'Observation",* Paris, Gautier-Villars

JOZEAU M.F., 1997, *Géodésie au XIXème siècle, de l'hégémonie française à l'hégémonie allemande. Regards belges.*, Thèse Doctorat, Univ. Paris VII.

JULIN A., 1921, *Principes de statistique théorique et appliquée,* Tome 1, Paris, Marcel Rivière.

KENDALL M. G., PEARSON E. S., 1970, *Studies in the history of Statistics and probability*, vol 1, Griffin, London

KENDALL M. G., PLACKETT R., 1977, *Studies in the history of Statistics and probability*, vol 2, Griffin, London

KNOBLOCH E., 1992, "Historical aspects of the foundations of error theory", in *The Space of Mathematics*, Echeverria et all. (eds), Berlin, Walter de Gruyter, pp. 253-279.

LA CONDAMINE Ch.M. (1745), 1981 , *Voyage sur l'Amazone*, Paris: Maspero

LACOMBE H. et COSTABEL.P (dir), 1988, *La figure de la Terre du XVIIIème siècle à l'ère spatiale"*, Acad.des Sciences, Paris:Gauthier-Villar

LAGRANGE J.L. (1776), 1868, , "Mémoire sur l'utilité de prendre le milieu entre les résultats de plusieurs observations, dans lequel on examine les avantages de cette méthode pour le calcul des probabilités", *Œuvres de Lagrange*, ed J.A.Serret, tome II, Paris, pp. 173-234.

LAPLACE P.S. (1774), "Mémoire sur la probabilité des causes par les évènements", *Oeuvres Compl.* , 1891, VIII, pp. 27-65

LAPLACE P.S., 1786, Mémoire sur la figure de la terre, *Hist.Acad.Roy.Sci.*, Année 1783, pp. 17-46.

LAPLACE P.S., 1812, *Théorie analytique des probabilités*, *Oeuvres Compl.*, 1886, VII; 2ème ed 1814: préface; 3ème éd.1820: trois suppléments, *Oeuvres Compl.*, 1904, XIII, pp. 98-120, *Oeuvres Compl.*1886, VII, 531-580, *Oeuvres Compl.*, 1886, VII, pp. 580-616.

LAPLACE P.S.(1825), 1986, *Essai philosophique sur les probabilités* , Bourgois, Paris

LEGENDRE A., 1805, *Nouvelles méthodes pour la détermination des orbites des comètes*, suivi d'un "appendice sur la méthode des moindres carrés", Paris: Courcier

LIAGRE J. B. J., 1852, *Calcul des probabilités et théorie des erreurs...*, Jamar, Bruxelles.

LINNIK Y. V., 1963, *Méthode des moindres carrés. Eléments de la théorie du traitement statistique des observations*, Trad. du russe par O.Arkhipoff, Paris, Dunod.

BOSCOVICH R. J. et MAIRE C. (1755), 1770, *Voyage Astronomique et Géographique dans l'Etat de l'Eglise entrepris par l'ordre du Pape Benoit XIV pour mesurer deux degrés de méridien et corriger la carte de l'Etat eclesiatique* , Paris, Tilliard; trad. de *"De Litteraria Expeditione per Pontificiam ditionem ad dimetienda duas Meridiani gradus*, Rome, Palladis, 1755.

MERRRIMAN M. (1877), 1901, *Method of Least Squares*, 8ème édition, N.Y., Wiley.

SEAL H.L. (1967), 1970, "The historical development of the Gauss linear model", in Kendall et Pearson, *Studies.*

SEAL H. L. (1949), 1977 "The historical Developpment of the Use of Generating Functions in Probability Theory", *Bull. Association des Actuaires suisses*, 49, p.209-228, 1949; repris in *Studies in the History of Statistics and Probability*, Tome 2, KENDALL et PLACKETT (eds), London, Griffin, 1977

SHEYNIN O.B., 1973, "Mathematical Treatment of Astronomical Observations", *Arch.Hist.Exact Sci.*, 11, pp. 109-126.

SHEYNIN O.B., 1977, "Laplace's Theory of Errors", *Arch.Hist.Exact Sci.*, 17, 1-61

SIMPSON T., 1755, "A Letter to the Right Honourable George Earl of Macclesfield President of the Royal Society, on the Advantage of Taking the Mean of a Number of Observations, in Practical Astronomy", *Phil.Trans.of the R.S.of London*, 49, part 1, pp. 82-93.

SOBEL D., *Longitude,* JC Lattès, 1995.

STIGLER S.M., 1986, *The history of statistics. The measurement of uncertainty before 1900*, Belknap Press of Harvard University Press, Cambridge et London.

VAYSSIERE B.H., 1980, "La Carte de la France", in *Cartes et figures de la terre*, Paris: Centre G.Pompidou.

VERDET J. P., 1990, *Histoire de l'Astronomie*, Paris, Le Seuil.

STATISTIQUE ET MODÈLES PROBABILISTES DE FISHER A HAVELMOO

Martin Zerner

Je m'efforcerai ici seulement d'indiquer schématiquement comment une statistique théorique s'est constituée en discipline entre le début des années 1920 et celui des années 1940, entreprise peut-être présomptueuse de ma part. Je la crois utile pour deux raisons. Cette période semble avoir été jusqu'ici un peu négligée par les historiens des statistiques et des probabilités. Sa compréhension apporte des indications cruciales sur les rapports entre la théorie des probabilités et ses applications et ces indications sont de nature à orienter directement l'enseignement, en particulier dans la recherche de situations et d'exemples adéquats. Nous nous contenterons d'ailleurs de poser quelques repères dans ce paysage qu'il reste à explorer plus en détail. Je tiens à remercier Bernard Bru pour sa lecture du texte et ses remarques.

Introduction

Nous repérerons l'évolution à étudier surtout à l'aide de deux textes : Fisher (1922[1]) et Cramér (1951). Le premier marque son démarrage. Son très prolifique auteur a été avare de considérations générales. On peut donc se persuader que s'il a écrit à ce moment-là un texte sur les fondements, c'est que le besoin de les examiner se faisait impérativement sentir. Le second marque l'achèvement de cette évolution. Les détails de sa publication, qu'on connaît grâce à la préface, sont instructifs. La plus grande partie du livre a été écrite entre 1942 et 1944 sur la base des cours que l'auteur faisait à l'Université de Stockholm depuis 1930. Il a d'abord été publié en suédois en 1945. Une traduction anglaise a été imprimée en offset aux Etats Unis l'année suivante et sous sa forme définitive par les Presses de l'Université de Princeton en 1951[2]. Sous cette forme, il a été longtemps l'ouvrage de référence en la matière. Ajoutons que ses nombreuses références historiques permettent de se faire une idée de l'histoire de la discipline.

Résumons, de façon volontairement schématique, la naissance de la statistique théorique, la suite apportera des précisions et quelques arguments. Il existe, vers

---

[1] Fisher (1925) et Cramér (1951) donnent 1921 comme date de cet article.

[2] Il semble bien que l'édition de 1946 ait été aussi publiée par Princeton University Press. Les informations rapportées ici sont celles qui figurent dans l'édition de 1951. Celle-ci est utilisée comme référence parce qu'elle est la plus accessible.

1920, une statistique inférentielle très vivante. Nous entendons ici par "statistique inférentielle", l'art de tirer à partir de données statistiques des conclusions allant plus loin qu'une synthèse de ces données. Cet art se fonde sur le calcul des probabilités, surtout des probabilités inverses. Cette conception se muait désormais en un obstacle qu'il fallait d'abord éliminer pour passer à une théorie permettant d'énoncer rigoureusement ce qu'on pouvait attendre d'une déduction statistique. Une telle théorie supposait un nouveau dispositif conceptuel, en partie mathématique car les concepts se définissent mathématiquement et en partie non mathématique car ils ne prennent sens que par les applications qu'ils permettent à une foule de problèmes très divers de nature plus concrète. Il ne peut certes pas être question ici de dresser une liste un tant soit peu complète des concepts de la statistique théorique. Nous en distinguerons deux qui permettent le fonctionnement de la théorie: celui d'expérience aléatoire et celui de variable aléatoire. Au cours de la même évolution, la théorie des probabilités se scinde et se déplace ; la théorie proprement dite devient purement mathématique mais son interprétation est au cœur de la statistique théorique.

1. Etat des lieux au départ

Jetons un coup d'œil sur les décennies précédentes[3]. Elles voient le développement d'une masse d'applications statistiques dans les domaines les plus divers. A strictement parler, on trouverait probablement des antécédents dans la plupart de ces domaines. La nouveauté est que beaucoup de ces applications sont traitées par les mêmes hommes. Trois d'entre eux ont un rôle particulièrement important pour le sujet qui nous occupe. Ce sont eux qui ont apporté les plus importantes contributions à la statistique mathématique pendant les quatre décennies qui vont en gros de 1890 à 1930. Karl Pearson (1857-1936) est devenu professeur de mathématiques appliquées et de mécanique à l'University College de Londres en 1884. C'est en tant que darwiniste et partisan de l'eugénisme qu'il est amené par Galton et Weldon à s'occuper de statistique à partir de 1892. On peut dès lors le considérer comme statisticien mathématicien. En 1901, les trois hommes fondent la revue *Biometrika* consacrée en principe aux statistiques biologiques. Cette expression est à prendre dans un sens extrêmement large, les applications traitées vont de la cytologie à la criminologie ; bref, ce que nous appelons sciences de l'homme appartient pour ces gens au domaine biologique. La revue publie aussi des articles de statistique mathématique ; le champ d'application de ceux-ci est quasiment illimité. Gosset (1876-1937) travaillait pour le brasseur Guinness après avoir étudié les mathématiques et la chimie. Il avait à traiter de multiples problèmes concernant la culture de l'orge et du houblon, le contrôle de leur

---

[3] Cette période a été plus étudiée. Mentionnons de façon assez arbitraire et très liée aux connaissances du présent auteur :
Jozeau (2001) un fascicule IREM qui donne un premier dégrossissage,
Stigler (1986) qui s'arrête malheureusement en 1900,
Hald (1998) très bien documenté et complet sur l'histoire "interne", à condition d'éviter de s'y noyer,
Chacune de ces références contient bien sûr une bibliographie (celle de Hald remplit 35 pages en petits caractères).

qualité, la fermentation, etc. En plus de cette activité, mais inspiré par elle, il est l'auteur de contributions importantes à la statistique mathématique publiées sous le pseudonyme de Student (par accord avec Guinness). Notre troisième personnage est Fisher (1890-1962), autre eugéniste. Il a été statisticien à la station expérimentale (agricole) de Rothamstead de 1919 à 1933.

La situation en 1922 était donc la suivante. Les applications foisonnaient. Des méthodes de traitement couvrant des cas de plus en plus variés étaient disponibles. Il s'agissait surtout de lois de probabilités dont la dépendance par rapport aux paramètres était simple, de sorte qu'elles pouvaient être tabulées. N'oublions pas que nous sommes dans une culture de la règle à calcul et de la table de fonctions. Celles qui ont eu le plus de succès sont le χ^2 de Pearson (1900) et le **t** de "Student" (1908). Par contre le sens à donner aux résultats de ces traitements restait dans le flou faute d'un éclaircissement conceptuel, ce qui ne manquait pas de donner lieu à controverse, en particulier au sujet de la comparaison de différentes méthodes.

Le titre de Fisher (1922) est, nous l'avons dit, significatif : *On the mathematical Foundations of theoretical Statistics*. Le titre de la première section l'est encore plus: "The neglect of theoretical statistics". On y lit:
«Plusieurs raisons ont contribué à la négligence prolongée dans laquelle l'étude de la statistique, dans ses aspects théoriques, est tombée. Malgré la masse immense de travail fructueux qui a été dépensée dans ses applications pratiques, les principes de base de cet organe de la science restent dans un état d'obscurité et on ne peut nier que, au cours du récent développement rapide de méthodes pratiques, des problèmes fondamentaux ont été ignorés et des paradoxes fondamentaux laissés sans solution.

> *«......... l'obscurité qui enveloppe les bases théoriques des méthodes statistiques peut peut-être être attribuée à deux considérations. En premier lieu, la pensée, ou plutôt le sentiment, semble largement répandu que, dans un sujet où tous les résultats sont susceptibles d'erreurs plus ou moins grandes, la définition précise d'idées et de concepts, si du moins elle est possible, n'est pas une nécessité pratique. En second lieu, il s'est trouvé qu'en statistique une confusion purement verbale a empêché de faire une distinction dans la formulation des problèmes statistiques ; car il est usuel d'employer le même nom, moyenne, déviation standard, coefficient de corrélation, etc. à la fois pour la vraie valeur que nous aimerions connaître, mais que nous pouvons seulement estimer, et à la valeur particulière à laquelle nous arrivons par nos méthodes d'estimation; ainsi, aussi en utilisant le terme erreur probable, les auteurs paraîtraient parfois suggérer que la première quantité, et pas seulement la seconde, est sujette à erreur.*
>
> *«L'auteur est d'opinion que c'est cette dernière confusion, plus que toute autre, qui a mené à la survie jusqu'à aujourd'hui du paradoxe fondamental de la probabilité inverse qui, tel une jungle impénétrable, barre la route au progrès vers la précision dans les concepts statistiques.»* (Fisher 1922, p. 310-311)

2. Structure du livre de Cramér

Pour éclaircir cette "confusion purement verbale" (en réalité profonde), nous commencerons par l'explication des concepts d'expérience aléatoire et de variable aléatoire telle qu'on la trouve chez Cramér (1951).

Etudions d'abord la structure de l'ouvrage. Il comprend trois parties, elles mêmes divisées en groupes de chapitres :

I Introduction mathématique
 Ensembles de points (ch. 1 à 3, p. 3 à 19)
 Théorie de la mesure et de l'intégration dans $\mathbf{R}_1$ [4] (ch. 4 à 7, p. 19 à 75)
 Théorie de la mesure de l'intégration dans $\mathbf{R}_n$ (ch. 8 à 9, p. 76 à 88)
 Questions diverses (ch. 10 à 12, p. 89 à 134)
II Variables aléatoires et distributions de probabilité[5]
 Fondements (ch. 13 "Statistiques et probabilités" et 14 "Définitions fondamentales et axiomes"[6], p. 137 à 165)
 Variables et distributions dans $\mathbf{R}_1$ (ch. 15 à 20, p. 166 à 259)
 Variables et distributions dans $\mathbf{R}_k$ (ch. 21 à 24, p. 260 à 319)
III L'inférence statistique
 Généralités (ch.25 "Notions préliminaires sur l'échantillonnage" et 26 "L'inférence statistique", p. 323 à 340)
 Distributions d'échantillonnage[7] (ch. 27 à 29, p. 341 à 415)
 Tests de signification I (ch. 30 et 31, p. 416 à 472)
 Théorie de l'estimation (ch. 32 à 34, p. 473 à 524)
 Tests de signification II (ch. 35 à 37, p. 525 à 556)

On voit que dans cette structure, la théorie des probabilités garde en apparence une position intermédiaire entre mathématiques et applications. Cependant elle se sépare nettement de la statistique. Une loi (Cramér dit fonction, puisqu'il s'agit d'une fonction d'ensembles) de probabilité est d'ailleurs définie déjà dans l'introduction mathématique (ch. 6, p. 57 et ch. 8, p. 80). Nous nous intéressons essentiellement au doublet que forment les chapitres 13 et 14, accessoirement, à celui des chapitres 25 et 26.

---

[4] Il s'agit de **R**, on respecte autant que possible les notations des auteurs cités. $\mathbf{R}^k$ est noté $\mathbf{R}_k$.

[5] Nous dirions lois, ou mesures, de probabilité.

[6] Ou "Définitions et axiomes fondamentaux". La grammaire anglaise ne permet pas de lever l'ambiguïté.

[7] *Sampling distributions ;* Cramér utilise aussi (mais ce n'est pas essentiel) des distributions de l'échantillon (*distribution of the sample*) . *Sampling distributions* apparaît au plus tard dans Fisher (1925, p. 703).

3. Les concepts d'expérience aléatoire et de variable aléatoire

Le chapitre 13, qui ne contient presque pas de mathématique, est consacré au concept d'expérience aléatoire. *«Il ne semble pas possible de donner une définition précise de ce qui est entendu par "aléatoire"»* (p. 138). On se contente donc de donner des exemples et de préciser certaines propriétés. Ces propriétés sont pourtant énoncées comme celles des phénomènes appartenant à une classe bien définie. Deux d'entre elles vont être à la base de la statistique théorique : la possibilité de répéter l'expérience dans les mêmes circonstances et la régularité statistique. Cette deuxième propriété consiste en ce que dans une longue suite de répétitions de l'expérience, la fréquence de chacun des résultats possibles se rapproche d'une valeur limite. Nous ne cherchons pas ici à faire une analyse de l'épistémologie de Cramér, il nous suffit de noter sa conclusion :

> *«Quand nous disons que la probabilité d'un événement E dans une expérience $\mathscr{E}$[8] est égale à P, le sens concret de cette affirmation sera donc simplement le suivant : Dans une longue série de répétitions de $\mathscr{E}$, il est pratiquement certain que la fréquence de E sera à peu près égale à P. - On se référera à cet énoncé comme l'interprétation fréquentielle de la probabilité P. »*

(p. 148-149, italiques dans le texte, comme partout dans les citations).

Il faut noter que la régularité statistique ne suffit pas à caractériser les expériences aléatoires, il faut aussi que l'expérience soit répétée dans les mêmes circonstances. Prenons une fois de plus l'exemple de pile ou face, mais supposons que, le lanceur n'étant pas assez soigneux, la pièce ait une probabilité p de tomber du même côté que lors du lancer précédent. Si p est différent de un et de zéro, la fréquence des piles tendra bien vers 1/2[9]. Cependant nous n'avons pas affaire à la répétition d'une expérience aléatoire (il s'agit d'une expérience, non répétée, qui est correctement décrite par une chaîne de Markov).

Le chapitre suivant commence par la définition d'une variable aléatoire à valeurs dans $\mathbf{R}_k$. C'est un objet à deux faces. Du côté des applications, il est lié à une expérience aléatoire dont le résultat est décrit par k nombres réels. Du côté mathématique, il vérifie trois axiomes. Les deux premiers associent à une variable

---

[8] Dans le texte les expériences aléatoires sont notées par des majuscules gothiques qui seront remplacées ici par les majuscules de script correspondantes.

[9] Voici les grandes lignes d'une démonstration élémentaire. Soit p_k la probabilité d'obtenir pile au $k^{ème}$ lancer. On a :

$$p_{k+1} = pp_k + (1 - p)(1 - p_k) = (2p - 1)p_k + 1 - p \ .$$

Les solutions de cette récurrence s'écrivent:

$$p_k = c(2p - 1)^k + 1/2$$

où c est une constante quelconque. Elles tendent donc exponentiellement vers 1/2.
La théorie des chaînes de Markov permet d'obtenir le même résultat sans aucun calcul en remarquant que la matrice de transition est invariante par l'échange entre pile et face.

aléatoire une distribution de probabilité sur $\mathbf{R}_k$. Ces axiomes sont justifiés sur la base de l'interprétation fréquentielle. Le troisième axiome, auquel est consacrée la section 14.2, fait intervenir une notion nouvelle, celle de variable combinée. Cette notion, d'ailleurs essentielle et omniprésente, est mal élucidée et ne peut guère se comprendre à la première lecture. A la lumière de l'usage qui en sera fait par la suite, on s'aperçoit qu'il s'agit d'une grandeur aléatoire sur l'espace produit dont la probabilité a pour marges les probabilités des deux variables aléatoires dont on est parti. Cramér donne l'exemple suivant qui illustre très bien la situation. Dans une population formée de couples mariés, l'expérience aléatoire $\mathscr{E}$, à laquelle correspond la variable aléatoire ξ, consiste à mesurer la taille d'un homme ; l'expérience aléatoire $\mathscr{F}$, à laquelle correspond la variable aléatoire η, consiste à mesurer la taille d'une femme. Une expérience combinée $(\mathscr{E},\mathscr{F})$, à laquelle correspond une variable combinée (ξ,η), consiste, par exemple, à mesurer dans chaque couple la taille du mari et celle de la femme. L'axiome s'énonce ainsi : «*Si $\xi_1,\ldots,\xi_n$ sont des variables aléatoires, toute variable combinée $(\xi_1,\ldots,\xi_n)$ est aussi une variable aléatoire*» (p. 155). A la fin de la section, et en petits caractères, Cramér signale qu'un cas important de combinaison de variables, est celui qui correspond à n répétitions d'une expérience aléatoire (p. 156). Cinq pages plus loin, après avoir introduit le conditionnement puis l'indépendance des variables aléatoires, il précise que si les répétitions se font sous des conditions strictement uniformes, les variables sont indépendantes et que, sauf indication expresse du contraire, on supposera toujours que c'est le cas par la suite. La fin de cette section construit la distribution de probabilité d'une fonction d'une ou plusieurs variables aléatoires ; cette fonction est donc elle aussi une variable aléatoire.

Nous arrivons près du nœud de la question. De façon générale, les problèmes de statistique théorique se présentent de la façon suivante. On dispose des résultats $(x_1,\ldots,x_N)$ d'une expérience aléatoire à valeurs dans $\mathbf{R}^N$ (dans les cas considérés par Fisher et Cramér, N=kn et l'expérience aléatoire consiste en n répétitions indépendantes d'une expérience à valeurs dans $\mathbf{R}^k$). On veut en tirer des informations sur la loi de probabilité de la variable aléatoire ξ associée à cette expérience. Toutes les méthodes imaginables impliquent le calcul d'une fonction f des données $x_1,\ldots,x_N$. A cette fonction correspond, d'après ce qui précède, une variable aléatoire $f(\xi)$. L'interprétation de l'expérience repose de façon cruciale sur les propriétés de la loi de probabilité de cette nouvelle variable aléatoire.

4. Les fonctions des données comme variables aléatoires

La classe la plus simple de problèmes statistiques est celle des tests d'ajustement. On suppose donnée une loi de probabilité pour une expérience aléatoire et il s'agit de savoir si elle est compatible avec les données. Il s'agit du cas le plus simple de test d'hypothèse. La théorie des tests d'hypothèse a été développée dans les années 1930 par Jerzy Neyman et Egon Pearson (surtout

1933 et 1936 ; il s'agit du fils de Karl Pearson). On trouve un résumé très clair de ce dont il s'agit dans le passage de Neyman et Pearson (1936) traduit dans Zerner (à paraître). D'un autre point de vue, Fisher (1922) distingue trois types de problèmes de statistique: problèmes de spécification, d'estimation et de distribution. Les premiers consistent à trouver la forme mathématique de la loi de probabilité d'une expérience aléatoire. Fisher (l.c. p. 314) les renvoie au statisticien praticien mais mentionne que leur adéquation peut être testée a posteriori, sans employer à ce moment là l'expression "test d'ajustement" (*test of goodness of fit*)[10]. La méthode employée amène d'abord à faire une partition de l'espace $\mathbf{R}^k$ des résultats de l'expérience aléatoire en un nombre fini r d'événements $E_1,....,E_r$; nous noterons p_i la probabilité de E_i et x_i le nombre de fois où E_i est réalisé au cours de n répétitions de l'expérience aléatoire. Le test consiste à calculer une fonction t de $x_1,....,x_r$ qui mesure dans un certain sens l'écart à la distribution théorique $np_1,....,np_r$; la plus utilisée est celle du χ^2 :

$$\sum \frac{(x_i - np_i)^2}{np_i}.$$

On hésite à l'écrire tellement elle est utilisée comme une recette de (mauvaise) cuisine. On calcule ensuite la probabilité :

$$\varpi = P(t(\xi_1,....,\xi_r) \geq t(x_1,....,x_r))$$

la fonction de test t ayant été choisie de telle façon qu'on sache le faire. Il faut ici mettre les points sur les i ; cette formule a un sens parce que les ξ_i sont des variables aléatoires alors que les x_i sont les valeurs particulières fournies par l'expérience. Si ϖ est inférieure à une valeur ε (le seuil), les résultats seront réputés incompatibles avec la loi de probabilité proposée pour l'expérience aléatoire. On notera que le seuil est à choisir selon le problème pratique visé; il peut reposer sur des éléments objectifs ou subjectifs selon le cas. C'est l'increvable problème de la quasi-certitude. Insistons d'autre part (il y a des banalités qu'on ne rappelle jamais trop souvent) sur le fait que si ϖ est inférieure au seuil, cela ne suffit pas en soi à vérifier l'hypothèse.

Passons à la classe de problèmes considérée presque exclusivement dans l'article de Fisher, les problèmes d'estimation statistique. On dispose donc des résultats $x_1,....,x_n$ de n répétitions indépendantes d'une expérience aléatoire (à valeurs dans $\mathbf{R}^k$). On fait l'hypothèse que la variable aléatoire correspondant à chaque répétition de l'expérience a une loi de probabilité donnée par une formule connue mais dépendant d'un paramètre s inconnu qu'il s'agit d'évaluer. Cette hypothèse vaut ce qu'elle vaut, c'est un autre problème (de spécification dans la terminologie de Fisher). Nous nous bornerons, uniquement pour alléger les notations, au cas d'un seul paramètre réel, il pourrait prendre ses valeurs dans $\mathbf{R}^m$. On fait alors ce qu'on peut, c'est-à-dire qu'on choisit une fonction s* appelée estimateur du paramètre[11] et on espère que $s^*(x_1,....,x_n)$ est une bonne

[10] On la trouve, entre autres, dans Fisher (1925).

[11] Fisher appelle ces fonctions des statistiques, une terminologie qu'on retrouve à l'occasion par la suite.

approximation de s. Encore faut-il préciser ce qu'on entend par là. Pour chaque valeur possible de s, la variable aléatoire $s^*(\xi_1,....,\xi_n)$ a une certaine loi de probabilité qu'on peut calculer dans les bons cas. On veut que cette loi rende peu probable que $s^*(x_1,....,x_n)$ s'écarte significativement de s. Ainsi s'éclaire la citation de Fisher faite plus haut. Cela a un sens de parler de la moyenne (nous dirions plutôt espérance) de l'écart type, etc. de la valeur estimée. Par contre cela n'en a pas pour la valeur du paramètre s, pour la raison incontournable qu'aucune loi de probabilité n'est associée à ce paramètre. Signalons à ce propos que la notation s employée ici n'est pas celle qu'on trouve dans la littérature où un paramètre inconnu est souvent noté par une lettre grecque. On s'accrochera ici *perinde ac cadaver* à réserver les lettres grecques aux variables aléatoires, pour éviter justement cette confusion. On a affaire à trois objets distincts : la valeur exacte quoique inconnue du paramètre figurant dans la loi de probabilité, la variable aléatoire associée à l'estimateur et enfin la valeur particulière de l'estimateur qui correspond aux résultats observés de l'expérience répétée. Particularisons en supposant que le paramètre dont dépend la loi de probabilité est sa moyenne (son espérance). Il est naturel de prendre pour estimateur la moyenne :

$$\overline{x} = \frac{1}{n}(x_1+....+x_n),$$

d'où une nouvelle source de confusion dans le vocabulaire. Ce choix d'estimateur, soit dit en passant, s'il est de très loin le plus fréquent, n'est pas heureux dans tous les cas (Fisher 1922 p. 321-322).

5. La critique de la probabilité inverse

Nous sommes maintenant armés pour éclaircir le dernier alinéa de la citation de Fisher donnée au début de cet exposé, celui où il critique la méthode dite de la probabilité inverse (on parle aussi de probabilité a posteriori). L'expression elle-même est lourde d'une longue histoire qu'il ne saurait être question de résumer ici. Elle commence avec le mémoire posthume de Bayes (1763). Dans sa variante actuelle, la méthode s'appelle statistique de Bayes ; Cramér l'expose et la critique sous le nom de méthode classique (1951 p.508-509). Pour lui, elle s'applique lorsque «la valeur réelle du paramètre α a été *déterminée par une expérience aléatoire.*» (α est le paramètre que nous notons s). Cette formulation est un peu trop restrictive. Le point essentiel est que ce paramètre doit être lui-même une variable aléatoire que nous noterons σ. Sachant que l'estimateur $s^*(x_1,....,x_n)$ appartient à un intervalle J, la probabilité que le paramètre appartienne à un intervalle I devient :

$$P(\sigma \in I | s^*(\xi) \in J) = \frac{P(I \cap J)}{P(R \times J)}.$$

Mais on a aussi :

$$P(I \cap J) = P(s^*(\xi) \in J | \sigma \in I) \cdot P(I \times R)$$

d'où une des formes de la "formule de Bayes" :

$$P(\sigma \in I | s^*(\xi) \in J) = \frac{P(I \times R)}{P(R \times J)} P(s^*(\xi) \in J | \sigma \in I),$$

où ne figurent plus au second membre que des quantités connues. Quant au premier membre, son complément à un est la probabilité que s n'appartienne pas à *I*, c'est bien la probabilité d'une erreur sur s, si par exemple on a pris pour estimateur le milieu de *I*. Cet exposé de la méthode comporte en lui-même sa critique, c'est-à-dire l'énoncé de sa condition d'applicabilité, qui est très restrictive. Depuis Bayes jusqu'à Fisher dans un travail antérieur (Fisher 1912, voir Fisher 1922 p. 326) et malgré des critiques (Boole, Venn, Chrystal), cette condition a été occultée ou contournée par une hypothèse d'équiprobabilité des valeurs du paramètre arbitraire dans la plupart des situations. Fisher en fait une critique détaillée (1922 p. 324 à 327). Il n'est pas possible de la rapporter ici. Il faudrait faire un détour technique pour parler de la méthode du maximum de vraisemblance à propos de laquelle il introduit cette critique.

6. L'évolution de la conception des probabilités

Il nous reste à parler de l'évolution de la notion même de probabilité. Nous avons résumé ce qu'il en était chez Cramér, il faudra le compléter. Après avoir défini la tâche du statisticien comme «la réduction des données», Fisher écrit : «Cet objectif est accompli par la construction d'une population hypothétique infinie dont les données réelles peuvent être considérées comme un échantillon aléatoire.» (1922 p. 311) Une telle population a une loi de distribution, ce qui doit se comprendre de la façon suivante :

> *«Quand nous parlons de la probabilité qu'un certain objet remplisse une certaine condition, nous imaginons tous les objets de ce type divisés en deux classes selon qu'ils vérifient ou non la condition. C'est leur seule caractéristique dont nous prenons connaissance. Pour cette raison, la probabilité est le plus élémentaire des concepts statistiques. C'est un paramètre qui spécifie une dichotomie simple dans une population hypothétique infinie et il représente ni plus ni moins que le rapport de fréquence que nous imaginons présenté par une telle population» (ibidem p.312).*

L'imprécision de ces explications n'a pas échappé aux contemporains, aussi Fisher y est-il revenu dans une note préliminaire à son article de 1925. Fisher y développe d'abord l'exemple de la population hypothétique infinie associée à une expérience mendélienne et poursuit: «Nous n'avons besoin que de la conception d'une population hypothétique infinie en lien avec un échantillonnage aléatoire. L'ultime élucidation logique d'une des idées implique celle de l'autre. Et aussi, le mot infini est à prendre dans son sens mathématique approprié comme dénotant les conditions limites approchées lorsqu'on accroît un nombre fini indéfiniment. J'imagine qu'un sens exact peut être donné à toutes les idées voulues par un processus du genre suivant.» (p. 700) Suit une proposition, que Fisher ne démontre pas mais dont la véracité lui semblerait résoudre le problème. L'énoncé n'en est pas lumineux, mais on peut, sous réserve, le comprendre de la façon suivante. On considère une population de N objets présentant un caractère qui peut prendre r valeurs que nous numéroterons de "1" à "r". Il y a Np_i objets qui présentent le caractère "i" (noter que p_i est rationnel). Disons qu'un sous-ensemble est un échantillon de type $(n_1,\ldots,n_r)$ s'il contient n_1 objets de type "1", etc. Prendre un échantillon de taille n, c'est alors ranger les N objets de façon quelconque et prendre les n premiers (Fisher ne fait pas remarquer que cela revient à faire un tirage sans remise). Soit $q(n_1,\ldots,n_r)$ le rapport du nombre d'échantillons du type $(n_1,\ldots,n_r)$ au nombre total d'échantillons de taille n. Le résultat est que si, n restant fixe, N tend vers l'infini et les suites des p_i convergent, alors les suites des $q(n_1,\ldots,n_r)$ convergent aussi. On notera cependant que ce résultat ne peut en tout cas pas régler les cas où le caractère observé peut prendre une infinité de valeurs.

On mesure maintenant le chemin parcouru entre Fisher et Cramér. Cependant, ce dernier ne rompt pas avec le vocabulaire de l'échantillonnage (employé dans le sens très général que lui donne Fisher). Il éprouve le besoin de s'en expliquer (section 25.2) et la distance parcourue s'exprime ainsi :

> *«Il faut observer expressément que cette extension de l'idée de l'échantillonnage au cas d'une population infinie doit être regardée comme une simple illustration dont le but est d'introduire une terminologie commode, et qu'elle ne doit en aucune façon être comprise comme impliquant que des conceptions telles que la sélection aléatoire d'individus dans une population infinie font partie de notre théorie.» (p. 325)*

7. Mathématique, statistique, applications

Nous voici au bout de notre tour d'horizon. Bien des éléments du paysage n'ont pas été mentionnés dont certains sont importants, comme le rôle joué par l'étude des "petits échantillons". Nous conclurons par quelques considérations sur la situation des probabilités entre mathématiques et applications. Il est intéressant de rapporter quelques réflexions de Fisher sur la question. Dans le recueil de travaux de Fisher (1950), chaque article est précédé d'une note de l'auteur. Dans celle qui concerne l'article de 1922, on lit : « D'après l'opinion de l'auteur, le point de vue fréquemment exprimé selon lequel le concept d'une meilleure estimation serait arbitraire et subjectif fait fi de l'apport de considérations purement mathématiques d'une validité absolue» (p. 10.308a). L'idée se retrouve, plus développée, chez Neyman et Pearson (1936) entre autres.

Fisher écrit encore dans la note préliminaire à l'article de 1925: «On m'a fait remarquer que certaines idées statistiques utilisées dans la recherche qui suit n'ont jamais reçu une définition et une analyse strictement logiques. L'idée d'une courbe de fréquence[12], par exemple, implique évidemment une population hypothétique infinie distribuée d'une manière bien définie ; mais de façon également évidente l'idée d'une population hypothétique infinie demande une spécification logique plus précise que celle qui est contenue dans cette expression. On peut en dire autant de l'idée qui lui est intimement liée d'échantillonnage aléatoire. Ces idées se sont formées dans l'esprit de statisticiens praticiens et sont spécialement à la base de travaux récents; leur valeur pragmatique ne saurait être mise en doute.» (Fisher 1922 p. 700)

Pour ces auteurs, il est donc clair que ce sont les besoins de la pratique statistique qui appellent un énoncé précis des propriétés mathématiques utilisées et des concepts mis en jeu. Tant il est vrai que l'approfondissement des concepts est plus important pour les applications des mathématiques que n'importe quelle technique. Il est très vraisemblable que la variété des applications auxquelles ils ont eu affaire a été pour beaucoup dans cette prise de conscience. Le cas de Neyman, dont le rôle demanderait à être précisé, est un peu différent. Polonais (quoique né en Ukraine), il a fréquenté l'école polonaise de mathématique et n'est venu aux statistiques que pour des raisons alimentaires. Il était donc particulièrement bien placé[13] pour participer à l'éclaircissement des concepts mathématiques.

On sait de reste que dans les décennies suivantes cette motivation par les applications a valu à la théorie des probabilités un dédain certain de la part des mathématiciens du courant dominant. Le fait que le livre de Cramér est publié dans la prestigieuse collection Princeton Mathematical Series, juste après celui de Chevalley sur les groupes de Lie, n'en est que plus remarquable. Au même moment d'ailleurs, la théorie des probabilités connaissait un développement considérable. Rétrospectivement, cela peut paraître paradoxal. Tout paradoxe demande à être expliqué, mais ce n'est pas notre objet ici de le faire.

---

[12] Fisher appelle ainsi le graphe d'une densité de probabilité sur **R**.

[13] Je dirais "disposé" au sens où Bourdieu (2001) parle de disposition.

Bibliographie

BAYES T. 1763 An essay tocards solving a problem in the doctrine of chance *Phil. Trans. R. Soc. London* 53. Diverses rééditions dont une dans Pearson et Kendall (1970). Traduction française Cléro (1988), pp. 370-418.

BOURDIEU P. 2001 *Science de la Science et Réflexivité* Raisons d'agir, Paris

CLERO J.-P. 1988 Bayes. Essai en vue de résoudre un problème de la doctrine des chances *Cahier d'Histoire et de Philosophie des Sciences* 18

CRAMER H. 1951 *Mathematical Methods of Statistics* Princeton University Press, Princeton

FISHER R. 1912 On an absolute criterion for fitting frequency curves *Messenger of Mathematics* XLI p.155

FISHER R. 1922 On the mathematical foundations of theoretical statistics *Philos. Trans. R. Soc. London* A 222 pp. 309-368

FISHER R. 1925 Theory of statistical estimation *Proc. Cambridge Phil. Soc.* XXII-5 pp. 700-725. Réimprimé dans Fisher (1950)

FISHER R. 1950 *Contributions to mathematical Statistics* Wiley, New York et Chapmann and Hall, Londres

HALD A. 1998 *A History of mathematical Statistics from 1750 to 1930* Wiley, New York

JOZEAU M.-F. 2001 *Statistiques et Sciences sociales au XIXe siècle; la Naissance de l'Estimation* IREM Paris 7, Paris

KENDALL et PEARSON voir PEARSON et KENDALL

NEYMAN J. et PEARSON E. 1933 On the problem of the most efficient tests of statistical hypotheses *Philos. Trans. R. Soc. London* A 231 pp. 289-337. Réimprimé dans Neyman et Pearson (1967) pp. 140-185

NEYMAN J. et PEARSON E. 1936 Contributions to the theory of testing statistical hypotheses *Statis. Research Mem.* 1 p. 1. Réimprimé dans Neyman et Pearson (1967), pp. 203-239

NEYMAN J. et PEARSON E. 1967 *Joint statistical Papers* Cambridge University Press, Cambridge

PEARSON E. et KENDALL M. (dir.) 1970 *Studies in the History of Statistics and Probability* vol. 1 Cambridge University Press, Cambridge

PEARSON K. 1900 On the criterion that a given system of deviations from the probable in the case of a correlated system of variables is such that it can be reasonably supposed to have arisen from random sampling *Phil. Mag.* VI,2, p. 157

STIGLER S. 1986 *The History of Statistics: the Measurement of Uncertainty before 1900* The Belknap Press of Harvard University Press, Cambridge

STUDENT 1908 The probable error of a mean *Biometrika* 6, p. 1

ZERNER M. (à paraître) La statistique entre mathématiques et applications *Actes de l'Université d'Eté l'Histoire des Sciences comme Instrument d'une Approche pluridisciplinaire de l'Enseignement au Collège et au Lycée* Poitiers 16-20 juillet 2001

Quatrième partie

HISTOIRES DE CAUSES : PROBABILITÉS DES CAUSES ET INVESTIGATION DES CAUSES

LA CONTROVERSE ANTIQUE SUR LES FUTURS CONTINGENTS

Michèle Villetard Tainmont, Joëlle Delattre

Résumé

Le « raisonnement dominateur », considéré parfois comme le sophisme le plus célèbre de l'Antiquité, porte sur la possibilité pour ce qui n'est pas encore vrai d'advenir ou non. S'il n'advenait pas en effet, il en résulterait qu'un impossible s'en est suivi d'un possible, ce qui ne serait pas logiquement concevable. Nous proposons de reconstituer, à l'aide d'extraits de textes anciens, différentes formulations de ce problème de logique, chez Aristote tout d'abord, puis dans le contexte polémique de la controverse entre les Stoïciens, les Académiciens et les Epicuriens.

La difficulté logique et philosophique de penser le futur comme contingent, sans aussitôt le transformer en futur déterminé et nécessaire, nous semble constituer un obstacle très important à prendre en considération pour qui cherche à enseigner aux jeunes esprits d'aujourd'hui la théorie des probabilités.

Norbert Meusnier rapporte cette affirmation d'Arago dans un de ses cours à Polytechnique : " il y a des événements certains, il y a des événements probables ". On peut dire que la question des futurs contingents a comme enjeu la vérité de cette affirmation. La question est fondamentale, au sens propre du terme : pour qu'il y ait un calcul des probabilités, encore faut-il qu'il y ait un probable rationalisable.

« La question des futurs contingents » renvoie à une controverse, qui a pris naissance dans l'Antiquité grecque, au IV° siècle avant notre ère, et à laquelle toutes les grandes Ecoles philosophiques de l'Antiquité ont pris part : les Mégariques en seraient les initiateurs, Aristote est leur premier contradicteur avant les Stoïciens, les Epicuriens, les philosophes de la Nouvelle Académie, relayés par Cicéron puis Epictète. Le problème ne disparaît d'ailleurs pas avec l'Antiquité puisqu'on le retrouve dans les termes mêmes où les Anciens l'ont posé, mais dans des contextes philosophiques très différents, chez Descartes, ou Leibniz (au chapitre 13 du *Discours de Métaphysique*), dans une allusion du livre I du *Contrat Social* de J. J. Rousseau, chez Hegel, etc. Limitons-nous à l'Antiquité !

Les deux sources textuelles principales se trouvent dans le corpus aristotélicien et chez Cicéron, tous deux ayant le souci, sur un problème donné, de situer le plus souvent leur opinion par rapport aux opinions des prédécesseurs. Bien que les initiateurs du problème soient les Mégariques, leurs thèses ne nous sont connues que par Aristote leur contradicteur ou par des sources postérieures, d'où la difficulté de reconstituer leur position. Le fondateur de l'école mégarique fut Euclide de Mégare[1], contemporain de Platon, lequel présente son *Théétète* comme un entretien recueilli par Euclide. Mais c'est Diodore Cronos, mégarique contemporain d'Aristote qui serait à l'origine du problème qui nous intéresse.

Quand on visualise les rapports chronologiques entre les principaux contradicteurs de la controverse, on comprend que pour des raisons d'antériorité dans le temps évidentes, Socrate et Platon sont extérieurs à la controverse :

Socrate ~470-~399
Euclide de Mégare ~450-~380
Platon ~427-~348
Aristote ~385-~348
Diodore Cronos de Mégare ?-v. ~296
Epicure ~341-~270
Chrysippe ~280-~210
Carnéade ~215-~129[2]
Cicéron ~106-~43
Lucrèce ~98-~55
Epictète 50-125

Le problème désigné par l'expression " la controverse des futurs contingents " peut se formuler, en termes contemporains, de la manière suivante : est-il toujours possible de déterminer la valeur de vérité d'un énoncé, en particulier est-il possible de déterminer la valeur de vérité d'un énoncé portant sur un événement futur singulier du genre : " demain, moi qui suis aujourd'hui à Orléans, je serai à Lille " ? Plus précisément, selon le principe de contradiction, de deux énoncés contradictoires, l'un est nécessairement vrai et l'autre nécessairement faux, et ceci au moment où je les énonce : si " il fait jour en ce moment " est un énoncé vrai au moment où je le prononce, " il ne fait pas jour en ce moment " est un énoncé faux et si le premier est faux, le second est vrai, et cela nécessairement. En est-il de même pour tous les énoncés ? Pour les énoncés universels du genre " tous les corps tombent à la verticale ", il n'y a pas de problème. Pour les énoncés portant sur des événements singuliers passés (" Louis XIV est mort en 1715 ") ou présents (" je suis à Orléans ") il n'y a pas non plus de problème au-delà de ceux, épistémologiques ou philosophiques, d'élaboration de la connaissance. Mais, concernant des énoncés contradictoires portant sur des événements singuliers futurs, il y a une difficulté spécifique. Des deux énoncés formulés en ce moment : " demain je serai à Lille " et " demain je ne serai pas à Lille ", peut-on affirmer que nécessairement au moment où je les énonce, l'un est vrai et l'autre faux ? Si un énoncé vrai est celui qui dit ce qui est comme il est, affirmer que l'un des deux énoncés contradictoires que je viens de formuler est vrai signifie que je peux aujourd'hui me prononcer en toute certitude sur ce qui sera demain, donc il n'y a plus de contingence des événements futurs, ce qui se passera demain est écrit ou

---

[1] On veillera à ne pas confondre cet Euclide avec le mathématicien d'Alexandrie, auteur des *Eléments*, qui vécut plus tard, au III° siècle avant notre ère. Mégare était une cité de l'Attique, à l'ouest d'Athènes, aujourd'hui intégrée dans la conurbation de la capitale.

[2] La Nouvelle Académie a été fondée par Arcésilas au III° siècle ; on a donné le nom de probabilisme, parfois de scepticisme dogmatique à la philosophie qui y était enseignée. Carnéade est considéré comme le représentant le plus important de cette philosophie.

prévu de tout temps. Toute assertion actuelle sur le futur sera ou vraie ou fausse (au moment où je l'énonce) : il n'y a alors aucune indétermination de l'événement futur (aucune possibilité pour lui d'être ou de n'être pas). L'affirmation du possible serait incompatible avec le principe de contradiction.

Ce qui caractérise, en effet la question dans l'Antiquité c'est qu'elle se présente sous la forme d'un problème de logique, qui certes a des conséquences physiques et morales, mais qui est d'abord posé en termes logiques : soit on accepte l'universalité du principe logique de contradiction, et alors les événements futurs sont nécessaires ; soit on veut préserver la contingence des événements futurs et il faut alors limiter la validité du principe de contradiction aux énoncés concernant des événements passés ou présents. Trois textes importants d'Aristote vont nous permettre d'approfondir en quels termes le problème se formulait à la fin du IVe siècle avant notre ère chez les philosophes grecs. Nous nous appuierons ensuite sur un texte d'Epictète et deux textes de Cicéron, pour préciser le contexte polémique dans lequel le problème s'est transmis dans l'enseignement philosophique à la fin de la République romaine et au début de l'Empire.

1. La question des futurs contingents chez Aristote

(Michèle Villetard Tainmont)

Le problème des futurs contingents est dans le corpus aristotélicien, abordé dans deux textes principaux ; dans le chapitre 9 de *De l'Interprétation*, se trouve le fameux exemple de la bataille navale, et l'argumentation est essentiellement de nature logique ; dans le chapitre 3 du livre Θ de la *Métaphysique*, les Mégariques sont explicitement désignés et le point de vue est ontologique et cosmologique. A ces références classiques, j'ajoute le chapitre 13 de *De l'Interprétation* dans lequel il est question d'un problème en apparence technique de logique, l'inférence dans les propositions modales, mais en fait le problème de fond est celui du possible et de la contingence.

1.1. Aristote De l'Interprétation, chapitre 9

Dans le vocabulaire d'Aristote la question est formulée de la manière suivante : Peut-on dire que toute affirmation ou négation est vraie ou fausse ? Ou, dans notre vocabulaire, peut-on dire que de deux propositions contradictoires, nécessairement l'une est vraie et l'autre est fausse ? En apparence la réponse est oui, par ce que nous appelons les principes de la bivalence et du tiers exclu. La réponse d'Aristote est non, il y a des propositions contradictoires qui échappent à cette règle, les propositions portant sur les événements (choses singulières) futurs. Nous dirions dans notre vocabulaire qu'il y a des propositions qui n'ont pas de valeur de vérité ; d'un point de vue contemporain, ce ne sont pas des propositions, puisque par définition une proposition est un énoncé susceptible d'être dit vrai ou faux, ce qui n'est pas le cas des énoncés portant sur des événements futurs.

Le chapitre discute le problème suivant : est-il juste de dire que deux propositions opposées entre elles comme l'affirmation ou la négation nécessairement l'une est vraie et l'autre fausse et qu'il est possible de déterminer à tout coup laquelle est vraie laquelle est fausse ? Aristote répond négativement, puisque les affirmations et négations portant sur les événements futurs échappent à la règle générale : " Mais pour les futurs portant sur des singuliers, la solution n'est plus la même. " (p. 96). Ainsi de l'affirmation " demain il y aura une bataille navale " et de la négation " demain il n'y aura pas de bataille navale ", on ne peut pas dire aujourd'hui laquelle est vraie, laquelle est fausse. Ce qui est nécessaire c'est que l'une soit vraie et que l'autre soit fausse, mais on ne peut pas dire aujourd'hui laquelle des deux est vraie, laquelle des deux est fausse. Au plus on peut dire qu'il y a plus de probabilité que l'une des deux possibilités se réalise, tout en sachant encore que le moins probable peut aussi se réaliser, même si le plus souvent c'est le plus probable qui se réalise. Aristote précise " pour des futurs portant sur des singuliers " , car un énoncé comme " tout homme mourra " porte sur un universel " homme " qui de plus ici est pris universellement " tout ", et qui a comme sens " tout homme est mortel ". Pour les événements futurs singuliers, il y a nécessité de la réalisation d'un des termes de l'alternative donné dans la proposition globale : " demain il y aura une bataille navale ou il n'y en aura pas " mais il n'y a pas de nécessité de la réalisation de la première hypothèse, pas plus qu'il n'y a de nécessité de la réalisation de la seconde hypothèse.

Aristote examine successivement trois thèses : thèse A, p. 96-98, : " toute affirmation et toute négation est nécessairement ou vraie ou fausse " ; thèse B, p. 98-99, " l'affirmation et la négation sont toutes les deux fausses " ; enfin thèse C, p. 96-100, " l'affirmation ne peut être dite ni vraie ni fausse, il en est de même pour la négation ". La thèse A est celle des Mégariques ; la thèse B est produite par Aristote après l'échec de la thèse A et par analogie avec les propositions contraires (" tous les hommes sont athéniens " / " aucun homme n'est athénien ") ; la thèse C est celle d'Aristote. Du point de vue du contenu de l'argumentation, Aristote se situe sur trois plans différents, mais articulés, le plan éthique, le plan logique et le plan onto-cosmologique.

La réfutation par l'argument éthique atteint à la fois les thèses A et B, puisque, selon Aristote, toutes deux mènent à l'affirmation de la nécessité absolue, et à la négation de l'indétermination : " s'il en est ainsi, ...tout découle de la nécessité, sans aucune indétermination " (p. 97). " En vertu de ce raisonnement, il n'y aurait plus ni à délibérer, ni à se donner de la peine, dans la croyance que si nous accomplissons telle action, tel résultat suivra et que si nous ne l'accomplissons pas, ce résultat ne suivra pas. " (p. 99). C'est en vertu d'une telle conséquence que la thèse A a pris le nom d'argument paresseux. L'argument éthique a une importance capitale dans la pensée d'Aristote : c'est parce que le monde sub-lunaire est contingent, c'est-à-dire ni nécessaire ni chaotique, que les hommes peuvent y inscrire leur action, en particulier leur action politique et morale, ce qui est essentiel pour un grec comme Aristote. Et que donc il y a place pour une sagesse pratique, la prudence, qui n'est pas science, qui n'est pas soumission à un destin, mais qui n'est pas non plus soumission à un cours chaotique du monde. Il faut, pour un grec, un fondement cosmologique à l'action humaine et à l'imputabilité. La contingence du monde sub-lunaire certes est un moindre être par rapport à la nécessité absolue et à l'éternité des réalités supra-lunaires mais d'un autre point de vue les régularités que les hommes peuvent y distinguer leur permettent d'y inscrire leur action et d'être tenus pour responsables des conséquences de leur action. Les hommes doivent et peuvent délibérer sur le choix des moyens à mettre en œuvre pour atteindre cette fin que tous visent nécessairement, le bonheur[3].

On ne s'étonnera donc pas que l'argumentation éthique soit insérée dans une argumentation qui pour l'essentiel est de nature logique. Le fond de l'argument de ce point de vue réside en ceci : dire vrai c'est, pour ce qui est, dire qu'il est et pour ce qui n'est pas, dire qu'il n'est pas. Pour un événement singulier du passé ou du présent la question de l'existence ou de la non existence peut être en droit tranchée : il a été ou il n'a pas été, il est ou il n'est pas, il a été (il est) ainsi ou il n'a pas été (il n'est pas) ainsi. On ne tient pas compte ici bien évidemment de tous les problèmes de la connaissance, on est dans une philosophie de l'être : dire vrai, c'est dire l'être qui est tel qu'il est et, en droit, cela est possible. Il y a pour Aristote réciprocité entre la vérité de l'affirmation et l'existence de la chose, la vérité de la négation et la non existence. Cette thèse est présentée p.96 dans un passage où il expose la thèse qu'il veut réfuter “ si toute affirmation ou négation est vraie ou fausse, nécessairement toute chose est ou n'est pas ”. Ce que conteste Aristote c'est le “ toute ”, puisque, concernant le futur, les choses dont on parle en ce moment ne sont pas encore et il n'y a pas de nécessité absolue de leur existence ou de leur non-existence. Donc il est impossible actuellement de dire si demain tel événement singulier sera ou ne sera pas. Donc l'énoncé “ il sera ” n'est pas susceptible d'être dit vrai pas plus qu'il n'est susceptible d'être dit faux. Il en est de même pour la négation de cet énoncé. En revanche, la proposition “ demain cet événement aura lieu ou n'aura pas lieu ” est, elle, susceptible de recevoir une valeur de vérité, qui est : “ vrai ”, et cela en toute nécessité.

Aristote présente p. 96 la thèse à réfuter, thèse que nous attribuons aux Mégariques, qui ne sont pas nommés dans ce texte : toute affirmation ou toute négation peuvent être dites vraies ou fausses. La réfutation se fait par l'absurde, en deux moments distincts. Dans un premier moment, p.97, Aristote se place dans la situation suivante : j'énonce aujourd'hui quelque chose concernant l'avenir. Si j'applique le principe –mégarique- je me trouve alors dans une des deux situations suivantes : soit c'est en affirmant que je dis la vérité, alors nécessairement l'événement se produira, soit c'est en niant que je dis la vérité et alors nécessairement l'événement ne se produira pas. S'il en était ainsi il n'y aurait plus ni hasard ni indétermination. Dans cet argument, on part du discours présent et en appliquant la thèse à réfuter, on regarde ce qui en découle pour la chose future.

Dans le second moment de la réfutation, p.97, Aristote intervertit les rapports temporels entre l'énonciation et la réalité sur laquelle elle porte, à partir de l'idée que le présent a été un futur dans le passé. On part d'une réalité présente et on infère au sujet de la vérité de l'énonciation dans le passé. La thèse que veut critiquer Aristote prend la forme suivante : “ si une chose est blanche en ce

[3] La note de Tricot référant la délibération au libre-arbitre peut être trompeuse et anachronique ; Tricot est un thomiste. Thomas relit Aristote par rapport à ses propres préoccupations, les conditions du salut, ce qui est tout à fait étranger à Aristote, pour qui tout se joue dans la vie terrestre, il n'y a chez lui contrairement à ce qu'il y a chez son maître Platon aucune considération eschatologique. Chez Aristote, comme d'ailleurs chez aucun des philosophes grecs, il n'y a de libre-arbitre, parce qu'il n'y a pas d'arbitre, c'est-à-dire de faculté de choix, il n'y a pas de volonté en tant que faculté indépendante du désir, le problème se pose en termes de désir raisonnable ou de désir non raisonnable. Soit le désir se règle sur la sagesse pratique qui est prudence, soit le désir est intempérant.

moment, il était vrai antérieurement d'affirmer qu'elle serait blanche ", et il peut généraliser à tout temps et à propos de tout événement pour montrer l'absurdité de la thèse : " de sorte qu'il était toujours vrai de dire de n'importe quel événement qu'il est ou qu'il sera ". C'est finalement la thèse (des Mégariques) selon laquelle la vérité de l'énonciation est indépendante du temps : ce qui est vrai, est vrai de tout temps. Aristote objecte que pour les événements singuliers contingents, ça ne tient pas sinon là aussi on arrive à la thèse de la nécessité, à la négation de l'indétermination, du possible et du hasard : s'il est *toujours* (c'est le terme qui fait problème) vrai de dire d'une chose qu'elle est ou qu'elle sera, il n'est pas possible qu'elle ne se réalise pas. La conséquence est que tous les événements futurs se produisent nécessairement. Si la vérité de l'énonciation est indépendante de l'existence effective de la chose, donc du temps où elle existe, cela veut dire qu'il n'y a pas d'indétermination sur son existence : nécessairement elle existera.

Ensuite (p.98) Aristote réfute la thèse B : l'affirmation et la négation sont toutes les deux fausses en même temps. La réfutation s'appuie d'abord (p. 98) sur les principes de la bivalence et du tiers exclu, qui sont enfreints dans cette hypothèse. Ensuite, Aristote raisonne par analogie avec l'énonciation vraie d'une double qualité : si on dit d'une chose qu'elle est à la fois grande et blanche, ces deux qualités doivent lui appartenir nécessairement ; puis il passe à la vérité de la même énonciation mais portant sur le futur : s'il est vrai d'affirmer que ces qualités lui appartiendront demain, elles lui appartiendront nécessairement demain. Puis Aristote remplace les deux qualités qui étaient simplement différentes (grande / blanche) par deux contradictoires (se réaliser / ne pas se réaliser) et au lieu de considérer une énonciation vraie, il considère deux énonciations contradictoires posées comme fausses (c'est la thèse à réfuter) Est-il possible de soutenir à propos d'un événement (la bataille navale) qu'on ne peut dire ni qu'il se réalisera (parce que l'affirmation " il se réalisera " est dite fausse) ni qu'il ne se réalisera pas (parce que la négation " il ne se réalisera pas " est dite fausse). S'il en était ainsi, cet événement ne possèderait (en puissance) aucune des deux qualités se réaliser ou ne pas se réaliser. Cet argument me semble décisif chez Aristote, puisque la contingence, c'est comme nous le verrons dans le chapitre 13 la non-impossibilité. Si on dit que l'affirmation et la négation sont toutes les deux fausses, on arrive à cette absurdité : il est impossible que la chose se réalise et il est impossible que la chose ne se réalise pas. Or la contingence c'est au contraire l'idée qu'il n'est pas impossible que la chose se réalise et qu'il n'est impossible que la chose ne se réalise pas.

A la fin du chapitre (p.102), Aristote esquisse une argumentation ontologico-cosmologique, qui distingue existence contingente et existence nécessaire, à travers la distinction entre nécessité relative et nécessité absolue. La première s'exprime par la formule : " tout être, *quand il est*, est nécessairement " (c'est moi qui souligne) et en conséquence, il n'est pas possible de dire qu'il n'est pas ; la nécessité absolue s'exprime par la formule : " tout être est nécessairement ". Autrement dit, de tout existant qui existe actuellement il faut dire qu'il existe nécessairement dans le sens où il est impossible qu'il n'existe pas, puisqu'il existe et donc il faut dire nécessairement qu'il existe ; mais de tout existant qui existe actuellement, on ne peut pas dire qu'il était nécessaire qu'il existât, c'est-à-dire que sa non-existence était impossible. Parmi les existants qui existent actuellement, il y a ceux dont la non existence n'est pas impossible, ce sont les existants du monde de la contingence, du monde sub-lunaire et il y a ceux dont la non existence est impossible, ce sont les êtres éternels du monde supra lunaire. La nécessité absolue est indépendante du temps : d'un être dont l'existence est nécessaire d'une nécessité absolue, il est toujours vrai de dire qu'il existe, en revanche d'un être dont l'existence est contingente, c'est à dire qui est soumis au changement, donc au devenir, la nécessité de dire qu'il existe est soumise au temps : je dois dire nécessairement qu'il existe, au moment où il existe, mais je ne peux pas le dire indépendamment du temps. Finalement la thèse des Mégariques concerne les êtres dont l'existence est nécessaire d'une nécessité absolue.

Le principe de contradiction s'applique sans problème aux énoncés concernant les réalités éternelles, puisqu'elle sont toujours en acte. Concernant le monde sub-lunaire, il s'applique sans problème aux énoncés universels : " tous les hommes sont mortels " ; il s'applique, concernant les réalités singulières aux énoncés passés et présents puisque la chose a existé (ou non) ou existe ou non. Mais pour les événements singuliers futurs du monde de la contingence, on ne peut pas se prononcer. Dire vrai, c'est dire ce qui est ou ce qui sera nécessairement, or un événement futur n'est pas encore et puisque c'est un événement de la contingence, il se peut qu'il se réalise comme il se peut qu'il ne se réalise pas.

La distinction entre nécessité relative et nécessité absolue sera reprise dans la suite de l'histoire de la philosophie, toujours pour échapper au fatalisme et garantir la possibilité d'une contingence, dans laquelle puisse s'inscrire l'action humaine et ce qu'on appellera plus tard la responsabilité humaine (Leibniz *Discours de métaphysique* § 13, Hegel *Principes de la philosophie du droit*). Kant s'en sortira d'une autre manière, en affirmant qu'il y a un ordre de la nature, celui de la nécessité relative parce que la nature est phénoménale et qu'il y a un ordre de la liberté, qui est la capacité à initier dans le monde une série causale.

1.2. Métaphysique Θ 3

C'est le second texte le plus souvent cité sur notre problème avec *De l'interprétation* 9, Aristote se situe ici sur le plan métaphysique, par rapport aux notions fondamentales pour lui de puissance et d'acte. Le problème auquel s'est heurté la rationalité grecque dans sa tentative de penser le monde est celui du changement, du devenir. Aristote est le disciple de Platon, mais sur ce point, la séparation avec le maître est radicale. On sait que pour rendre possible la science et même le discours sur le réel, Platon a été conduit à poser l'existence de réalités séparées, les Idées, qui sont des choses, plus réelles que les copies sensibles que nous prenons à tort pour la vraie réalité, et tandis que le sensible est fluent, en devenir, les réalités idéelles sont immuables, éternelles. Cette théorie pour Aristote est trop coûteuse et pour résoudre le problème du devenir il a inventé la notion d'être en puissance par opposition à celle d'être en acte. Aristote dit explicitement dans le texte que nous lisons maintenant que la notion d'acte (et corrélativement celle de puissance) a été produite pour penser le mouvement : " le terme acte ...a été étendu des mouvements, d'où il vient principalement, aux autres choses... ".

Depuis Parménide en passant par Platon (le Platon antérieur au parricide), l'être est, le non-être n'est pas. C'est-à-dire qu'il n'y a que deux catégories ontologiques fondamentales, l'être et le non être ; soit une chose est, soit elle n'est pas. Evident ? Pas tant que cela. D'une part, Platon avait déjà dû attribuer de l'être, de la réalité, à un certain non-être ; ainsi il y des choses négatives, comme l'erreur qui pourtant sont (existent) ; dans le dialogue intitulé *Sophiste* (ce personnage pour Platon est spécialiste de l'erreur), l'être du non-être c'est l'altérité, ce qui est autre que l'être. Dire faux, c'est dire autre chose que ce qui est. Et ce non-être comme altérité est indissociable de l'être parce que lorsqu'on veut penser un étant particulier, la table, on doit la penser comme identique à elle-même mais comme différente de tout ce qui n'est pas elle. Mais le problème du devenir n'est pas réglé par là, parce que quand une chose change, à la fois elle demeure elle-même, tout en n'étant pas tout à fait identique à elle-même. Aristote, lui, prend le problème du devenir à bras le corps ; on dit d'ailleurs le problème du mouvement (c'est-à-dire du changement), qui peut se faire selon les diverses catégories, y compris selon la substance. Aristote écrit un ouvrage entier consacré à l'étude scientifique du changement, c'est la *Physique*. Le problème est donc fondamental pour lui, en particulier pour penser l'action humaine, puisqu'elle est de l'ordre du devenir et d'un devenir qui est contingent. Nous sommes dans un naturalisme, donc c'est la physique qui donne les conditions de possibilité de l'action humaine. Mais les principes de la physique ressortissent d'une science plus haute, la science sans nom, qu'Andronicos de Rhodes a appelé la métaphysique. Et de ce point de vue, la grande invention d'Aristote est la notion d'être en puissance. Pour Parménide et Platon, on l'a dit, il y a deux catégories ontologiques : l'être et le non être. Pour Aristote il y en a trois : l'être en acte (ce que Parménide et Platon appelaient l'être), l'être en puissance, et le non être.

Aussi pouvons-nous retenir quatre phrases de ce chapitre : 1° la dernière, p.493, donne la thèse positive d'Aristote " parmi les choses qui ne sont pas, il y en a qui sont en puissance, mais sans être véritablement, parce qu'elles ne sont pas en entéléchie [en acte]. " 2° la première phrase du texte, qui donne la cible de sa critique : " il y a des philosophes, les Mégariques par exemple, qui prétendent qu'il n'y a puissance que lorsqu'il y a acte, et que lorsqu'il n'y a pas acte, il n'y a pas puissance. " Ce qui veut dire qu'il n'y a pas de possible comme non impossible, dans le sens où tout possible est nécessairement réalisé, n'est possible que ce qui est réel. La 3° phrase importante est : " l'argumentation des Mégariques en arrive donc à anéantir mouvement et devenir " (mouvement = changement), qui est à rapporter à la 4° phrase que je retiens : " or le raisonnement des Mégariques identifie puissance et acte ; en quoi faisant, ce n'est pas une mince chose qu'ils cherchent à ruiner ! "

En identifiant la puissance et l'acte, les Mégariques pensent le réel sur le modèle unique des réalités qui sont toujours en acte, où l'acte est toujours joint à la puissance, mais appliqué au monde du devenir, ce modèle mène à des absurdités qu'Aristote met au jour. Il critique les Mégariques par un raisonnement par l'absurde et sur l'exemple de l'architecte. Qu'est-ce qu'être architecte ? Pour Aristote, c'est avoir la puissance de construire, et non pas comme il suit de la thèse des Mégariques, être en train de construire. Comme il le dit ailleurs à propos de l'homme lettré, l'architecte peut être en train de dormir et dans ce cas, il ne construit pas, mais il n'en est pas moins architecte car il a la capacité de construire (la puissance de construire). Aristote raisonne à partir de l'alternance, dans la vie d'un architecte de moments où il exerce effectivement son art, et de moment où, pour diverses raisons, il ne l'exerce pas ; nous pensons chômage, mais lui, pense des choses simples et concrètes, dans la journée d'un architecte, il mange, il dort..., bref, il ne passe pas tout son temps à construire ; si on raisonne comme les Mégariques, dit-il, il faut supposer une discontinuité à travers le temps dans la possession de cet art : il le possède quand il construit, il le perd quand il cesse de construire, mais le possède à nouveau quand il se remet à construire. Ce qui est en cause, c'est la permanence à travers le temps d'une disposition habituelle qui a été acquise, bref c'est la question de la vertu propre de l'architecte. Une vertu est une puissance, une disposition habituelle (un *habitus*) qui a été acquise, mais qui n'est pas toujours en acte. Ce qui fournit à Aristote un nouvel argument : pour les Mégariques, on ne peut jamais acquérir ce que l'on n'a pas : " il est impossible de posséder ces arts sans les avoir appris à un moment donné et sans les avoir acquis ". Or dans la thèse discontinuiste des Mégariques, on ne voit pas à quel moment l'architecte acquerrait son art chaque fois qu'il se remet à l'exercer : " quand on aura cessé de l'exercer, on ne possèdera pas l'art, et pourtant on pourra se remettre immédiatement à bâtir : comment donc aura-t-on recouvré l'art ? ". Dans la notion d'être en puissance, le passage du non-être à l'être est impensable, de même que le passage de l'être au non-être : " il est impossible de ne plus le posséder sans l'avoir perdu à un moment donné " (oubli, maladie ou effet du temps). On peut bien sûr remplacer l'architecte par le mathématicien ou le professeur de mathématique, qui ne perd pas son art chaque fois qu'il quitte sa classe pour le retrouver par miracle lorsque le lendemain il entre à nouveau en classe ! La conclusion implicite d'Aristote est qu'il faut une théorie de l'être en puissance pour rendre compte rationnellement de l'alternance de l'exercice et du non-exercice d'un art chez quelqu'un qui le possède[4].

Le second problème sur lequel s'appuie Aristote pour réfuter la thèse des Mégariques est la question de la sensation. La question est un peu technique, mais l'enjeu est important puisqu'il s'agit de montrer que la thèse des Mégariques conduit à celle de Protagoras, qui rend impossible toute science, et qui en un sens met à mal le principe logique de contradiction, puisque tout énoncé sur toute réalité est nécessairement vrai chaque fois qu'il est énoncé, puisqu'on n'énonce jamais que sur des événements sensibles présents, qui sont chacun différents à chaque moment du temps et par rapport à chaque sujet. Il n'y a de connaissance que par la sensation. L'opération de la sensation est la production dans l'espace intermédiaire entre le sujet sentant et l'objet senti d'un phénomène, réalité toujours singulière qui naît au moment de l'acte de la sensation et est différent à chaque instant. Ce phainomenom a son corrélat du côté du sujet sous la forme d'une image (phantasma). Pour Protagoras, le sensible (le doux, l'amer, le bleu...) n'existe pas objectivement dans la chose indépendamment de la sensation que nous en avons mais n'existe qu'au moment où se produit l'acte de la sensation. Pour Aristote cette conception est intenable. Le sensible existe dans la chose, en puissance et ce sensible passe à l'acte lorsqu'il y a effectivement sensation ; de même du côté du sujet sentant, celui ci possède en puissance la capacité de sentir, ou puissance de sentir et cette capacité s'actualise au moment où il y a effectivement sensation. Ce qui fait qu'Aristote définit l'opération de sensation

---

[4] Il y a probablement un rapport entre le discontinuisme et l'éléatisme des Mégariques. L'éléatisme de Zénon l'empêche de penser la continuité du mouvement local (les apories sur le mouvement, l'Achille, la flèche, etc.) ; ce même éléatisme selon Aristote empêche de penser la continuité à travers le temps de la possession d'une capacité acquise.

comme " l'acte commun du sens et du sensible ". Donc pour Aristote le sensible d'une part, la capacité de sentir d'autre part existent indépendamment l'un de l'autre, en l'absence d'une sensation effective, la modalité de leur existence étant l'existence en puissance. Il y a en puissance, d'une part du sensible dans l'objet, qui pour parler comme dans ce texte est indépendant par rapport au sentant, tandis que pour les Mégariques comme pour Protagoras, " ni le froid, ni le doux, ni d'une manière générale, le sensible ne sera indépendant du sentant " ; et il y a pour Aristote une existence en puissance de la " faculté de sentir ", même lorsque l'individu ne l'exerce pas. On arrive à la même discontinuité dans la possession de la faculté de voir que dans la possession de la capacité d'être architecte. On acquerrait instantanément cette capacité et on la perdrait plusieurs fois par jour, on serait aveugle ou sourd plusieurs fois par jour. Aristote rappelle comment il faut comprendre le sens de l'expression " être aveugle ". Ce n'est pas simplement " ne pas voir ", mais c'est " ne pas voir pour celui dont la nature est de voir ", ainsi la table ne voit pas mais on ne dira pas qu'elle est aveugle ; il faut aussi prendre en considération " le moment où il est dans sa nature de voir " : il est dans la nature du chat de voir, mais il est dans sa nature de ne pas voir à la naissance, donc on ne devrait pas dire que les chatons sont aveugles, mais simplement qu'ils ne voient pas, et enfin " quand il existe encore ", le chat de cinq ans qui est mort ne voit pas mais ne peut pas être dit aveugle. Finalement est aveugle celui qui ne dispose pas de la puissance de voir alors qu'il est dans sa nature de voir, au moment où il est dans sa nature de voir et alors qu'il est vivant…Aristote est fils de médecin, biologiste lui-même et il a le sens du concret, qui est particulièrement développé chez les Grecs !

Dans ce chapitre Aristote définit le possible identifié à la puissance comme ce dont l'actualisation n'est pas impossible : " une chose est possible si son passage à l'acte n'entraîne aucune impossibilité " (p.492) avec l'exemple de celui qui a la puissance d'être assis et pour lequel être assis actuellement n'entraîne aucune impossibilité. Le début du paragraphe (p. 491) développe une argumentation par l'absurde contre les Mégariques : si la possession de la puissance c'est la non impossibilité, la privation de la puissance, c'est l'impossibilité. Donc l'être privé de puissance, sauf s'il existe en acte, est impossible (négation du non impossible). Donc l'être qui est debout étant selon les Mégariques, privé de la puissance de s'asseoir, sera dans l'impossibilité de s'asseoir, et il ne pourra que rester debout. On voit bien ici que les Mégariques traitent du sub lunaire comme s'il s'agissait du supra lunaire : il ne peut y avoir de puissance que nécessairement liée à l'acte et donc toujours liée à l'acte, ce qui exclut tout changement. Aristote a beau jeu de dire qu'il est absurde de dire de l'homme debout qu'il ne pourra jamais s'asseoir, mais l'enjeu est bien celui que relève Aristote : " l'argumentation des Mégariques en arrive à anéantir mouvement et devenir. "

Le contingent, c'est justement ce qui a la puissance d'être et de n'être pas, " quelque chose peut avoir la puissance d'être et cependant n'être pas, avoir la puissance de n'être pas et cependant être ". Ce qui est tout à fait le cas des événements futurs.

1.3. De l'Interprétation, chapitre 13

Le chapitre traite de l'inférence dans les propositions modales. C'est un chapitre auquel on ne fait pas référence habituellement quand on parle des futurs contingents chez Aristote. Pour qui prendra le temps de lire ce chapitre d'un peu près, un rapport bien net apparaîtra. Il y a deux choses qui peuvent retenir l'attention dans ce chapitre : 1° le fait que Aristote parte d'un premier tableau d'inférences, qu'il critique, pour lui en substituer un second, le premier tableau correspondant, peut-on penser, à la philosophie des Mégariques ; 2° dans les deux tableaux apparaissent quatre modalités (le possible, le contingent, le non impossible, le nécessaire), tandis que la logique contemporaine ne retient que deux modalités, le possible et le nécessaire. Ces deux objets d'étonnement renvoient au même problème, la contingence du monde sub-lunaire. Ce chapitre donne lieu à une réflexion très intéressante sur les notions de possible et de nécessaire. C'est un chapitre en apparence très logique, ce qui, pour qui enseigne la logique, n'est pas du tout une critique, mais derrière cette technicité, des enjeux métaphysiques sont fortement présents.

Rappelons qu'une proposition modale , par exemple " il est possible qu'il pleuve " s'analyse d'une part en un *dictum* : " il pleut ", d'autre part en une modalité, " il est possible ". " Il est nécessaire qu'il pleuve " est, de la même manière, une proposition modale, sous la modalité de la nécessité et non plus de la possibilité (cf. chapitre 12, " La négation dans les propositions modales "). Le problème logique explicite de ce chapitre concerne la manière de passer d'une modalité à une autre, dans des propositions logiquement équivalentes (soit les inférences dans les propositions modales). Ainsi, par exemple, les quatre propositions numérotées 1, 2, 3, 4 du 1° tableau (colonne de la page 127 qui a pour titre < 1er ordre >)

1 il est possible que p
2 il est contingent que p
3 il n'est pas impossible que p
4 il n'est pas nécessaire que p
5 .

sont [censées] être logiquement équivalentes [mais il y aura un problème pour la proposition 4]. La première est exprimée sous la modalité du possible , la seconde, sous la modalité du contingent, la troisième sous la modalité de l'impossible, la quatrième, sous la modalité du nécessaire.

Il y a quatre colonnes, ou quatre ordres, puisqu'il y a quatre propositions sous la modalité du possible, qui joue le rôle de modalité initiale :

1° ordre	2° ordre
1. il est possible que p	1. il est possible que ¬ p
2. il ...	2. il ...
3. il ...	3. il ...
4. il ...	4. il ...
3° ordre	4° ordre
1. il n'est pas possible que p	1. il n'est pas possible que ¬ p

2. il …	2. il …
3. il …	3. il …
4. il …	4. il …

L'objet du chapitre consiste à savoir comment remplir les cases ici laissées vides. On peut dire aussi que l'objet du chapitre est l'opposition dans les propositions modales, puisque dans le tableau initial il apparaît que les propositions 1, 2 et 3 du 1° ordre sont les opposées contradictoires des propositions 1, 2, 3 du 3° ordre, et qu'il en est de même entre les propositions du 2° et du 4° ordre.
C'est justement sur ce plan qu'apparaît une anomalie dans le tableau initial puisque la proposition 4 (telle qu'elle est écrite) du 1° ordre est la proposition contraire de la 4 du 3° ordre. La même situation se produit entre la proposition 4 du 2° ordre et la 4 du quatrième ordre.

1°ordre 1. $\Diamond$ p 2. il est contingent que p 3. il n'est pas impossible que p	Contradictoires	3°ordre 1. $\neg\Diamond$ p 2. il n'est pas contingent que p 3. il est impossible que p
4. $\neg \Box$ p	*ne sont pas des contradictoires*	4. $\Box \neg$ p
2°ordre 1. $\Diamond\neg$ p 2. il est contingent que $\neg$ p 3. il n'est pas impossible que $\neg$ p	Contradictoires	4°ordre 1. $\neg\Diamond\neg$p 2. il n'est pas contingent que $\neg$p 3. il est impossible que $\neg$p
4. $\neg \Box \neg$ p	*ne sont pas des contradictoires*	4. $\Box$ p

Il faut rappeler que la contradictoire d'une proposition est sa négation, et que pour obtenir la contradictoire d'une proposition modale, on conserve le *dictum* et on fait porter la négation sur la modalité (*De l'Interprétation*, chapitre 12). Ainsi, la négation de “ il est possible qu'il pleuve ” : $\Diamond$ p n'est pas “ il est possible qu'il ne pleuve pas ” : $\Diamond \neg$p, mais “ il n'est pas possible qu'il pleuve ” : $\neg\Diamond$ p. La négation de “ il est nécessaire que cela ne soit pas ”, proposition 4 du 3°ordre ($\Box \neg$p) est $\neg \Box \neg$p, “ il n'est pas nécessaire que cela ne soit pas ”, la négation de la proposition 4 du 4°ordre ($\Box$ p) est $\neg \Box$ p, etc.

La rectification proposée par Aristote pour les propositions I4 et II4 supprime l'anomalie : toutes les propositions qui se font face sont alors contradictoires. Le nouveau tableau, qui n'est pas écrit par Aristote, est donc le suivant :

1°ordre 1. ◊ p 2. il est contingent que p 3. il n'est pas impossible que p	Contradictoires	3°ordre 1.¬◊ p 2. il n'est pas contingent que p 3. il est impossible que p
4. ¬ □ ¬p	*Contradictoires*	4. □ ¬p
2°ordre 1. ◊¬ p 2. il est contingent que ¬ p 3. il n'est pas impossible que ¬ p	Contradictoires	4°ordre 1. ¬◊¬p 2. il n'est pas contingent que ¬p 3. il est impossible que ¬p
4. ¬ □ p	*Contradictoires*	4. □ p

Le tableau rectifié d'Aristote correspond aux inférences de la logique modale contemporaine. Celle-ci présente les inférences sous la forme d'un carré logique, sur le modèle du carré des oppositions de la logique aristotélicienne établi au Moyen Age :

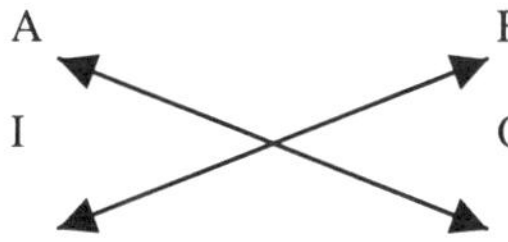

Les doubles flèches indiquent les contradictoires. Le carré de l'opposition de modales se présente comme suit :

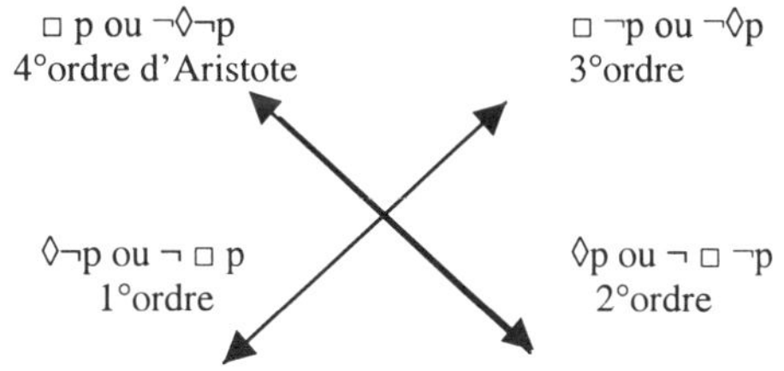

Le sens du tableau rectifié par Aristote apparaît maintenant clairement dans ses enjeux métaphysiques. Les quatre propositions du premier ordre sont logiquement équivalentes : “ il est possible que p ”, “ il est contingent que p ” ; c'est bien le possible de la contingence dont il s'agit, “ il n'est pas impossible que p ” le possible de la contingence, c'est le possible du non impossible, c'est-à-dire de la puissance qui peut ne pas être liée à l'acte (A Socrate qui ne marche pas actuellement, il ne lui est pas impossible de marcher), “ il n'est pas nécessaire que non p ”, même si l'acte n'est pas actuellement joint à la puissance, cette non actualisation n'est pas nécessaire, elle peut se réaliser, tandis qu'il y a des puissances qui ne peuvent pas s'actualiser : l'infini et le vide. Pour qu'il y ait devenir, il faut qu'il y ait possibilité d'une actualisation. Du point de vue logique nous sommes aussi rassurés (nous et Aristote) parce que les quatre propositions du 3° ordre sont bien chacune les contradictoires des 4 propositions du 1° ordre.

Le lien entre l'acte et la puissance dans la nécessité absolue et la nécessité relative, n'est pas de même nature. Dans la nécessité absolue : l'acte est nécessairement joint à la puissance. De cette nécessité on ne peut pas dire qu'elle est possible au sens de " non impossible ". Car l'existence nécessaire est plus, du point de vue ontologique, que la non impossibilité de l'existence, dire : " il est nécessaire que cela existe ", c'est dire plus que : " il n'est pas impossible que cela existe " ; dans le non impossible il y a l'éventualité que la chose ne se réalise pas, éventualité qui est totalement exclue de la notion de nécessité absolue. La " non impossibilité " renvoie donc à la contingence, et s'il y a contingence, il n'y a pas nécessité absolue. Dans la nécessité relative : l'acte est joint à la puissance mais peut ne pas l'être. On peut dire de la chose qu'elle est possible en tant que " non impossible " (la chose n'est pas impossible). La non impossibilité renvoie à contingence ; de même la nécessité relative, c'est la nécessité de l'existence contingente. La nécessité relative caractérise l'actualisation contingente d'une puissance. La nécessité absolue caractérise l'actualité d'une puissance qui ne peut pas ne pas être réalisée.

A un moment de son argumentation Aristote avait rencontré le problème suivant : le possible peut-il toujours être inféré du nécessaire ? En apparence oui, selon le principe qui peut le plus peut le moins, si une réalité possède l'existence nécessaire, *a fortiori* son existence est possible. Mais les choses sont en réalité plus compliquées. De la nécessité relative s'infère le possible comme non-impossible, il est dit " puissance des contraires " (il serait plus juste de dire puissance des contradictoires) ainsi il est possible à l'homme qui marche de marcher ou de ne pas marcher ; c'est le possible de la contingence, c'est celui d'une puissance qui peut être séparée de l'acte (l'homme assis peut marcher), ou d'une puissance jointe à l'acte de manière non nécessaire (lorsque l'homme marche). De la nécessité absolue ne peut s'inférer ce possible, mais peut s'inférer le possible qui n'est pas puissance des contraires, celui qui est autre que le " non impossible ". De la nécessité absolue, je ne peux pas inférer le possible du contingent (il y aurait évidemment contradiction). Mais de la nécessité absolue s'infère le possible de la puissance nécessairement jointe à l'acte, cette puissance qui n'est pas puissance des contraires. On pourrait dire en fin de compte que le possible s'infère toujours du nécessaire à condition d'inférer de chaque nécessaire le possible qui lui convient. Ainsi sont en corrélation les notions de chaque colonne du tableau ci-dessous.

Nécessité relative	Nécessité absolue
Le possible comme non impossible	Un possible qui n'est pas du non impossible
Puissance qui n'est pas nécessairement liée à l'acte	Puissance nécessairement liée à l'acte
Le possible comme " puissance des contraires "	Ce possible n'est pas puissance des contraires
Le possible de la contingence	Le possible de la nécessité
Puissance séparée de l'acte ou jointe à l'acte	Puissance nécessairement jointe à l'acte
L'homme qui marche.	L'existence des réalités divines (astres)

Aristote établit donc un rapport entre les deux notions de nécessité et les deux notions de possible. La nécessité renvoie à deux concepts, la nécessité absolue de ce dont l'existence est nécessaire, qui concerne les réalités du monde supra lunaire et la nécessité relative qui vaut pour le monde de la contingence ; de même le possible de la contingence est défini comme non impossible par distinction d'avec la notion de puissance liée à l'acte, qui s'applique au monde de la nécessité comme au monde de la contingence. Dans la 1° cas, la puissance est nécessairement liée à l'acte- c'est pourquoi cette puissance ne peut être dite non impossible, dans le second cas elle n'est pas liée nécessairement à l'acte, la puissance peut n'être qu'en puissance et pas en acte, c'est pourquoi cette puissance peut être dite non impossible.

Ainsi s'éclaire la raison pour laquelle Aristote a besoin de quatre modalités alors que la logique contemporaine se contente de deux, le possible et le nécessaire. Les modalités aristotéliciennes concernent le monde sub-lunaire, où le possible est celui de la contingence (donc du non-impossible) et de la nécessité relative, et non le possible de la nécessité absolue du monde supra-lunaire. La logique concerne les énoncés de notre monde, les énoncés de la physique et ceux relatifs à l'action humaine, morale et politique. La logique n'est pas un instrument destiné aux dieux mais aux hommes.

2. La controverse chez les stoïciens et les épicuriens

(Joëlle Delattre)

Chose étonnante, et néanmoins courante dans l'histoire des idées, malgré le caractère ingénieux et lumineux de la solution aristotélicienne, la question des futurs contingents n'a pourtant pas cessé d'occuper les logiciens et les philosophes pendant les siècles qui ont suivi la disparition d'Aristote.

2.1. Le témoignage d'Epictète

Prenons-en pour preuve un texte d'Epictète extrait du livre II des *Entretiens* (XIX, 1 et suiv.). Le problème y est appelé " argument " et qui plus est, il est qualifié de " Dominateur " (*kurieuôn*)[5].

> *" Voici, me paraît-il, les points à partir desquels on pose l'argument Dominateur : il y a, pour ces trois propositions, un conflit entre deux quelconques d'entre elles et la troisième : " Toute proposition vraie concernant le passé est nécessaire. L'impossible ne suit pas logiquement du possible. Est possible ce qui n'est pas actuellement vrai ou ne le sera pas. " Diodore, ayant aperçu ce conflit, utilisa la vraisemblance des deux*

---

[5] D'autres traduisent par " Souverain ". Voir par exemple R. Muller, *Introduction à la pensée des mégariques*, éd. Vrin, 1988, p. 169.

> *premières pour prouver celle-ci : " Rien n'est possible qui ne soit vrai actuellement et ne doive pas l'être dans l'avenir ".*
>
> *Un autre, dans les deux propositions à conserver, gardera ces deux-ci : " Est possible ce qui n'est pas actuellement vrai et ne le sera pas ; l'impossible ne suit pas logiquement du possible " ; – mais alors il n'est pas exact de dire que toute proposition vraie concernant le passé est nécessaire ; c'est là ce que paraît soutenir l'école de Cléanthe, avec qui est généralement d'accord Antipater.*
>
> *D'autres admettent les deux autres propositions : " Est possible ce qui n'est pas actuellement vrai et ne le sera pas ; toute proposition vraie portant sur le passé est nécessaire " ; - mais alors l'impossible suit logiquement du possible. Mais il n'y a pas moyen de conserver les trois propositions à la fois, parce qu'il y a dans tous les cas conflit entre l'une et les deux autres. "*[6].

On peut dire que la formulation du problème s'est simplifiée, sinon formalisée. Elle revient à mettre en évidence que trois propositions sont incompatibles :
1. Tout ce qui est passé est nécessairement vrai
2. Du possible ne procède pas l'impossible
3. Est possible ce qui n'est pas vrai ni ne le sera.
Dès lors que l'on va adopter deux d'entre elles, la troisième se trouvera logiquement exclue.
Sans revenir sur le point de vue de Diodore qui a été étudié en détail à travers l'analyse d'Aristote, essayons de comprendre à quoi correspondent logiquement les deux autres positions. Pour éclairer le point de vue selon lequel tout ce qui est passé n'est pas nécessairement vrai, nous nous appuierons sur la distinction faite par Alexandre d'Aphrodise[7] entre ce qui est fatal et ce qui est nécessaire. En effet, explique-t-il, si la proposition " il y aura demain un combat naval " est vraie, l'événement est fatal. Mais le nécessaire caractérise seulement des propositions qui sont éternellement vraies, et quand le combat aura eu lieu, la proposition ne sera plus vraie : sa vérité n'étant que passagère, n'est donc pas nécessaire ! L'enjeu est ici clairement de ménager, à côté des décrets du destin, un espace pour que " subsistent la spontanéité et l'autonomie de l'assentiment "[8], et pour que, en dehors du réel, subsiste le possible. Par exemple, dans une telle perspective, il est possible que la pierre précieuse à mon doigt se brise, même si elle ne doit jamais se briser.

Quant au point de vue selon lequel l'impossible procède du possible, attribué par Epictète à Chrysippe le stoïcien, il peut s'éclairer par la proposition suivante, lorsqu'on la formule en plein jour : " s'il fait nuit (possible), alors la journée actuelle est terminée (impossibilité) " : proposition empiriquement située, mais valide néanmoins ; d'où précisément l'âpre dispute au sein des écoles philosophiques antiques.

---

[6] Traduction E. Bréhier, P.-M. Schuhl (dir), *Les Stoïciens*, éd. La Pléiade, Gallimard, p. 932.

[7] Cf. son traité *Du destin*, ch. 10, cité par, *Le Dominateur et les possibles*, PUF 1960, p. 24.

[8] Cf. P.-M. Schuhl, *Le Dominateur et les possibles*, PUF 1960, p. 23.

2.2. Ce qu'en disait Cicéron

Cicéron, dans son traité *Du destin* (*De Fato* VI-VIII)[9], s'est fait lui aussi l'écho du différend entre Diodore, Chrysippe et Cléanthe, sur un mode très ironique, simulant une sorte de diatribe (sinon dialogue) avec Chrysippe. Il est question, dans le contexte, de divination et particulièrement de l'art de prédire l'avenir, dans lequel les Chaldéens avaient acquis dans l'Antiquité une grande renommée.

> *" Les astrologues ont certaines règles, que l'expérience leur a fournies, celle-ci, par exemple : " celui qui est né au lever de la Canicule ne mourra pas dans la mer ". Prenez bien garde, Chrysippe, de trahir vous-même votre propre cause, que vous avez à soutenir contre les rudes attaques de Diodore, un vigoureux dialecticien. Si l'on doit tenir pour vraie cette proposition générale : " celui qui est né au lever de la Canicule ne mourra pas dans la mer ", il faudra conséquemment reconnaître la vérité de celle-ci : " si Fabius est né au lever de la Canicule, Fabius ne mourra pas dans la mer ". Conséquemment encore, il impliquerait contradiction de dire : " Fabius est né au lever de la Canicule, et Fabius mourra dans la mer " ; et comme on suppose comme certain que Fabius est né au lever de la Canicule, il impliquerait aussi contradiction de dire : " Fabius existe, et Fabius mourra dans la mer ". Cette dernière énonciation : " que Fabius existe, et qu'il mourra dans la mer ", renferme à la fois une contradiction et une impossibilité. Donc lorsque vous dites : " Fabius mourra dans la mer ", vous parlez d'une chose qui est impossible. Donc enfin, tout ce que l'on dit de l'avenir, contrairement à la vérité, est impossible.*
>
> *Mais c'est là, Chrysippe, une conséquence que vous n'acceptez nullement, et c'est sur ce point que Diodore vous livre le plus terrible combat. Selon lui, il n'y a de possible que ce qui est vrai actuellement, ou sera vrai un jour ; et il soutient que tout ce qui doit être sera nécessairement, et que tout ce qui ne doit pas être est impossible. Vous prétendez, vous, que ce qui ne doit pas être est cependant possible ; qu'il est possible, par exemple, de briser ce joyau, quoique pourtant on ne doive jamais le rompre, etc. ".*

Ainsi, pour éviter que la nécessité de l'antécédent ne se transmette au conséquent futur, il était proposé par Chrysippe d'exprimer la relation entre les deux, non pas par une conditionnelle affirmée, de la forme " si…, alors… ", mais par la négation des deux propositions coordonnées ; par exemple, il fallait préférer dire : " il n'est pas vrai que quelqu'un est né au lever de la canicule et qu'il mourra en mer ", plutôt que : " si l'on est né au lever de la canicule, alors on ne mourra pas en mer ". Pour le dire plus techniquement, en ce qui concerne les faits non encore advenus, selon la terminologie logique des Stoïciens, il s'agissait de remplacer le *synèmménon* (énoncé connectif, ou liaison d'implication) : " s'il fait jour, alors on verra clair ", par un *sumpeplegménon* (énoncé coordonné ou liaison de corrélation) : " il fait jour et on verra clair ", ainsi " le deuxième fait n'apparaîtra

[9] Nous reproduisons ci-après deux extraits de la traduction éditée par E. Nisard en 1841. On se reportera plus facilement à la traduction d'E. Bréhier, P.-M. Schuhl (dir), *Les Stoïciens*, éd. La Pléiade, Gallimard, p. 477-479.

plus comme une conséquence nécessaire du premier "[10]. Cicéron est amené alors à railler la démarche de " redressement logique " de Chrysippe, en montrant qu'elle est celle d'un fin et scrupuleux théoricien du langage logique, mais qu'elle ne correspond pas du tout à une démarche un tant soit peu scientifique, qu'il s'agisse de médecine, de géométrie sphérique, et plus encore d'observation astronomique.

> *" Si, disons-nous, ce qu'affirme la première partie de la proposition est nécessaire, la conséquence est pareillement nécessaire. Chrysippe n'admet pas cette nécessité dans tous les cas. Mais cependant, si une cause naturelle s'oppose à ce que Fabius meure dans la mer, il est impossible que Fabius périsse dans la mer.*
>
> *Voilà qui embarrasse fort Chrysippe ; que répond-il ? que sans doute les Chaldéens et tous les devins se trompent en employant cette forme de proposition, et qu'ils ne doivent pas dire : " celui qui est né au lever de la Canicule ne mourra pas dans la mer ", mais plutôt : " il n'est pas d'homme qui soit né au lever de la Canicule, et qui doive mourir dans la mer ". O plaisante hardiesse ! pour ne point prêter le flanc à Diodore, le voilà qui veut apprendre aux Chaldéens à énoncer leurs théorèmes. Mais si les Chaldéens doivent introduire dans leur langage la négation absolue de certaines liaisons de choses, au lieu d'affirmer absolument la liaison de certaines choses, pourquoi la médecine, la géométrie et tous les autres arts ne suivraient-ils pas la même méthode ? Le médecin, en première ligne, ne donnera pas au fruit de son expérience la forme suivante : " celui dont le pouls bat de telle façon, a la fièvre ; mais il dira plutôt : " Il n'y a point d'homme dont le pouls batte de telle façon, et qui ait la fièvre ". Le géomètre ne dira pas non plus : " Les grands cercles de la sphère se coupent par le milieu, mais bien : " Il n'y a point sur la sphère de grands cercles qui se coupent par le milieu ". Enfin il n'est pas au monde une seule proposition qui ne puisse se transformer de telle sorte qu'au lieu d'affirmer une liaison, on nie un rapport. Et ce n'est pas la seule transformation qu'on puisse faire subir à l'énoncé des théorèmes. Nous disions d'abord : " Les grands cercles de la sphère se coupent par le milieu ; nous pouvons dire : " S'il y a des grands cercles sur la sphère ", ou bien encore : " Puisqu'il y a des grands cercles sur la sphère ". On peut donner vingt formes diverses à une proposition, mais, de toutes, la plus bizarre est celle dont Chrysippe espère que les Chaldéens se voudront contenter par amour pour le Stoïcisme. Le malheur est que pas un d'eux ne veut apprendre ce beau langage ; car il est plus difficile d'étudier tous ces détours et ces finesses, que d'observer le lever et le coucher des astres. "*

Mais, pour contrer la solution qui consistait à exclure les propositions se rapportant à l'avenir, du domaine de l'application stricte du principe de contradiction, il existait aussi à côté du " Dominateur ", un autre argument ou raisonnement apparenté qu'on appelait le " Moissonneur " (*therizôn*) et que

[10] P.-M. Schuhl, *op. cit.*, p. 26-27.

Lucien[11] et Ammonius[12] nous ont transmis. Voici comment raisonnaient les adversaires de la contingence des futurs :

(A1) Si vous devez moissonner…

il n'est pas vrai que peut-être vous moissonnerez

et que peut-être vous ne moissonnerez pas

(C1) il est ***absolument certain que vous moissonnerez.***

(A2) Si vous devez ne pas moissonner…

il n'est pas vrai que peut-être vous moissonnerez

et que peut-être vous ne moissonnerez pas

(C2) il est ***absolument certain que vous ne moissonnerez pas.***

Il n'y a pas de milieu ni de " peut-être " entre A1 et A2, ni entre C1 et C2. On voit ici à l'œuvre la nécessité logique, " plus terrible encore " que la fatalité tragique et religieuse dont les esprits grecs se sont pourtant affranchis par l'exercice de la raison ; et surtout on aperçoit comment elle impose son joug " inflexible "[13] ! Ce contre quoi s'insurgeait justement Epicure.

2.3. Ce que Cicéron ne voulait pas comprendre

En effet, pour Epicure, il était impossible d'accepter que le sage se soumette à une telle nécessité, plus violente et plus dure que celle des dieux, dont toute une partie de sa philosophie cherche précisément à libérer ses adeptes. Comment alors pourra-t-il affranchir aussi le sage de la hantise que génère la nécessité absolue de la réalisation du futur ?

Dans la *Lettre à Ménécée*[14], voici ce qu'écrit Epicure : " il vaudrait mieux encore suivre docilement la légende des Dieux que d'être asservi à la fatalité des physiciens ", et P.-M. Schuhl d'ajouter[15] : " à plus forte raison à la nécessité logique ! ". Pour le sage épicurien, des propositions contradictoires portant sur le futur ne sont ni vraies ni fausses, seules les disjonctions, contenant les deux contradictoires en un tout, ont une valeur de vérité. C'est encore Cicéron, dans *De la nature de dieux*[16], qui témoigne de la solution épicurienne, en la taxant d'absurdité au même titre que la théorie de la déclinaison des atomes, destinée dans l'ordre de la nature (et plus seulement dans celui de la logique et du discours) à sauvegarder l'existence de la liberté.

> *" C'est ce que vous faites bien souvent : quand vous dites quelque chose d'invraisemblable, et que vous voulez échapper à la critique, vous présentez un argument qui constitue une impossibilité absolue, si bien qu'il aurait mieux valu concéder le point en discussion que de faire front avec tant d'impudence. Ainsi Épicure, qui se rendait compte que si les atomes étaient entraînés vers le bas par leur propre poids, rien ne serait en notre pouvoir,*

[11] Lucien, *Sectes à l'encan* 22, cité par P.-M. Schuhl, *op. cit.*, p. 18.

[12] Dans son Commentaire au *De Interpretatione* 9, cité aussi par P.-M. Schuhl, *ibid.*

[13] P.-M. Schuhl, *op. cit.*, p. 18-19.

[14] Cf. Diogène Laërce, *Vies et doctrines des philosophes*, X 133-134.

[15] P.-M. Schuhl, *op. cit.*, p. 19-20, note 2.

[16] *De la nature des dieux*, XXV 69-70, trad. Clara Auvray Assayas, La roue à livres, p. 31.

puisque leur mouvement serait déterminé et nécessaire, trouva le moyen d'échapper à la nécessité, ce qui, apparemment, avait échappé à Démocrite : il dit que l'atome, lorqu'il est entraîné de haut en bas, en ligne droite, par le poids et l'attraction vers le bas, dévie légèrement[17]. *Dire cela, c'est plus déshonorant que de ne pouvoir défendre la thèse qu'il soutient.*

Il agit de même dans sa controverse avec les logiciens. Ceux-ci enseignent que dans toutes les propositions disjonctives de la forme : " telle chose est ou n'est pas ", l'une des deux affirmations est vraie ; Épicure a craint que si l'on admettait une proposition du type : " demain Épicure sera en vie ou ne sera plus en vie ", l'un des termes de l'alternative ne devînt nécessaire. Aussi a-t-il nié le caractère nécessaire de la proposition entière : " cela est ou n'est pas ". Que pouvait-on dire de plus stupide ?

Pourquoi la solution épicurienne, " pourtant rigoureusement conforme à celle d'Aristote[18] ", comme nous l'avons étudiée plus haut de manière approfondie, est-elle ici rejetée comme absurde ? Effet polémique, ou incompréhension véritable ? L'orateur latin ne cachait pas sa préférence pour la doctrine de la Nouvelle Académie, et sans doute fallait-il accentuer le caractère inacceptable de la doctrine épicurienne, pour mieux persuader le lecteur de préférer le scepticisme d'Arcésilas et Carnéade, à cette philosophie du plaisir et du bon sens quotidien.

Nous voudrions pour terminer ce long article citer encore un passage de Sextus Empiricus, médecin et philosophe du IIe siècle de notre ère, qui nous a transmis dans son traité *Contre les grammairiens*[19], une épigramme peu amène de Callimaque[20], à propos de Diodore Cronos, et qui surtout montre comment, deux siècles après la présentation polémique de Cicéron, continue de se transmettre encore, chez les philosophes, le problème de savoir comment saisir la validité de l'énoncé connectif, et ce, en référence très précise à Diodore Cronos et aux arguments mégariques[21].

"... ils[22] *sont incapables de comprendre la première petite épigramme venue, comme celle que composa Callimaque à propos de Diodore Cronos :*

Oyez ! les corbeaux sur les toits en croassant nous disent

Ce qui est connecté et comment nous deviendrons encore.

Cronos était un très grand dialecticien et enseignait comment reconnaître une connexion valide ; sous l'empire de son enseignement, il n'était jusqu'aux corbeaux juchés sur les toits qui à force de l'entendre répéter, croassaient son critère de la connexion valide, etc. "

La controverse prolongée des philosophes anciens à propos du futur, nécessaire ou possible, n'est sans doute pas simplement une curiosité de l'histoire de la pensée antique. Elle correspond à une réelle difficulté pour la pensée logique et pour la

---

17 Mouvement de très légère déviation appelé " clinamen ".

18 P.-M. Schuhl, *op. cit.*, p. 20.

19 Cf. *Contre les professeurs*, trad. P. Pellegrin (dir), éd. du Seuil 2002, p. 237.

20 Callimaque de Cyrène, historien, grammairien et poète grec du IIIe s. av. n. è.

21 Voir aussi les *Esquisses pyrrhoniennes*, II [110], trad. P. Pellegrin, éd. du Seuil 1997, p. 263.

22 Les grammairiens.

philosophie éthique et métaphysique. Il nous a semblé intéressant de l'évoquer et de la faire connaître à tous ceux et celles qui, dans l'enseignement des probabilités, risquent d'être confrontés à l'obstacle constitué par le statut déterminé ou indéterminé, nécessaire ou contingent, des événements futurs ou à venir.

Bibliographie

[Ari66] Aristote, *De l'interprétation* (1966), trad. J. Tricot, éd. Vrin, ch. 9 : p. 95 et suiv. ; et ch. 13 : p. 126 et suiv. ; Aristote, *La métaphysique*, t. II (1966), trad. J. Tricot, éd. Vrin, ch. ✈, p. 488 et suiv.

[Bre67] Bréhier, E. (1967) *Histoire de la philosophie, période hellénistique et romaine,* chap. " Les socratiques ", II " Les mégariques ", PUF, pp. 235-239.

[Cic02] Cicéron, *De fato = Traité du Destin* (1841) éd. et trad. Nisard, voir aussi (1962) P.-M. Schuhl, *Les Stoïciens*, Gallimard, La Pléiade, p. 470 et suiv. ; Cicéron, *De la nature des dieux*, XXV 69-70, trad. Clara Auvray Assayas, Les Belles Lettres, La roue à livres, p. 31.

[Dum93] Dumont, J.-P. (1993), *Eléments d'histoire de la philosophie antique*, éd. Nathan, textes et notes critiques, pp. 209-217.

[Epi62] Epictète, *Entretiens,* II, XIX, 1 à 15, trad. E. Bréhier, dans P.-M. Schuhl (1962), *Les Stoïciens*, éd. Gallimard, La Pléiade, p. 932.

[Ham76] Hamelin, O. (1920-1976), *Le système d'Aristote*, publié par Léon Robin, Alcan, réédition Vrin.

[Lae99] Diogène Laërce, *Vies et doctrines des philosophes illustres* (1999), X 133-134, trad. M.-O. Goulet –Cazé (dir), éd. La Pochotèque.

[Mul88] Muller, R. (1988), *Introduction à la pensée des mégariques*, éd. Vrin.

[Schu60] Schuhl, P.-M. (1960), *Le dominateur et les possibles*, PUF.

[Sex97] Sextus Empiricus, *Esquisses pyrrhoniennes* (1997), II [110], éd. et trad. P. Pellegrin, éd. du Seuil, p. 263.

[Sex02] Sextus Empiricus, *Contre les professeurs* (2002), éd. et trad. P. Pellegrin (dir), éd. du Seuil, p. 237.

LAPLACE ET LA *THÉORIE ANALYTIQUE DES PROBABILITÉS* : ITINÉRAIRES DE DÉCOUVERTE

Jean-Pierre Lubet

Résumé

L'objectif de ce chapitre est la lecture de quelques passages de la Théorie analytique des probabilités. *Trois « itinéraires » distincts sont suivis. Le premier concerne les principes élémentaires. Les deux autres offrent des aperçus sur des résultats plus élaborés, reposant sur des moyens de calcul spécifiques. Dans un mémoire précoce, Laplace exprime des positions très fermes sur plusieurs thèmes qui avaient fait l'objet des doutes et des interrogations de d'Alembert. À la même époque, il énonce un principe original permettant de calculer* la probabilité des causes *; la démarche est cohérente avec l'expression d'un point de vue déterministe. Ces travaux trouvent leurs prolongements dans la* Théorie analytique des probabilités. *Ils fournissent ici la matière de la première partie. La seconde partie donne des indications sur la théorie des* fonctions génératrices, *et elle illustre l'efficacité de cette théorie dans la résolution d'équations aux différences finies. Mais on comprend mieux l'importance fondamentale que Laplace lui accorde, si on la rapporte aux travaux de Lagrange et aux problématiques propres à l'analyse de cette époque. La troisième partie concerne le théorème central limite ; celui-ci apparaît dans un mémoire de 1810, il se présente d'abord comme une réponse à des questions de Mécanique Céleste et de théorie des erreurs. Dans le détail de sa démonstration, interviennent des méthodes asymptotiques que Laplace a mises en œuvre dès 1785. Par quelques-unes de ses applications, le théorème apparaît déjà comme un instrument de ce qui va constituer la statistique inférentielle.*

Introduction

Les précédents traités de probabilités remontent au début du XVIIIème siècle[1]. Fiabilité des témoignages, trajectoire des comètes, théorie des erreurs, variation de la pression atmosphérique... : lorsqu'il paraît, en 1812, le traité de Laplace témoigne d'un élargissement du champ d'application des probabilités. Par les principes élémentaires adoptés, comme par les moyens analytiques utilisés, il porte les traces des travaux engagés par l'auteur quarante années plus tôt. Il est

[1] Voir les deux articles de Jean-François Pichard [Ire01, p. 13-56].

composé de deux livres ; le premier, intitulé *Calcul des fonctions génératrices*, donne des méthodes de calcul qui seront utilisées ensuite. Le livre II contient la théorie des probabilités proprement dite, le premier chapitre énonce les *principes* sur lesquels va reposer cette théorie. Dans l'édition de 1814, le traité sera précédé d'une copieuse introduction dont le contenu sera aussi publié séparément sous le titre : *Essai philosophique sur les probabilités.*

1. Un point de vue ferme et précoce

Le *Mémoire sur l'intégration des équations différentielles aux différences finies et sur leur usage dans la théorie des hasards* a été publié en 1776, après une présentation à l'Académie en 1773. Le texte contient de nombreuses mises au point sur des sujets qui font l'objet des doutes et des interrogations de d'Alembert [2]. Le *Mémoire sur la probabilité des causes* a été publié en 1774, il est à certains égards, complémentaire du précédent, il contient l'énoncé d'un principe et des modes de réflexion qui le rendent proches des travaux de Thomas Bayes.

1.1. Espérance mathématique et espérance morale

À de nombreuses reprises, les interrogations de d'Alembert se sont fondées sur le *jeu de Saint-Petersbourg*. Dans l'article *Croix ou Pile* de l'Encyclopédie, il rappelle les données du problème :

> *Pierre joue contre Paul à cette condition, que si Pierre amène croix du premier coup, il payera un écu à Paul ; s'il n'amène croix qu'au second coup, deux écus ; si au troisième coup, quatre, & ainsi de suite. On trouve par les règles ordinaires [...], que l'espérance de Paul, & par conséquent ce qu'il doit mettre au jeu est (1 + 2 + 4 + &c.)/(1 + 1 + 1 &c.) quantité qui se trouve infinie. Cependant il n'y a personne qui voulût mettre à ce jeu une somme un peu considérable. [Ale54]*

L'auteur voit dans le problème et sa solution quelque scandale qui mériterait bien d'occuper les Algébristes. Il termine l'article en soulignant la distance qui sépare, selon lui, les solutions mathématiques d'une part, les conditions réelles dans lesquelles se déroulent les jeux, d'autre part ; par exemple, si deux personnes inégalement riches jouent à jeu égal, le moins fortuné des deux court en réalité un risque plus grand. Le calcul ne peut pas prendre en compte la diversité de ces circonstances que l'auteur qualifie de considérations morales, et au moment où l'on y prête attention, on croit le calcul en faute. Plus tard, d'Alembert mettra en doute le mode de calcul même de l'espérance :

> *quand la probabilité d'un événement est fort petite, elle doit être regardée et traitée comme nulle ; et il ne faut point multiplier (comme on l'a prescrit jusqu'à présent) cette probabilité par le gain espéré, pour avoir l'enjeu ou l'espérance....*[Ale61b, p. 8]

---

[2] Je reprends ici plusieurs éléments des travaux très détaillés de Michel Paty concernant d'Alembert et les probabilités [Pat87, et Pat88].

Dans le *Mémoire sur l'intégration des équations différentielles aux différences finies et sur leur usage dans la théorie des hasards* [Lap76b], Laplace sera soucieux d'établir des distinguos. Tout d'abord, les probabilités relatives aux phénomènes physiques peuvent faire l'objet d'un calcul rigoureux. Mais il n'en est pas de même pour ce qui concerne *les différents états de l'esprit humain* et Laplace avertit : *Dans toutes ces recherches, les causes physiques de nos sensations, et non les sensations elles-mêmes sont l'objet de l'Analyse* [Lap76b, p. 147]. Cette remarque s'applique particulièrement au concept probabiliste d'*espérance* :

> *Ce mot espérance a différentes acceptions : il exprime ordinairement l'état de l'esprit humain lorsqu'il doit lui arriver un bien quelconque dans certaines suppositions qui ne sont pas vraisemblables. Dans la théorie des chances, l'espérance est le produit de la somme espérée par la probabilité de l'obtenir.[Ibid.]*

Et l'auteur reprend alors une proposition déjà faite par Cramer et acceptée par Daniel Bernoulli. Il demande que l'on parle *d'espérance mathématique*. Il lui oppose *l'espérance morale*, laquelle *se règle sur mille circonstances variables qu'il est presque toujours impossible de définir, et encore plus d'assujettir à l'Analyse* [p. 148]. Et il sait gré à d'Alembert d'avoir *éveillé l'attention des géomètres* sur ce type de difficultés. C'est lui en effet qui *a fait sentir l'absurdité qu'il y aurait à se conduire, dans un grand nombre de circonstances, d'après les résultats du Calcul des Probabilités, et la nécessité d'établir dans ces matières une distinction entre le mathématique et le moral ; cette partie des sciences lui devra donc l'avantage d'être appuyée dorénavant sur des principes clairs et d'être resserrée dans ses véritables bornes* [p. 149]. La distinction entre les deux types d'*espérance* sera introduite dans la *Théorie* ; l'espérance morale fera l'objet d'une étude détaillée au chapitre X du livre II.

1.2. Les événements répétés

Mais, pour d'Alembert, l'article *Croix ou Pile* avait aussi été l'occasion de mettre en question la façon de définir les issues équiprobables. Il y décrit le jeu dans lequel on doit amener croix en deux coups consécutifs. Il évoque *la réponse qu'on trouvera dans tous les auteurs,* et qui suit *les principes ordinaires* : le jeu donne lieu à quatre combinaisons distinctes et équiprobables et il y a 3 contre un à parier en faveur du joueur qui jette la pièce. Mais il revient immédiatement sur cette réponse :

> *Cependant cela est-il bien exact ? Car pour ne prendre ici que le cas de deux coups, ne faut-il pas réduire à une les deux combinaisons qui donnent croix au premier coup ? Car dès qu'une fois croix est venu, le jeu est fini, & le second coup est compté pour rien. Ainsi il n'y a proprement que trois combinaisons de possibles :*
>
> Croix, *premier coup.* Pile, Croix, *premier & second coup.* Pile, pile, *premier & second coup. Donc il n'y a que 2 contre 1 à parier.* [Ale54]

Et pour ne laisser subsister aucun doute quant à son argumentation, il décrit le cas où la règle imposerait au joueur d'amener *Croix* en trois coups. Selon lui, les issues possibles seraient : *Croix / Pile, croix / Pile, pile, croix / Pile, pile, pile /* et il conclut : *Donc il n'y a que* 3 *contre* 1 *à parier : ceci est digne, ce me semble de l'attention des Calculateurs, & irait à réformer bien des règles unanimement reçues sur les jeux de hasard.*

Il invitera aussi à distinguer entre ce qui est *métaphysiquement possible* et ce qui *est possible physiquement* [Ale61b, p. 10]. La question des événements répétés (par exemple une succession de *croix* lors de lancers de pièces) peut illustrer cette opinion générale :

> *la variété des événements successifs est un phénomène constant de la nature ; [ ] et leur similitude constante ou répétée un très grand nombre de fois, est au contraire un phénomène qui n' arrivera jamais [Ale68, p. 308].*

Laplace s'opposera de façon nette à d'Alembert sur ce dernier point :

> *La Théorie des hasards suppose encore que si croix et pile sont également possibles, il en sera de même de toutes les combinaisons (croix, croix, croix etc.), (pile, croix, pile, etc.), etc. Plusieurs Philosophes ont pensé que cette supposition est inexacte, et que les combinaisons dans lesquelles un événement arrive plusieurs fois de suite sont moins possibles que les autres [p. 151].*

Quant au problème du *croix ou pile* en deux coups, Laplace affirme bien qu'il relève d'un modèle à 4 issues, et il entend prendre en compte les réalités physiques en prévoyant une possible dissymétrie, la pièce présentant *plus de pente à retomber d'un côté que de l'autre.* Il note $\frac{1+\varpi}{2}$, la probabilité que la pièce tombe du *côté qui la plus grande pente.* Deux cas peuvent se produire :

1. *croix* est le côté *de plus grande pente*, alors la probabilité de l'issue (*croix,croix*) est $\frac{1+2\varpi+\varpi^2}{4}$.
2. *pile* est le côté *de plus grande pente*, alors la probabilité de la même issue est $\frac{1-2\varpi+\varpi^2}{4}$.

Dans l'ignorance des propriétés physiques de la pièce, il faut avoir recours à un principe d'indifférence : *Si nous sommes assurés que, sur deux événements, l'un ou l'autre doit arriver nécessairement, et que nous ne voyons aucune raison pour laquelle l'un arriverait plutôt que l'autre, l'existence et la non-existence de chacun d'eux est également probable* [Lap76, p. 145]. Finalement, la probabilité d'obtenir (*croix, croix*) sera la demi-somme des valeurs exprimées ci-dessus, soit $\frac{1+\varpi^2}{4}$. La combinaison (*pile, pile*) est obtenue avec la même probabilité. Quant aux combinaisons (*croix, pile*) et (*pile, croix*) elles relèvent chacune de la probabilité $\frac{1-\varpi^2}{4}$. Laplace conclut :

> *on voit donc que ces quatre cas ne sont pas également possibles, et que l'inégalité de croix et de pile, pourvu qu'on ignore de quel côté est la plus*

> *grande, favorise le joueur qui parie que sur deux coups croix n'arrivera pas [p. 150].*

Non seulement les événements répétés ne sont pas moins possibles que d'autres, mais la prise en compte de possibles inégalités physiques leur confère au contraire une probabilité plus grande. Dans le livre II de la *Théorie*, l'argumentation sera mentionnée dès le premier chapitre, elle sera exposée de façon plus détaillée au chapitre VII.

1.3. Une philosophie déterministe

Pour Laplace, l'ignorance (provisoire) dans laquelle se trouvent les hommes, ne doit pas conduire à mettre en cause l'intelligibilité du monde. Malgré les imperfections qu'elle présente encore, la Mécanique Céleste offre l'exemple privilégié, dans lequel des lois permettent de prévoir l'évolution des systèmes à partir de n'importe quelle situation donnée dans le temps :

> *L'état présent du système de la Nature est évidemment une suite de ce qu'il était au moment précédent, et, si nous concevons une intelligence qui, pour un instant donné, embrasse tous les rapports des êtres de cet Univers, elle pourra déterminer pour un temps quelconque pris dans le passé ou dans l'avenir la position respective, les mouvements et généralement les affections de tous ces êtres.*
>
> *L'Astronomie physique, celle de toutes les connaissances qui fait le plus honneur à l'esprit humain, nous offre une idée, quoique imparfaite, de ce que serait une semblable intelligence. La simplicité de la loi qui fait mouvoir les corps célestes, les rapports de leurs masses et de leurs distances, permettent à l'Analyse de suivre, jusqu'à un certain point, leurs mouvements ; et, pour déterminer l'état du système de ces grands corps dans les siècles passés ou futurs, il suffit au géomètre que l'observation lui donne leur position et leur vitesse pour un instant quelconque [p. 144]*

On ne peut concevoir la théorie des hasards sans en référer au caractère encore incomplet de nos explications et à la méconnaissance que nous avons encore de certains faits :

> *[...] l'ignorance des différentes causes qui concourent à la production des événements, et leur complication, jointe à l'imperfection de l'Analyse, l'empêche de prononcer avec la même certitude sur le plus grand nombre de phénomènes ; il y a donc pour lui des choses incertaines, il y en a de plus ou moins probables [...]*
>
> *Le hasard n'a donc aucune réalité en lui-même ; ce n'est qu'un terme propre à désigner notre ignorance sur la manière dont les différentes parties d'un phénomène se coordonnent entre elles et avec le reste de la Nature.[p. 145]*

L'*Essai* commencera par la même profession de foi déterministe. Le thème sera un peu plus largement développé. Mais certains membres de phrase seront à peine modifiés.

Quant à notre ignorance, elle peut selon le mémoire de 1776, concerner deux domaines distincts. Le modèle de l'urne contenant deux sortes de billets va servir de support à une répartition des problèmes de probabilité en deux catégories distinctes :

> *L'incertitude des connaissances humaines porte ou sur les événements ou sur les causes des événements. Si l'on est assuré, par exemple, qu'une urne ne renferme que des billets blancs et noirs dans un rapport donné, et que l'on demande la probabilité qu'en prenant au hasard un de ces billets il sera blanc, l'événement est incertain, mais la cause dont dépend la probabilité de son existence, c'est-à-dire le rapport des billets blancs aux noirs, est connue.*
>
> *Dans le problème suivant : une urne étant supposée renfermer un nombre donné de billets blancs ou noirs, si l'on en tire un billet blanc, déterminer la probabilité que la proportion des billets blancs aux noirs dans l'urne est celle de p à q ; l'événement est connu et la cause inconnue.*
>
> *On peut ramener à ces deux classes de problèmes tous ceux qui dépendent de la Théorie des hasards. [Lap76, p. 152]*

Le mémoire de 1776 traite seulement d'événements dont la cause est connue, le *dessein* n'est d'ailleurs pas de *donner un traité complet de la théorie des hasards* [p. 153].

1.4. La probabilité des causes

Mais, dans la même période, un autre mémoire sera consacré à la seconde classe de problèmes. De façon très logique, ce *Mémoire sur la probabilité des causes par les événements* contient aussi le paragraphe entier que nous venons de citer et qui introduit la distinction entre les deux classes de problèmes. Le mémoire sera fondé sur le principe suivant :

Principe. – Si un événement peut être introduit par un nombre n de causes différentes, les probabilités de l'existence de ces causes prises de l'événement sont entre elles comme les probabilités de l'événement prises de ces causes, et la probabilité de l'existence de chacune d'elles est égale à la probabilité de l'événement prise de cette cause, divisée par la somme de toutes les probabilités de l'événement prises de chacune de ces causes [Lap74b, p. 29].

Soit un événement E qui peut être le résultat de l'une ou l'autre des deux causes A et B. Avec des notations qui ne sont pas celles de Laplace, l'affirmation fondamentale se traduit par la relation de proportionnalité :

(1) $$\frac{P(A/E)}{P(B/E)} = \frac{P(E/A)}{P(E/B)}$$

La deuxième partie de l'énoncé est une conséquence de cette première affirmation, elle permet de calculer la probabilité de l'une des causes, selon la relation :

(2) $$P(A/E) = \frac{P(E/A)}{P(E/A) + P(E/B)}.$$

Le principe va être immédiatement utilisé pour étudier le contenu d'une urne à partir des tirages aléatoires effectués dans cette urne. La question est d'abord posée en ces termes :
Problème I. – Si une urne renferme une infinité de billets blancs et noirs dans un rapport inconnu, et que l'on en tire p + q billets dont p sont blancs et q sont noirs ; on demande la probabilité qu'en tirant un nouveau billet de l'urne il sera blanc *[p. 30].*

Pour un nombre x compris entre 0 et 1, le principe contenue dans la formule (2) amène d'abord à évaluer la probabilité que x soit *le vrai rapport du nombre des billets blancs au nombre total des billets,* Laplace obtient un résultat que l'on peut en fait traduire sous la forme :

$$P(x < \textit{vrai rapport} < x + dx) = \frac{x^p(1-x)^q\,dx}{\int_0^1 x^p(1-x)^q\,dx}.$$

Finalement *la probabilité entière de tirer un billet blanc de l'urne* s'exprimera par le rapport de deux intégrales :

$$\frac{\int_0^1 x^{p+1}(1-x)^q\,dx}{\int_0^1 x^p(1-x)^q\,dx}.$$

En supposant *p*et *q infiniment grands,* en posant $\omega = \frac{1}{\sqrt[n]{p+q}}$ et *en négligeant les quantités infiniment petites,* Laplace finit par établir :
Nous pouvons regarder comme certain que le rapport du nombre des billets blancs au nombre total des billets est compris entre les limites $\frac{p}{p+q} + \omega$ *et* $\frac{p}{p+q} - \omega$ *[p. 36].*

Le principe énoncé au début du mémoire a permis de traiter un problème d'estimation. Dans l'*Essai*, la formulation de ce principe sera à peine modifiée, mais, un complément va intervenir :

> *Si ces diverses causes considérées a priori sont inégalement probables, il faut, au lieu de la probabilité de l'événement, résultante de cette cause, employer le produit de cette probabilité, par la possibilité de la cause elle-même observée.[Lap25, p. XV]*

Cette fois, le lecteur moderne peut en donner une interprétation par la « formule de Bayes » :

(3) $$P(A/E) = \frac{P(E/A).P(A)}{P(E/A)P(A) + P(E/B)P(B)}.$$

On notera l'ordre de présentation : la formule (2) n'est pas déduite d'une formule (3) dans laquelle, faute d'information suffisante, on aurait supposé $P(A) = P(B)$.

L'*Essai* commence par l'énoncé de 10 principes successifs. Les formules (1), (2), (3) relèvent du 6ème principe. Quant au 5ème, il indique :
Si l'on calcule a priori la probabilité de l'événement arrivé, et la probabilité d'un événement composé de celui-ci et d'un autre qu'on attend, la seconde probabilité divisée par la première sera la probabilité de l'événement attendu, tirée de l'événement observé.

En notant A l'événement arrivé et B l'événement attendu, on peut traduire en termes de probabilité conditionnelle :

$$P(A/B) = \frac{P(A \text{ et } B)}{P(A)}$$

Un point de vue moderne inclinerait à déduire la formule (3) de cette égalité. Mais, dans le texte de Laplace, les 10 principes restent présentés et commentés indépendamment les uns des autres ; leur ordre joue un rôle dans la mise en place des concepts de complexité croissante, mais ils ne sont pas reliés par une démarche déductive.

On sait que les travaux mettant en jeu *la probabilité des causes* sont apparus pour la première fois dans l'*Essay towards solving a problem of the doctrine of chances*, rédigé par Bayes. Communiqué à la *Royal Society* en 1763 par Richard Price, le texte de l'*Essay* a été alors publié dans les *Philosophical Transactions*. Mais, en 1774, lorsque Laplace publie son *Mémoire sur la probabilité des causes par les événements,* aucune mention de l'œuvre de Bayes ne semble encore avoir été faite sur le continent. Comparant le texte de Laplace et celui de Bayes, Bernard Bru considère que les deux textes présentent *une différence conceptuellement fondamentale* [Bay88, p. 11][3]. Tout porte à penser que Laplace ne connaissait pas les travaux de Bayes, lorsqu'il a écrit le mémoire de 1774. L'œuvre de Bayes a ensuite été diffusée, Condorcet pourra à juste titre s'y référer dans la notice qu'il consacrera en 1781 au *Mémoire sur les probabilités* de Laplace.

2. Les fonctions génératrices

Dans leur rapport sur le mémoire de 1776, Borda, Leroi et Duséjour étaient attentifs à l'un des aspects de la démarche de Laplace : en faisant fonds sur une étude systématique des différences finies, il introduisait dans la théorie des hasards, des méthodes générales dont on pouvait espérer qu'elles aient, dans leur ordre propre, l'efficacité que Leibniz avait apportée avec son calcul différentiel :

> *M Delaplace (sic) a eu l'idée de substituer [aux anciennes méthodes] l'usage du calcul différentiel aux différences finies et de déduire les expressions générales des probabilités de leurs variations finies, comme par le calcul intégral ordinaire on déduit les propriétés des courbes de la considération de leurs variations infiniment petites [31 mars 1773 PV p. 79-86].*

Les rapporteurs laissaient percer l'espoir qu'un algorithme vienne remplacer des méthodes peu efficaces et qui avaient exigé des anciens *beaucoup de sagacité, de pénétration et de force de tête*. En 1782, avec la publication du *Mémoire sur les suites*, Laplace va accomplir un pas dans cette direction. Pour remplacer des

[3] Par contre, Bernard Bru n'exclut pas l'influence, dans les réflexions de Laplace, de méthodes dites *du maximum de vraisemblance*, pratiquées en Astronomie et que l'on trouve notamment chez Lambert.

voies indirectes et particulières, il propose *un nouveau genre de calcul que l'on peut nommer calcul des fonctions génératrices, et qui [lui] a paru mériter d'être cultivé par les géomètres* [Lap82, p. 1]. Ce calcul tiendra une place importante dans la *Théorie analytique des probabilités.*

2.1. L'exemple du problème des partis

Dans la *Théorie*, Laplace traite le problème des partis, résolu par Pascal et Fermat :

> *Deux joueurs dont les adresses sont égales ont mis au jeu la même somme ; ils doivent jouer jusqu'à ce que l'un ait gagné un nombre de fois donné son adversaire ; mais ils conviennent de quitter le jeu, lorsque manque encore x points au premier joueur pour atteindre ce nombre donné, et lorsqu'il manque x' points au second joueur. On demande de quelle manière ils doivent se partager la somme mise au jeu. [Lap25, p. 212].*

Dans la situation décrite par le couple d'entiers (x, x'), Laplace note $y_{xx'}$ la probabilité que le joueur A atteigne le premier le nombre qui le fera désigné comme vainqueur. Lorsque le coup suivant va se jouer, il y aura deux issues possibles :

1. 1. le joueur A gagne le point, la probabilité qu'il gagne la partie devient $y_{x-1\,x'}$;
2. le joueur A perd le point, la probabilité qu'il gagne la partie devient alors $y_{xx'-1}$.

Si les deux joueurs ont la même adresse, les deux issues sont également probables, et l'on a finalement :

(4) $$y_{xx'} = \frac{1}{2}\, y_{x-1\,x'} + \frac{1}{2}\, y_{xx'-1}\,.$$

La théorie des fonctions génératrices amène Laplace à considérer que la suite double $y_{xx'}$ produit le coefficient général de la série :

$$u = \Sigma\, y_{xx'}\, t^{x}\, t'^{x'}.$$

Considérons le produit $u \times (1 - \frac{1}{2}t - \frac{1}{2}t')$. Il représente la somme d'une série entière que l'on peut réordonner pour faire apparaître la relation de récurrence (4) :

$$u = \sum_{x\geq 1\; x'\geq 1} y_{xx'}\, t^{x} t'^{x'} + \sum_{x\geq 1} y_{x0}\, t^{x} + \sum_{x'\geq 1} y_{0x'}\, t'^{x'}$$

$$-\frac{1}{2} t\, u = -\frac{1}{2} \sum_{x\geq 1\; x'\geq 0} y_{x-1\,x'}\, t^{x}\, t'^{x'}$$

$$-\frac{1}{2} t'\, u = -\frac{1}{2} \sum_{x\geq 0\; x'\geq 1} y_{xx'-1}\, t^{x}\, t'^{x'}$$

$$u \times (1 - \frac{1}{2}t - \frac{1}{2}t') = \sum_{x\geq 1\; x'\geq 1} (y_{xx'} - \frac{1}{2} y_{x-1\,x'} - \frac{1}{2} y_{xx'-1})\, t^{x}\, t'^{x'}$$

$$+ \sum_{x\geq 1} y_{x0}\, t^{x} + \sum_{x'\geq 1} y_{0x'}\, t'^{x'} - \frac{1}{2} \sum_{x\geq 1} y_{x-1\,0}\, t^{x} - \frac{1}{2} \sum_{x'\geq 1} y_{0\,x'\,1}\, t'^{x'}$$

La première des sommes écrites à l'aide du signe Σ est nulle, d'après la relation (4) ; les autres sommes se calculent immédiatement en tenant compte des valeurs imposées aux termes y_{x0} et $y_{0x'}$:

$$u \times \left(1 - \frac{1}{2}t - \frac{1}{2}t'\right) = 0 + 0 + \frac{t'}{1-t'} - 0 - \frac{1}{2}\frac{t'^2}{1-t'}.$$

On obtient ainsi l'expression de *u* :

$$u = \frac{t'\left(1 - \frac{1}{2}t'\right)}{(1-t').\left(1-\frac{1}{2}t-\frac{1}{2}t'\right)}.$$

C'est la *fonction génératrice* de la suite $y_{xx'}$. Le développement en série entière de *u* va fournir à Laplace l'expression de $y_{xx'}$: en la développant par rapport aux puissances de t, on a :

$$\frac{t'}{1-t'}.\left(1 + \frac{1}{2}.\frac{t}{1-\frac{1}{2}t'} + \frac{1}{2^2}.\frac{t^2}{\left(1-\frac{1}{2}t'\right)^2} + \frac{1}{2^3}.\frac{t^3}{\left(1-\frac{1}{2}t'\right)^3} + etc.\right)$$

Le coefficient de t^x dans cette série est

$$\frac{1}{2^x}.\quad\frac{t'}{(1-t').\left(1-\frac{1}{2}t'\right)^x};$$

$y_{xx'}$ est donc le coefficient de $t'^{x'}$ dans cette dernière quantité : or on a

$$\frac{t'}{(1-t').\left(1-\frac{1}{2}t'\right)^x} =$$

$$\frac{t' + \frac{1}{2}.x.t'^2 + \frac{1}{2^2}.\frac{x.(x+1)}{1.2}.t'^3 ... + \frac{1}{2^{x'-1}}.\frac{x.(x+1).(x+2)...(x+x'-2)}{1.2.3...(x'-1)}.t'^{x'} + etc.}{1-t'}$$

En réduisant en série le dénominateur de cette dernière fraction, et multipliant le numérateur par cette série, on voit que le coefficient de $t'^{x'}$ dans ce produit est ce que devient ce numérateur lorsqu'on y fait $t' = 1$; on a donc

$$y_{xx'} = \frac{1}{2^x}\left(1 + x.\frac{1}{2} + \frac{x(x+1)}{1.2}.\frac{1}{2^2} + \frac{x.(x+1).(x+2)}{1.2.3}.\frac{1}{2^3} + \ldots\right.$$

$$\left. + \frac{x.(x+1).(x+x'-2)}{1.2.3....(x'-1)}.\frac{1}{2^{x'-1}}\right) \quad \text{[p. 214-215]}$$

Une réponse au problème des partis est ainsi obtenue à l'aide d'une formule générale. Le cas de deux joueurs d'adresse inégale relèverait d'une équation semblable à (4), dans laquelle des coefficients p et q (avec $p + q = 1$) viendraient prendre la place des coefficients $\frac{1}{2}$. Dans la *Théorie* (livre II, chapitre 2), figurent d'autres exemples de problèmes relatifs à des jeux, ils conduisent à des équations linéaires aux différences finies et leur résolution est obtenue au moyen de fonctions génératrices.

2.2. Le « nouveau genre de calcul »

Le calcul repose donc sur la correspondance entre une suite et une fonction (assimilée à la somme d'une série entière). Dans le cas d'une suite simple, le tableau ci-dessous présente quelques aspects de cette correspondance :

$u = \Sigma y_x t^x$	y_x
$u \times t^r$	y_{x-r}
$u \times \frac{1}{t}$	y_{x+1}
$u \times (\frac{1}{t} - 1)$	$\Delta y_x = y_{x+1} - y_x$
$u \times (\frac{1}{t} - 1)^i$	$\Delta^i y_x$
$u \times (\frac{1}{t} - 1)^{-1} = u \times \frac{t}{1-t}$	$\Sigma y_x = y_{x-1} + y_{x-2} + \dots$
$u \times (1 - p t - q t')$	$y_{x x'} - p y_{x-1 x'} - q y_{x x'-1}$
$u \times (\frac{1}{t t'} - p \frac{1}{t} - q \frac{1}{t'})$	$y_{x+1 x'+1} - p y_{x x'+1} - q y_{x+1 x'}$

Laplace n'est pas le premier à utiliser les fonctions génératrices, plusieurs autres mathématiciens l'ont fait avant lui. Mais Laplace est le premier à en faire un usage aussi systématique. Dès le mémoire de 1782, il s'agit de démontrer de nouveaux résultats, mais aussi de regrouper sous un même point de vue un ensemblc de faits analytiques. On prêtera une attention particulière à un élément important du tableau ci-dessus : le passage à la différence finie Δy_x correspond à la multiplication de la fonction u par le facteur ($\frac{1}{t}$ - 1), plus généralement, dans la différence $\Delta^i y_x$, l'exposant i affecte la caractéristique Δ, alors que dans la fonction génératrice $u \times (\frac{1}{t} - 1)^i$, l'exponentiation revêt sa signification numérique ordinaire. L'un des avantages importants que Laplace revendique pour sa méthode est d'éclairer l'analogie entre les puissances et les différences. Leibniz avait remarqué dès 1695, l'analogie entre la formule du binôme de Newton et la formule qui donne la différentielle d'un produit, par exemple :

$(x + y)^4 = 1x^4 + 4x^3y + 6y^2x^2 + 4xy^3 + 1y^4$

$d^4xy = 1yd^4x + 4yd^3x + 6d^2yd^2x + 4xd^3y + 1xd^4y$

Cette découverte avait fait l'objet d'échanges épistolaires avec Jean I Bernoulli. Mais la propriété n'avait pas été véritablement exploitée avant le mémoire de Lagrange *Sur une nouvelle espèce de calcul relatif à la différentiation et à l'intégration des quantités variables* [Lag74]. Lagrange fondait sa conception de l'Analyse sur l'idée des *fonctions analytiques* reliées à leurs dérivées successives par la formule de Taylor :

$$u + \Delta u = u + \frac{du}{dx}\xi \partial . u + \frac{1}{1.2}\xi^2 \frac{d^2u}{dx^2} + \frac{1}{1.2.3}\xi^3 \frac{d^3u}{dx^3} + etc.,$$

Il exploitait l'analogie de cette formule avec le développement en série de l'exponentielle et il écrivait :

$$u + \Delta u = e^{\alpha \frac{du}{dx}} ,$$

avec la consigne de substituer aux puissances $(\frac{du}{dx})^n$, apparues dans le développement de l'exponentielle, les dérivées $\frac{d^n u}{dx^n}$, c'est-à-dire finalement de remplacer les exposants de $(du)^n$ par les indices de différentiation de $d^n u$. Entre moyen de découverte et véritable méthode de démonstration, le statut de cette analogie restera ambigu dans les travaux de Lagrange. Avec les fonctions génératrices, nous avons vu comment les puissances des nombres se trouvent associées à des différences finies itérées. En invoquant un passage du fini à l'infiniment petit, Laplace étend cette correspondance au cas des différentielles, et il estime qu'il peut fournir ainsi des démonstrations à des propriétés que Lagrange n'obtenait que par induction. Dans le *Mémoire sur les intégrales définies et leur application aux probabilités* [Lap11], Laplace brossera une perspective historique dans laquelle ses méthodes viennent s'inscrire à la suite des inventions prestigieuses de Descartes et de Leibniz :

> *[...] Leibniz a enrichi le Calcul différentiel d'une notation très heureuse, et qui s'est adaptée d'elle-même à l'extension que le Calcul différentiel a reçue par la considération des différentielles partielles. La langue de l'Analyse, la plus parfaite de toutes, étant par elle-même un puissant instrument de découverte, ses notations, lorsqu'elles sont nécessaires et heureusement imaginées, sont les germes de nouveaux calculs. Ainsi la simple idée de Descartes d'indiquer les puissances des quantités, représentées par des lettres, en écrivant vers le haut de ces lettres les nombres qui expriment les degrés de ces puissances, a donné naissance au calcul exponentiel ; et Leibniz a été conduit, par sa notation, à l'analogie singulière des puissances et des différences. [....].*
>
> *Le calcul des fonctions génératrices, qui donne la véritable origine de cette analogie, offre tant d'exemples de ce transport des exposants des puissances aux caractéristiques, qu'il peut encore être considéré comme le calcul exponentiel des caractéristiques. [Lap11, p. 360]*

Cette présentation historique avantageuse sera encore développée au début du livre premier de la *Théorie*, intitulé précisément : *Du calcul des fonctions génératrices.* La première partie du livre contient effectivement un exposé et des applications assez directes de ce calcul. La seconde partie est consacrée à l'étude asymptotique de certaines intégrales définies, sous le titre *Théorie des approximations des formules qui sont fonctions de très grands nombres* ; il ne s'agit plus d'un recours aux fonctions génératrices *stricto sensu* ; la correspondance entre les suites et les fonctions est obtenue par le biais d'intégrales suivant des mécanismes que Laplace écrit à la fin de la première partie et dont voici quelques exemples :

T	$y_x = \int T dt\, t^{-x}$
$T \times \left(\frac{1}{t^{\alpha}} - 1 \right)^i$	$\Delta^i y_x = \int T\, dt\, t^{-x} \left(\frac{1}{t^{\alpha}} - 1 \right)^i$
$T \times \left(\log \frac{1}{t} \right)^i$	$\frac{d^i y_x}{dx^i} = \int T\, dt\, t^{-x} \left(\log \frac{1}{t} \right)^i$

2.3. Des notations et des concepts en évolution

La mise en œuvre de calculs fondés sur l'analogie des puissances et des différences constitue un premier pas dans une évolution historique qui conduira au calcul des opérateurs. Dans ce cheminement, il faut signaler le seuil important qui est franchi avec l'œuvre d'Arbogast. Dans son *Traité des dérivations* [1800] Arbogast pratique ce qu'il appelle la *séparation des échelles d'opérations*, c'est-à-dire qu'il effectue des calculs sur les caractéristiques d'opérations elles-mêmes, comme s'il s'agissait de symboles de quantités. Par exemple, il écrit la formule de Taylor sous la forme [4]

$$\Delta u = (\xi \partial. + \frac{1}{1.2} \xi^2 \partial^2. + \frac{1}{1.2.3} \xi^3 \partial^3. + etc.) \times u = (e^{\xi \partial.} - 1) \times u.$$

Il évite ainsi la transformation des exposants en indices, telle que la pratiquait Lagrange. Cependant, les méthodes d'Arbogast n'ont pas été adoptées immédiatement ; aux yeux de nombre de ses contemporains, elles ont paru peu justifiées. Quant à Laplace, il tient que le calcul des fonctions génératrices fournit à la *séparation des échelles sa démonstration et sa véritable métaphysique* [lap11, p. 358], mais il n'adopte pas cette technique. Par exemple, il obtient la formule d'Euler-MacLaurin au moyen d'écritures intermédiaires qu'il modifie en transformant les exposants en indices de différentiation :

$$\Sigma\, y_l = \frac{1}{e^{\frac{dy_l}{dl}} - 1} = \frac{1}{\frac{dy_l}{dl} . \left\{ 1 + \frac{1}{2} . \frac{dy_l}{dl} + \frac{1}{6} . \left(\frac{dy_l}{dl} \right)^2 + etc. \right\}}$$

[4] Voir l'étude de Jean-Pierre Friedelmeyer [Fri94].

$$= \left(\frac{dy_l}{dl}\right)^{-1} - \frac{1}{2}.\left(\frac{dy_l}{dl}\right)^{0} + \frac{1}{12}\frac{dy_l}{dl} + etc.,$$

$$= \int y_l - \frac{1}{2}\,y_l + \frac{1}{12}\frac{dy_l}{dl} + etc. \qquad \text{[Lap25, p. 151]}$$

Dans des circonstances semblables, Arbogast aurait utilisé des symboles tels que :

$$\Sigma\, y_l = \Delta^{-1} y_l = \left(e^{\frac{d}{dl}} - 1\right)^{-1} \times y_l.$$

Certains des calculs de Laplace restent particulièrement obscurs pour un lecteur moderne, et c'est parfois leur « traduction » à l'aide d'un calcul symbolique plus proche de celui d'Arbogast qui permet de saisir la démarche sous-jacente. Par exemple, dans le livre I de la *Théorie*, Laplace considère l'équation aux différences finies :

$$y_{x+1\,x'+1} - a\,y_{x\,x'+1} - b\,y_{x+1\,x'} - c\,y_{x\,x'} = 0.$$

Si u est la fonction génératrice de $y_{x\,x'}$, le premier membre de cette équation a pour fonction génératrice $\left(\frac{1}{tt'} - \frac{a}{t'} - \frac{b}{t} - c\right)u$. Laplace détermine l'expression de $y_{x\,x'}$ à l'aide d'un calcul dans lequel les variables t et t' sont liées par la relation qu'il nomme *équation génératrice* :

$$\frac{1}{tt'} - \frac{a}{t'} - \frac{b}{t} - c = 0. \qquad \text{[p. 62]}$$

Mais dans les suppléments inclus à la fin du livre II, il revient sur ce type de calcul en indiquant : *la marche suivie dans la solution des problèmes [....] n'est nullement rigoureuse, en ce qu'elle établit une liaison entre les variables, qui sont et qui doivent être toujours indépendantes [...]* [p. 640]. Puis il évoque sans autre précision *les considérations particulières* [...] *qu'il est aisé de saisir* et qui ont pu faire réussir quand même la méthode. Mais il ne fournit aucune indication sur ces conditions et il reprend la résolution de l'équation aux différences finies par un calcul complètement différent et dans lequel il n'est plus question de cette mystérieuse *équation caractéristique* [p. 639-645]. Dans la deuxième moitié du XIXème siècle, quand Todhunter donne son *History of the Mathematical Theory of Probability*, le calcul symbolique a fait l'objet d'une importante diffusion en Angleterre, et l'auteur peut proposer une interprétation en introduisant les opérateurs E et F définis par :

$$\mathrm{E}\,y_{x\,x'} = y_{x+1\,x'} \qquad \mathrm{F}\,y_{x\,x'} = y_{x\,x'+1}.$$

L'équation aux différences finies peut s'écrire :

$$(\mathrm{E\,F} - a\mathrm{F} - b\,\mathrm{E} - \mathrm{c})\,y_{x\,x'} = 0\,.$$

Le problème est de calculer, moyennant cette relation, le terme général qui peut s'écrire $\mathrm{E}^x\mathrm{F}^{x'}\,y_{0\,0}$. On obtient un calcul cohérent si, dans le texte de Laplace, on remplace respectivement $1/t$ et $1/t'$ par les symboles d'opération E et F.

Laplace a tendance à utiliser les fonctions génératrices, même dans des cas où des moyens plus élémentaires seraient suffisants. Ses successeurs réagiront parfois contre le côté systématique du procédé. Cauchy exprimera des critiques quant à la rigueur des calculs de Laplace en ce domaine [Cau50]. Mais les fonctions génératrices resteront un instrument précieux en combinatoire et en théorie des probabilités.

3. Le théorème central limite

La *Théorie* contient une démonstration du théorème de Moivre-Laplace qui permet d'obtenir une approximation de la loi binomiale par une loi normale. Le théorème central limite en constitue une généralisation, on peut en donner un énoncé moderne dans les termes suivants : soit des variables aléatoires X_1, X_2, X_3,... mutuellement indépendantes, dont l'espérance est 0 et dont la variance est σ^2. On considère la variable :

$$X = (X_1 + X_2 + \ldots X_s)/\ \sigma\sqrt{s}\ .$$

Lorsque s tend vers l'infini, la fonction de répartition de cette variable converge simplement vers la fonction de répartition normale: $l \rightarrow \frac{1}{\sqrt{2\pi}}\int_{-\infty}^{l} e^{-\frac{t^2}{2}}dt$. [5]

Cette propriété a été découverte par Laplace, elle apparaît en 1810 dans le *Mémoire sur les approximations des formules qui sont fonctions de très grands nombres, et sur leur application aux probabilités.* L'objectif principal est alors l'étude de la trajectoire des comètes. Mais l'auteur constate immédiatement que la même démonstration s'applique à l'étude de la moyenne des erreurs réalisées au cours de s observations successives d'un même phénomène. C'est avec cette problématique relative aux erreurs que le calcul sera présenté dans la *Théorie* ; Laplace utilise une technique qu'il connaissait déjà en 1785 et qui lui fournit une approximation des fonctions au voisinage de leur maximum.

3.1. Plusieurs lois des erreurs

Le problème de base peut être décrit rapidement avec la terminologie des variables aléatoires qui n'est évidemment pas celle de Laplace. Lorsqu'on mesure une grandeur associée à un phénomène physique, les limites des instruments, les maladresses de l'expérimentateur... font que les observations réalisées ne livrent pas la « vraie valeur » de la grandeur. Les résultats des observations peuvent être considérés comme les valeurs d'une variable aléatoire continue X, dont la densité est une fonction $\varphi(x)$. Au XVIIIème siècle, le choix de cette « fonction des erreurs » est un problème complexe, relié à des enjeux importants [6]. Dans le mémoire *Sur la probabilité des causes par les événements* [1774], Laplace commence par énoncer quelques propriétés nécessairement vérifiées par la courbe représentative de la fonction :

[5] Voir par exemple [Rén66, p. 413]

[6] De la définition de cette fonction dépend le choix de ce que Laplace et ses contemporains appellent le « milieu » qu'il faut choisir entre plusieurs observations : quand on a observé les valeurs $X = a$, $X = b$, $X = c\ldots$, il reste à fixer le nombre unique qui représentera la « vraie valeur ».

1. elle soit admettre un axe de symétrie, défini par la vraie valeur de la grandeur, *car il est tout aussi probable que l'observation s'écarte de la vérité à droite comme à gauche* [Lap74, p. 43] ;
2. elle doit admettre l'axe des abscisses pour asymptote, *parce que la probabilité que l'observation s'éloigne de la vérité à une distance infinie est évidemment nulle* [*Ibid.*] ;
3. l'aire comprise entre la courbe et l'axe des abscisses doit être égale à 1 ;
4. enfin, la fonction doit être décroissante sur [0 ; + ∞[, car les erreurs petites sont davantage probables que les grandes.

Mais ces conditions ne suffisent pas à déterminer la fonction φ : *dans le nombre infini des fonctions possibles, laquelle choisirons-nous ?* [p. 45]. Dans le mémoire de 1774, le choix se portera finalement sur une fonction de type $\frac{1}{2}m\, e^{-m|x|}$ que l'on appelle parfois la « première loi de Laplace ». L'auteur obtient ce résultat par un raisonnement curieux :

Or, comme nous n'avons aucune raison de supposer une autre loi aux ordonnées qu'à leurs différences, il suit que nous devons, conformément aux règles des probabilités, supposer le rapport de deux différences consécutives et infiniment petites égal à celui des ordonnées correspondantes. On aura ainsi

$$\frac{d\varphi(x+dx)}{d\varphi(x)} = \frac{\varphi(x+dx)}{\varphi(x)}$$

partant

$$\frac{d\varphi(x)}{dx} = -m\varphi(x)$$

ce qui donne

$$\varphi(x) = be^{-mx};$$

Telle est donc la valeur que nous devons choisir pour $\varphi(x)$. La constante b doit se déterminer par cette supposition que l'aire entière de la courbe QRM soit égale à l'unité qui représente la certitude, ce qui donne $b = \frac{1}{2}m$, partant $\varphi(x) = be^{-mx}$;[...] [p. 45]

L'argumentation reste assez courte. Avec l'invocation des *règles des probabilités*, on assiste peut-être à une application extensive du principe d'indifférence : de même que les différentes causes d'un même événement dont on ne sait rien se voient attribuées la même probabilité [7], on donnerait la même valeur à deux rapports, en l'absence d'information plus précise à leur sujet.

Dans le *Mémoire sur les probabilités* [Lap81], un autre point de vue sera adopté. La variable aléatoire est supposée prendre ses valeurs dans l'intervalle [-*a* ; +*a*], Laplace envisage l'ensemble des fonctions qui, *mutatis mutandis*, vérifient les 4 conditions citées ci-dessus. Puis il met en œuvre un principe d'indifférence : comme toutes ces fonctions sont également admissibles, il faut choisir celle qui en représente la moyenne arithmétique. Le calcul, mené à partir

[5] Voir ci-dessus § 1.2.

d'une discrétisation de l'intervalle [$-a$; a], conduit à la fonction définie par $\varphi(x) = \frac{1}{2a}\log\frac{a}{|x|}$.

Au cours de la même période, Lagrange fait paraître le *Mémoire sur l'utilité de la méthode de prendre le milieu entre les résultats de plusieurs observations* [Lag76] ; plusieurs exemples de loi des erreurs sont envisagés : on trouve en particulier une densité de probabilité définie par la fonction cosinus et une autre par la fonction $p^2 - x^2$. Dans la *Théorie*, Laplace va étudier la moyenne d'un grand nombre d'observations qui suivent toutes la même loi des erreurs. Après un calcul général qui aboutit, nous allons le voir, à la démonstration du théorème central limite, il envisagera les cas particuliers où la loi des erreurs de chaque observation est représentée par une *fonction rationnelle et entière*, puis par une *exponentielle négative* [Lap25, p. 313]. La loi logarithmique sera aussi évoquée dans la *Théorie* [p. 279].

3.2. L'approximation exponentielle des fonctions autour de leur maximum

Introduite dans le *Mémoire sur les approximations des formules qui sont fonction de très grands nombres* [Lap85], une technique de calcul va revenir souvent dans les écrits de Laplace. Elle fait jouer un rôle important à la fonction exponentielle dans l'obtention de certains développements asymptotiques. On peut en comprendre la substance en voyant comment Laplace l'utilise pour obtenir la formule de Stirling. L'auteur part de la relation écrite pour tout entier positif a :

$$a\,! = \int_0^\infty x^a\, e^{-x}\, dx$$ [8]

Dans l'intervalle [0 ; + ∞ [, la fonction $x \rightarrow x^a\; e^{-x}$ présente un maximum pour $x = a$. Elle va être exprimée à l'aide d'une variable t dépendant de x , sous la forme :

(5) $$x^a\, e^{-x} = a^a\, e^{-a}\, e^{-t^2}.$$

Puis un changement de variable $x = a + \theta$ est opéré, de façon à ce que l'origine corresponde au maximum de la fonction, il vient :

$$(1 + \frac{\theta}{a})^a\, e^{-\theta} = e^{-t^2}.$$

En prenant le logarithme de chacun des deux membres et en développant en série on obtient :

---

[8] En général, Laplace écrit les intégrales définies $\int dx.\, y$ (sans l'indication de leurs bornes et avec la différentielle écrite avant la fonction à intégrer), et il faut se référer au contexte pour suivre le calcul. Sauf lorsqu'il s'agit d'une citation explicite du texte de Laplace, j'utiliserai la notation $\int_a^b dx\,.\,y$.

$$t^2 = - a \log(1 + \frac{\theta}{a}) + \theta = \frac{\theta^2}{2a} - \frac{\theta^3}{3a^2} + \frac{\theta^4}{4a^3} - \ldots,$$

Une méthode de coefficients indéterminés ou tout autre moyen permet d'effectuer ce que l'on appelle au XVIIIème siècle un *retour de suite* et d'exprimer θ en fonction de t :

$$\theta = t\sqrt{2a} + \frac{2t^2}{3} + \frac{t^3}{3\sqrt{2a}} + \ldots$$

Finalement $d\theta$, puis dx s'écrivent en fonction de t et de dt, le report dans l'intégrale (5), puis l'intégration terme à terme du développement obtenu conduisent finalement à :

$$a\,! = a^{a+\frac{1}{2}} e^{-a} \sqrt{2\pi}\left(1 + \frac{1}{12a} + \ldots\right).$$

Ce calcul sera présent dans la *Théorie* [p. 128-129]. Il est en réalité l'application d'une méthode générale décrite dans le mémoire de 1785 et reprise dans la *Théorie* [p. 92-93]. Pour avoir le cas général à partir du calcul précédent, il faut remplacer la fonction $x \rightarrow x^a\ e^{-x}$ par une fonction y quelconque, celle-ci admet un maximum, noté Y, pour la valeur $x = a$:

$$Y = y\,\big|_{x=a}$$

La fonction $\log\frac{Y}{y}$ s'annule donc pour $x = a$, soit $\mu + 1$ l'ordre de cette racine, il existe alors une fonction v qui ne s'annule pas en $x = a$ et qui vérifie :

(6) $$\log\frac{Y}{y} = (x-a)^{\mu+1}\, v^{\mu+1}$$

Laplace fait intervenir la variable t définie en fonction de x par :

(7) $$x - a = vt$$

Les formules (6) et (7) conduisent à :

(8) $$y = Y e^{-t^{\mu+1}},$$

c'est l'équivalent de (5) dans l'exemple traité ci-dessus.

L'équation (7), dans laquelle v est une fonction de x, permet d'exprimer x en fonction de t au moyen d'une série, il suffit pour cela d'avoir recours à la formule générale que Lagrange a démontrée pour le *retour des suites* [1]. Finalement, Laplace obtient un résultat sous la forme :

(9) $$\int y dx = Y \int dt\, e^{-t^{\mu+1}} \left[U + \frac{dU^2}{dx} t + \frac{1}{2!} \frac{d^2U^3}{dx^2} t^2 + \ldots \right],$$

---

[9] Voir l'atelier *Aux sources de la théorie des fonctions analytiques* … [Ire98, p. 289-310].

dans lequel on a posé :

$$U = v\big|_{x=a} \quad ; \quad \frac{dU}{dx} = \frac{dv}{dx}\Big|_{x=a} ; \quad \frac{d^2U^3}{dx^2} = \frac{d^2v^3}{dx^2}\Big|_{x=a}$$

Dans de nombreux cas, la racine a de l'équation $\log\frac{Y}{y} = 0$ sera d'ordre 2, et la valeur de μ sera égale à 1. Dans la formule (9), le terme indépendant de t qui apparaît dans le développement entre crochets s'exprimera à l'aide de l'intégrale $\int dt\, e^{-t^2}$. Laplace souligne le rôle joué par cette quantité :

> [les séries obtenues] *renferment des quantités transcendantes qui, le plus souvent, se réduisent à celle-ci*
>
> $$\int dt\, e^{-t^2},$$
>
> *et comme cette intégrale, prise depuis $t = 0$ jusqu'à $t = \infty$, est la moitié du rapport de la demi-circonférence au rayon, il en résulte que la valeur approchée des intégrales déterminées des fonctions différentielles qui renferment des facteurs très élevés dépend presque toujours de cette racine, dans le cas même où ces intégrales sont algébriques ; ainsi cette quantité transcendante que M. Stirling a le premier introduite dans la valeur approchée du terme moyen du binôme ne lui est pas particulière, mais elle entre également dans les valeurs approchées d'un très grand nombre d'autres fonctions algébriques. [Lap85, p. 211-212]*

Ces calculs présents dès le mémoire publié en 1785 seront repris dans le livre I de la *Théorie* [§§ 23 et 33]. Au livre II (chapitre III), la formule de Stirling sera utilisée pour démontrer le théorème de De Moivre-Laplace exprimant la limite d'une loi binomiale à l'aide d'une loi normale[10]. Laplace utilisera à d'autres occasions la méthode générale d'approximation au voisinage d'un maximum à l'aide de la fonction e^{-t^2}, cette méthode interviendra dans la démonstration de ce que l'on nomme aujourd'hui le théorème central limite. Elle interviendra encore dans un mémoire tardif dans lequel Laplace calcule le rayon de convergence des séries qui interviennent dans la résolution du problème de Kepler [Lap27] [11].

3.3. L'inclinaison de la trajectoire des comètes et la théorie des erreurs

Laplace publie en 1810 le *Mémoire sur les approximations des formules qui sont fonctions de très grands nombres, et sur leur application aux probabilités*. Le sujet traité concerne d'abord l'inclinaison des orbites des comètes, l'auteur remet

---

[10] Voir l'étude de Denis Lanier et Didier Trotoux dans [Ire96, p. 259-294].

[11] Voir à ce sujet [Lub98].

là en chantier un problème qu'il a abordé quelque 25 ans plus tôt [Lap76c]. L'idée directrice était de distinguer les trajectoires des planètes de celles des comètes, en approfondissant une remarque de du Séjour :

> *[M. du Séjour] a trouvé que l'inclinaison moyenne des 63 comètes observées jusqu'à présent était de 46°16', ce qui s'éloigne peu de 45°, et que le rapport des comètes directes aux rétrogrades était 5/4, ce qui s'écarte peu de l'unité. De là il conclut, avec raison, qu'il n'existe pour les comètes aucune cause qui les détermine à se mouvoir dans un sens plutôt que dans un autre, et à peu près dans le même plan, et qu'ainsi celle qui détermine le mouvement des planètes est entièrement indépendante du système général de l'univers.[Lap76c, p. 280]*

En supposant une distribution aléatoire uniforme des inclinaisons, il s'agit d'évaluer la probabilité d'obtenir une inclinaison moyenne supérieure à $45° + \alpha$ (46°16') :

> *[...] si, par exemple, l'inclinaison moyenne des orbites était $45° + \alpha$, et qu'il y eût un très grand nombre, comme un million, à parier contre l'unité qu'elle doit être au-dessous, on pourrait en conclure avec beaucoup de vraisemblance qu'il existe une cause qui détermine les comètes à se mouvoir dans un plan plutôt que dans un autre ; il est donc essentiel de connaître les probabilités que l'inclinaison moyenne sera au-dessus ou au-dessous de $45° + \alpha$. [Ibid.]*

Le mémoire de 1810 apporte une réponse à ce problème :

> *La probabilité que l'inclinaison moyenne doit être comprise dans les limites $50^G \pm 1^G,87663$[12] est [...] égale à 0,4933, ou ½ à fort peu près. La probabilité qu'elle doit être en-dessous est donc ¼., et la probabilité qu'elle doit être au-dessus est ¼. Toutes ces probabilités sont trop peu différentes de ½ pour que le résultat observé fasse rejeter l'hypothèse d'une égale facilité des inclinaisons des orbites, et pour indiquer l'existence d'une cause primitive qui a influé sur ces inclinaisons, cause que l'on ne peut s'empêcher d'admettre dans les inclinaisons des orbes planétaires. [Lap10, p. 316]*

Mais, l'approximation normale qui a été réalisée apporte une solution à toute une classe de problèmes. Laplace mentionne en particulier son application possible à la théorie des erreurs :

> *Le problème que nous avons résolu [...] relativement aux inclinaisons, est le même que celui dans lequel on se propose de déterminer la probabilité que l'erreur moyenne d'un nombre n d'observations sera comprise entre des limites données, en supposant que les erreurs de chaque observation puissent également s'étendre dans l'intervalle h. [p. 322].*

---

[12] Entre le mémoire de 1776 et celui de 1810, l'unité de mesure des angles a changé. Mais aussi, l'inclinaison moyenne prise en compte n'est plus la même : en 1810 Laplace tient compte de toutes les comètes observées jusqu'à 1807 inclusivement, et leur nombre s'élève à 97 [Lap10, p. 304].

Un complément à la démonstration lui permettra de se libérer de la condition d'une répartition *égale* des différentes valeurs possibles de l'erreur. Il suffira que la loi de probabilité des erreurs soit la même pour chacune des observations successives. Les deux étapes de la démonstration (loi uniforme, puis loi quelconque) seront à nouveau présentées dans la *Théorie*.

En utilisant une terminologie anachronique, considérons s variables aléatoires X_i qui prennent leurs valeurs dans l'intervalle I = [- a; + a], et qui obéissent à la loi uniforme (de densité $1/(2a)$). Notons S la variable aléatoire $(X_1 + X_2 + \ldots + X_s)$. Pour des valeurs de s suffisamment grandes, Laplace obtient un résultat que l'on peut écrire sous la forme :

(10) $$P(|S| < ar\sqrt{s}\,) = 2.\sqrt{\frac{3}{2\pi}}.\int_0^r dr.e^{-\frac{3}{2}r^2}$$ [Lap25, p. 310]

Si la loi commune aux variables aléatoires X_i n'est pas uniforme, le résultat peut s'écrire :

(11) $$P(|S| < ar\sqrt{s}\,) = \sqrt{\frac{k}{k''\pi}}.\int_0^r dr.e^{-\frac{3}{2}r^2}.$$ [p. 313]

Les constantes k et k'' dépendent seulement de la loi commune des variables aléatoires (à un coefficient près, il s'agit respectivement des moments d'ordre 0 et d'ordre 2). Donnons les principales étapes de la démonstration telles qu'elles apparaissent dans la *Théorie*.

3.4. La démonstration

La démonstration occupe quelques pages au début du chapitre IV du livre II. Elle est préparée au livre I par la résolution d'un problème de dénombrement.

3.4.1. Un dénombrement et son évaluation asymptotique

Dans un premier temps, les erreurs pourront prendre les valeurs entières : $-n$; $-n + 1$; $-n + 2$; ... ; 0 ; 1 ;...n. Le résultat de s observations, sera représenté par un s - uplet, il existe ainsi $(2n + 1)^s$ résultats distincts. Pour un entier r donné, il faut déterminer le nombre A_r de s - uplets qui produisent une somme des observations égale à r. Ce travail préliminaire est effectué dans le livre I (chapitre III). Le nombre A_r est donné par le coefficient de a^r dans le développement du multinôme :

(12) $$M = (a^{-n} + a^{-n+1} \ldots + a^{-1} + 1 + a + \ldots + a^{n-1} + a^n)^s.$$

Laplace va alors poser $a = e^{\varpi\sqrt{-1}}$, et utiliser des propriétés qui sont devenues classiques dans le calcul des coefficients des séries trigonométriques. Le multinôme s'écrit en effet :

$$M = \sum 2A_r \cos.r\varpi\ .$$

et l'on sait que l'on obtient un coefficient A_r particulier par la formule :

(13) $$A_r = \frac{1}{\pi}\int_0^\pi M\cos r\varpi\ d\varpi\ .$$

Mais d'autre part M peut être exprimée sous la forme :

(14) $$M=\left(\frac{\sin\left(\frac{2n+1}{2}\right).\varpi}{\sin.\frac{1}{2}\varpi}\right)^{s}.$$

La fonction $\varpi \rightarrow M$ présente pour $\varpi = 0$ un maximum égal à $(2n + 1)^s$. Suivant les principes que nous avons vus au paragraphe 4.2 ci-dessus, l'intégrale (11) va être calculée en posant :

$$M = (2n + 1)^s.\ e^{-t^2},$$

la méthode permet d'obtenir :

(15) $$A_r=\frac{(2n+1)^s.\sqrt{3}}{\sqrt{n.(n+1).2s\pi}}.e^{-\frac{\frac{3}{2}r^2}{n(n+1)s}}.$$

Mais les besoins ultérieurs concernent la somme $\sum_{r=-l}^{+l} A_r$. Cette quantité est évaluée au moyen de la formule d'Euler-MacLaurin, Laplace obtient un résultat que l'on peut écrire :

(16) $$\sum_{r=-l}^{+l} A_r=\frac{(2n+1)^s.\sqrt{6}}{\sqrt{n.(n+1).s\pi}}.\left(\int_0^l dr.e^{-\frac{\frac{3}{2}r^2}{n(n+1)s}}+\frac{1}{2}.e^{-\frac{\frac{3}{2}l^2}{n(n+1)s}}\right).$$ [Lap25, p. 151]

3.4.2. L'obtention de la loi normale dans le cas d'une loi des erreurs uniforme

Dans les applications qui en découleront, Laplace ne prendra en compte que le premier terme de la parenthèse de la formule (16). Se trouve ainsi évalué le nombre de cas où la somme des s observations est comprise dans l'intervalle [-l ; + l]. En tenant compte du nombre de s-uplets possibles, il en découle :

(17) $$P(|S|\le l)=\frac{\sqrt{6}}{\sqrt{n.(n+1).s\pi}}\int_0^l dr.e^{-\frac{\frac{3}{2}r^2}{n(n+1)s}}.$$ [13]

Le passage à la formule (10) est obtenu par un changement de notation qui s'explique par la volonté de s'affranchir du caractère discret des variables X_i utilisées au départ [14].

---

[13] Un calcul élémentaire fournit l'écart-type de la variable aléatoire S : $\sigma=\sqrt{\frac{n(n+1)s}{3}}$. On vérifie alors que le second membre fournit bien le résultat attendu pour une variable qui suit la loi normale centrée d'écart-type σ.

[14] Ce passage du discret au continu exigerait une justification délicate : Laplace remarque seulement que les résultats restent valables avec n infini, puis il décide immédiatement de nommer 2*a l'intervalle compris entre les limites des erreurs d'observation* [p. 310].

3.4.3. Le cas d'une loi des erreurs quelconque

Si la loi des erreurs est quelconque, les calculs précédents doivent être repris avec une hypothèse initiale qui fait intervenir une fonction φ. L'observation de rang i conduira à une valeur entière x comprise entre $-n$ et $+n$ suivant la règle :

$$P(X_i = x) = \varphi(x).$$

Les calculs vont porter sur un multinôme analogue à celui de la formule (12) :

$$N = [\varphi\left(\frac{n}{n}\right)a^{-n} + \varphi\left(\frac{n-1}{n}\right)a^{-n+1} + \ldots. + \varphi\left(\frac{1}{n}\right)a^{-1} + \varphi\left(\frac{0}{n}\right) + \varphi\left(\frac{1}{n}\right)a + \ldots. + \varphi\left(\frac{n}{n}\right)a^{n}]^{s}$$

Cette fois-ci le coefficient B_x de a^x dans le développement de N donnera directement la probabilité pour que la somme S des s observations soit égale à r.

Le calcul de B_x peut encore être envisagé en posant $a = e^{\varpi\sqrt{-1}}$, on obtiendra :

(18) $$N = \sum_x 2B_x \cos.x\varpi.$$

et le coefficient B_x sera :

(19) $$B_x = \frac{1}{\pi}\int_0^{\pi} N\cos x\varpi \, d\varpi.$$

cependant, le multinôme N peut aussi s'écrire :

(20) $$N = [\varphi\left(\frac{0}{n}\right) + 2\varphi\left(\frac{1}{n}\right)\cos.\varpi + 2\,\varphi\left(\frac{2}{n}\right)\cos.2\varpi. + 2\varphi\left(\frac{n}{n}\right)\cos.n\varpi]^{s}.$$

Laplace développe chacun des cosinus en série entière :

$$2\varphi\left(\frac{x}{n}\right).\cos.x\varpi = 2\varphi\left(\frac{x}{n}\right) - \frac{x^2}{n^2}.\varphi\left(\frac{x}{n}\right).n^2\,\varpi^2 + etc.$$ [p. 311]

Puis, dans le second membre de (20), il intervertit les ordres de sommation :

$$N = [\varphi\left(\frac{0}{n}\right) + 2\sum_{x=1}^{n}\varphi\left(\frac{x}{n}\right) - \sum_{x=0}^{n}\varphi\left(\frac{x}{n}\right)\frac{x^2}{n^2} + etc.]^{s}.$$

Il pose ensuite $x' = \frac{x}{n}$, $dx' = \frac{1}{n}$ et convertit les sommes en intégrales :

$$N = [2n\int_0^1 dx'\varphi(x') - n^2\,\varpi^2 \int_0^1 x'^2\,dx'\varphi(x') + etc.]^{s}.$$

Ces intégrales sont respectivement représentées par k et k'', donc :

$$N = (nk)^s\,(1 - \frac{k''}{k}.\,n^2\,\varpi^2 + etc.)^{s}.$$

Il faut noter que l'origine de la fonction φ impose : $\varphi\left(\frac{0}{n}\right) + 2\sum_{x=1}^{n}\varphi\left(\frac{x}{n}\right) = 1$ et finalement $nk = 1$.

Le coefficient B_x devient :

(21) $$B_x = \int_0^{\pi} d\varpi\cos.x\varpi.\,(nk)^s\,(1 - \frac{k''}{k}.\,n^2\,\varpi^2 + etc.)^{s}.$$

La fonction $\varpi \rightarrow (1 - \frac{k''}{k}.\,n^2\,\varpi^2 - \text{etc.})^s$ admet, pour $\varpi = 0$, un maximum égal à 1, suivant une méthode déjà rencontrée, Laplace introduit la variable t définie par :

$$(1 - \frac{k''}{k}.n^2\varpi^2 - \text{etc.})^s = e^{-t^2}. \qquad \text{[p. 312]}$$

il en déduit, *à très peu près, lorsque s est un très grand nombre* : $\varpi = \frac{t}{n}\sqrt{\frac{k}{k''s}}$. Ce changement de variable justifie approximativement une transformation de la formule (20) :

$$B_x = \frac{1}{n\pi}\sqrt{\frac{k}{k''s}}\int_0^{\infty} dt.e^{-t^2}.\cos\left(\frac{xt}{n}.\sqrt{\frac{k}{k''s}}\right).$$

La probabilité pour que la somme de s observations soit comprise entre les limites l et $-l$ s'obtient en cumulant les valeurs de B_x correspondantes :

$$P(|S| \leq l) = \sum_{x=-l}^{l} B_x.$$

Laplace écrit d'emblée le résultat en remplaçant cette dernière somme par une intégrale :

$$P(|S| \leq l) = 2\int_0^l dx B_x = \frac{2}{n\pi}\sqrt{\frac{k}{k''s}}\int_0^l\int_0^{\infty} dx.dt.e^{-t^2}.\cos\left(\frac{xt}{n}.\sqrt{\frac{k}{k''s}}\right).$$

Un résultat obtenu au livre I de la Théorie [p. 97], permet d'écrire des relations telles que :

$$\int_0^{\infty} dt\, e^{-t^2}\cos at = \frac{\sqrt{\pi}}{2}.e^{-\frac{a^2}{4}}.$$

On peut en déduire :

$$P(|S| \leq l) = \frac{2}{n\sqrt{\pi}}\sqrt{\frac{k}{k''s}}\int_0^l dx.e^{-\frac{x^2}{4n^2}.\sqrt{\frac{k}{k''s}}}.$$

Les calculs qui viennent d'être décrits ne satisfont évidemment pas aux exigences de rigueur d'un lecteur moderne : les séries et les intégrales généralisées sont utilisées de manière formelle sans préoccupation de convergence ; des développements sont écrits au voisinage d'un maximum puis utilisés sur la totalité de l'intervalle [0 ; ∞[; le passage du discret au continu est réalisé de manière expéditive par de simples changements de notations ; les conditions qui devraient assurer l'indépendance des variables X_i ne sont pas explicitées.... Mais Laplace met en œuvre les moyens essentiels qui, au début du XIXème siècle, permettront de donner une démonstration rapide dans un cadre théorique cohérent : utilisation *de facto* de fonctions caractéristiques ($\varpi \rightarrow N(e^{\varpi\sqrt{-1}})$, pour la variable X_i ; $\varpi \rightarrow [N(e^{\varpi\sqrt{-1}})]^s$ pour la variable S) ; développement en série qui permet d'obtenir un résultat dépendant seulement de la variance de X_i ; réciprocité des relations (18) et (19) qui annonce la fécondité avec laquelle l'analyse de Fourier interviendra finalement dans ce domaine.

Comme le titre du chapitre IV l'annonçait, ces résultats sont exploités pour résoudre le problème du *résultat moyen le plus avantageux* qu'il faut choisir lorsque l'on dispose d'un grand nombre d'observations. Le théorème central limite vient justifier la méthode des moindres carrés des erreurs et le choix de la moyenne arithmétique pour représenter une valeur issue d'un grand nombre d'observations. Dans le chapitre suivant, (*Application du calcul de probabilités à la recherche des phénomènes et de leurs causes*), il sera utilisé pour réaliser ce qu'on appelle aujourd'hui des tests d'hypothèse. Par exemple, les relevés de pression barométrique effectués le matin (9 heures) font apparaître un excès moyen de 1 *mm* sur les relevés du soir (4 heures). Laplace prend en considération $s = 400$ relevés journaliers et il établit que, avec une *extrême vraisemblance*, cet excès est lié à *une cause constante qui l'a produit* [p. 357]. Il envisage des investigations de ce type en Astronomie, mais aussi dans d'autres domaines :

> *La même analyse peut être étendue aux divers résultats de la médecine et de l'économie politique, et même à l'influence des causes morales ; car l'action de ces causes, lorsqu'elle est répétée un grand nombre de fois offre, dans ses résultats, autant de régularités que les causes physiques [p. 365].*

Dans les premières lignes de l'*Essai*, l'auteur annonçait d'ailleurs que *le système entier des connaissances humaines* se rattache à la théorie des probabilités.

Conclusion

Pour le soustraire aux critiques de d'Alembert, Laplace avait dû convenir que le calcul des probabilités devait être *resserré dans ses véritables bornes*. Mais simultanément, son intérêt pour *la probabilité des causes,* relié à une vision déterministe de l'univers, le disposait plutôt à étendre le champ d'intervention de ce calcul. Le théorème central limite apparaît comme l'un des moyens par lesquels la théorie des probabilités peut investir de nouveaux domaines de la connaissance.

Pendant la période qui comprend les années 1770 et 1780, l'auteur a affiné des moyens analytiques : résolution d'équations aux différences finies, fonctions génératrices, méthodes asymptotiques, calcul explicite de certaines intégrales définies. Et il définit *la langue de l'analyse* comme *la plus parfaite de toutes*. Mais (et cela à travers cette affirmation même) sa pensée et ses calculs restent tributaires de modalités et de problématiques propres au XVIIIème siècle. Dans la théorie des fonctions génératrices, des obscurités sont parfois liées à une perception incomplète des concepts utilisés. Cependant toutes les critiques formulées à son encontre ne sont pas justifiées. Par exemple, cette théorie se satisfait fort bien d'une utilisation formelle des séries entières et sur ce point particulier Cauchy a tort d'imposer ses préoccupations de convergence. Il reste vrai que, dans des circonstances innombrables, Laplace effectue un passage du formel au numérique, qui relève effectivement des critiques de Cauchy.

Il arrive souvent que des résultats généraux de théorie des probabilités soient établis à partir de situations particulières, et que les hypothèses sous-jacentes (par exemple, l'indépendance des événements) ne soient pas explicitées. Le texte ne comporte pas le vocabulaire qui, aujourd'hui, établit un lien entre les méthodes générales de l'analyse et les questions de probabilités (variable aléatoire, fonction de répartition, fonctions caractéristiques...). Si l'on y ajoute la rapidité avec laquelle sont décrits les calculs et les raisonnements, on comprend la difficulté, mais aussi l'intérêt, que peut y trouver un lecteur moderne.

Bibliographie

Du vivant même de l'auteur, La *Théorie analytique des probabilités* a fait l'objet de plusieurs éditions [1812, 1814, 1820, 1825]. La 1ère édition contient une brève introduction, laquelle sera remplacée, en 1814, par l'*Essai philosophique sur les probabilités* (c'est alors la 1ère édition de cet *Essai*). Les grands écrits de Laplace (*Exposition du système du monde, Traité de mécanique céleste, Théorie analytique des probabilités, Essai...*) ont fait l'objet d'une réédition en 7 volumes, à l'initiative de son épouse (1843-1847). De cette réédition est issu le fac-similé de la *Théorie analytique des probabilités* publié par Gabay (Paris, 1995). Une édition des œuvres complètes (14 volumes) de Laplace a été réalisée de 1878 à 1912. On peut trouver aussi un fac-similé de la 1ère édition de la *Théorie* réalisé par *Culture et Civilisation* (Brussels, 1967). Enfin, l'*Essai* a fait l'objet d'une publication assez récente (introduction de René Thom, postface de Bernard Bru, Ch. Bourgois éditeur, Paris 1986).

Les références bibliographiques qui concernent la *Théorie analytique des probabilités* et l'*Essai* sont relatives à l'édition [1878-1912] donnée par les *Œuvres complètes* (tome VII-1 et VII-2).

[Ale54] d'Alembert Jean le Rond, Croix ou pile article de l'Encyclopédie méthodique, tome IV, 1754.

[Ale61a] d'Alembert Jean le Rond, *Opuscules ou Mémoires sur différents sujets de géométrie, de mécanique, d'optique, d'astronomie, etc.* tome premier, chez David, Paris 1761.

[Ale61b] d'Alembert Jean le Rond, *Opuscules ou Mémoires sur différents sujets de géométrie, de mécanique, d'optique, d'astronomie, etc.* vol. 2, chez David, Paris 1761.

[Ale65] d'Alembert Jean le Rond, Probabilité, article de l'Encyclopédie méthodique, volume XIII, 1765.

[Ale68] d'Alembert Jean le Rond, *Opuscules ou Mémoires sur différents sujets de géométrie, de mécanique, d'optique, d'astronomie, etc.* vol. 4, Briasson, Paris 1768.

[And22] Andoyer H., *l'œuvre scientifique de Laplace*, Paris, 1922.

[Arb00] Arbogast Louis François Antoine, *Du calcul des dérivations*, Strasbourg, 1800.

[Bay88] *An essay towards solving a Problem in the Doctrine of Chances* réédition du texte original de Thomas Bayes, traduction, notes et commentaires de Jean-Pierre Cléro, préface de Bernard Bru, *Cahiers d'histoire et de philosophie des sciences* , 18, 1988.

[Cau50] Cauchy, Mémoire sur le calcul intégral, *Mémoires de l'Académie des Sciences,* tome XXII, p. 39, (1850), présenté le 27 décembre 1824, *Œuvres Complètes*, I, 2, pp. 193-337

[Fri94] Jean-Pierre Friedelmeyer, Le calcul des dérivations d'Arbogast dans le projet d'algébrisation de l'analyse à la fin du XVIIIème siècle, *Cahiers d'histoire et de philosophie des sciences n°43,* 1994.

[Ire96] Commission inter-Irem Épistémologie et Histoire, actes de la 6ème université d'été (1995), Besançon, 1996.

[Ire98] Commission inter-Irem Épistémologie et Histoire, actes du 11ème colloque (1996), Reims, 1998.

[Ire01] Commission Inter-Irem Statistique et Probabilités, *Autour de la modélisation en probabilités*, Besançon, 2001.

[Lag74] Sur une nouvelle espèce de calcul relatif à la différentiation et à l'intégration des quantités variables, *Nouveaux mémoires de l'Académie des Sciences et Belles-Lettres de Berlin, année 1772,* 1774, *Œuvres* (Oeuvres de Lagrange, J.-A. Serret et G. Darboux éd., 14 volumes, Paris, 1867-1892) III, pp. 441-476.

[Lag76] Lagrange, Mémoire sur l'utilité de la méthode de prendre le milieu entre les résultats de plusieurs observations, *Miscellanea,* t. V (1770-1773) pp. 167-232, 1776, *Œuvres* V, pp. 173-234.

[Lap71] Recherches sur le calcul intégral aux différences infiniment petites, et aux différences finies, *Miscellanea Taurinensia, Mélanges de philosophie et de mathématiques de la Société royale de Turin*, (1766-1769), tome IV, *pp.* 273-345.

[Lap74a] Mémoire sur les suites récurro-récurrentes et sur leurs usages dans la théorie des hasards, *Mémoires de mathématique et de physique présentés à l'Académie des Sciences par divers savants et lus dans ses assemblées (savants étrangers)*, 6, 1774, p. 353-371 ; *Œuvres* (*Œuvres complètes de Laplace*, 14 vol., Paris, 1878-1912) vol. VIII, pp. 5-24.

[Lap74b] Mémoire sur la probabilité des causes par les événements, *Mémoires de mathématique et de physique présentés à l'Académie des Sciences par divers savants et lus dans ses assemblées (savants étrangers)*, 6, 1774, 99. 621-656 ; *Œuvres* VIII, pp. 27-65.

[Lap76a] Recherches sur le calcul intégral et sur le système du monde, *Mémoires de l'Académie Royale des sciences 1772, 2ème partie*, 1776, p. 267-376 ; *Œuvres* VIII, pp. 369-477.

[Lap76b] Recherches sur l'intégration des équations différentielles aux différences finies et sur leur usage dans la théorie des hasards, *Mémoires de mathématique et de physique présentés à l'Académie des Sciences par divers savants et lus dans ses assemblées (savants étrangers) 1773*, 1776, p. 37-232, lu le 10 février 1773 ; *Œuvres* VIII, pp. 69-197.

[Lap76c] Mémoire sur l'inclinaison moyenne des orbites des comètes, sur la figure de la terre et sur les fonctions, *Mémoires de mathématique et de physique présentés à l'Académie des Sciences par divers savants et lus dans ses assemblées (savants étrangers) 1773*, 1776, pp. 503-540 *; Œuvres* VIII, pp. 279-321.

[Lap77] Recherches sur le calcul intégral aux différences partielles, *Mémoires de l'Académie Royale des sciences 1773*, 1777, pp. 341-402, (lu en 1773, remis le 4 décembre 1776) ; *Œuvres* IX, pp. 5-68.

[Lap80a] Mémoire sur l'intégration des équations différentielles par approximation, *Mémoires de l'Académie Royale des sciences 1777*, 1780, pp. 373-397 ; *Œuvres* IX, pp. 357-379.

[Lap80b] Mémoire sur l'usage du calcul aux différences partielles dans la théorie des suites, *Mémoires de l'Académie Royale des sciences 1777*, 1780, pp. 99-122 ; *Œuvres* IX, pp. 313-335.

[Lap81] Mémoire sur les probabilités *Mémoires de l'Académie Royale des sciences 1778*, 1781, p. 227-232 ; *Œuvres* IX, pp. 383-485.

[Lap82] Mémoire sur les suites, *Mémoires de l'Académie Royale des sciences 1779*, pp. 207-309 *; Œuvres* X, pp. 1-89.

[Lap85] Mémoire sur les approximations des formules qui sont fonctions de très grands nombres, *Mém. Acad. sci.1782*, 1785 ; *Œuvres* X, pp. 209-291.

[Lap86] Mémoire sur les approximations des formules qui sont fonctions de très grands nombres (suite), *Mém. Acad. sci.1783*, 1786 ; *Oeuvres* X, pp. 295-338.

[Lap10] Mémoire sur les approximations des formules qui sont fonctions des très grands nombres et sur leur application aux probabilités, *Mémoires de l'Institut National des Sciences et Arts ; sciences mathématiques et physiques,* 10, *1809/1810*, pp. 353-415 ; *Œuvres* XII, pp. 301-353.

[Lap11] Mémoire sur les intégrales définies et leur application aux probabilités, et spécialement à la recherche du milieu qu'il faut choisir entre les résultats des observations, *Mémoires de l'Institut National des Sciences et Arts ; sciences mathématiques et physiques,* 11, *1810/1811*, p. 279-347 ; *Œuvres* XII, pp. 357-412.

[Lap12] *Théorie analytique des probabilités*, Paris, 1812. (cette 1ère édition a été réimprimée par Culture et civilisation : Bruxelles 1967) .

[Lap20] *Théorie analytique des probabilités*, 3ème édition.

[Lap25] *Théorie analytique des probabilités*, 4ème édition, comprenant 4 suppléments, 1725. *Œuvres,* VII.

[Lap27] Mémoire sur le développement de l'anomalie vraie et du rayon vecteur elliptique en séries ordonnées suivant les puissances de l'excentricité, *Mém. Acad. sci.1823*, 1827, pp. 61-80 ; *Œuvres* XII, pp. 549-566.

[Lub98] Lubet J.-P., De Lambert à Cauchy : la résolution des équations littérales par le moyen des séries, *Revue d'histoire des mathématiques*, 4, 1998, pp. 73-129.

[Moi56] de Moivre A., *The Doctrine of Chances or a Method of Calculating the Probabilities of Events in Play*, London, 1756.

[Pat87] Paty M., La critique par d'Alembert des conditions d'une théorie des probabilités physiques, *fundamenta scientiae*, vol. 8, number ¾, 1987.

[Pat88] Paty M. D'Alembert et les probabilités, *Les sciences à l'époque de la révolution française - recherches historiques*, Blanchard, 1989. , pp. 203-266

[Rén66] Rényi A., *Calcul des probabilités, avec un appendice sur la théorie de l'information*, traduction Bloch C., Paris, 1966.

[She76] Sheynin O. B., P.S. Laplace's Work on Probability, *Archiv for the History of exact Sciences*, number 16, 1976, pp. 137-187.

[She76] Sheynin O. B., P.S. Laplace's Theory of errors, *Archiv for the History of exact Sciences*, number 17, 1977, pp. 1-61.

[Tod65] Todhunter I., *A History of the Mathematical Theory of Probability, from the Time of Pascal to that of Laplace*, 1865, reprint Chelsea Publishing Company, New York, 1949.

COURNOT. STATISTIQUE ET RAISON DES CHOSES

Thierry MARTIN

Introduction

«Trop philosophique pour les statisticiens, trop statistique pour les philosophes, l'œuvre de Cournot, dans la partie relative à la statistique, devait fatalement passer inaperçue. Et il en résulte, dans l'histoire de la statistique en France, au XIXe siècle, une lacune qui pour être fort explicable n'en est pas moins très regrettable ». Ce diagnostic de Fernand Faure [Fau, 05, p. 396] ne vaut pas seulement pour l'histoire de la statistique, mais aussi pour sa philosophie. Cournot, en effet, ne s'en tient pas à présenter les instruments conceptuels et méthodes que la théorie met à la disposition du mathématicien, ni non plus à les mettre en œuvre sur tel ou tel domaine. Dans son *Exposition de la théorie des chances et des probabilités*, il accompagne cette présentation d'une réflexion épistémologique interrogeant le statut de la théorie et la signification de ses résultats, réflexion indissociable de l'exposition mathématique elle-même. Plus précisément, il s'agit, pour lui, de promouvoir la statistique comme science apte à produire des connaissances, donc à accroître notre connaissance du réel.

Comment une telle représentation est-elle possible ? Autrement dit, comment, selon Cournot, la statistique peut-elle remplir sa fonction de connaissance ? Telle est la question que nous entendons traiter ici. Cela signifie qu'il ne s'agit pas pour nous de brosser un tableau complet de la contribution de Cournot à la statistique. Notre analyse ne prétend donc nullement à l'exhaustivité ; elle vise à mettre en lumière l'orientation de pensée de Cournot, afin de mieux comprendre la façon dont il pense la relation de la statistique au réel, et mieux appréhender par là ce qu'on a parfois interprété de sa part comme une défiance à l'égard de son pouvoir.

1. La statistique comme science

La représentation que propose Cournot de la statistique s'inscrit historiquement dans le prolongement d'un débat qui voit s'affronter deux conceptions très différentes [1]. D'une part la statistique descriptive, issue de la tradition allemande, s'applique à multiplier les observations pour offrir un tableau le plus complet possible de l'état de la population et des richesses de l'État, ou plus largement des diverses composantes de la vie économique et sociale, et s'interdit toute interrogation sur les causes des phénomènes. C'est ce qu'affirme nettement Denis-François Donnant dans le « Discours préliminaire » de son *Introduction à*

[1] Cf. sur ce point : Michel Armatte [Arm91].

la science de la statistique, pour qui « la statistique n'emprunte rien à l'imagination : elle expose les faits avec simplicité sans examiner les causes » [2]. Selon une telle conception, la statistique a pour objet, indique Cournot, « le recueil des faits auxquels donne lieu l'agglomération des hommes en sociétés politiques » [3], et se réduit à une simple « compilation de faits et de chiffres » [4].

A cette première forme, s'oppose une statistique ne se réduisant pas à un simple rassemblement de données, mais se constituant comme une branche des sciences mathématiques. Solidaire du calcul des probabilités, elle entend construire les instruments aptes à ordonner, mesurer et comparer les données fournies par l'observation, afin de dégager des régularités significatives. C'est la perspective qui anime notamment Laplace, Poisson, Quételet.

Et c'est une telle représentation que revendique Cournot, pour qui la statistique constitue authentiquement une science, ayant, écrit-il, « sa théorie, ses règles, ses principes » [5], et dont le but est de faire apparaître, à partir d'un ensemble d'observations en nombre suffisant, des stabilités ou des tendances générales qui attestent de l'existence de causes constantes et régulières. Ainsi comprise, la statistique est « la science qui a pour objet de recueillir et de coordonner des faits nombreux dans chaque espèce, de manière à obtenir des rapports numériques sensiblement indépendants des anomalies du hasard, et qui dénotent l'existence des causes régulières dont l'action s'est combinée avec celle des causes fortuites »[6].

En conséquence, écrit-il plus loin, « le but éminent de la statistique est l'investigation des causes qui régissent les phénomènes de l'ordre physique ou de l'ordre social » [7]. La statistique, étroitement liée au calcul des probabilités [8], se définit donc essentiellement par sa fonction étiologique.

Bien évidemment, cela ne signifie pas qu'elle permette d'isoler la cause immédiate d'un fait singulier, mais qu'elle peut mettre à jour des régularités déterminantes, ou comme le dit Cournot, que son « objet essentiel » est « l'élimination des causes accidentelles, l'investigation des causes permanentes » [9]. Dans le langage qui est le sien, cela revient à dire que la statistique est un instrument approprié au discernement de la *raison* des phénomènes sous la diversité et la variabilité de leurs *causes* particulières. La répétition des épreuves du même événement dont nous ignorons les causes et le degré de fortuité, manifeste à la fois une régularité sur le long terme et une variabilité au niveau individuel, permettant de mettre la première au compte de causes permanentes (« causes toujours présentes, dit Cournot, dont l'influence s'étend sur toute une

[2] Denis-François Donnant, [Don05], p. 23.

[3] [Cou43], p. 123.

[4] [Cou43], pp. 124-125.

[5] [Cou43], § 105, p. 125.

[6] [Cou43], § 103, p. 123.

[7] [Cou43], § 120, p. 138

[8] Elle poursuit, précise Cournot ([Cou43], § 107, p. 125), trois objets, à savoir la détermination 1° de la chance d'un événement dont la réalisation dépend de conditions fortuites, 2° de la valeur moyenne d'une variable dont les différentes valeurs observées se distribuent à l'intérieur d'un intervalle donné, 3° de la loi de probabilité des valeurs dont est susceptible une variable aléatoire.

[9] [Cou43], § 104, p. 124.

série d'épreuves » [10]), par exemple l'irrégularité de structure d'un dé lancé à plusieurs reprises, et d'attribuer la responsabilité de la seconde aux causes variant à chaque épreuve, telles la direction et la vitesse initiale du dé.

Cette partition, héritée de la distinction laplacienne des causes régulières et irrégulières [11], et qui constitue un thème majeur de la doctrine de Cournot, oppose la *cause* d'un événement, c'est-à-dire l'élément producteur immédiat, responsable de ce qui, en lui, est singulier et fortuit (les « causes accidentelles »), et sa *raison*, à savoir ce qui lui est, au contraire, essentiel, parce que tenant à sa structure même (les causes permanentes).

Cette distinction est donc au cœur de sa conception de la statistique, puisque la répétition des épreuves ou l'observation des séries statistiques permet justement d'éliminer ce qui est singulier ou fortuit, pour révéler au contraire les propriétés générales et relativement constantes du phénomène étudié ; ce que confirmera le texte de 1875, *Matérialisme, vitalisme, rationalisme,* précisant que « l'objet de la statistique est d'éliminer l'action des causes irrégulièrement variables d'une épreuve à l'autre, en mettant en relief l'influence des raisons ou des causes constantes pour une longue série d'épreuves » [12].

Cela n'implique pas que la statistique puisse par elle-même rendre raison des phénomènes. Elle révèle des régularités, mais celles-ci doivent encore être interprétées. En effet, la régularité statistique indique l'action de causes constantes, qu'il faut par ailleurs identifier et discuter, tâche qui relève de ce que Cournot appelle les probabilités philosophiques, c'est-à-dire de jugements probables, mais non quantifiables, *id est* dont la probabilité ne peut être rigoureusement assignée numériquement. La statistique permet ainsi, indique-t-il, de « constater par le calcul des valeurs moyennes, non pas précisément des faits, mais des dispositions ou des aptitudes, dues à l'action de causes constantes *dont nous ignorons le plus souvent la nature, mais dont il est toujours possible de manifester l'existence* lorsque les observations particulières ont été accumulées en nombre suffisant pour opérer la compensation, à très-peu près exacte, des effets dus à des causes accidentelles et anomales » [13].

Ces « dispositions » ou ces « aptitudes » ne sont pas des faits singuliers, mais constituent des « faits généraux », c'est-à-dire des propriétés relativement stables et communes à un ensemble d'objets et qui, pour cette raison, peuvent être utilisées pour ordonner ces ensembles et les constituer en classes distinctes. La statistique constitue en ce sens un instrument fécond pour découvrir les articulations de l'ordre réel, et cela d'autant plus qu'il est possible de réitérer l'opération précédente en l'appliquant, non plus à des séries de faits particuliers, mais aux constantes précédemment dégagées. On considère alors un niveau supérieur de généralité, ou encore, on met à jour des faits généraux d'ordre supérieur : « Comme on peut comparer entre elles les moyennes d'un grand

---

[10] *Ibid.*

[11] Ainsi, écrit Laplace : « dans une série d'événements, indéfiniment prolongée, l'action des causes régulières et constantes doit l'emporter à la longue sur celle des causes irrégulières », [Lap25], p. 79.

[12] [Cou75], IIIe section, § 8, pp. 142-143.

[13] [Cou51], § 332, pp. 394-395, souligné par nous.

nombre de séries partielles, écrit Cournot, et prendre les moyennes de ces moyennes, pour en extraire ce qu'il y a de commun à toutes ces séries, ou ce qui est indépendant des conditions propres à chaque série en particulier, on voit qu'il est permis en ce sens d'admettre des faits positifs de divers ordres ou degrés » [14]. L'analyse statistique met ainsi en lumière l'étagement des phénomènes, en distinguant des faits « élevés à la deuxième, à la troisième, à la quatrième puissance » [15].

En définitive, la représentation développée par Cournot oriente vers une conception moderne de la statistique. Elle pense la statistique authentiquement comme une branche des mathématiques permettant de dégager des constantes au sein d'un ensemble d'objets, donc de l'ordonner et, lorsqu'on l'applique au réel, de faire la part entre le singulier et le fortuit d'un côté, le général et l'essentiel de l'autre.

2. Applications de la statistique

Le champ d'application de la statistique est alors susceptible d'une extension tout aussi vaste que celle du calcul des probabilités, dont Cournot précise qu'il s'applique « aux faits de la nature vivante, à ceux du monde intellectuel et du monde moral, comme aux phénomènes produits par les mouvements de la matière inerte » [16]. Mais pour que la statistique puisse effectivement remplir sa fonction de connaissance lorsqu'elle est appliquée au réel, encore faut-il que soit garantie la valeur objective de ses résultats, autrement dit que la structuration du réel qu'elle permet d'opérer ne soit pas la projection illusoire des instruments utilisés par le statisticien.

La difficulté concerne principalement les phénomènes sociaux, non pas seulement parce qu'ils constituent le domaine auquel Cournot accorde le plus d'attention [17], mais surtout dans la mesure où l'applicabilité des mathématiques, et plus spécialement du calcul des probabilités et de la statistique à ce champ d'objets, fut l'objet des contestations les plus vives. Il suffira de rappeler ici, par exemple, la condamnation sans appel d'un Auguste Comte, pour qui l'on ne peut « imaginer une conception plus radicalement irrationnelle que celle qui consiste à donner pour base philosophique, ou pour principal moyen d'élaboration finale, à l'ensemble de la science sociale, une prétendue théorie mathématique, où [...] on s'efforce d'assujettir au calcul la notion nécessairement sophistique de la probabilité numérique » ([Com39], 49e leçon, pp. 168-169), ou la critique mieux

[14] [Cou51], § 332, p. 395.

[15] [Cou51], § 331, p. 393 et § 332, p. 394. Termes que Cournot emprunte à Étienne Serres ([Ser42], t. I, ch. 8, p. 159), mais en modifiant leurs sens.

[16] [Cou43], § 45, p. 61.

[17] Au chapitre IX, consacré à la présentation de la statistique, l'*Exposition* fait suivre deux chapitres de portée générale, l'un traitant du calcul des moyennes, l'autre de la théorie des erreurs, puis cinq chapitres aux objets plus resserrés, le premier concernant l'astronomie, le second les questions de démographie, le troisième la théorie des assurances, et les deux derniers la probabilité des jugements et la statistique judiciaire.

fondée de Destutt de Tracy insistant sur les difficultés que présente l'application des mathématiques aux « sciences morales » ([Des15], conclusion, pp. 30-44).

Cournot affirme nettement à la fois l'irréductibilité des phénomènes humains et sociaux à une explication de type mécanique et leur aptitude à bénéficier d'un traitement probabiliste et statistique. « Les actes des êtres vivants, intelligents et moraux, écrit-il, ne s'expliquent nullement, dans l'état de nos connaissances, et nous pouvons hardiment prononcer qu'ils ne s'expliqueront jamais par la mécanique des géomètres. Ils ne tombent donc point, par le côté géométrique ou mécanique, dans le domaine des nombres ; mais ils s'y retrouvent placés, en tant que les notions de combinaison et de chance, de cause et de hasard, sont supérieures dans l'ordre des abstractions à la géométrie et à la mécanique » [18].

Se trouvent ainsi posées, sous forme principielle, la légitimité et la fécondité de ce que nous appelons aujourd'hui les mathématiques sociales. Et Cournot rappelle l'universalité dont bénéficie le champ d'application de la statistique au chapitre IX de l'*Exposition*, puisque « des phénomènes qui s'accomplissent dans les espaces célestes peuvent être soumis aux règles et aux investigations de la statistique, comme les agitations de l'atmosphère, les perturbations de l'économie animale, et comme les faits les plus complexes encore qui naissent, dans l'état de société, du frottement des individus et des peuples » [19].

Pourtant, il faut reconnaître que l'analyse développée par Cournot insiste principalement sur les difficultés d'application de la statistique, et spécialement en ce qui concerne les phénomènes sociaux, comme si la mise en œuvre effective du principe venait en compromettre la solidité. La question se pose plus particulièrement pour l'économie, dans la mesure où, par la publication des *Recherches sur les principes mathématiques de la théorie des richesses* en 1838, Cournot atteste de la fécondité du recours aux mathématiques, et même fait figure de pionnier de l'économie mathématique. Pourtant, il n'utilise pas l'instrument statistique dans son travail d'économiste, et lorsque, ensuite, il applique la statistique aux phénomènes sociaux, c'est pour ne considérer que la démographie, la théorie des assurances et les statistiques judiciaires. Le divorce semble si grand entre l'économie cournotienne, mobilisant la théorie des fonctions arbitraires, et son analyse de l'applicabilité des statistiques aux phénomènes sociaux qu'on a pu interpréter son attitude comme une « résistance aux statistiques », comparable à celle que manifestent au même moment Say ou Walras [20].

Mais, si l'on accorde foi aux affirmations précédentes soulignant la scientificité et la fécondité explicative de la statistique, faut-il alors apercevoir ici de la part de Cournot une hésitation, voire une incohérence ?

On pourrait déjà remarquer que, de l'avis même de Cournot, les difficultés que doit affronter la statistique dans ses applications ne sont pas propres aux faits économiques et sociaux, mais concernent tout autant, voire parfois davantage, les faits naturels. Ainsi, indique-t-il, la solidarité des causes concourrant à la

---

[18] [Cou43], § 45, p. 61. (Elles y sont supérieures dans la mesure où Cournot fait de la combinatoire le socle sur lequel s'édifie le système des mathématiques, et en conséquence la notion de combinaison, et celles qui en découlent immédiatement, comme celle de chance, jouissent d'un degré de généralité plus élevé.

[19] [Cou43], § 105, p. 125.

[20] Cf. Claude Ménard, [Mén77].

production d'un événement est bien plus faible pour des faits humains que pour les phénomènes naturels, ce qui à la fois permet de faire apparaître plus nettement des régularités significatives et facilite l'application du calcul des probabilités aux phénomènes sociaux. Par exemple, note Cournot, la solidarité est moins forte entre les causes d'un crime en tel lieu à tel moment et celles qui engendrent un crime ailleurs ou le lendemain qu'entre les causes qui entraînent aujourd'hui une précipitation en tel lieu, et celles qui provoquent une autre précipitation le lendemain dans une région voisine.

Mais, plus profondément, trois raisons permettant d'écarter l'hypothèse précédente d'une résistance de Cournot à l'application de la statistique aux phénomènes économiques et sociaux.

- D'une part, que les domaines auxquels Cournot applique la statistique, dans l'*Exposition*, concernent principalement, comme on l'a dit plus haut, la démographie et la théorie des assurances, et pour une moindre part la statistique judiciaire comme instrument au service de la probabilité des jugements, et non des questions proprement économiques, n'a, en réalité, rien de surprenant ni d'original lorsqu'on replace son discours dans le contexte historique qui est le sien. Ainsi que l'a montré Yves Breton [Bre87], dans la première moitié du XIXe siècle, la relation de la statistique à l'économie est embryonnaire et fait l'objet de vives discussions chez les économistes libéraux, le mariage entre statistique et économie n'étant véritablement consommé que dans la seconde moitié du siècle. Et il ajoute, commentant l'article « Statistique » du *Dictionnaire de l'économie politique* de Joseph Garnier publié en 1852-53, que le champ d'application du calcul des probabilités se réduit pour ces économistes aux questions démographiques et celles qui y sont liées (tontines, rentes viagères et assurances) [Bre87, p. 84].

- D'autre part, le texte des *Recherches* montre qu'il n'y a pas lieu pour Cournot d'opposer théorie des fonctions et statistique. Sans doute, lorsqu'il s'agit de rendre compte de la façon dont plusieurs variables solidaires tendent vers un état d'équilibre, le modèle mécanique s'impose-t-il et le recours à la théorie des fonctions également [21]. Mais, cela n'interdit nullement un recours à l'analyse statistique. Ainsi, au chapitre IV des *Recherches*, lorsqu'il s'agit d'étudier la relation qui s'établit entre le prix et la demande [22], Cournot indique que la loi du débit (= loi de la demande), dépendant de nombreuses « causes morales » qui tiennent à l'usage de l'objet ainsi qu'aux habitudes et à la richesse des consommateurs et qui ne sont pas directement mesurables, ne peut être construite algébriquement, « pas plus, ajoute-t-il, que la loi de mortalité et que toutes celles dont la détermination rentre dans le domaine de la statistique, de ce qu'on appelle également l'arithmétique sociale » [23]. Et, ajoute Cournot, « ce serait à l'observation de fournir les moyens de dresser entre des limites convenables une table des valeurs correspondantes de D et de p » — D désignant la demande annuelle, qui est une fonction du prix p — puis, par les méthodes connues

[21] Il s'agit en effet d'étudier ici, note Claude Ménard [Mén77, p. 426], des « échanges concurrentiels [qui] s'apparentent à un système de forces en équilibre ».

[22] Je remercie Philippe Steiner d'avoir attiré mon attention sur ce passage des *Recherches*.

[23] [Cou38], § 21, p37.

d'interpolation, de construire à partir de ces données la « formule empirique » apte à représenter la courbe de la demande. Cournot en appelle ainsi à la statistique comme instrument permettant la construction de la loi du débit, et il ne s'agit donc pas pour lui d'opposer en économie l'approche formelle et le recours à la statistique, mais au contraire, de penser leur complémentarité.

A supposer même que cette tâche s'avère irréalisable, en raison notamment de la déficience des données exploitables, il est possible, grâce à l'analyse, de définir des relations déterminées qui s'établissent entre des quantités, alors même que l'on n'a pas les moyens de leur assigner de valeurs numériques. Et l'analyse vient ainsi au secours de la statistique, en réduisant le nombre des inconnues et en guidant le choix du statisticien vers les observations susceptibles de définir leurs valeurs. L'analyse, écrit Cournot, « réduit et coordonne les documents statistiques ; elle diminue en même temps qu'elle éclaire les travaux des statisticiens ». Et il illustre cette coopération entre l'analyse formelle et le travail statistique par l'étude de la mortalité telle qu'elle est effectuée par Duvillard dans son ouvrage de 1796, *Analyse et Tableaux de l'influence de la petite vérole sur la mortalité à chaque âge*. Alors qu'il n'est pas possible de donner *a priori* une forme algébrique à la loi de mortalité, pas plus qu'il ne l'est de construire la forme de la loi de répartition de la population aux différents âges, le mérite de Duvillard fut de montrer que ces deux fonctions sont liées par une relation algébrique simple, si bien que, note Cournot, lorsque les observations statistiques auront permis de construire une table de mortalité, on pourra en déduire la table de répartition de la population aux différents âges.

- Enfin, et surtout, l'analyse critique à laquelle Cournot soumet la statistique dans l'*Exposition* n'est pas l'effet d'une méfiance à l'égard de la prétention des mathématiques à rendre compte des faits sociaux, mais au contraire de la volonté de définir leurs conditions de validité, ce qui impose d'affronter les difficultés de leur application pour en mesurer la force et les limites. L'analyse à laquelle il soumet la statistique partage la même orientation que celle qu'il développe à l'égard du calcul des probabilités. Il s'efforce, dans les deux cas, de garantir leur scientificité, c'est-à-dire d'établir à la fois leur rationalité et leur validité objective, donc aussi de mettre en garde le lecteur contre les interprétations illégitimes ou abusives auxquelles peuvent donner lieu leurs applications. C'est cette perspective critique qui commande l'ensemble des analyses de Cournot dans l'*Exposition*. Il s'agit pour lui, écrivait-il dans la Préface, de « rectifier des erreurs, lever des équivoques, dissiper des obscurités » dont se sont rendus coupables les plus habiles géomètres, obscurités qui concernent d'un côté les principes et concepts fondamentaux, de l'autre le sens et la portée des applications de la théorie. Cournot l'indique explicitement à propos de la statistique : il ne s'agit pas pour lui d'augmenter les résultats auxquels conduit l'usage de la statistique, mais d'en discuter et garantir la scientificité, donc de nous « mettre en garde contre les applications prématurées et abusives qui pourraient la discréditer pour un temps » [24].

Cette formule vise, sans doute, à s'opposer, comme on l'a vu précédemment, à une statistique seulement descriptive pour la promouvoir au contraire comme

[24] [Cou38], § 103, p. 123.

science apte à dégager « l'influence des causes régulières et permanentes » [25]. Mais, il s'agit aussi et surtout, comme c'était déjà le cas lorsque Cournot envisageait les applications du calcul des probabilités, de démêler, dans les résultats statistiques, ce qui tient proprement au phénomène et ce qui provient des instruments que le statisticien lui applique, autrement dit de faire le partage entre ce qui provient de l'objet lui-même ou de l'activité du sujet connaissant. Le but essentiel du statisticien est en effet, écrit Cournot, de « pénétrer autant que possible dans la connaissance de la chose en soi, et pour cela de dégager autant que cela se peut faire, par une discussion rationnelle, les données immédiates de l'observation, des modifications qui les affectent, en raison seulement du point de vue où se trouve placé l'observateur, et des moyens d'observation mis à sa disposition » [26].

La façon dont Cournot formule ici ses idées ne doit pas conduire à en fausser le sens : l'idéal d'une connaissance dont tout élément d'origine subjective serait éliminé est doublement relativisé [27], ce qui permet d'apercevoir que l'immédiateté des données d'observation dont il s'agit ici n'est pas initiale et constitutive de l'acte de connaissance, mais visée par lui à titre d'horizon.

La difficulté méthodologique et épistémologique principale que rencontre la statistique dans ses applications tient à la nécessaire intervention du sujet connaissant dans le choix des classifications à opérer et des critères qui les dirigent. Ces critères, précise Cournot, dépendent des hypothèses qui commandent l'analyse, lesquelles relèvent de ce qu'il appelle les probabilités philosophiques, entendant par là un jugement conjectural, qualitatif et variable en fonction des connaissances de celui qui l'énonce. Ainsi, supposons que l'on veuille vérifier si la présence d'un caractère est uniformément réparti sur un ensemble d'objet, que l'on procède pour cela à une distribution en catégories distinctes (des « coupes », dit Cournot) et que l'observation révèle l'existence d'un écart pour telle catégorie par rapport à l'ensemble. Le jugement par lequel nous affirmons que l'écart observé n'est pas « imputable aux anomalies du hasard » repose lui-même sur le jugement selon lequel la catégorie sur lequel a été observé cet écart n'a pas été choisie précisément dans le but de pouvoir observer cet écart. Or ce jugement préalable, qui préside au choix de telle ou telle catégorie, est extérieur au travail mathématique. Il est, dit Cournot, « un jugement conjectural, fondé lui-même sur des probabilités, mais sur des probabilités qui ne se résolvent pas dans une énumération de chances, et dont la discussion n'appartient pas proprement à la doctrine des probabilités mathématiques » [28].

Et cette intervention des probabilités philosophiques dans la construction des résultats de l'analyse statistique est incontournable dès lors que l'on se refuse à la réduire à un instrument de collectes de données, simplement accumulées et juxtaposées, pour lui reconnaître une fonction de connaissance. Si la statistique

[25] [Cou38].

[26] [Cou43, § 106, p. 125].

[27] Conformément à sa représentation de la connaissance comme mouvement progressif et laborieux par lequel le savant réduit, chaque fois un peu plus mais jamais complètement, la distance qui le sépare de l'objet (cf. Cou51, ch. I]. (Je me permets de renvoyer le lecteur pressé qui souhaiterait quelque indication sur ce point au chapitre VIII de l'ouvrage *Probabilités et critiques philosophique selon Cournot* que j'ai publié aux éditions Vrin [Mar96]).

[28] [Cou43, § 113, p. 132].

permet de construire des faits scientifiquement élaborés et vérifiés, et par là, dit Cournot au § 334 de l'*Essai*, contribue à construire la partie positive des « doctrines morales, politiques et économiques », ces « faits positifs » ne reçoivent leur sens que lorsqu'ils sont interprétés et reliés les uns aux autres, ce qui suppose une intervention critique de la raison [29], non seulement après coup, mais aussi en amont, pour diriger le travail du statisticien.

En définitive, ce qui importe surtout aux yeux de Cournot, c'est de faire comprendre comment doivent être interprétés les résultats statistiques, lesquels, considérés indépendamment des méthodes qui les ont rendu possibles, risquent d'engendrer la suspicion sur leur valeur objective, car, note Cournot, « ordinairement ces essais par lesquels l'expérimentateur a passé ne laissent pas de traces ; le public ne connaît que le résultat qui a paru mériter de lui être signalé ; et en conséquence, une personne étrangère au travail d'essais qui a mis ce résultat en évidence, manquera absolument de règle fixe pour parier que le résultat est ou non imputable aux anomalies du hasard » [30]. Il s'agit donc moins, pour Cournot, de contester la possibilité pour la statistique de contribuer à l'intelligibilité des phénomènes économiques et sociaux, que de mettre à jour les conditions, partant aussi les limites, qui en garantissent la validité.

On peut alors répondre, en quelque sorte, à la formule initiale de Fernand Faure soulignant la dualité de l'œuvre statistique de Cournot comme source de sa méconnaissance, en remarquant qu'elle peut tout aussi bien en faire la richesse. Le « géomètre philosophe » [31] envisage la statistique d'une part en mathématicien soucieux d'affirmer sa scientificité contre une statistique réduite à une description quantifiée, d'autre part en philosophe attentif aux difficultés que comporte sa fonction de connaissance mais aussi à sa fécondité.

Bibliographie

[Arm91] Armatte, M. (1991) « Une discipline dans tous ses états : La statistique à travers ses traités (1800-1914) », *Revue de synthèse*, avril-juin, t. CXII, n° 2, pp 161-206.

[Bre87] Breton, Y. (1987) « Les économistes libéraux français et la statistique. Débat et controverses 1800-1914 », *Journal de la société de statistique de Paris*, n° 2, pp. 79-99.

[Com39] Comte A. (1839) *Cours de philosophie positive*, t. IV, Paris, Bachelier ; rééd. Paris, Hermann, 1975, t. II.

[Cou38] Cournot, A.-A. (1838) *Recherches sur les principes mathématiques de la théorie des richesses*, Paris, Hachette ; rééd. par Gérard Jorland, *Œuvres complètes* sous la dir. d'A. Robinet, t. VIII, Paris, Vrin, 1980.

[Cou43] Cournot, A.-A. (1843) *Exposition de la théorie des chances et des probabilités*, Paris, Hachette ; rééd. par Bernard Bru, *Œuvres complètes* sous la dir. d'A. Robinet, t. I, Paris, Vrin, 1984.

[29] Ils « ne donneraient le plus souvent, écrit-il, que des résultats confus et contradictoires, tant que la raison ne les aurait pas interprétés et ordonnés d'après certaines règles qu'elle puise en elle-même », [Cou51, § 334, p. 397].

[30] [Cou43, § 111, p. 130].

[31] Pour reprendre l'expression de Louis Liard [Lia77].

[Cou51] Cournot, A.-A. (1851) *Essai sur les fondements de nos connaissances et sur les caractères de la critique philosophique*, Paris, Hachette ; rééd. par Jean-Claude Pariente, *Œuvres complètes* sous la dir. d'A. Robinet, t. II, Paris, Vrin, 1975.

[Cou75] Cournot, A.-A. (1875) *Matérialisme, vitalisme, rationalisme. Études sur l'emploi des données de la science en philosophie*, Paris, Hachette ; rééd. par Claire Salomon-Bayet, *Œuvres complètes* sous la dir. d'A. Robinet, t. V, Paris, Vrin, 1979.

[Des15] Destutt de Tracy, Cl. (1815) supplément à la 1ère section des *Éléments d'idéologie*, in *Traité de la volonté et de ses effets*, Paris, Courcier ; rééd. Paris, Fayard, 1994.

[Don05] Donnant, D.-F (1805) *Introduction à la Science de la Statistique, d'après l'allemand de Mr. de Schloetzer, avec un discours préliminaire, des additions et des remarques par D. F. Donnant*, Paris, Imprimerie nationale, « Discours préliminaire ».

[Fau05] Faure, F. (1905) « Les idées de Cournot sur la statistique », *Revue de Métaphysique et de Morale,* mai 1905, n° 3, pp. 395-411.

[Lap25] Laplace, P.-S. (1825) *Essai philosophique sur les probabilités,* Paris, Bachelier (5e éd.) ; réédité par Bernard Bru, Paris, Ch. Bourgeois, 1986.

[Lia77] Liard, L. (1877) « Un géomètre philosophe », *Revue des deux mondes*, vol. 22, n° 4, juillet, pp. 102-124.

[Mar96] Martin, Th. (1996) *Probabilités et critique philosophique selon Cournot*, Paris, Vrin.

[Mén77] Ménard, Cl. (1977) « Trois formes de résistance aux statistiques : Say, Cournot, Walras », *Pour une histoire de la statistique*, I.N.S.E.E., Paris, Economica, pp. 417-430 ; 2e éd. modifiée : « Three forms of resistance to statistics : Say, Cournot, Walras », *History of Political Economy*, Durham, vol. 12, 1980, n° 4, pp. 524-541.

[Ser42] Serres, É. (1842) *Précis d'anatomie transcendante appliquée à la physiologie*, t. I, Paris, Charles Gosselin.

Cinquième partie

HISTOIRES DE L'ENSEIGNEMENT DES PROBABILITÉS ET DES STATISTIQUES

SUR L'HISTOIRE DE L'ENSEIGNEMENT DES PROBABILITÉS ET DES STATISTIQUES

Norbert Meusnier

Je ne connais pas les évaluations officielles, si tant est qu'elles aient été publiées, mais je doute que la probabilité d'un accident à Three Miles Island où à Tchernobyl ait été estimée à sa valeur réelle. Enfin rappelons que le Titanic ne pouvait pas couler ; la probabilité qu'il coulât n'était même pas infime, elle était nulle[1].

Ivar Ekeland.

Résumé

De 1786 à 2002, je tente de situer quelques unes des grandes tendances de l'organisation d'un enseignement de Probabilités et de Statistiques en France. Je souligne plus particulièrement les rôles que jouent dans cette histoire Condorcet, l'École Polytechnique, l'ISUP et... Nicolas Bourbaki.

Introduction

Je ne parle ici que de certains aspects de l'introduction d'un enseignement de Calcul des Probabilités et de Statistiques en France[2], en tentant de rassembler les résultats des quelques enquêtes qui ont été conduites sur cette question. Il s'agit donc, modestement, d'un premier tour d'horizon courant de la deuxième moitié du XVIIIème siècle à nos jours.

Chronologiquement, il me semble pouvoir distinguer cinq grandes périodes :

---

[1] [Eke91] p. 162. L'essai, remarquable ... et remarqué, de Ivar Ekeland comprend cinq chapitres: Alea, Destin, Anticipation, Chaos, Risque, Statistique; la citation est extraite du chapitre Risque.

[2] Je suis très conscient que l'histoire de l'enseignement doit être coordonnée avec celle des recherches des "savants", celle de la circulation des problématiques et celle des motivations politiques -au sens large- qui orientent la définition des programmes et devrait se situer pour le moins dans le cadre de l'Europe... et c'est tout le travail qui reste à faire! Michel Armatte, Denis Bayart, Bernard Bru et Pierre Crépel ont organisé au "REHSEIS" les 11 et 12 mars 1991 des journées *Histoire de l'enseignement des probabilités et statistiques* qui n'ont malheureusement pas débouché sur une publication. Il en reste, néanmoins, un enregistrement sur cassettes audio que j'ai pu écouter grâce à Bernard Courtebras.

° 1770-1840 Le volontarisme de Condorcet-Laplace-Poisson

° 1816-1919 L'X[3] et c'est (presque) tout

° 1914-1960 La Tribu des Boréliens

° 1945-1971 La Tribu des Bourbakis

° 1971-2002 L'Enseignement des Masses

L'histoire de la formation d'un enseignement, au-delà de celle des disciplines, des méthodes, etc..., est celle de l'activisme de quelques individus. En ce qui concerne l'enseignement du Calcul des Probabilités et des Statistiques on peut dire que cet activisme a connu deux moments forts, le premier étant celui de Condorcet[4] et Laplace[5] au début du mouvement, et le deuxième celui de Borel[6], Darmois[7] et Fréchet[8] autour de l'ISUP[9].

La jonction entre "calcul des probabilités" d'une part et "statistique" d'autre part ne va pas de soi, et si elle s'est construite historiquement entre le milieu du XVIIème siècle et le milieu du XXème siècle elle prend ses sources épistémiquement dans la question de la valeur des observations obtenues dans l'étude des phénomènes incertains[10], techniquement dans la problématique mise à jour vers 1689 par Jakob Bernoulli[11] et son élaboration d'un premier théorème de convergence en probabilité[12], enfin pragmatiquement dans l'articulation au XVIIIème siècle entre les travaux théoriques de quelques savants et le volontarisme activiste de quelques administrateurs[13].

Dans ce contexte, l'enseignement des techniques, accompagné parfois de conflits sur les principes, est issue de l'activisme de deux acteurs majeurs, Condorcet et Laplace ; Condorcet l'initiateur, le maître à penser le cadre général d'une mathématique sociale et le rôle émancipateur de l'enseignement pour un gouvernement, éclairé par la raison, de citoyens libérés par la connaissance, et Laplace, dans son sillage, beaucoup moins "révolutionnaire" mais, par le fait même, "installé" dans la durée...

---

[3] "X" désigne l'École Polytechnique initialement dénommée École Centrale des Travaux Publics.

[4] Marie Jean Antoine Nicolas de Caritat, marquis de Condorcet (1743-1794).

[5] Pierre Simon de Laplace (1749-1827).

[6] Émile Borel (1871-1956) ENS 1889.

[7] Georges Darmois (1888-1960) ENS 1906.

[8] Maurice Fréchet (1878-1973) ENS 1900.

[9] Institut de Statistique de l'Université de Paris.

[10] Voir la thèse de Michel Armatte: *Histoire du modèle linéaire. Formes et usages en statistique et économétrie jusqu'en 1945*. EHESS, 1995.

[11] Jakob Bernoulli (1654-1705).

[12] Voir [Meu87].

[13] Voir [Bri94].

Cet enseignement, incertain, épisodique, ballotté au gré des événements politiques du long XIXème siècle[14], repose sur un socle qui réussit à se perpétuer : celui de l'École Centrale des Travaux Publics, fondée par la Convention en 1794, qui atteignit (presque) annuellement de 100 à 200 élèves quand les autres leçons et cours n'en atteignaient sporadiquement que quelques unités ou dizaines à l'ENS[15], à la Faculté des Sciences, ou, pour des statistiques très descriptives, à la Faculté de Droit ou dans quelque Centre d'Anthropologie.

C'est la situation qui perdura jusqu'en 1930, environ, moment où un véritable enseignement, structuré et continu, se mit en place à l'initiative de Lucien March (SGF[16]) et d'Émile Borel (ENS, Faculté des Sciences de Paris) avec la création de l'ISUP, organisé et animé par la forte personnalité énergique et charismatique de Georges Darmois, en même temps qu'un réel enseignement de recherche se mettait en place, toujours impulsé par Borel, autour de Maurice Fréchet.

Voilà pourquoi j'ai choisi, ne pouvant parler de tout, sinon allusivement, de vous donner ici quelques précisions sur la période qui a vu la mise en place, balbutiante, d'un enseignement, disons entre 1780 et 1830, et la période où les conditions de sa diffusion se réalisent, par la formation de médiateurs entre 1920 et 1940.

Par ailleurs je voudrais présenter une recherche sur un "détail" de l'histoire de cet enseignement au cours de ces cinquante dernières années, celui concernant le rôle joué par Nicolas Bourbaki[17] en raison de son attitude idéologique[18] et éthique[19].

Enfin j'aimerais, à propos des péripéties du développement d'un enseignement de masse du Calcul des Probabilités et de la Statistique dans l'enseignement secondaire (et le premier cycle des facultés) depuis les années 1960 vous proposer un thème de réflexions sur le sens de cet enseignement : pourquoi faut-il qu'il y en ait ?

1. Climat

Un enseignement de Probabilité et de Statistique : pourquoi et comment ? Il y en a et il n'y en avait pas, la question paraît très simple : comment a-t-il pu y en avoir et pourquoi ?

Partons d'un constat : nous ne possédons aucune trace d'une tentative d'enseignement collectif, en France, avant 1786. Sous l'Ancien Régime, le cadre de cet enseignement aurait pu être celui des Collèges, des Collèges des Facultés

---

[14] 1789-1914.

[15] École Normale Supérieure.

[16] Statistique Générale de la France.

[17] Nicolas Bourbaki (1935- ?). Conçu à l'automne 1934, né à Besse en Chandesse (Puy de Dôme) le 16 juillet 1935 ([Bea90] pp. 224-225.) Nicolas Bourbaki, selon ses propres canons, a donc cessé toute activité de mathématicien digne de ce nom depuis 1985.

[18] Je parle d'idéologie en considération de ses prises de position théoriques dans le cadre de son projet de manuel d'enseignement de mathématique, à l'origine un "simple" Traité d'Analyse.

[19] Je parle d'éthique en considération de son intervention normative, explicite et induite, dans la hiérarchie des valeurs mathématiques.

des Arts, des "Écoles d'ingénieurs"[20], des "Écoles Privées"[21]. Au XVIIIème siècle de nombreuses activités en développement -la cartographie, l'architecture navale et terrestre (civiles et militaires)- exigent de plus en plus une formation mathématique de "base"[22] que l'on voit effectivement enseignée au coup par coup. Aucun besoin pratique ne semble cependant nécessiter l'enseignement d'un Calcul des Probabilités dont le champ théorique est alors délimité par l'*Ars Conjectandi* de Jakob Bernoulli, qui paraît en 1713, et le *The Doctrine of Chance* d'Abraham de Moivre[23] dont les trois éditions paraissent en 1718, 1738 et 1756. En ce qui concerne la Statistique, si le terme existe à l'époque il renvoie alors à une tradition "aristotélicienne" de description des pays de nature géographique et politique, presque exclusivement qualitative, particulièrement développée dans les Universités de l'Empire Germanique, et c'est plutôt l'Arithmétique Politique[24] d'origine anglaise mais non enseignée -ni en Angleterre ni ailleurs- que l'on doit considérer comme la source principale de la Statistique que nous appelons "descriptive", la Statistique Mathématique résultant d'une lecture ou d'une modélisation probabiliste des questions soulevées par l'interprétation et la fiabilité des données de cette Statistique descriptive. Le recueil des données administratives dans le cadre des enquêtes des Intendants aurait pu engendrer, par la nécessité de la formation d'un personnel qualifié, un enseignement d'Arithmétique Politique dans la mouvance des travaux de Vauban...[25] mais ceci n'est qu'une hypothèse utopique afin de présenter la perspective générale de manière récurrente ; les phénomènes sociologiques ont une complexité que je ne fais que suggérer, mais qui demanderait à être analysée ici, par symétrie, en liaison avec les développements ultérieurs d'un enseignement naissant.

Bref, il n'existe aucune trace de la moindre tentative d'un enseignement de Calcul des Probabilités et/ou de Statistiques avant le projet de Condorcet en 1786 d'en dispenser un dans le cadre d'une fondation privée : le Lycée.

Aussi nous faut-il essayer de comprendre comment cet accident, ce point de discontinuité de l'histoire a pu se produire... même si cet essai n'est ici que rapide et superficiel.

---

[20] Création en 1775 de l'École des Ponts et Chaussées.

[21] Écoles ne dépendant ni de l'État ni des Congrégations ni de l'Université.

[22] Arithmétique, géométrie, algèbre, trigonométrie, mécanique, hydrostatique, géométrie pratique (éléments de géodésie). Voir [Tat86].

[23] Abraham de Moivre (1667-1754).

[24] William Petty (1623-1687) en est le créateur avec la collaboration de John Graunt (1620-1674) pour ce qui est du terme et de la perspective mais des travaux de Christian Huygens (1629-1695), Jan de Witt (1625-1672) aux Pays-Bas, Vauban (1633-1707) en France, Edmund Halley (1656-1742), Charles Davenant (1656-1714), John Arbuthnot (1667-1723), Abraham de Moivre en Angleterre, Nicolas Bernoulli (1687-1759) en Suisse contribuent à la formation de son champ théorique entre 1662 et 1725.

[25] Sébastien Le Prestre de Vauban (1633-1707). La culture de base en mathématiques des élèves sortant des collèges ou des facultés des arts suffisait amplement - en théorie! - aux fonctionnaires des bureaux (et "bien sûr" à celle des Intendants chargés de la direction de l'entreprise par Province et à celle des collecteurs sur le terrain - curés ou homme de lois -)...... Dans la pratique c'est tout à fait autre chose et si l'on a mis trois siècles à le comprendre et à réussir à le concrétiser dans le domaine de la Statistique "institutionnalisée", la même "précipitation" se rencontre - très souvent - actuellement lorsqu'il s'agit de réaliser un projet, et je le pense - et même je le souhaite - se rencontrera toujours pour peu que nos sociétés restent à peu près humaines.

Je fais simple. Un homme, un projet : Condorcet ; ses deux pères intellectuels et politiques : Jean d'Alembert[26] et Anne Turgot[27]. Très jeune, Condorcet est reconnu comme un brillant mathématicien et dès 1764 il est remarqué par d'Alembert. Son mémoire sur l'"Intégration des équations différentielles, ordinaires et partielles, et des équations aux différences finies" est publié en 1765 avec un rapport élogieux de d'Alembert et Étienne Bézout[28]. Ses recherches en Probabilité naissent en 1771, au cours d'échanges avec Turgot au sujet de la réforme de la justice criminelle, de ses préoccupations d'ordre juridique à propos du comportement des parlements, et des travaux de Laplace en 1773[29] sur l'application des recherches de ce dernier sur les séries récurrentes à la question du problème inverse de celui résolu par Jakob Bernoulli[30]. En 1785 Condorcet publie son *Essai sur l'application de l'analyse à la probabilité des décisions rendues à la pluralité des voix.* En 1784 il publie dans l'Encyclopédie Méthodique[31] un supplément à l'article "Arithmétique Politique" de Diderot et en 1785 un supplément à l'article "Probabilité"[32].

Depuis 1770-1771, Condorcet et Laplace qui sont tous les deux des élèves de d'Alembert, travaillent en parallèle sur la problématique, alors centrale pour le Calcul des Probabilités, de l'estimation des probabilités.[33]

Les motivations de Laplace sont essentiellement liées à la question de la valeur des données d'observation en Astronomie dans une perspective plutôt technique. Celles de Condorcet, dans la mouvance de ses discussions avec Turgot sur la justice, l'équité, et un gouvernement éclairé par la raison sont plutôt d'ordre politique. En 1793 Condorcet écrit dans son *Tableau Général de la Science qui a*

---

[26] Jean Le Rond d'Alembert (1717-1783).

[27] Anne Robert Jacques Turgot (1727-1781).

[28] Étienne Bézout (1730-1783).

[29] En 1773 d'Alembert a 56 ans, Turgot 46 ans, Condorcet 30 ans et Laplace 24 ans. Condorcet et Laplace sont des élèves de d'Alembert.

[30] Voir [Bri94]. Le problème "direct" résolu par Bernoulli est celui de la convergence en probabilité de la fréquence d'un événement vers la probabilité (de cet événement) lorsqu'on connaît cette probabilité. Mais le problème "inverse" est celui de l'estimation de la probabilité lorsqu'on ne connaît pas cette probabilité, mais uniquement la suite des fréquences observées... ce qui constitue le problème "pratique" fondamental et le centre des rapports entre la théorie des probabilités et celle des statistiques. C'est cette question qu'étudie Thomas Bayes (1702-1761).

[31] L'Encyclopédie Méthodique regroupe les articles parus dans l'Encyclopédie de Diderot et d'Alembert par "ordre de matières"; celle dont il est question ici concerne les mathématiques et contient de nouveaux articles tels ceux de Condorcet.

[32] Cet article, anonyme, a été considéré jusqu'à ces dernières années comme étant de Diderot qui l'annonçait à l'article "Absent". Nous savons aujourd'hui qu'il est en fait de de Lubières. D'Alembert se proposait de l'écrire pour contrer celui que Diderot avait annoncé mais il s'est retiré du projet de l'Encyclopédie avant que cette dernière n'en arrive à cet article! Brian a remarquablement montré comment d'Alembert s'est servi d'un certain nombre d'articles qu'il a publiés dans l'Encyclopédie entre 1751 et 1760 pour approfondir ses doutes et critiques sur les fondements du Calcul des Probabilités et de ses applications en Arithmétique Politique. Voir Éric Brian, "L'objet du doute. Les articles de D'Alembert sur l'analyse des hasards dans les quatre premiers tomes de l'*Encyclopédie*" dans *Recherches sur Diderot et sur l'Encyclopédie*, 21, octobre 1996. C'est dans le contexte de cet ébranlement d'une "mathématique sociale " naissante que Condorcet développe ses propres recherches.

[33] Ni l'un ni l'autre ne connaissent à ce moment là les travaux de Thomas Bayes parus en 1764-1765.

pour objet l'application du calcul aux sciences politiques et morales paru dans le Journal d'Instruction Sociale[34]: *"Comme toutes ces applications sont immédiatement relatives aux intérêts sociaux, ou à l'analyse des opérations de l'esprit humain, et que, dans ce dernier cas, elles n'ont encore pour objet que l'homme perfectionné par la société, j'ai cru que le nom de* mathématique sociale *était celui qui convenait le mieux à cette science. [.....] Cette exposition montrera toute l'utilité de cette science; on verra qu'aucun de nos intérêts individuels ou publics ne lui est étranger, qu'il n'en est aucun sur lequel elle nous donne des idées plus précises, des connaissances plus certaines; on verra combien, si cette science était plus répandue, plus cultivée, elle contribuerait et au bonheur et au perfectionnement de l'espèce humaine."*

Pour Condorcet, s'il y a un sens à prendre des décisions qui relèvent de la pratique politique en utilisant le Calcul des Probabilités, il faut que chaque citoyen puisse y adhérer..., pour être en mesure d'y adhérer il faut qu'il y soit initié... Sa volonté d'en impulser l'enseignement découle de cette analyse.

2. Les débuts d'un enseignement

En décembre 1785 un prospectus, inspiré du Discours Préliminaire à l'Encyclopédie de d'Alembert et largement diffusé dans le public, annonce l'ouverture d'un nouvel enseignement destiné aux "deux sexes" dans le cadre d'une institution privée dénommée le Lycée[35]. Des professeurs prestigieux - Académiciens- sont annoncés dont Deparcieux et Gaspard Monge[36] en Physique et Condorcet en Mathématiques. En fait Condorcet recrute - sur les conseils de Monge - Sylvestre-François Lacroix[37] pour faire le cours à sa place[38]. Finalement Condorcet prononce la leçon inaugurale fixant le programme des mathématiques pour la première année le 14 ou le 16 janvier 1786. Le cours comprend six parties :

1- Éléments d'arithmétique, de géométrie et d'algèbre.
2- Mécanique.
3- Hydrodynamique.
4- Application des mathématiques à des questions de physique.

---

[34] C'est moi qui souligne.[Con05] pp. 172-173.

[35] En 1781, Pilâtre de Rozier (1754-1785) avait fondé le Musée qui avait pour but de répondre à une demande croissante d'enseignement scientifique de la part d'une clientèle de "gens d'en haut". Les hommes payaient le double des femmes pour une souscription annuelle. Après un large succès initial, il y avait encore 404 souscripteurs en1785 mais 50000 livres de dettes!

[36] Gaspard Monge (1746-1818).

[37] Sylvestre François Lacroix (1765-1843).

[38] Monge, également, ne fait pas le cours lui-même. Condorcet propose 2400 livres à Lacroix, mais dès leur première rencontre en janvier 1786 il lui propose également de s'occuper de la réédition des *Lettres à une princesse d'Allemagne* de Leonhard Euler (1707-1783) dans une version simplifiée servant de manuel pour les cours du Lycée. Les trois premiers volumes seront publiés en 1787-88-89; le quatrième prévu, contenant les leçons professées au Lycée, ne le sera qu'en 1805.

5- Exposition des phénomènes astronomiques et du système du monde.
6- *Enfin, dans la sixième et dernière partie, on traitera du calcul de l'intérêt de l'argent, de la manière de former les tables de mortalité, ou d'en tirer des résultats, de la méthode d'appliquer aux jeux de hazard la théorie des combinaisons, et de questions diverses relatives au calcul des probabilités.*

On peut penser que les points 5 et 6 n'ont pas été traités la première année car Lacroix lit en guise de leçon inaugurale le 4 décembre 1786 un Discours sur l'astronomie et le calcul des probabilités, écrit par Condorcet pour la deuxième année. Ces leçons d'un assez haut niveau sont arrêtées en août 1787 faute d'une clientèle suffisante et si nous ne savons pas précisément celles que Lacroix a réellement prononcées, tout laisse à penser que le cours a été arrêté avant même qu'il ait pu donner une seule des leçons sur le calcul des probabilités[39].

Pendant la Législative -octobre 1791- septembre 1792- dont il est l'un des 745 députés et en février 1792 le président, Condorcet, républicain déclaré mais légaliste envers la Constitution de 1791 et qui ne peut appartenir qu'à un seul comité de l'Assemblée, choisit le 3 octobre d'appartenir au Comité d'Instruction publique[40] dont il est le président et le rapporteur qui défend le principe d'une instruction effectivement universelle, égale pour les hommes et les femmes, les pauvres et les riches, et permanente[41]. Dans ce Rapport d'avril 1792 il propose la création dans les lycées[42] d'une "chaire uniquement consacrée à l'application du calcul aux sciences morales et politiques". Le 29 mars 1794 Condorcet, condamné à mort par le tribunal révolutionnaire, en fuite et caché dans Paris depuis juillet 1793, après trois jours d'errance et trois jours d'incarcération, se suicide en prison.

La Convention nationale, qui a proclamé la République le 21 septembre 1792, crée l'École Polytechnique -École Centrale des Travaux Publics- le 24 septembre 1794 et l'École Normale Supérieure -École Normale de l'an III- le 30 octobre[43]. Cette première École Normale, qui ne va exister que six mois,[44] organise entre autres des leçons de mathématiques prononcées par trois mathématiciens remarquables: Laplace, Monge et Lagrange[45]. Laplace donne dix leçons dont la dernière, le 10 mai 1795, concerne la théorie du calcul des probabilités et se présente à nos yeux comme l'esquisse du texte "bien connu" qu'il publiera en 1814 sous le titre d'***Essai philosophique sur les probabilités***. Cette leçon qui telle que nous la connaissons est un texte copieux de 16 pages en style rhétorique qui peut être prononcé en une heure a probablement été écouté par un nombre assez important d'auditeurs, peut-être plusieurs centaines, réunis dans l'amphithéâtre du

39 Pierre Crépel a reconstitué le contenu du cours à partir du texte de 1805, de manuscrits et des consignes à Lacroix.

40 En 1791 Condorcet publie dans un périodique qu'il a créé avec quelques amis, *La Bibliothèque de l'homme public,* cinq longs mémoires sur l'Instruction publique.

41 Le programme des "hussards de la IIIème République" qui, deux siècles après, montre des signes d'essoufflement à s'accomplir dans les conditions "contemporaines"..

42 Nos Universités.

43 9 brumaire an III. Le Conservatoire National des Arts et Métiers est crée le 10 octobre. Crépel donne les 11 mars et 28 septembre pour l'École Centrale des Travaux Publics.

44 Jusqu'au 19 mai 1795 -30 floréal an III-.

45 Joseph-Louis Lagrange (1736-1813).

Muséum; le plus important à son sujet est que cette leçon, comme les autres, a été aussitôt publiée. On peut donc considérer que cette leçon, nous dirions aujourd'hui "conférence", de Laplace du 10 mai 1795 accompagnée de sa publication marque le début effectif en France d'une diffusion non confidentielle de l'approche mathématique du probable et ceci est une différence avec l'autre source du moment: les articles épars de l'***Encyclopédie*** et ceux de l'***Encyclopédie méthodique***. Néanmoins il est encore difficile d'y voir plus qu'une tentative d'enseignement dans la mesure où la fermeture de l'École Normale y met fin.

Recréée en 1808, en même temps que la Faculté des Sciences de Paris dont Lacroix est le premier doyen, un projet de "chaire de professeur pour le calcul des probabilités" semble ne pas avoir été suivi d'effet. En 1822 l'École est supprimée à nouveau puis rétablie en 1826 sous l'appellation d'École Normale Supérieure et nous savons qu'en 1830 Abélard Lévy y donne un cours de calcul des probabilités, qu'en 1834 c'est Cournot[46], et que ce cours disparaît à la mort de Poisson[47] en 1840.

À l'École Centrale des Travaux Publics, un chapitre sur les "Applications de l'analyse à quelques questions de probabilités et d'arithmétique politique" est prévu dans le cours d'"Analyse appliquée à la géométrie" assuré par Ferry mais ce dernier ne semble pas avoir eu le temps d'aborder ce sujet au cours de la première année en 1795. De Joseph Fourier[48], qui était l'un des auditeurs de Laplace le 10 mai 1795, nous possédons une feuille manuscrite[49] dans laquelle il indique qu'il a fait "un cours particulier sur cette branche de l'analyse", à savoir "la science des probabilités" à "l'École Polytechnique"; la période pendant laquelle ce cours a pu avoir lieu se situe entre fin 1795 et son départ pour l'Égypte en mai 1798, et nous ne pouvons pas aller plus loin pour déterminer si ce cours s'est répété plusieurs fois ou non. Pierre Crépel considère qu'il est raisonnable de supposer au vu des documents que nous possédons qu'aucun autre enseignement de ce type n'eût lieu jusqu'à la réorganisation de l'École en 1816[50].

En mars 1816 un "mémoire sur l' École polytechnique" prévoit un cours d'arithmétique sociale qui, après s'être heurté à des réticences pendant plusieurs années (par exemple en 1818 la controverse entre partisans - Arago et Petit - et adversaires - Cauchy et Binet -), donne lieu, enfin, à six leçons du 5 au 22 juin 1819. Ce cours qui va être enseigné, sans interruption, jusqu'en 1830 par Arago[51], peut être considéré *a posteriori* comme le début d'un réel enseignement

---

[46] Antoine Augustin Cournot (1801-1877).

[47] Siméon Denis Poisson (1781-1840).

[48] 1768-1830.

[49] Voir [Cre89]. La bibliographie que donne Fourier fait le tour de ce qui était consultable avant la parution du traité de Lacroix de 1816; Crépel mentionne deux manuels élémentaires, l'un de Bicquilley en 1783 et l'autre de Parisot en 1810 qui "n'intègrent rien des recherches de Laplace ou de Condorcet" mais dont on peut se demander à quel public ils s'adressaient. Par ailleurs une traduction en français de la première partie de l'*Ars Conjectandi* de Jakob Bernoulli paraît en 1802, et Fourier qui prend soin de mentionner les traductions des ouvrages écrits en latin n'en parle pas; c'est peut-être le signe que le texte de Fourier est antérieur à 1802. Cette traduction ne semble pas avoir connu un gros succès à la vente car son auteur a renoncé à faire paraître la suite comme il en avait l'intention.

[50] Ce qui est certain entre 1806 et 1816.

[51] François Arago (1786-1853).

"probabiliste". Comme l'écrit Crépel : "*Bien que nous n'ayons trouvé que peu de traces des opinions explicites des uns et des autres, le cours d'arithmétique sociale nous semble au confluent de plusieurs objectifs. Certains savants, soucieux également des problèmes politiques et sociaux, cherchent à promouvoir une branche des mathématiques qu'ils jugent d'abord formatrice et ensuite utile; des hommes plus "politiques" veulent donner à de futurs cadres de l'administration et de l'entreprise certaines connaissances indispensables à la mise en place du capitalisme. Ni la réflexion critique sur les bases de l'économie (la chaire d'économie politique et sociale ne sera créée qu'en 1906), ni l'ambition d'enseigner des fondements pour une science sociale ultérieure ne trouvent place ici. Ce programme apparaît comme un compromis, mais l'influence de ceux qui l'enseignent l'emporte peu à peu et son contenu est, et deviendra encore plus, essentiellement mathématique*". Bref, le projet de Condorcet s'est évanoui pour un siècle et demi... [52]

Arago a donc professé ce premier cours d'arithmétique sociale de 1819 à 1830; Cl.-L Mathieu, son camarade de promotion (en 1803) puis son beau-frère, en est le répétiteur jusqu'en 1828 date à laquelle Savary[53], qui est de la promotion 1815, lui succède. En 1831 c' est Savary qui reprend le cours. Le cours d'Arago n'a jamais fait l'objet d'une publication mais les notes de l'un de ses élèves nous en donnent un aperçu, tout au moins pour l'année 1825[54]. Le sommaire de ce cours tiré du Registre d'instruction pour 1824-25 indique :

"Jeudi	*7 juillet*	*1ère leçon*	*Principes généraux du calcul des probabilités,*
Samedi	*9*	*2ème*	*Application à des exemples.*
Lundi	*11*	*3ème*	*Application des principes des probabilités au calcul des chances dans les loteries. Des tables de mortalité et des problèmes qu'elles servent à résoudre.*
Jeudi	*14*	*4ème*	*De l'intérêt composé ; de l'escompte ; des rentes.*
Samedi	*16*	*5ème*	*Des assurances, de l'arithmétique commerciale. Des moyennes à prendre entre les résultats fournis par les expériences particulières.*

52 Georges Théodule Guilbaud, prince charmant, s'est efforcé de le réanimer dès le milieu des années 1940, en particulier en fondant à l'École Pratique des Hautes Études, en 1955, une direction d'études de Mathématiques Sociales.

53 Savary (1797-1841).

54 Voir [Cré89].

[...]L'interrogation générale[55] *a été faite par MM Arago, prof*r *et Mathieu, répétiteur. Elle a eu lieu du 28 juillet au 2 août."*

Jusqu'en 1838 c'est donc Savary qui reprend le cours d'Arago avec en plus "une explicitation du théorème de Bernoulli [...] et une partie économique et sociale réduite"[56]. Le cours de l'année 1834-35 s'intitule désormais: "Éléments du calcul des probabilités, et arithmétique sociale".

À partir de 1838-39 les 5 leçons passent du cours d'Analyse appliquée au cours d'Analyse de Duhamel dont Auguste Comte est le répétiteur, toujours en deuxième année et avec le même programme[57].

À partir de 1841 les leçons de calcul des probabilités sont enseignées par Liouville les années impaires et par Sturm les années paires.

"On note une nouvelle dérive vers les mathématiques et le calcul purs; le programme est allégé en 1845-46, en particulier des "moyennes entre plusieurs observations", puis en 1848-49, le théorème de Bernouilly (sic) et la "probabilité des événements à venir, déduite de l'observation d'événements antérieurs de même nature" disparaissent aussi. La longueur effective, consignée dans les registres d'instruction, oscille entre 2 et 6 leçons, la méthode des moindres carrés est enseignée dans le cours de géodésie de Chasles. On est donc bien loin des programmes de mathématique sociale de Condorcet!"[58] *"Peu à peu, l'arithmétique politique prend moins de place dans les leçons ; puis en 1845, le cours est amputé de l'arithmétique commerciale et des questions de population....."*[59]

En dehors de l'École polytechnique existe-t-il en France dans la première moitié du XIXème siècle d'autres embryons de cours?[60] Crépel, qui pour le moment paraît avoir fait le tour de la question de la manière la plus approfondie, n'a rien trouvé d'explicite, ni au Conservatoire des Arts et Métiers ni à l'Académie de commerce, ancêtre de l'École Supérieure de Commerce, créée en 1818, ni à l'École Centrale des arts et manufactures[61] créée en 1829[62]. À la faculté des Sciences de Paris la première chaire de calcul des probabilités est créée en 1834

[55] C'est-à-dire sur l'ensemble du cours d'"Analyse appliquée à la géométrie à trois dimensions, géodésie et arithmétique sociale".

[56] [Cré89] p. 53.

[57] [Cré89] p. 53.; mais [Cré94] : "À cette date [1835-1836], on scinde les probabilités en deux: la partie la plus générale est intégrée au cours d'analyse, la théorie des erreurs au cours de géodésie et d'astronomie."

[58] [Cré89] pp. 53-54

[59] [Cré94] p 201

[60] Je ne considère pas ici la situation en Belgique où Quêtelet joue un rôle primordial, à partir des années 20, et où J.G Garnier (le successeur de Fourier à l'École polytechnique de 1798 à 1801) professe à l'Université de Gand des éléments de probabilités en 1817-18.

[61] C'est, alors, une école privée.

[62] Ce qui ne veut pas dire qu'il n'y a eu aucun enseignement de ce type, en particulier au Conservatoire des arts et métiers avec Dupin qui s'intéresse de plus en plus aux questions d'ordre statistique à partir de ses voyages en Angleterre commencés en 1816, et à l'Athénée avec Fourier en 1820, pendant trois ou quatre ans.

mais, à l'Assemblée des Professeurs "Mr Francoeur fait remarquer que déjà les probabilités ont été enseignées pendant plusieurs années à la faculté, mais que ce cours était si peu suivi qu'il a fallu y renoncer[63]. Dès que les théories sont devenues difficiles à comprendre, et surtout dès que le printemps éloignait de Paris les Élèves sortis de l'École Polytechnique qui suivaient ce cours, les auditeurs se dispersaient". C'est G. Libri, ami de Guizot, le ministre de l'Instruction Publique, qui est nommé le 16 décembre 1834 devant Cournot alors qu'il n'est pas spécialiste des probabilités et qui est en fait régulièrement remplacé, par Poisson en 1836-37, Despeyrous, peut-être d'autres encore, et enfin par Bienaymé en 1848 quand il s'enfuit à Londres[64].

À l'École normale supérieure, comme nous l'avons déjà remarqué, un cours sous forme d'enseignement complémentaire a eu lieu entre 1830 et 1840, date à laquelle il a été supprimé à la suite de la mort de Poisson ce qui en souligne la fragilité. Néanmoins il faut remarquer qu'entre 1836 et 1840 Cournot fait un cours à l'École normale supérieure alors que Poisson en donne un à la Faculté des sciences... Ne serait-ce pas qu'à partir de 1836 le cours de Cournot est remplacé par celui de Poisson à la faculté des sciences ? très probablement. Alors à la mort de Poisson ce cours n'est peut-être pas repris tout de suite par Despeyrous.... Quoi qu'il en soit, ces cours de l'École normale ou de la Faculté des sciences ne touchent qu'un nombre très restreint d'élèves.

Pendant cette première moitié du XIXème siècle le *Traité élémentaire de calcul des probabilités* (1816;1822;1833;...1864) de Lacroix, malgré les livres de Poisson en 1837 et de Cournot en 1843, est le seul ouvrage français conçu pour l'enseignement.

À partir de juin 1819 un enseignement plutôt élémentaire mais régulier de probabilités, c'est-à-dire de calcul des probabilités et d'arithmétique sociale a lieu à l'École polytechnique en deuxième année et concerne une centaine d'étudiants. Cet enseignement et ceux beaucoup plus épisodiques qui peuvent avoir existé ailleurs pendant cette période disposent du seul manuel existant jusqu'en 1873[65], celui de Lacroix.

À l'École polytechnique, à partir de 1854 c'est Bertrand[66] qui jusqu'à sa retraite en 1894 et donc pendant 40 ans et pour les promotions des années paires assure dans le cours d'analyse les leçons de calcul des probabilités qui seront donc écoutées par environ 3000 élèves[67]. Les élèves des promotions impaires, par contre, de 1869 à 1883 avec Hermite puis Jordan[68] qui "se désintéressent de cette

[63] En 1827 Francoeur, dans son cours d'Algèbre supérieure, enseigne des éléments de géodésie et de calcul des probabilités.

[64] Le Libri, pesanteur de son nom, ne pouvait s'empêcher de transférer les livres de la B.N. vers l'extérieur afin de les vendre; on en a retrouvé à travers toute l'Europe après sa mort.

[65] En 1873 Laurent publie un *Traité de calcul des probabilités.*

[66] Joseph Bertrand (1822-1900).

[67] Il y a environ une centaine d'élèves jusqu'en 1870 et le double après.

[68] Jordan qui avoue en 1894: "je verrais (...) disparaître sans regret [du cours d'analyse] les trois leçons que je consacre actuellement au calcul des probabilités"; cité par Crépel p. 205.

spécialité[69] et ne l'enseignent pas jusqu'en 1885 [....] n'entendent donc parler des probabilités que par l'intermédiaire d'une ou de deux leçons de théorie des erreurs, au mieux, dans le cours d'astronomie et géodésie"[70]. Par contre Bertrand juge cet enseignement formateur, " prend goût à bâtir un cours critique dont il change chaque année certains aspects, tant dans les thèmes que dans les exemples, afin d'en montrer les subtilités"[71], et en fait un traité[72] publié en 1889. Cet ouvrage très diffusé et considéré, pendant une vingtaine d'années , comme le nouveau manuel et l'autorité incontournable, a joué aussi un rôle néfaste et pendant très longtemps[73], par ses sarcasmes à propos des recherches de Condorcet, Laplace et Poisson sur les probabilités de jugements.

À partir de l'année 1894-95 le calcul des probabilités n'est plus dans le cours d'analyse, en mathématiques, mais dans le cours d'astronomie et de géodésie comme un simple préliminaire à la théorie des erreurs. C'est la situation qui va perdurer pendant 25 ans jusqu'à ce qu'en 1919 le calcul des probabilités soit à nouveau traité dans le cours d'analyse les années impaires par Paul Lévy[74] et les années paires, en principe, par Jacques Hadamard[75]. Ce n'est qu'en 1942 que la création d'une chaire de "mathématiques appliquées" occupée par Brard voit l'introduction de notions de statistique mathématique.

Mais, comme le remarque judicieusement Crépel, vers la fin du XIXème siècle, les trois quarts des élèves de l'École Polytechnique passent un an à l'École d'application de l'artillerie et du génie, basée à Metz jusqu'en 1870 puis à Fontainebleau, où l'enseignement de l'artillerie inclut un cours de probabilité du tir. Pendant cette période, jusqu'à la promotion 1885 pour laquelle Jordan commence à enseigner trois leçons de calcul des probabilités, c'est donc pour les élèves des promotions impaires, environ 1500, leur seul contact avec le calcul des probabilités; pour les autres, au contraire, c'est un supplément.

---

69 Dans la deuxième moitié du XIXème siècle le calcul des probabilités n'est pas considéré comme un domaine vivant de recherche par les mathématiciens en dehors de la Russie et de la florissante école de Pafnouti Lvovitch Tchebychev (1821-1894) à Saint-Pétersbourg.

70 [Cré94] p. 204. Depuis 1834 c'est dans le cours de géodésie que sont enseignées la théorie des erreurs et la méthode des moindres carrés qui l'était depuis 1831 (promotion 1829) dans le cours de Savary, le successeur d'Arago. Entre 1851 et 1873, en principe, la méthode des moindres carrés n'est pas enseignée.

71 [Cré94] , p. 205.

72 *Calcul des probabilités*, Paris, 1889, rééd. New York, Chelsea, s.d. 2ème édition, 1907.

73 L'autorité institutionnelle de Bertrand, très importante dans le dernier quart du XIXème siècle, a contribué, à cette époque et pour plus d'un demi-siècle sinon un siècle, à dévaloriser - aux yeux des mathématiciens et des vulgarisateurs d'une mathématique du probable - le programme de mathématisation des sciences sociales de Condorcet et plus fondamentalement encore le programme d'une logique générale du probable ébauchée par Jacques Bernoulli entre 1689 et 1705 dans la quatrième partie de son *Ars conjectandi.*

74 Paul Lévy (1886-1971), X . Entre 1904 et 1907 Henri Poincaré (1854-1912), élève de la promotion 1873 et qui de ce fait n'a donc pas suivi les leçons de Bertrand, mais qui publie en 1889 son *Calcul des Probabilités*, accepte pour assurer la survie du cours d'astronomie et de géodésie, après la mort de Callandreau en février 1904, de devenir le titulaire de cette chaire. Il n'y enseigne qu'une ou deux leçons sur la théorie des erreurs et les probabilités, le reste du cours étant donné par un répétiteur.

75 1865-1963, ENS.

En 1919 Lévy découvre les travaux de l'école russe de Tchebitchev, Markov et Liapounov et devient par la suite le "maître universel du mouvement brownien et de tout ce qui touche à la loi de Gauss"; son cours est remarquable, mais comme celui de Poincaré il est, sinon incompréhensible, du moins incompris... Ce cours, Lévy va l'enseigner jusqu'en 1958 date à laquelle il est remplacé par son gendre Laurent Schwartz[76]; mais comme le raconte celui-ci, dans les dernières années "il n'avait pas été modernisé[......] (et) Paul Lévy le donnait à voix si basse (voix qui exprimait sa douceur naturelle) que les élèves ne l'entendaient pas, si bien que les avions en papier sillonnaient la salle". Dès 1959 Schwartz entreprend la "régénération de la formation des ingénieurs" et voici comment il en juge en 1997 : *"Je crois avoir fondamentalement réussi à rénover le département et l'enseignement en ce qui concerne les mathématiques pures. Mais il y a aussi les mathématiques appliquées, dans lesquelles figurent les probabilités. J'ai déjà dit qu'à mon arrivée à l'École les probabilités étaient enseignées à un niveau très bas. Après de nombreuses péripéties, c'est Métivier, probabiliste éminent qui fut nommé professeur de probabilités.[.....] Jacques Neveu, probabiliste mondialement connu, lui succéda. Le groupe des probabilités a connu un grand développement, et cette branche des mathématiques, ignorée du temps de Paul Lévy, séduit à présent nombre d'élèves"*[77].

Dans la deuxième moitié du XIXème siècle et le premier quart du XXème siècle, le calcul des probabilités enseigné à l'École Polytechnique, après avoir perdu toute référence aux aspects sociaux de la théorie, est écartelé et ballotté entre les cours d'analyse et ceux de géodésie et d'astronomie[78]. Cet enseignement de base, succinct, reste sclérosé dans l'approche classique des fondements de Laplace. Néanmoins il faut le considérer en liaison avec celui de l'École d'application de l'artillerie et du génie, et il demeure le seul qui soit assuré de manière continue et procure à des milliers d'ingénieurs et/ou de militaires[79] les éléments d'un langage et d'une culture commune. Cependant ce n'est que dans les années 1960, à l'initiative de Laurent Schwartz, qu'un enseignement de calcul des probabilités va être donné et reçu au même niveau de valorisation que le reste des mathématiques.

À la Faculté des sciences, en 1852 la chaire de Calcul des probabilités est transformée en chaire de "Physique mathématique et calcul des probabilités", changement d'appellation par lequel se révèle la dérive "asociale" de cet

---

[76] Laurent Schwartz (1915-2002), ENS 1934.

[77] [Sch97] p. 354.

[78] ".....alors s'approfondit la double dérive qui atteindra son paroxysme à la fin du XIXème siècle et au début du XXème: chez les analystes (du moins quand ils s'y intéressent) des préoccupations de rigueur et de démonstration, par exemple celle du théorème de Bernoulli ou "loi des grands nombres"; chez les géodésiens, les observateurs, puis chez les artilleurs, la simple utilisation d'un outil de traitement mathématique des dispersions." [Cré94] p. 201.

[79] Les recherches de certains de ces militaires contiennent une partie considérable de la statistique mathématique moderne, mais elles ne sortirent pas de leur milieu et restèrent isolées et inconnues ou sans signification à la fois dans le tout petit monde des mathématiciens qui s'intéressaient au calcul des probabilités et dans celui des entreprises de production.

enseignement. Jusqu'en 1870 c'est Lamé qui est titulaire de cette chaire mais, aussi, malade pendant une période que je ne peux préciser. En 1886 Henri Poincaré[80] succède à Gabriel Lippman dans cette chaire qu'il occupe jusqu'en 1896. Pendant ces dix années il va consacrer un semestre en 1891-92, c'est-à-dire 12 ou 13 leçons, au calcul des probabilités sur la base du cours de Bertrand à Polytechnique[81]. En 1896 Boussinesq devient le titulaire de la chaire et n'y donne aucune leçon de calcul des probabilités, puis en 1909 c'est Émile Borel qui fait un cours de calcul des probabilités pendant deux années et, de 1910 à 1914, Louis Bachelier. En 1919, Borel devient le titulaire de la chaire qu'il conserve jusqu'en 1941 et c'est avec lui que s'instaure à la Faculté des sciences une réelle continuité dans l'enseignement du calcul des probabilités. Tous ces cours, quand ils ont lieu, ne sont suivis que par quelques rares étudiants.

Du côté de la "Statistique" on trouve des traces d'un enseignement de quelques éléments de statistique dans les années 1850 à l'Institut National Agronomique dans un cours d'hygiène au sujet des tables de mortalité. En 1854 est ouvert au Conservatoire National des Arts et Métiers un cours d'Économie industrielle et statistique. En 1869, à l'École Pratique des Hautes Études une tentative d'incorporation d'éléments de statistique dans le programme d'une section de Science économique avorte ; la même année, au Collège de France, Levasseur enseigne la méthode statistique en démographie. Par ailleurs, il faut mentionner quelques conférences par an du Dr Louis Adolphe Bertillon, à l'École d'Anthropologie à partir de 1876, d'Émile Cheysson, à l'École des Ponts et Chaussées à partir de 1881. En 1883 la Société de Statistique de Paris[82] organise des conférences qui sont rapidement interrompues en 1885 ; en 1889 elle en organise 15 pour le Ministère de la Guerre. À l'École des Sciences Politiques, Levasseur donne en 1884 un cours de Statistique et géographie économique. Entre 1889 et 1908, Laurent donne un cours de probabilité pour actuaire. Au début des années 1890, Fernand Faure donne un cours de Statistique à la Faculté de Droit de Bordeaux; en 1892 il devient le premier titulaire de la chaire de Statistique de la Faculté de Droit de Paris, une chaire qu'il va occuper jusqu'en 1927, date à laquelle il est remplacé par Aftalion et où le cours est suivi par environ 70 étudiants. En 1930 lorsque deux doctorats sont créés, celui de Science Économique et celui d'Économie Politique, le cours de statistique est obligatoire pour le premier et facultatif pour le second.

En dehors de quelques tentatives avortées et d'épisodes plus ou moins liés à une personnalité dans la deuxième moitié du XIXème siècle, c'est dans les Facultés de Droit, d'abord celle de Bordeaux puis celle de Paris, qu'un enseignement de statistique durable se met en place dans la dernière décennie de ce siècle. Le contenu de cet enseignement n'a bien entendu aucun point commun

[80] Henri Poincaré (1854-1912), X 1873.

[81] Poincaré est d'une promotion impaire (1873) et n'a donc pas suivi -en principe- le cours d'analyse avec Bertrand mais avec Hermite qui ne traite pas du calcul des probabilités.

[82] En 1832 l'Académie des Sciences Morales et Politiques, rétablie par Guizot, crée une 4ème section dite d'Économie politique et Statistique; en 1833 Thiers établit le Bureau de Statistique, en 1840 c'est la Statistique générale de la France qui est fondée et en 1860 la Société de Statistique de Paris.

avec celui du calcul des probabilités et réciproquement, comme nous l'avons remarqué précédemment, depuis le milieu du siècle l'enseignement du calcul des probabilités a progressivement abandonné le projet de Condorcet et toute référence aux questions sociales et mêmes économiques.

3. Autour de l'ISUP

Le paysage que nous venons d'évoquer est profondément bouleversé en 1922 quand le volontarisme d'Émile Borel[83] (51 ans), Lucien March [84](63 ans) et Fernand Faure[85] (71 ans), tous membres de la Société de Statistique de Paris[86], permet la création de l'Institut de la Statistique de l'Université de Paris. Borel y est l'homme de l'École Normale Supérieure et de la Faculté des Sciences (où il assure le cours de Calcul des probabilités que suivent, pour des raisons aléatoires, une poignée de normaliens[87]), March celui de la Statistique Générale de la France et Faure celui de la Faculté de Droit pour la création d'un Institut interfacultaire des Facultés de Droit, Sciences, Médecine et Lettres. Après la fin de la guerre de 14-18, March qui est alors directeur de la SGF envoie le statisticien Henri Bunle prendre possession du service de statistique créé par les Allemands en Alsace. Bunle, frappé par le niveau de compétence des statisticiens allemands et stimulé par l'enseignement de Maurice Fréchet[88] et Maurice Halbwachs[89], le premier sur les assurances et le second sur la statistique, à l'Institut commercial d'Enseignement supérieur de Strasbourg, plaide auprès de March la création d'un institut de statistique à Paris.

Les cours commencent en 1924-25 et ont lieu à la Faculté de Droit puis à partir de 1928[90] dans les locaux de l'Institut Henri Poincaré, dès sa création. L'Institut Henri Poincaré vient, alors, d'être créé pour y faire cohabiter -et plus si affinités- les Mathématiques et la Physique Mathématique, financé par la Fondation Rockfeller et Edmond de Rothschild, à l'initiative de l'International Educational

---

[83] Borel, Émile (1871-1956) ENS 1889.

[84] March, Lucien (1859-1933) X 1878.

[85] Faure, Fernand (1853-1929) Docteur en Droit 1873.

[86] Il faut aussi mentionner M. Huber, C. Colson et E. Julia.

[87] En octobre 1925 il y a 5 étudiants dans le certificat de Calcul des probabilités dont au moins trois normaliens. Le cours effectivement professé par Borel l'est selon le plan suivant: Principes généraux; Principes de la théorie des probabilités discontinues; La loi normale comme limite..... la loi des grands nombres et les écarts; Probabilités continues: probabilité qu'un nombre de (0,1) soit décimal; Mesure d'un ensemble; Applications à l'arithmétique; Probabilités dénombrables; Étude des nombres décimaux; Fractions continues, indépendance des probabilités; Application à la théorie des fonctions. Il semble que l'auditoire, tout normalien qu'il soit, ait un peu de mal à suivre Borel..... S'il arrive qu'un étudiant veuille étudier les statistiques il vient suivre le cours de l'ISUP de Darmois dans le cadre de l'option Statistique du certificat de Calcul des probabilités. Lorsque Darmois reprend ce cours il y donne des leçons de statistique. En 1938 il y a 14 Normaliens qui suivent le cours de probabilité.

[88] Fréchet, Maurice (1878-1973), ENS sciences 1900.

[89] Halbwachs, Maurice (1877-1945), ENS lettres 1898.

[90] Jusqu'en 1961 lorsque l'ISUP déménage dans les locaux de la Faculté des Sciences à Jussieu, en un lieu dénommé "Rocher noir" par allusion aux événements d'Alger.

Board[91] et de Borel dont le but est de contourner l'ignorance et le mépris pour les sciences appliquées de la plupart de ses collègues en mathématiques "pures" de la Faculté des Sciences. C'est d'ailleurs une ignorance et un mépris que l'on peut rapprocher, par certain coté, de ceux qui se manifestent à la Faculté de Droit vis à vis de la statistique, pour ne pas dire de l'économie, le "droit" y jouant un rôle analogue à la "mathématique pure". L'intention de Borel est de mettre en place une structure qui donne la possibilité aux physiciens et aux mathématiciens de se rencontrer, d'échanger leurs problématiques et leurs savoirs, et même de travailler ensemble autour d'un noyau de culture probabiliste. C'est une conception qui se heurte, entre autres, à l'hostilité de Lebesgue pour qui Borel, premier directeur de l'IHP, risque de détourner les élèves de Normale Sup des mathématiques.

À l'ISUP les cours sont destinés à la formation d'étudiants dans quatre domaines ; la démographie et l'économie, l'actuariat, les techniques et recherches industrielles, la médecine ; plus précisément, l'Institut, qui a pour but d'enseigner la méthode statistique et ses applications d'un point de vue théorique et pratique, a pour objet :

° les méthodes statistiques et les applications des mathématiques à la statistique, aux finances et à l'économie politique ;
° la démographie, la biométrie, l'hygiène publique et l'instruction ;
° l'assistance, la prévoyance et l'assurance ;
° l'industrie, le commerce, l'agriculture, les transports, la banque et le crédit ;
° les finances publiques.

Les cours sont répartis sur deux années. Le programme des études comprend quatre cours la première année. Deux cours sont obligatoires, celui de statistique descriptive (assuré par March[92] jusqu'en 1939) et celui de statistique mathématique (donné par Darmois) et deux autres cours à choisir entre ceux de démographie et statistique sanitaire, théorie des assurances sur la vie, opérations financières, éléments d'économie politique mathématique, applications de la méthode statistique à la science des affaires (en fait, étude de marché et contrôle de fabrication et gestion de stock), législation et hygiène et assistance sociales, ces deux derniers cours n'étant pas créés dès le début. En deuxième année les élèves suivent deux cours à option et rédigent un mémoire.

En 1924-25 il y a 4 étudiants...! et cette situation va perdurer jusqu'en 1930. Entre 1931 et 1937 il y a environ 8 nouveaux élèves par an. En 1937-38 un nouveau changement quantitatif: il y a 15 nouveaux inscrits.

En 15 ans, jusqu'en 1940, l'ISUP délivre 100 diplômes, dont 47 Certificats d'aptitude (pour une seule année d'étude) 7 Certificats supérieurs d'études statistiques (pour deux années d'étude sans rédaction d'un mémoire) et 46 Diplômes de l'Institut de Statistique. Mais ces diplômes ne sont pas intégrés dans ceux d'un cursus universitaire et n'ont donc aucune valeur pour la poursuite d'une

---

91 C'est-à-dire la fondation Rockfeller qui a parallèlement financé en Allemagne l'Institut mathématique de Göttingen. Les "experts" américains de l'opération sont Trowbridge et Birkhoff.

92 C'est March qui introduit en France la statistique anglaise de Galton et Pearson, une statistique mathématique non-probabiliste.

carrière administrative en France. Un fait est remarquable : plus des 2/3 de ces diplômes[93] sont délivrés à des étudiants étrangers.

Les deux premiers directeurs de l'institut sont Lucien March et Michel Huber[94], tous deux anciens directeurs de la Statistique Générale de la France[95], puis en 1945 c'est Georges Darmois[96] jusqu'à sa mort en 1960, date à laquelle il est remplacé par Daniel Dugué[97] jusqu'en 1980.

Entre 1922 et 1925 des cours sont donnés sans que des diplômes soient délivrés, à titre de rodage en quelque sorte. En 1922-23 et 1923-24 c'est Borel qui assure lui-même le premier cours de Méthode statistique portant sur les éléments de statistique mathématique, mais il demande alors à Darmois, qui est professeur à Nancy et son ancien élève de l'École Normale Supérieure, de venir assurer cet enseignement tout en restant encore pour quelques années à Nancy.

En 1925-26, le cours de Darmois comprend 12 leçons :

1 Statistique des caractères. Association.
2 Statistique des variables. Courbes de fréquence.
3 Moyennes. Écarts. Corrélation. Covariation.
4 Applications.
5 Corrélation multiple.
6 Applications.
7 Stabilité des fréquences. Probabilité. Principes fondamentaux.
8 Épreuves répétées. Théorème de Bernoulli. Loi de Laplace.
9 Applications.
10 Polygones dissymétriques. Loi des petits nombres.
11 Ajustement des statistiques. Dispersion. Schéma des urnes.
12 Écart des observations.

Ce premier plan de cours va évoluer assez rapidement vers un retournement de la priorité entre les modèles statistiques et le modèle probabiliste et un "durcissement" mathématique de cette présentation. En 1928, Darmois publie *Statistique Mathématique,* un ouvrage de 347 pages issu de ce cours dans lequel le retournement est déjà accompli. Les trois premiers chapitres sont consacrés aux fondements de la théorie des probabilités et ce n'est qu'à partir du quatrième qu'est envisagé la description des observations et leur traitement probabiliste. Mais le plus significatif est de comparer le plan de cours de 1925 avec celui de 1938 qui se déroule maintenant sur 20 leçons :

1,2,3 La statistique, stabilité des fréquences. Probabilité. Théorèmes fondamentaux.

---

[93] 68%. Deux exemples: en 1938, 7 diplômes (2/0/5) sont décernés dont 6 le sont à des étrangers, et en 1939, 20 diplômes (7/4/9) dont 13 à des étrangers.

[94] Huber, Michel (1875-1947), X 1895.

[95] March de 1896 à 1919 et Huber de 1919 à 1936.

[96] Darmois, Georges (1888-1960), ENS 1906.

[97] Dugué, Daniel (1912-1987), ENS 1930.

4,5,6	Variables aléatoires, grandeurs aléatoires. Moyennes. Espérance mathématique. Méthode de Tchebichef pour la loi des grands nombres.
7,8	Épreuves répétées. Loi limite de Laplace. Loi limite de Poisson pour les petites probabilités.
9,10	Schémas d'urnes. Tirages indépendants. Tirages dépendants.
11,12	Polygones de fréquence. Courbe de fréquence. Représentations analytiques.
13,14	Corrélation. Lignes de régression. Coefficients de corrélation, de contingence. Corrélation totale et partielle. Corrélation des rangs.
15,16	Méthodes d'estimation. Qualité de l'ajustement.
17,18	
19,20	Les coefficients d'ajustement fonctionnel. La dépendance des variables aléatoires et le coefficient de corrélation. Conclusions générales.

À partir de 1945 Darmois[98], qui devient le nouveau directeur, par son activisme, son charisme et ses relations, va faire de l'ISUP un lieu exceptionnel de diffusion des nouvelles mathématiques appliquées. À sa mort en 1960 le paysage, des années 20 en France, est complètement bouleversé. En 1952 il crée le Centre de Formation aux Applications Industrielles de la Statistique qui organise quatre types de stages : contrôle statistique de qualité, formation aux méthodes statistiques, techniques statistiques pour ingénieurs, économie de l'entreprise. Entre 1952 et 1959 le centre forme 1079 stagiaires et publie la Revue de statistique appliquée. À l'ISUP, dans les années 50, les Polytechniciens affluent (une quinzaine) ainsi qu'une dizaine d'élèves de l'École d'Application du Service National des Statistiques[99], et les étudiants sont maintenant entre quarante et cinquante par promotion. Dans les années 60, alors que désormais l'ÉNSAÉ forme les futurs professionnels de l'INSÉÉ, il y a plus de cinquante étudiants par promotion.

À l'ÉNSAÉ les cours sont issus de ceux de l'ISUP comme ceux de Calcul des probabilités et Statistique mathématique, Méthodes statistiques, Démographie mathématique et descriptive, Statistiques agricoles, économiques et sociales, et de ceux plus proprement liés à l'ÉASNS comme ceux de Théorie et pratique des sondages, Pratique statistique, et Organisation des services statistiques en France et à l'étranger.

Dans cette mouvance, Georges Théodule Guilbaud crée, au milieu des années 50, dans le cadre de l'ISUP, le Bureau Universitaire de Recherche Opérationnelle,

[98] La forme inductive anglo-saxonne de la statistique est maintenant enseignée par Darmois, mais il est probable qu'il l'avait introduite auparavant. Par ailleurs la filière "actuariat" va avoir tendance à vider les autres lieux de formation, comme celui du CNAM ou de la Formation continue, de leurs étudiants.

[99] En 1941 le Service National des Statistiques remplace la SGF. Son directeur, René Carmille, qui sera déporté et mourra à Dachau en 1945, crée en 1943 cette ÉASNS qui a pour but de former les statisticiens du SNS. En 1946 sont créés l'Institut National de la Statistique et des Études Économiques dont le premier directeur est Francis Closon, et l'Institut National d'Études Démographiques dont le premier directeur est Alfred Sauvy. En 1960 est créée l'École Nationale de la Statistique et de l'Administration Économique qui succède à l'ÉASNS et comprend 36 étudiants en 1963-64.

et en 1955, à l'École Pratique des Hautes Études, à la demande de son président, Lucien Febvre (1878-1956), le Centre de Mathématique Sociale et de Statistique; vers 1953, Daniel Schwartz fonde un enseignement pour les étudiants en médecine qui prend le nom, dix ans plus tard, de CESAM et va compter de 60 à 1500 étudiants.

Durant cette période 1945-1960 plusieurs centres de formation comme l'Institut d'Administration des Entreprises[100], le Centre d'Études des Programmes Économiques et l'Institut de Perfectionnement dans les Méthodes de Contrôle de Gestion intègrent dans leurs programmes des cours de statistique.

Créé en 1922 par Lucien March et Émile Borel, animé et dynamisé dans les années 50 par un enseignant et un entrepreneur exceptionnel, Georges Darmois, l'ISUP a été alors l'instrument du rattrapage de l'énorme retard accumulé en France dans la connaissance, la recherche, l'enseignement et la pratique des statistiques mathématiques anglo-saxonnes. La période 1945-1960 voit, dans ces conditions, apparaître de nombreux lieux d'enseignement de statistique.

4. Le contrepoint Bourbakiste

Dans les années 1925-1940 se situe une période de développement extraordinaire du Calcul des probabilités sur le plan théorique, avec les écoles soviétique de Kolmogorov et Khintchine, américaine de Feller, et française de Lévy et Fréchet. En France, cependant, depuis la seconde moitié du XIXème siècle, en dehors de quelques personnalités atypiques comme Bertrand, Poincaré ou Borel, le Calcul des probabilités est totalement méprisé sinon rejeté par la communauté des mathématiciens "purs" qui, par ignorance des travaux de l'école russe de Tchebitchev, ne le considère pas comme étant digne de faire partie de l'horizon de leurs recherches et plus encore de leur enseignement. Comme nous venons de le voir c'est cet obstacle idéologique et institutionnel que le volontarisme et l'activisme de Borel tentent de contourner avec la création en 1928 de l'IHP, un Institut de mathématiques et de physique théorique très sérieusement tourné vers le Calcul des probabilités... et ses applications, volonté clairement exprimée dans la cohabitation avec l'ISUP naissant. "L'Institut s'est appelé ainsi au prétexte qu'Henri Poincaré avait fait un cours de probabilités durant un semestre et avait publié le livre correspondant. Mais, à l'inverse de Borel, Poincaré avait toujours été extrêmement réservé sur les applications, y compris les applications physiques du calcul des probabilités. À la fin de sa vie, il changera complètement d'avis, mais disons que Poincaré représentait bien les savants de son époque : dans leur esprit, la Physique mathématique, c'était les équations différentielles et le calcul des probabilités n'intervenait que de façon marginale. [...] L'Institut, fondé en 1928, regroupe alors l'ensemble des mathématiques parisiennes. Borel, titulaire de la chaire de Calcul des probabilités à la faculté des Sciences, en sera le premier directeur. Ses collègues, quant à eux, d'un scepticisme total sur l'intérêt des probabilités, n'avaient absolument rien à faire de tels calculs -qu'ils méprisaient- et encore moins de leurs applications -

---

100 Celui de Paris est créé en 1956-57.

qu'ils méprisaient plus encore. Tout cela n'existait pas ! Par contre pour Borel, si!"[101]. À la fin des années 30, Fréchet a réussi à créer un groupe de probabilistes qui soutiennent leurs premières thèses à partir de 1936 : Doeblin[102] en 1938, Fortet[103], Malécot et Ville[104] en 1939. En 1936 Doeblin et Ville créent et animent un groupe de travail très actif qui va devenir le "séminaire Borel" de Calcul des probabilités.

C'est à la même époque, et sans aucun rapport direct, qu'un petit groupe de normaliens[105] se réunit autour d'un projet initial, d'ordre pédagogique, du à André Weil et Henri Cartan, de rédaction d'un manuel d'analyse moderne et rigoureux. À partir du 11 février 1935, sa quatrième réunion depuis l'automne 1934, le Comité[106], qui n'a pas encore pris le nom de Bourbaki[107], travaille à la rédaction d'un volume sur la théorie de l'intégration à partir de trois projets. Le premier est un rapport de Chevalley, le deuxième un rapport du "groupe de Clermont" (Coulomb, de Possel, Mandelbrojt) présenté par de Possel, le troisième un plan provisoire du Comité établi en commun après une discussion sur la base des deux premiers et Chevalley, de Possel et Delsarte constituent la commission d'intégration qui doit présenter un rapport à la "plénière" de juillet.

---

101 Bernard Bru, entretien avec B. Colasse et F. Pavé, [Col02] p. 78.

102 Wolfgang Doeblin (1915-1940) qui depuis la découverte par Bernard Bru en 1991 d'un "pli cacheté" adressé en février 1940, quelques mois avant son suicide pour échapper aux troupes allemandes, à l'Académie des sciences intitulé "Sur l'équation de Kolmogoroff" et resté ignoré jusqu'alors, est sur la voie de la canonisation comme un nouvel "Évariste Galois". Voir [Bru92] et [Pet03].

103 Robert Fortet ENS 1931.

104 Jean Ville ENS 1929.

105 Jean Delsarte (1903-1968) et André Weil (1906-1998) promotion 1922; Henri Cartan (1904-), Jean Coulomb (1904-?), René de Possel (1905-1974) et Paul Dubreil (?-?) promotion 1923; Jean Dieudonné (1906-1992) et Charles Ehresmann (1905-1979) promotion 1924; Claude Chevalley (1909-1984) et Jean Leray (1906-) promotion 1926; et un non-normalien d'origine polonaise Szolem Mandelbrojt (1899-1983). Dubreil qui n'apprécie pas du tout l'ambiance de travail du groupe le quitte presque immédiatement, à la huitième réunion, et Coulomb le remplace dès avril 1935; de même Leray qui ressent les réticences des "puristes" pour les applications est remplacé à l'automne 1935 par Ehresmann. Dubreil, Leray et Mandelbrojt avaient rejoint le groupe initial des 6 en janvier 1935. À l'automne 1935 le premier groupe Bourbaki des 9 est stabilisé pour deux ans jusqu'au départ de Coulomb en 1937.

106 Le Comité de rédaction du traité d'analyse, comme il se nomme à ce moment là, comprend 15 sous-commissions dont celles d'Algèbre, Théorie de l'intégration, Fonctions analytiques, Équations différentielles, Équations intégrales, Équations aux dérivées partielles auxquelles le Comité porte le plus d'attention. Le comité se réunit habituellement tous les quinze jours, profitant de la venue à Paris de ses membres, pour le séminaire Julia. Tous sont alors professeurs en province sauf Chevalley, Ehresmann et Leray qui sont chargés de recherches de la Caisse Nationale pour les Recherches Scientifiques.

107 C'est au premier congrès du Comité, la "plénière de fondation", qui s'est tenu à Besse-en-Chandesse en juillet 1935, qu'est né N. Bourbaki. Au dire d'André Weil, c'est Éveline Gilet, qu'il appelle "ma future femme" dans ses *Souvenirs d'apprentissage* mais qui à ce moment là est encore Madame de Possel, ce qu'il oublie avec innocence de mentionner, qui au cours d'une discussion informelle de quelques membres du groupe à l'automne 1935 "le baptisa Nicolas"...... Comme il n'est pas outrancier de rappeler que Weil avait une certaine tendance à se considérer comme le père de Bourbaki, le statut symbolique de sa marraine n'est pas dénué d'intérêt au regard de ce qui se jouait alors entre Weil et de Possel sur le plan personnel et des péripéties ultérieures du traité d'analyse de cet enfant, en particulier en ce qui concerne la Théorie de l'intégration ... et le Calcul des probabilités.

Depuis l'année 1933-34, ces jeunes normaliens qui avaient pris conscience pendant leurs études au milieu des années 20, au travers de leurs lectures et du seul séminaire à l'allemande, celui de Hadamard[108], qui existait alors en France au Collège de France, de l'ignorance quasi totale de leurs maîtres de tout ce qui s'était développé hors de France et en particulier en Allemagne dans le domaine de l'Algèbre et de la Topologie, après être allés, pour la plupart d'entre eux, chercher cet enseignement en Allemagne, se réunissent régulièrement dans le cadre du "séminaire Julia"[109] dont ils ont la direction. En 1934 de Possel y fait un exposé intitulé "Notion générale de mesure et d'intégrale"[110]. Il est alors professeur à Clermont-Ferrand et vient de développer, à Berlin en 1932-33, sur la base des travaux de Fréchet sur l'intégrale de Lebesgue, des recherches sur l'intégration abstraite et le produit de deux mesures abstraites. Depuis 1933 il travaille à la rédaction d'un traité sur la mesure et l'intégration.

La réunion du Comité du 11 février 1935 Chevalley présente un plan en neuf points qui suit d'assez près l'exposé de de Possel au séminaire Julia; "le plan de Chevalley s'en éloignait toutefois dans sa partie introductive qui se voulait avant tout didactique, [....] l'idée de nombre rapporté à certains ensembles était présentée comme source du concept de mesure et il était suggéré de puiser des exemples dans l'histoire des mathématiques"[111] et dans le cinquième point, ***"pour préparer l'introduction de la notion d'intégrale, l'auteur suggérait [....] de donner des exemples tirés de la statistique"***[112]. De manière surprenante le "Programme d'intégration" du groupe de Clermont présenté par de Possel ne suit pas d'aussi près son exposé au séminaire Julia et en particulier l'intégration et la mesure n'y sont pas reliés avec autant de force. Par contre il est extrêmement intéressant de noter que "comme le plan de Chevalley, celui de Clermont insistait sur la relation à établir entre la mesure et "les notions physiques additives" et, dans le cas d'un espace à un nombre fini de points, sur la relation avec les probabilités. Dans le texte il était même écrit que Coulomb souhaitait que l'on insistât tout particulièrement là-dessus"[113]. Issu de la discussion de ces deux plans, le plan du Comité énonce que son but n'est pas de faire un exposé exhaustif et historique de la mesure et de l'intégration mais de présenter l'intégrale de Lebesgue généralisée : "le Comité passait de l'intégration sur des ensembles abstraits (due à Fréchet) à l'intégration dans des espaces vectoriels topologiques ; des mesures abstraites il allait aux mesures de Radon. À ce stade, l'intention du Comité était de présenter ces deux points de vue sur la mesure et l'intégration"[114] . Le plan du Comité prend note d'un projet à venir : "théorie future de Weil-Cartan des mesures définies par un *ev*". Ainsi peut-on déceler dès le début du travail collectif du Comité sur

---

[108] Jacques Hadamard (1865-1963) ENS 1884.

[109] Gaston Julia (-1978) ENS 1911. Dans la deuxième moitié des années 30 on voit donc se constituer, dans la mouvance du séminaire Hadamard, autour du séminaire Julia et du séminaire Borel les deux pôles les plus dynamiques des mathématiques françaises renaissantes.

[110] En 1934-35 de Possel assure avec Leray le "cours Peccot" du Collège de France qui traite de la théorie abstraite de la mesure et de l'intégration.

[111] [Bea90] p. 181.

[112] [Bea90] p. 182. C'est moi qui souligne.

[113] [Bea90] p. 184.

[114] [Bea90] p. 187.

l'intégration une opposition théorique très nette entre le point de vue de de Possel qui est de traiter l'intégration dans des espaces abstraits et celui de Weil-Cartan qui est d'introduire des restrictions topologiques.

En juillet 1935, au premier congrès de Besse-en-Chandesse, après des débats houleux "la ligne générale est acquise" et le point de départ est celui de mesure abstraite et d'intégrale comme fonctionnelle linéaire pour une telle mesure et non pas celui d'intégration dans des espaces topologiques. "Ce genre de mesure était couramment utilisé en théorie des probabilités mais, même si ce souci avait été exprimé au cours du premier semestre, il n'est pas sûr que ce soit pour offrir un concept spécialement utile aux probabilistes que Bourbaki opta pour celle-ci : c'était plutôt le parti de la généralité qui le faisait opter ainsi pour la "mesure abstraite"[115]. Ce n'est qu'à la fin du plan du Comité que sont introduites les mesures de Radon sur les ensembles compacts et les mesures sur les espaces euclidiens de dimension n comme la mesure de Haar sur un espace vectoriel topologique. Mandelbrojt est alors chargé, pour fin mai 1936, de la première rédaction qui doit comporter une centaine de pages mais en juillet 1936 la discussion est reportée à septembre, cette fois-ci à partir d'une rédaction confiée à Dieudonné. Les cinq chapitres de cette première rédaction sont discutés au 2ème congrès de l'"Escorial", tenu à Chançay[116] en septembre, et une deuxième rédaction lui est demandée qui est discutée en mars 1937. À ce moment là, en accord avec les décisions du congrès de 1935, "le groupe semblait alors suffisamment assuré dans ses convictions pour annoncer, à la fin de cette réunion, que l'"intégration abstraite" constituerait l'un des premiers livres du traité, à publier en 1938"[117] et Dieudonné élabore une troisième rédaction de trois cent trente deux pages : le "Diplodocus d'intégration". En juillet 1937, à la suite d'une discussion, Dieudonné est conduit à modifier le plan des trois premiers chapitres de son Diplodocus mais de manière assez surprenante le 3ème congrès de Chançay[118], en Septembre, n'en reparle pas. Bref, en juillet 1937 le projet paraît toucher au but....... quand tout à coup Weil est chargé[119] de rédiger une réplique au Diplodocus pour le congrès de Dieulefit en septembre 1938.

Avant son départ aux États-Unis en janvier 1937 Weil remet à Gauthier-Villars son manuscrit sur l'intégration dans les groupes topologiques dans lequel il prend pour point de départ les espaces topologiques compacts et les fonctions continues à support compact, et où l'intégrale est définie comme fonctionnelle linéaire sur ces fonctions continues. Il rentre en France au début de l'été, participe au congrès de Chançay et nous dit-il "à mon retour d'Amérique, mon manuscrit sur l'intégration dans les groupes dormait chez Gauthier-Villars d'un sommeil dont il ne semblait pas que rien dût le réveiller; je le tirai de là et le portai chez Freymann, le jour même de mon mariage, le 30 octobre 1937"[120]. Ce "rien", effectivement, semble bien n'être rien moins.... qu'un "Diplodocus" !

---

115 [Bea90] p. 263.

116 Près de Tours, dans la propriété des parents de Claude Chevalley.

117 [Bea90] p. .364.

118 Auquel assiste Simone Weil (1909-1943), la sœur, philosophe, d'André Weil.

119 ... ou se charge de. La thèse de Beaulieu ne me permet pas de situer avec plus de précision, pour le moment, la date et les raisons de ce coup de théâtre.

120 [Wei91] p. 125. Voir à ce sujet la note 102.

Au 4ème congrès de Dieulefit la réplique de Weil n'est pas prête et ce n'est qu'au mois d'août 1939, au bord d'un petit lac de Finlande qu'il en commence la rédaction. En novembre, séparé d'Éveline qui est rentrée en France en octobre après la déclaration de guerre, il continue "sans grande conviction" jusqu'au moment où fin novembre, à la suite des attaques soviétiques il est arrêté par la police finnoise qui le soupçonne d'espionnage et où un pur hasard ou deux lui évitent d'être fusillé... il est alors expulsé en Suède, immédiatement incarcéré puis libéré à Stockholm en janvier 1940. À la fin du mois de janvier il embarque pour l'Écosse où il est immédiatement incarcéré pour désertion et conduit à Londres.... puis à la prison du Havre et enfin à celle de Rouen à la mi-février où il reprend la rédaction du contre-projet sur l'intégration dont la version finnoise avait servi de pièce à conviction à la police. Le 22 avril il écrit à Éveline : "Bourbaki chôme, j'ai fini d'adresser mes observations sur la suite de la Topologie à Cartan et Dieudonné et j'ai informé celui-ci que je ne répondrais plus aux papiers dont il m'accablait au sujet de l'Intégration. J'ai refait la semaine dernière mon article pour la Revue Rose et l'ai expédié, complètement refondu et trois fois plus long qu'il n'était auparavant"[121]. Le 5ème Congrès de Clermont-Ferrand, en décembre 1940, trouve le texte de Weil "très séduisant" et confie à Delsarte la rédaction d'une nouvelle version des premiers chapitres de l'Intégration en suivant le plan de Weil. Puis le 6ème congrès de Clermont-Ferrand, en mai 1941, où il n'est pas question de la version de Delsarte qui semble avoir abandonné, établit un nouveau plan. En août 1942, au 7ème Congrès de Clermont-Ferrand, Cartan apporte trois rapports sur les mesures mais aucune rédaction d'ensemble n'est possible. En 1945, quand le groupe se retrouve à Paris "un essai de discussion sur l'intégration ne réussit pas d'avantage; il apparaît que le diable occupe toujours en cet endroit des positions en hérisson fortement défendues"[122]. En 1948-49 le projet est repris par Godement[123] et les quatre premiers chapitres de l'*Intégration* des *Éléments de Mathématique* de Nicolas Bourbaki paraissent enfin en 1952 selon le plan suivant:

ch 1 Inégalités de convexité
ch 2 Espaces de Riesz
ch 3 Mesures sur les espaces localement compacts
ch 4 Prolongement d'une mesure. Espaces L^p

---

[121] [Wei91] p. 157.

[122] Cité par [Bea90] p. 404. L'intervention du diable dans la théorie de l'intégration avait déjà été évoquée le 16 juillet 1935 juste avant qu'au lac Pavin, non loin de Besse en Chandesse, "quelques membres ne craignent pas de se plonger sans aucun voile dans les ondes aux cris mille fois répétés de Bourbaki" (cité par [Bea90] p. 224). "C'est le baptême du Comité et la profération originelle du vocable "Bourbaki" par le groupe. De l'onde baptismale émerge aussi le personnage de Bourbaki, savant fétiche, à la fois multiple et unique, qu'on invoquera à quelques reprises pour expliquer, par ses "interventions", les décisions ou les désaccords de l'équipe" ([Bea90] p. 224; c'est moi qui souligne)...... le Diable ou Bourbaki, c'est tout un...... dont la version "populaire" prit dans les années 60-70 les traits ignorés mais pleins de bonhomie d'un certain André Revuz...

[123] En 2002 le travail d'analyse des archives Bourbaki que conduit Liliane Beaulieu ne peut être divulgué en ce qui concerne la période 1945-52; de plus le journal interne du groupe, *La Tribu*, ne rapporte plus avec autant de détails que dans la période précédente ce qui est dit dans le groupe et surtout ne signale plus explicitement celui à qui il faut attribuer telle ou telle parole, telle ou telle idée, tel ou tel comportement...!

.... puis paraissent,

en 1956 le	ch 5	Intégration des mesures
en 1959 le	ch 6	Intégration vectorielle
et en 1963 les	ch 7	Mesure de Haar
	ch 8	Convolutions et représentations

et ce n'est qu'en 1969 que paraît le
ch 9 Intégration ...
qui réintroduit les espaces non localement compacts ... et la théorie des probabilités[124], et tente de manière ampoulée de présenter la mesure de Wiener. Ainsi s'est-il écoulé 34 ans depuis la décision du Comité de rédiger un volume sur l'intégration et 32 ans depuis la rédaction du Diplodocus qui suivait la "voie de Possel" basée sur le primat de l'intégration sur des espaces abstraits et sa remise en cause par l'intervention du plan Weil basé sur le primat de l'intégration dans des espaces topologiques localement compacts... La plupart des mathématiciens formés dans les années 50-70, chercheurs et professeurs, envoûtés par le charisme exceptionnel de Bourbaki et l'aura biblique de ses *Éléments de Mathématique* ont ainsi dû attendre 1969 pour découvrir que la théorie des probabilités était bien de "La Mathématique" et de ce fait, enfin digne de leur attention. Dans sa note historique de 1969, qui accompagne la publication du chapitre 9, Bourbaki, avec une souplesse historique trempée dans la meilleure encre jésuite, nous raconte son histoire: après avoir rappelé que "la découverte[125] de la mesure de Haar sur les groupes localement compacts et les nombreuses applications qu'elle reçoit aussitôt, puis les travaux de Weil et Gelfand en Analyse Harmonique, amènent vers 1940 à une modification profonde de ce point de vue[126]: dans ce genre de questions, le plus commode est de considérer une mesure comme une forme linéaire sur un espace de fonctions continues. Cette méthode oblige à se restreindre aux espaces compacts ou localement compacts, mais ce n'est pas une gêne pour la presque totalité des applications; bien mieux, l'introduction de l'Analyse Harmonique sur les groupes *p*-adiques et les groupes d'adèles par J. Tate et A. Weil a permis un renouvellement spectaculaire de la Théorie analytique des Nombres. C'est d'une tout autre direction que provient la nécessité d'élargir ce point de vue par la considération de mesures sur des espaces topologiques non localement compacts : peu à peu, le Calcul des Probabilités amène à l'étude de tels espaces et fournit de nombreux exemples non triviaux. Peut-être faut-il rechercher la raison de l'influence tardive de ces développements sur la théorie de la mesure dans l'isolement relatif du Calcul des Probabilités, resté en marge des disciplines mathématiques traditionnelles jusqu'à une époque récente."[127] S'il n'est pas faux de mentionner ce relatif isolement il est assez cocasse, de la part de Bourbaki, de renverser les rôles (il écrit que le Calcul des probabilités "serait resté en marge" et

[124] Bru a d'abord fait l'hypothèse (au cours d'une discussion que j'ai eue avec lui en 1998) que c'est Meyer qui a rédigé ce nouveau chapitre mais considère maintenant qu'il est probablement en grande partie de Cartier (hypothèse confirmée par Beaulieu).

[125] Malheureusement Bourbaki ne nous dit pas où a été faite cette "découverte"... !

[126] Celui de Fréchet visant à établir la théorie de Lebesgue en se passant de moyens topologiques.

[127] [Bou69] p. : c'est moi qui souligne.

non pas : "aurait été marginalisé") et de passer sous silence son propre rôle qui depuis au moins 20 ans, en 1969, venait d'y contribuer plus ou moins violemment selon les lieux et les moments.

Ainsi, dès le début en 1935, Bourbaki incorpore le Calcul des probabilités dans son projet sur l'Intégration et André Weil, après la remise en cause de la version "Diplodocus" en 1937, se fait même le porte-parole en 1940 de l'orientation qu'il défend dans un article de la Revue Scientifique[128] au titre bourbakiste : *Calcul des probabilités, Méthode axiomatique, Intégration*, dans lequel il annonce : "Une théorie de l'intégration, fondée en partie sur les considérations qui vont suivre, sera exposée dans un fascicule à paraître des *Éléments de Mathématique* de N. Bourbaki, déjà cités, fascicule qui contiendra aussi les premiers principes du calcul des probabilités"[129]. Dans cet article Weil est particulièrement sarcastique vis à vis des actuaires[130] (c'est-à-dire, pour lui, les statisticiens sans grande culture mathématique) et de la statistique mathématique, dans un style qui nous permet d'apprécier la considération que pouvait avoir le groupe Bourbaki pour l'enseignement des probabilités et des statistiques qui cherche alors à être développé à partir de l'ISUP[131]: "Nous ne saurions terminer cet exposé sans indiquer qu'il est une branche du calcul des probabilités qui n'a pas encore, à notre connaissance, fait l'objet d'un traitement axiomatique correct, [...]. Et à la vérité, sans méconnaître les services considérables que la statistique mathématique a rendus à la science (et en particulier aux sciences biologiques), il faut bien constater que les ouvrages de statistique se réduisent en définitive à des collections de recettes et de préceptes que nous voulons croire heureusement choisis, mais qui, se trouvant sous forme hautement algébrique et comportant même parfois l'emploi de logarithmes, d'exponentielles et d'intégrales, jouissent aux yeux du profane, de tout le prestige de l'exactitude mathématique, alors que les soi-disant " démonstrations " dont on l'entoure, si hautement techniques qu'elles soient, n'ont le plus souvent aucun sens pour le mathématicien et consistent simplement en considérations heuristiques plus ou moins probantes. La statistique moderne paraît avoir enfin résolu le problème légendaire qui consistait, connaissant la longueur du navire et la durée de la traversée (du temps de la navigation à voiles on y ajoutait la hauteur du grand mât) à calculer l'âge du capitaine: transmettez ce problème à n'importe quel institut spécialisé, et l'on vous adressera bientôt un savant mémoire, où, non sans tableaux de chiffres et graphiques, seront calculés tous les coefficients de corrélation entre les variables ci-dessus". La fin du texte, néanmoins, pourrait passer pour un appel à un programme de travail que Weil-Bourbaki soutiendrait: "Nous ne disons pas que tout cela soit inutile ni dépourvu de sens : mais il serait grandement à souhaiter que les problèmes posés par la statistique et par les " probabilités des causes " fussent bientôt élucidés en toute rigueur, d'une manière entièrement satisfaisante pour le mathématicien, en se plaçant sur le terrain d'une théorie axiomatique

---

[128] L'article de la "Revue Rose" dont il parle dans sa lettre du 22 avril 1940 mentionnée plus haut.

[129] [Wei40] p. 206; c'est moi qui souligne.

[130] À cette époque, à l'IHP et à l'ISUP, "actuaire" et "statisticien" sont deux termes à peu près synonymes.

[131] Même si les travaux théoriques de Borel et de Fréchet sont reconnus, leurs styles de rigueur, d'écriture et d'enseignement sont aux antipodes de ce que Bourbaki cherche à promouvoir.

correcte, et séparant ce qui est susceptible de démonstration et ce qui est purement conventionnel. Après quoi, il ne serait sans doute pas très difficile, avec un minimum de formules et de détails techniques, de mettre les résultats obtenus à la portée de ceux qui voudraient en faire usage. Il est à croire aussi qu'un traitement rigoureux conduirait à une appréciation plus exacte des divers résultats dont se servent aujourd'hui les statisticiens, en permettant de juger de leur valeur mathématique"[132]. Mais il faut reconnaître derrière cette accumulation de conditionnels une très grande condescendance. Plusieurs témoignages tendent à montrer que, au-delà d'une simple absence d'intérêt, le Calcul des Probabilités et la Statistique mathématique sont implicitement ou même explicitement dévalorisés dans la mouvance du groupe Bourbaki dans les années 40, 50... et même après, tendance que ne contribuent pas à inverser les grandes difficultés théoriques rencontrées par les rédacteurs du "fascicule sur l'intégration" pour concilier la réorientation du projet sur la base des espaces topologiques localement compacts et les nécessités des développements de la théorie des probabilités dans l'étude du mouvement Brownien à la suite des travaux de Norbert Wiener et Paul Lévy.

En 1952 Bourbaki affirme, dans l'introduction de son premier volume sur l'intégration, que son projet tient compte de la théorie des probabilités : "Cette catégorie d'espaces auxquels s'applique donc la théorie de l'intégration comprend naturellement les espaces numériques R^n et les variétés; elle comprend aussi les espaces discrets [...], ainsi que les produits (finis ou infinis) d'espaces compacts identiques à un intervalle de R ou à un ensemble fini; nous verrons plus tard que la théorie de la mesure dans de tels produits joue un rôle important dans le Calcul des probabilités"[133]. Il défend même très précisément son point de vue en écrivant : "nous avons fait jouer un rôle prépondérant aux fonctions *continues*; il est naturel de se demander si la notion de mesure est effectivement liée d'une façon essentielle à l'existence d'une topologie sur l'ensemble X où elle est définie. Un examen attentif de la théorie montre qu'il n'en est rien, et que les méthodes de prolongement s'appliquent aussi bien à une fonctionnelle linéaire et positive $\mu(f)$ définie sur un espace vectoriel $\mathcal{V}$ formé de fonctions numériques définies dans un ensemble *quelconque* X, moyennant un certain nombre de conditions supplémentaires imposées à $\mathcal{V}$ et à $\mu(f)$; ces conditions sont *automatiquement* vérifiées lorsque $\mathcal{V}$ est un espace $\mathcal{K}(X)$ de fonctions continues à support compact, mais elles le sont aussi dans des cas plus généraux. Toutefois, cette plus grande généralité est à certains égards illusoire: on a pu en effet montrer que toute " mesure abstraite " est, en un certain sens, " isomorphe " à une mesure définie (à partir des fonctions continues) sur un espace localement compact convenable ; d'autre part, dans la plupart des applications, il s'agit d'ensembles X munis d'une topologie intervenant naturellement dans la question ; nous nous occupons donc exclusivement, jusqu'au chapitre V, de mesures définies sur des *espaces localement compacts*"[134]. Si en 1952 Bourbaki considère que son point de vue est

[132] [Wei40] p. 208.
[133] [Bou52] p. 5; c'est moi qui souligne.
[134] [Bou52] pp. 6-7; c'est moi qui souligne.

conciliable avec ce qu'il connaît des développements de la théorie des probabilités ce n'est qu'en février 1958[135], pour la première fois depuis sa création en 1948, que les auditeurs de son séminaire peuvent entendre un exposé concernant cette théorie; c'est le 161ème exposé et, donné par Laurent Schwartz[136], il est intitulé: *La fonction aléatoire du mouvement brownien*[137]. Cet exposé est très révélateur du manque de culture probabiliste supposé de son auditoire puisque Schwartz commence son exposé par un énoncé des "Principes essentiels du calcul des probabilités"[138]; en quelque sorte, un cours de formation qui devient alors urgent. Nous y trouvons même la trace d'un malaise théorique profond et la manifestation par Schwartz de sa volonté de rompre avec un certain dogmatisme par une révélation publique lorsqu'il dit au début de sa leçon: "Si ξ_1, ξ_2 sont des variables semblables sur X, η_1, η_2, des variables semblables sur Y, et si ξ_1, η_1, sont indépendantes, de même que ξ_2, η_2, alors (ξ_1, η_1) et (ξ_2, η_2) sont-elles semblables sur X x Y? C'est vrai si X et Y sont localement compacts, ou plus généralement contenus dans des compacts X', Y'; autrement, Bourbaki n'en sait trop rien et refuse de le savoir."[139] En mai 1964 Pierre Cartier qui fait un exposé sur les *Processus aléatoires généralisés* dit encore: "Comme l'espace Ω' n'est pas localement compact, nous ne pourrons lui appliquer les résultats de Bourbaki et nous devrons introduire une classe convenable d'espaces topologiques"[140] et prend des précautions avec son public en indiquant au début de son article que "le lecteur non spécialisé trouvera dans l'Appendice un dictionnaire permettant de traduire un énoncé de calcul des probabilités en un énoncé de la théorie de la mesure". Ainsi, en 1964, les mathématiciens français les mieux formés, ceux qui sont censés avoir reçu le meilleur enseignement de mathématique et posséder la

---

[135] Il n'est pas dénué d'intérêt de remarquer qu'en 1958 tous les Bourbaki du groupe fondateur (sauf Chevalley), et en particulier Weil et Cartan, ont dépassé l'âge fatidique de 50 ans à partir duquel ils ne peuvent plus faire partie du noyau actif du groupe qui rédige et prend les décisions.

[136] Laurent Schwartz (1915-2002) est entré à l'ENS en 1934. Il était le petit neveu de Jacques Hadamard et devint en 1938 le gendre de Paul Lévy. Membre du groupe bourbaki depuis 1940, il fut en 1950 le premier lauréat français de la "médaille Fields" pour ses travaux sur les distributions.

[137] Paul Lévy a publié en 1937 *Théorie de l'addition des variables aléatoires*, en 1948 *Processus stochastiques et mouvement brownien* et en 1954 *Le mouvement brownien.*

[138] Il y définit: événement élémentaire, variable aléatoire, loi de probabilité, variables aléatoires indépendantes, variables gaussiennes... Il faut remarquer, je pense, que Kolmogorov fait un exposé au séminaire Bourbaki trois mois après: Mai 1958, exposé 165, *Dimension linéaire des espaces vectoriels topologiques.*

[139] [Sch58] p. 329. C'est moi qui souligne. Entre ce premier exposé de Laurent Schwartz en 1958 et 1969 le séminaire donne lieu à 6 exposés concernant la théorie des probabilités; un de Jean-Pierre Kahane (ENS 1946) en mai 1960 (exposé 200), *Séries de Fourier aléatoires*, deux de Pierre Cartier (ENS 1950) en décembre 1962 (exposé 241), *Fluctuations dans les suites de variables aléatoires indépendantes*, et en mai 1964 (exposé 272), *Processus aléatoires généralisés*, et trois de Paul-André Meyer (ENS 1954) en juin 1966 (exposé 311) *Le théorème de continuité de P. lévy sur les espaces nucléaires [d'après X. Fernique]*, en novembre 1967 (exposé 355) *Lemme maximal et martingales [d'après D.L. Burkholder]*, et en juin 1969 (exposé 361) *Démonstration probabiliste d'une identité de convolution [d'après H. Kesten]*. Ainsi, à-peu-près un exposé tous les deux ans, pour une quarantaine d'exposés relevant d'un autre champ des mathématiques.

[140] [Car64] p. 427. C'est moi qui souligne.

culture mathématique qui les porte à suivre les exposés du séminaire Bourbaki, ont-ils besoin d'être "spécialisés" pour connaître le "langage des probabilités".

Laurent Schwartz a probablement joué un rôle important au sein du groupe Bourbaki à la fin des années 50 dans la prise de conscience du caractère néfaste, pour ne pas dire malfaisant, des orientations théoriques et idéologiques du groupe à propos de l'intégration et du calcul des probabilités qui se sont rigidifiées dans la période d'une dizaine d'années qui a suivi la reprise des activités après 1945. Dans ses mémoires, il nous donne à ce sujet un témoignage particulièrement judicieux: "Dans l'évaluation des probabilités, Bourbaki a commis de franches erreurs. Antérieurement existaient les mesures abstraites ou de Borel sur des ensembles munis d'une tribu. Bourbaki a introduit, sous l'influence d'André Weil et de son livre remarquable *L'Intégration dans les groupes topologiques et ses applications,* paru en 1940 et que j'ai beaucoup travaillé, les mesures de Radon sur les espaces localement compacts. Il y a donc deux théories de la mesure, également nobles, très étrangères l'une à l'autre[141]: mesure abstraite et mesure de Radon. Le terme d'abstrait est ici un peu ridicule. Les "espaces abstraits" de Fréchet sont tous ceux qui sont "quelconques", ils généralisent les espaces usuels, la droite, le plan, l'espace à trois dimensions "dans lequel nous vivons"; les mesures abstraites sont des généralisations de la mesure de Lebesgue sur des "espaces abstraits". Bourbaki a totalement privilégié les mesures de Radon et rejeté les autres. Or les probabilités nécessitent les autres.

J'ai adopté avec enthousiasme, en 1940, la théorie des mesures de Radon sur les espaces localement compacts, d'autant plus facilement que les probabilités que j'avais étudiées avant la guerre avec Paul Lévy ne mentionnaient pas encore vraiment de mesures générales, et pas du tout de tribus. J'étais déjà éloigné des probabilités par des circonstances naturelles, purement pratiques: je les avais quittées au sortir de l'ENS en septembre 1937, abandonnées pendant mes trois ans de service militaire et de guerre, puis j'ai rencontré Bourbaki avant d'être absorbé par la découverte et la rédaction des distributions. Bref, Bourbaki s'est écarté des probabilités, les a rejetées, les a considérées comme non rigoureuses et, par son influence considérable, a dirigé la jeunesse hors du sentier des probabilités. Il porte une lourde responsabilité, que je partage, dans le retard de leur développement en France, du moins pour tout ce qui concerne les processus, c'est-à-dire les développements modernes. Je me souviens encore d'une conférence du célèbre probabiliste américain Doob à Paris où il était question d'une probabilité sur l'espace des fonctions continues, non localement compact, la probabilité de Wiener du mouvement brownien. Les bourbakistes présents à la conférence l'interrompaient constamment, bruyamment et sans courtoisie, sous le prétexte que

[141] Il semble bien que Weil en 1940 et Bourbaki en 1952, comme nous l'avons montré plus haut, considèrent que cette différence n'est pas un obstacle à l'intégration de la théorie des probabilités dans leur théorie de l'intégration. Dans ses mémoires, Schwartz écrit: "Vers 1968-1970, je me suis lancé corps et âme dans le grand courant probabiliste, retour aux amours de jeunesse, souvenirs du Paul Lévy des années 1935-1936. Ce fut là mon second souffle... Mais inauguré à l'âge de cinquante-cinq ans, il ne pouvait être l'égal du premier. J'ai d'abord élargi les mesures de Radon aux espaces topologiques arbitraires, non nécessairement localement compacts". [Sch97] p. 330.

son espace n'était pas localement compact et que ce qu'il disait "n'avait pas de sens". Cette attitude me troubla profondément et m'indigna par son impolitesse."[142]

L'histoire détaillée du rapport de Bourbaki à la théorie des probabilités entre 1945 et 1969 reste encore à faire mais il est néanmoins clair, sur la base de l'état actuel de l'enquête, qu'il a beaucoup contribué à entretenir une idéologie de l'indifférence et de la dévalorisation[143] dans le petit milieu des mathématiciens professionnels et, par entraînement, mimétisme et facilité, dans le vaste milieu des professeurs de mathématique[144] vis à vis des probabilités sans parler, cela va de soi, des statistiques... La conséquence principale de cette stratégie théorique et de cette attitude idéologique, au-delà du détournement de quelques vocations de chercheurs, est certainement d'avoir contribué à empêcher le développement d'enseignements de calcul des probabilités et de statistiques dans le cadre de la formation générale des étudiants en mathématiques et par le fait de celle des futurs enseignants de mathématiques[145]; ce n'est qu'en 1967 qu'un enseignement de calcul des probabilités apparaît dans la licence de mathématiques[146].

---

142 [Sch97] pp. 172-173. C'est moi qui souligne. Je n'ai pas pu retrouver la date à laquelle cette conférence de Doob avait eu lieu mais à lire le souvenir catastrophique qu'il en a une quarantaine d'années après, quant au comportement des bourbakistes, on peut supposer que cet événement a contribué à lui faire prendre conscience qu'il y avait quelque chose de "pourri" dans le royaume de Bourbaki et l'a poussé à donner son exposé, en fait provocateur, de février 1958 sur le mouvement brownien. La conférence de Doob pourrait être de 1957. Doob a publié son livre *Stochastic processes* en 1953 et Paul Lévy lui a consacré un très long article dans le Bulletin des sciences mathématiques en 1954.

143 Quelques témoignages: Henri Cartan, à Normale sup. dans les années 40-50-60, où il est professeur de 1940 à 1944 et de 1949 à 1965, qui n'encourage pas, sinon dissuade, les élèves (étant donnée son autorité intellectuelle) de se diriger vers les probabilités lorsqu'ils lui soumettent ce projet comme Paul-louis Hennequin (ENS 1949) en 1956, d'après André Revuz (ENS 1934); il faut cependant noter que cette mentalité était si commune que Borel lui-même *qui présidait la plupart des thèses de probabilités, disait encore à J. Ville, auteur d'une thèse très remarquable sur les martingales:"quand allez-vous vous décider à faire de l'analyse?* [Bru92] p. 8. De manière plus générale, Georges Théodule Guilbaud (ENS 1932): "Au début des années 1950, j'avais essayé d'expliquer à Henri Cartan qu'il fallait que les normaliens soient informés de ces nouveautés ["la mathématique sociale"]. Il m'a gentiment éconduit et j'ai d'ailleurs compris pourquoi: il avait peur que je pervertisse la jeunesse". [Col02] p. 68; vers 1955, à Bordeaux, d'après André Revuz, Favart lui disant: "c'est vrai... le calcul des probabilités ce n'est pas grand-chose, ce n'est que de la théorie de la mesure"; Dieudonné, vers 1965, qui ne dit pas un mot à Barbut au cours d'un colloque Papy dans lequel Barbut essaie d'attirer l'attention sur une présentation du calcul des probabilités en termes d'algèbre et d'analyse linéaire, et qui, d'après André Julg (ENS 1948) s'exprime ainsi, à la même époque, au cours d'une conférence à Marseille: "les probabilités c'est tout juste bon pour les sciences naturelles...". Pour Marc Barbut, à propos de l'attitude de Dieudonné, on pourrait parler de "haine". On peut même assister à des alliances contre-natures entre Arnaud Denjoy et les Bourbaki qui sont entrés en nombre à la faculté des sciences de Paris en 1955 pour barrer la route à l'élection d'un "probabiliste" soutenu par Darmois que ses chers collègues ne considèrent pas comme un "vrai" mathématicien.

144 Par le relais médiatique activiste de l'APMEP.

145 Comment ne pas faire l'hypothèse que les "résistances" ultérieures à cet enseignement, aussi bien chez les enseignants que chez les élèves et les étudiants, en sont pour une part considérable un effet induit?

146 Jusqu'en 1967, en mathématiques, les enseignements de théorie des probabilités avant le 3ème cycle sont (très) rares... En 1991, Michel Raynaud (Université Paris-Sud), à propos des premiers cycles de mathématiques peut écrire dans la *Gazette des Mathématiciens* de la SMF (avril 1991/ Supplt n°48): "Dans certaines universités on enseigne aussi des éléments de *Probabilités*

5. La diffusion d'un enseignement de masse...

"Je me suis donc mis en tête de rédiger un petit cours de probabilités et de statistiques, d'abord à l'intention de mes étudiants. Les probabilités et les statistiques constituent en effet les chapitres les plus utiles pour un futur physicien ou un futur chimiste et je désirais que mes étudiants de propédeutique se fassent, dès ce stade de leurs études, une idée juste sur ces choses là : les probabilités font partie intégrante de l'enseignement des mathématiques.[...] J'estime que l'introduction de l'espace Ω est fondamentale ("pour y comprendre quelque chose").[...] J'estime qu'il n'est pas raisonnable de faire des statistiques avant de faire des probabilités.[...] Il est important de comprendre ce qu'est la valeur significative d'un échantillon, ce qui est impossible si l'on n'a pas étudié d'abord les probabilités et les probabilités sur les espaces produits. J'estime qu'il faut parler de σ-algèbre de Boole et de variable aléatoire. [...] J'estime aussi qu'il n'est pas logique de parler d'algèbre de Boole et de ne pas parler de σ-algèbre de Boole , car, alors, on ne voit pas comment l'on passe du cas où le nombre des événements est fini au cas où ce nombre est infini. [...] A propos de choses sérieuses et utiles, je pense que l'on doit montrer très tôt aux élèves des exemples concrets d'algèbre de Boole. Puis, plus tard, introduire cette structure "en personne". En effet, on procède ainsi pour toutes les structures familières, pour les structures que l'on rencontre un nombre suffisant de fois, la structure de groupe par exemple. Or, la structure d'algèbre de Boole est utilisée sans arrêt par les élèves, par exemple lorsqu'ils raisonnent. Dans ces conditions, je ne vois pas les obstacles qui s'opposent à l'introduction, ***dans toutes les sections de nos lycées****, des paragraphes [...] (qui) concernent : espace des événements et définition de la probabilité, les règles du calcul des probabilités (cas d'un nombre fini d'événements), probabilités conditionnelles, événements indépendants. On envisage, paraît-il, de le faire pour toutes les sections non classiques*[147]*. Je ne*

Curieusement ce ne semble pas être le cas dans la région parisienne". et dans les années 60 les seuls manuels disponibles datant d'après 1939 ... en dehors de celui de Blanc-Lapierre et Fortet, *Théorie des fonctions aléatoires*, Masson, Paris, 1953 (avec une préface de Darmois) sont ceux de Daniel Dugué, *Ensembles mesurables et probabilisables*, Dunod, Paris, 1958, et de Jacques Neveu, *Bases mathématiques du Calcul des Probabilités*, Masson, Paris, 1964, qui ne peuvent être considérés comme une réelle approche de la problématique de l'aléatoire. Si l'on veut bien considérer que la théorie des probabilités ne se réduit pas à la théorie de la mesure, que ce soit pour de futurs ingénieurs ou de futurs enseignants, sinon pour de futurs "mathématiciens", les deux premiers manuels sont celui de Paul-Louis Hennequin et André Tortrat, *Théorie des Probabilités et quelques applications*, Masson, Paris, 1965, et celui de Alfred Rényi, *Calcul des Probabilités, avec un appendice sur la théorie de l'information*, Dunod, Paris, 1966. De manière générale les 8 chapitres et 270 pages de la partie IV, "Calcul des probabilités et statistique", du manuel de Guy Lefort *Mathématiques pour les sciences biologiques et agronomiques*, Armand Colin, Paris, 1967, représentent la meilleure et la plus complète initiation aux mathématiques de l'aléatoire jusqu'à ce que le *Probabilités et statistiques; de l'intuition aux applications* de Jacques Hartong, Diderot, Paris, 1996 (qui s'inspire beaucoup du *An introduction to probability theory and its applications* Wiley, New Yok, 1950/57/68, de William Feller), ne vienne l'enrichir d'une approche plus épistémologique.

[147] L'auteur emploie un vocabulaire ambigu; il veut désigner les sections A, B, D, par opposition aux sections C et T dans lesquelles les mathématiques sont les plus développées.

comprends pas pourquoi il en sera ainsi. ***Peut-être parce que l'on pense que les probabilités, ce n'est pas vraiment des mathématiques. On dit souvent: ce sont des mathématiques " mi-philosophiques, mi-appliquées ". Je tiens à souligner que cette attitude est très néfaste, car il est très difficile, plus tard, de faire comprendre aux étudiants qu'il n'en est rien, que les probabilités posent de vrais problèmes de mathématiques... Ce serait plus facile au contraire si les élèves avaient été familiarisés avec ces notions et si on ne leur avait pas communiqué un certain dédain à l'égard de ces disciplines.*** *Et puis, il faut penser aussi aux élèves des lycées qui ne poursuivront plus leurs études et à qui on n'a pas appris des choses simples et bien utiles. Il faut aussi penser aux bons élèves en lettres (qui se trouvent souvent dans les sections classiques) et poursuivant leurs études en faculté de droit et de sciences économiques : là encore, en faculté, il sera difficile de leur apprendre des concepts qu'ils assimileraient mieux s'ils les connaissaient déjà un peu avant de commencer leurs études supérieures.*[148]*"*. Cette analyse et ce diagnostic qui datent de 1966 représentent parfaitement le climat de l'époque, fait d'un mélange de prise de conscience de l'importance scientifique et économique des Statistiques et des Probabilités et de mesure de l'ampleur des dégâts à retardement causés par une idéologie dogmatique.

C'est au milieu des années 1960-1970 qu'un mouvement d'enseignement généralisé des probabilités et des statistiques s'est développé en France[149]. En 1966[150] cet enseignement est introduit en première année de Psychologie et de Sociologie de manière systématique mais des cours de statistique existent déjà auparavant en Psychologie dans plusieurs facultés[151]. Pour l'enseignement secondaire Maurice Fréchet présente, en Novembre 1945, à la Commission de réforme de l'Enseignement un projet d'introduction de statistique en Première et

[148] Paul Krée (M.C Faculté des sciences de Nice) au cours d'une conférence (*Exposé introductif aux probabilités et aux statistiques*) prononcée le 26 mars 1966, dans le cadre d'un séminaire d'information des professeurs de l'enseignement secondaire organisé par la Faculté des Sciences de Nice. Bulletin de l'APMEP n°253, juillet-août 1966, pp. 386-388; c'est moi qui souligne.

[149] Je ne considère pas ici l'introduction de cet enseignement dans les "grandes écoles" et dans leurs classes préparatoires, (agro, commerce, ingénieurs) si ce n'est, comme on l'a vu, le rôle joué par l'X. Il faudrait aussi envisager son développement dans les cursus d'économie au début des années 60 à la suite du "Colloque de Royaumont" et en 70-71 en médecine. D'après Marc Barbut, le seul professeur de médecine qui se montre, alors, sensible à l'aspect "décisionnel" et "bayésien" de la théorie des probabilités, c'est le cancérologue Israél.

[150] À l'occasion de la "fameuse" réforme dite de Fouchet.

[151] En 1962 à Aix (140 étudiants), Bordeaux (61), Caen (50), Lille (32), Nancy (40), Paris (150), Poitiers (50), Rennes (70), Toulouse (?) et à l'Institut de Psychologie de l'Université de Paris (200). " En ce qui concerne la statistique, le programme suivi est à peu près partout celui de l'Institut de Psychologie de l'Université de Paris correspondant au tome I de l'ouvrage de Faverge (*Méthodes Statistiques en Psychologie Appliquée*) ou à celui de Ehrlich et Flament (*Précis de Statistique*); ces deux manuels sont d'ailleurs les plus utilisés pour ces enseignements. Les maîtres sont généralement des chercheurs en Psychologie, donc avant tout des psychologues de par leur formation et leurs préoccupations, d'ailleurs plus orientées vers la recherche que vers la pratique. Il y a des exceptions: Lille et Nancy [École des Mines], où l'enseignement est assuré par du personnel relevant des Facultés des Sciences ou d'Écoles Scientifiques. En dehors de ces deux derniers cas, les rapports avec les Facultés des Sciences sont épisodiques ou inexistants. " Marc Barbut, Le colloque sur l'enseignement des mathématiques et de la statistique pour les Sciences Humaines, *Mathématiques et Sciences Humaines*, Paris, 1, 1962, p 12-13.

de probabilité en Terminales c'est-à-dire en Mathématiques Élémentaires et en Philosophie. Si Fréchet ne mentionne pas la troisième Terminale de l'époque, Sciences Expérimentales, c'est -peut-être[152]- parce que cette classe, créée en 1942 par dédoublement de la classe de Philosophie[153], comprend depuis sa création un enseignement de probabilité (combinaisons et probabilités simples) qu'elle est la seule à proposer jusqu'en 1951 quand est créée la classe de Technique Économique[154]; pour cette filière technico-commerciale les statistiques descriptives sont introduites dès la classe de Seconde, puis en Première les statistiques à deux variables et la corrélation. En Terminale le calcul des probabilités comprend la loi binomiale et la loi de Laplace[155]. Rien n'évolue jusqu'en 1966, date à laquelle le souffle d'un esprit moderne et enfin débarrassé de toute poésie vient d'inspirer la dénomination A, B, C, D et E pour les classes de Première et de Terminale[156]. La série A voit l'introduction des Statistiques en Première et des Probabilités en Terminale ; la série D, des Statistiques en Première[157]. La série B reprend, en gros, ce qui est enseigné en Technique et Économie. Mais le fait le plus intéressant est que les deux séries les plus "mathématiques", C et E, ne comportent toujours pas le moindre enseignement de Statistique et de Probabilité. C'est en 1971, avec la réforme des "mathématiques modernes"[158] que cet enseignement débute : Statistique en Première[159] et

---

[152] "Peut-être", parce que cet enseignement de Sciences Ex ne comprend pas de statistique et qu'il est assez surprenant que Fréchet ne propose pas de l'ajouter en classe de première afin que, comme en Philo et en Math Elem, il précède celui de probabilité, ce dont il est partisan comme tous les autres membres de la commission sauf Borel (et Allais et Baticle à la Société de Statistique de Paris). Voir à ce sujet *Projet d'introduction de la statistique et du calcul des probabilités dans les programmes de l'enseignement moyen* dans [Fré55] pp. 291-300.

[153] En 1942 la classe de Philosophie donne naissance à deux classes, celle de Philosophie Lettres et celle de Philosophie Sciences qui devient en 1945 la classe de Sciences Expérimentales

[154] Qui prend le nom de Technique et Économie en 1960.

[155] C'est un programme assez proche de celui proposé par Fréchet et dont on peut remarquer qu'il n'aborde ni la notion de probabilité conditionnelle ni celle d'indépendance.

[156] Depuis 1965 en Première; en Terminale, à partir de la rentrée 1966, A remplace Philosophie, D Sciences Expérimentales, C Mathématiques Élémentaires, B Technique et Économie et E Mathématiques et Technique.

[157] Voici les programmes de Première et de Terminale pour la section D (proches de ceux de B); Statistique: séries statistiques, caractéristiques de valeur centrale, caractéristiques de dispersion, ajustement linéaire, corrélation, coefficient de corrélation linéaire, séries chronologiques; Probabilité: algèbre des événements, principes des probabilités, variables aléatoires, loi binomiale, loi normale, loi de Poisson, loi des grands nombres, estimation d'une moyenne, intervalle de confiance.

[158] La commission "Lichnerowicz" qui, à partir d'octobre 1966, en a préparé le contenu ne comprend aucun "probabiliste". Cette commission trouve son origine en 1952 avec la réunion d'un groupe de mathématiciens français comme Dieudonné, Choquet, Lichnérowicz et de philosophes suisses comme Gonseth et en 1959 avec le "Colloque de Royaumont" au cours duquel Dieudonné lance son fameux: "A bas Euclide!". André Revuz, que j'ai interviewé à ce sujet en avril 2002, ne se souvient pas que les statistiques et les probabilités aient été alors l'objet de discussions au sein de la commission. Néanmoins l'APM (Association des Professeurs de Mathématiques de l'Enseignement Public) publie, alors, depuis 1960 un cours de "recyclage" aux mathématiques "modernes" (Topologie, Algèbre,...) , Les brochures de l'APM, dont le n°4, ***Le Calcul des Probabilités et l'enseignement,*** rédigé par Huisman, Fortet, Dugué, Guilbaud, Bouzitat et Ville, paraît en 1961.

Probabilité en Terminale où le programme est le même qu'en D[160]. À partir de 1981, qui voit se terminer, peu à peu, la parenthèse de l'outrance formaliste, la statistique descriptive est introduite dès la classe de Seconde mais en A[161], B et D le programme de probabilité de Terminale est considérablement restreint ; l'étude des couples de variables aléatoires, des lois marginales, l'inégalité de Bienaymé-Tchebichev et la loi "faible" des grands nombres sont supprimées. En C et E la mesure est encore plus radicale puisque c'est quasiment tout le programme de Probabilité qui est supprimé[162] ! En A il faut noter un effort sans précédent pour relier l'approche technique des notions avec leur présentation historique et même épistémologique. À partir de 1986, grande nouveauté, la statistique descriptive est enseignée dès la Sixième ; en C et E il y a un retour timide de quelques éléments de calcul des probabilités. En 1990 l'enseignement des Probabilités commence en Première et remplace l'approche combinatoire de la probabilité par une approche fréquentielle. Depuis 2000 en classe de Seconde l'initiation à l'aléatoire passe par la simulation informatique de la répétition d'épreuves aléatoires. En Terminales S[163], à partir de 2002, l'étude de lois continues est introduite ainsi que "l'étude d'un exemple traitant de l'adéquation de données expérimentales à une loi équirépartie" mais hors de toute utilisation du "vocabulaire des tests" et donc bien sûr de toute allusion à la notion de "risque".

Le grand thème techniciste à la mode est celui de la simulation : "lancers de pièces, de dés, tirages de boules dans une urne, obtention de listes de nombres au hasard à l'aide d'une calculatrice ; ces expériences seront des éléments fondateurs de leur perception de l'aléatoire. On simulera les expériences de référence et on pourra ainsi étudier de longues séries; on simulera aussi de nouvelles situations à l'aide de listes de chiffres au hasard. [...] En première, on précisera que, pour simuler une expérience, il faut d'abord en établir le modèle puis simuler ce

---

159 J'emprunte à Bernard Courtebras cet exemple qu'il cite dans sa thèse de sociologie à soutenir (Lyon 2) *Socialisation et performances mathématiques. Disciplinarisation du savoir probabiliste dans la formation des techniciens supérieurs, formes de transmission et modes d'appropriation.* Définition: On appelle *statistique* d'un ensemble fini E, relativement à une partition $\mathcal{P} = \{A_1, A_2, ..., A_n\}$ de cet ensemble, la liste des cardinaux des éléments de $\mathcal{P}$. Exemple: Considérons l'ensemble E = {a, b, c}. Soit, dans l'ensemble $\mathcal{P}$(E), la relation R définie par $X \mathrel{R} Y \Leftrightarrow \mathit{Card}\, X = \mathit{Card}\, Y$. Cette relation est une équivalence qui définit sur $\mathcal{P}$(E) la partition $\mathcal{P}$ suivante : $\mathcal{P} = \{ \{\emptyset\}, \{\{a\}, \{b\}, \{c\}\}, \{\{a,b\}, \{b,c\}, \{c,a\}\}, \{\{a,b,c\}\}\}$. Cette partition se note symboliquement : $\mathcal{P} = \{\lozenge, I, II, III\}$. On a la statistique correspondante: Card ◊ = 1, Card I = 3, Card II = 3, Card III = 1." C.Gautier, G. Girard, D. Gerll, C. Thiercé, A. Warusfel, Aleph 1, Analyse/Probabilités, 1ère CDE, Hachette, 1976, p. 77-78. Initiation à la gymnastique ensembliste, la statistique conçue ainsi est un "pur" terrain de jeu pour futurs mathématiciens, enfin digne d'être enseignée en C.

160 En 1971, les éléments de statistique mathématique disparaissent du programme.

161 Maintenant dissociée en A_1, A_2 et A_3.

162 Ceci à partir de 1982 et en dehors de quelques éléments de combinatoire et la définition laplacienne de la probabilité.

163 En 1993, A_1, A_2 et A_3 se retrouvent en L (littéraire), C, D et E se regroupent en S (scientifique, avec trois spécialités M comme mathématiques, P comme physique et B comme biologie) et B devient ES (économique et sociale).

modèle"[164]. Tout ceci part d'un "choix pédagogique" fort louable qui "est d'aller de l'observation vers la conceptualisation et non d'introduire d'abord le langage probabiliste". Mais de même que pendant la période dite des "mathématiques modernes" la "perception de l'aléatoire" avait tendance à se perdre dans des prouesses purement formelles au milieu des espaces probabilisables et probabilisés, il est permis dans cette nouvelle approche techniciste de la voir se dissoudre dans la boîte noire des calculatrices. Deux indices laissent craindre le pire quant aux bonnes intentions de ces orientations vis à vis de la perception de l'aléatoire: la mise sur le même plan des expériences élémentaires (pièces, dés, urnes) et l'"obtention de listes de nombres au hasard[165] à l'aide d'une calculatrice" quand on prétend vouloir préciser ensuite les rôles de la modélisation et de la simulation, et l'élimination de toute référence à la notion de risque après s'être appuyé sur une validation du modèle probabiliste par "un théorème de mathématiques appelé “loi (forte) des grands nombres”, dont un énoncé intuitif est : *Dans le monde théorique défini par une loi de probabilité P sur un ensemble fini, les fréquences des éléments de cet ensemble dans une suite de n expériences identiques et indépendantes “tendent” vers leur probabilité quand* n *augmente indéfiniment*"[166].

Envoi

Ainsi armés de la loi forte des grands nombres les enseignants de mathématiques vont-ils pouvoir monter au front de l'aléatoire et de la probabilité en toute sécurité... les fréquences "tendent" vers leur probabilité... circulez, il n'y a rien d'autre à voir! Je reconnais néanmoins que les "concepteurs" de ce nouvel habillage de l'enseignement des statistiques et des probabilités ont pour but de mieux articuler les rapports qu'entretiennent ces deux "disciplines". Mais tout cet appareillage théorique en termes de "simulation", "modélisation", "convergence presque sûre", plus ou moins bien maîtrisés, s'il a pour but, essentiel, de légitimer et justifier le modèle de la Théorie des Probabilités, n'en oublie pas moins que la vertu de ces modélisations, pour nous qui vivons dans un temps fini, n'est pas simplement de nous permettre de représenter les fluctuations du possible mais de nous donner les moyens d'évaluer les risques de nos estimations lorsque nous prenons la décision de les considérer comme étant la réalité qui en fait nous échappe dans le temps. Plus précisément, ce que la Théorie des Probabilités permet de comprendre sur l'utilisation que nous faisons des "données" des

---

[164] Brochure d'"Accompagnement des programmes": Mathématiques, classe de seconde, CNDP 2000, p.21.

[165] En passant nous apprenons , à vouloir comprendre ce qui est écrit, que: a) les nombres au hasard obtenus à l'aide d'une calculatrice représentent une expérience de l'aléatoire, b) les chiffres au hasard permettent de simuler de nouvelles situations (expériences?), c) que les chiffres au hasard permettraient donc de simuler les nombres au hasard, d) que pour simuler les nombres au hasard par les chiffres au hasard il faut établir un modèle des nombres au hasard puis simuler ce modèle des nombres au hasard avec des chiffres au hasard... N'y aurait-il, par ailleurs, aucune différence entre une "expérience" et une "simulation"?

[166] Brochure d'"Accompagnement des programmes": Mathématiques, classe de première des séries générales, CNDP, 2001, p.71.

observations, ce qui donne son sens à la Statistique Mathématique, à la Statistique inférentielle, ce n'est pas de nous permettre de connaître parfaitement les choses comme si nous avions l'éternité devant nous - ainsi que l'a si bien dit Jakob Bernoulli [167]-, mais c'est de nous permettre d'évaluer, de calculer, les RISQUES que nous prenons lorsque nous acceptons de considérer que le modèle adopté simule convenablement la réalité et que la réalité va se comporter comme le modèle... ce qui n'est pas très grave quand on ne fait que contempler les astres, ce qui l'est beaucoup plus lorsqu'on prend des DÉCISIONS, techniques, économiques, sociales, c'est-à-dire politiques.

L'éducation à l'ALÉATOIRE, qui passe par cet enseignement, devrait avoir pour but fondamental la prise de conscience que toute DÉCISION s'accompagne d'un RISQUE, mais que ce risque peut être évalué[168]. Or, pas plus qu'il y a trente ans avec une présentation axiomatique, je ne vois se manifester cette conscience que tout l'intérêt éducatif de l'enseignement généralisé des éléments de la statistique mathématique devrait être de donner aux futurs citoyens que sont les adolescents de seize à dix-neuf ans une réelle CULTURE DU RISQUE. Buffon, Condorcet, Laplace, Cournot, Borel ont été obsédés par cette question: à quel moment, pour quelle valeur doit-on considérer qu'un événement dont la probabilité est "faible" peut être physiquement considéré comme impossible ?...... Effectivement il nous faut agir; "nous sommes embarqués" dirait Pascal. Mais nous savons maintenant, depuis que nous ne pouvons plus faire comme si les grandes catastrophes issues de la techno-science ne pouvaient pas se produire, car elles se sont produites, que le plus important pour chacun de nous ce sont les risques que nous acceptons que l'"on" prenne pour nous.

La loi des grands nombres, qu'elle soit faible ou qu'elle soit forte, est un très beau théorème mathématique lorsque ce brave petit n tend vers l'infini, mais qui en cela, comme le disait Jakob Bernoulli il y a trois siècles, ne nous apporte guère plus que ce que chacun sent bien intuitivement. Par contre ce qu'elle nous dit de profondément sensé pour notre comportement c'est comment, quantitativement, nous prenons des risques quand nous prenons des décisions, car à ce moment-là n ne tend plus vers l'infini pour nous humains pesamment temporels... n est même très limité, limité par le coût de la quête de l'information.

---

[167] "De là, enfin, semble découler cette chose extraordinaire que si les observations de tous les événements se poursuivaient à travers l'éternité entière, (la probabilité débouchant à la fin sur la certitude parfaite) nous saisirions que toute chose dans le monde arrive par des raisons certaines et par une loi constante du retour des choses; à tel point que même dans les choses les plus accidentelles et les plus fortuites nous sommes tenus de reconnaître une quasi nécessité et pour ainsi dire une fatalité; je ne sais si Platon lui-même n'a pas voulu suggérer cette fatalité, dans son dogme de l'apocatastase universel des choses, selon lequel il a prédit que toute chose reviendrait à son état antérieur après d'innombrables siècles". [Meu87] p.72.

[168] "Dans une émission de radio, "Le téléphone sonne" du vendredi 14 avril 1995 sur France Inter, Roland Cayrol, directeur d'un institut de sondage a pu dire que la loi des grands nombres est bien connue des Français, puisqu'elle est au programme du collège et même de l'école primaire. Or elle n'est même pas au programme des lycées, elle est absente des programmes de bien des classes préparatoires et de nombreux premiers cycles universitaires!" [Dac96] p. 254. J'ai moi-même entendu, le lundi 12 novembre 2001, toujours sur France Inter mais dans l'émission de Patricia Martin, "Alter ego", le même directeur d'institut de sondage reprendre presque mot pour mot (cette fois-ci il s'est arrêté à la classe de troisième) son petit baratin visant à dédouaner les instituts de sondage de toute volonté de manipulation de l'opinion. Disons que s'il a terminé ses études secondaires avant 1983 il nourrit peut-être sa bonne conscience de sa propre expérience...

Cette culture du risque, faudrait-il déjà que nous l'ayons, nous les enseignants... et que nous sachions assumer notre responsabilité qui n'est pas de former des techniciens mais des citoyens. Alors, que vive le volontarisme de Condorcet.

Remerciements *à Michel Armatte, Marc Barbut, Bernard Courtebras, Pierre Crépel, Georges Théodule Guilbaud et Françoise Lalande qui m'ont aidé à réunir la documentation, à Marc Barbut, Liliane Beaulieu, Bernard Bru et André Revuz pour les informations que j'ai recueillies auprès d'eux, et à Marc Barbut, Jacques Bosgiraud et Marie-Jo Durand-Richard qui l'ont lu attentivement et avec une plume critique.*

Bibliographie

[Arm95] Armatte, Michel. (1995) Histoire du modèle linéaire. Formes et usages en statistique et économétrie jusqu'en 1945, Thèse de doctorat, EHESS, Paris.

[Bar62] Barbut, Marc. (1962) "Le colloque sur l'enseignement des mathématiques et de la statistique pour les Sciences Humaines", Mathématiques et Sciences Humaines, Paris, 1, pp. 11-17.

[Bea90] Beaulieu, Liliane. (1990) Bourbaki. Une histoire du groupe de mathématiciens français et de ses travaux (1934-1944), Thèse de doctorat, Université de Montréal.

[Bel94] Belhoste, B., Dahan Dalmedico, A., Picon, A (sous la direction de). (1994) La formation polytechnicienne 1794-1994, Paris, Dunod.

[Bou52] Bourbaki, N. (1952) Éléments de mathématique. Intégration, chapitres1, 2, 3 et 4, Paris, Hermann.

[Bou69] Bourbaki, N. (1969) Éléments de mathématique. Intégration, chapitre 9, Paris, Hermann.

[Bri94] Brian, Éric. (1994) La mesure de l'État. Administrateurs et géomètres au XVIIIème siècle, Paris, Albin Michel.

[Bru94] Bru, Bernard., Crépel, Pierre. (1994) Condorcet. Arithmétique politique. Textes rares ou inédits (1767-1789), Paris, INED.

[Bru92] Bru, Bernard. (1992) "La vie et l'œuvre de W. Doeblin (1915-1940) d'après les archives parisiennes", Matématiques, Informatique et Sciences Humaines 119, Paris, pp. 5-17.

[Car62] Cartier, Pierre. (1962) "Fluctuations dans les suites de variables aléatoires indépendantes", Séminaire Bourbaki 15, Paris, pp. 7-24.

[Col02] Colasse, Bernard, Pavé, Francis. (2002) "La mathématique et le social. Entretien avec Georges Th. Guilbaud", Annales des Mines; Gérer et Comprendre, Paris, 67, pp. 67-74.

[Col02] Colasse, Bernard, Pavé, Francis. (2002) "L'Institut Henri Poincaré aux sources de la recherche opérationnelle. Entretien avec Bernard Bru", Annales des Mines; Gérer et Comprendre, Paris, 67, pp. 76-91.

[Con05] Condorcet, Marie Jean Antoine Nicolas Caritat de. (1805) Élémens du calcul des probabilités, et son application aux jeux de hasard, à la loterie, et aux jugements des hommes;

avec un discours sur les avantages des mathématiques sociales, reproduction de l'IREM de Paris, 1986.

[Cré89] Crépel, Pierre. (1989) "De Condorcet à Arago: l'enseignement des probabilités en France de 1786 à 1830", SABIX, Bulletin de la Société des Amis de la Bibliothèque de l'École Polytechnique, 4, pp. 29-81.

[Cré94] Crépel, Pierre. (1994) "Le calcul des probabilités: de l'arithmétique sociale à l'art militaire" dans [Bel94], pp. 197-215.

[Dac96] Dacunha-Castelle, Didier. (1996) Chemins de l'aléatoire. Le hasard et le risque dans la société moderne, Paris, Flammarion.

[Dho92] Dhombres, Jean (sous la direction de). (1992) L'École normale de l'an III: Leçons de mathématiques, Laplace- Lagrange- Monge, Paris, Dunod.

[Eke91] Ekeland, Ivar. (1991) Au hasard. La chance, la science et le monde, Paris, Seuil.

[Fré55] Fréchet, Maurice. (1955) Les Mathématiques et le concret, Paris, PUF.

[Fri77] Friedman, Judith. (1977) L'origine et le développement de Bourbaki, Mémoire présenté à l'École Pratique des Hautes Études en Sciences Sociales, Paris.

[Lev83] Levasseur, Émile. (1883) Résumé historique de l'enseignement de l'économie politique et de la statistique en France, Paris, Guillaumin.

[Mas00] Mashaal, Maurice. (2000) Bourbaki. Une société secrète de mathématiciens, Pour la Science: les génies de la science n°2, Paris.

[Meu87] Meusnier, Norbert. (1987) Jacques Bernoulli et l'Ars Conjectandi, Rouen,IREM.

[Mor87] Morrisson, Christian. (1987) "L'enseignement des statistiques en France du milieu du XIXème siècle à 1960", Pour une histoire de la statistique, T. 2, INSEE, Paris, pp. 811-823.

[Pav02] Pavé, Francis. (2002) "Du concept aux applications pratiques et retour. Les tribulations de l'Institut Henri Poincaré et de l'Institut de la Statistique de l'Université de Paris", Annales des Mines; Gérer et Comprendre, Paris, 67, pp. 63-66.

[Pet03] Petit, Marc. (2003) L'équation de Kolmogoroff, Paris, Ramsay.

[Pre87] Pressat, Roland. (1987) "Quelques aspects de l'histoire de l'enseignement de la statistique", Journal de la Société de statistique de Paris, Paris, 128-1, pp. 15-29.

[Sch58] Schwartz, Laurent. (1958) "La fonction aléatoire du mouvement brownien", Séminaire Bourbaki 10, Paris, pp. 327-349.

[Sch97] Schwartz, Laurent. (1997) Un mathématicien aux prises avec le siècle, Odile Jacob, Paris.

[Tat86] Taton, René, directeur de la publication. (1986) Enseignement et diffusion des sciences en Franc au dix-huitième siècle, Hermann, Paris.

[Wei40] Weil, André. (1940) "Calcul des probabilités, Méthode axiomatique, Intégration", Revue Scientifique, Revue Rose Illustrée, Paris, 78-4, pp. 201-208.

[Wei91] Weil, André. (1991) Souvenirs d'apprentissage, Bâle, Birkhäuser.

GALILÉE OU DESCARTES ?
ETUDE D'UN SCÉNARIO D'INTRODUCTION HISTORIQUE AU CALCUL DES PROBABILITÉS

Eric Butz

Cette étude prospective propose des activités qui s'appuient sur l'étude de textes anciens, scientifiques et philosophiques. En rapport étroit avec les programmes scolaires, elle veut participer à la formation continuée de tous les enseignants. En effet, les nouveaux programmes de mathématiques, de la Seconde à la Terminale, imposent une nouvelle approche de l'enseignement des statistiques et des probabilités. Ils induisent des études historiques et épistémologiques. L'utilisation de simulations, de modélisations et de logiciels informatiques est devenue incontournable.
Dans ce qui suit, nous présentons un scénario permettant la construction de savoirs mathématiques associés au calcul des probabilités, à travers une initiation à la recherche scientifique.

Les nouveaux programmes de mathématiques du lycée imposent l'apprentissage du hasard (statistiques et probabilités) à l'aide d'expériences aléatoires, de simulations et de modélisations. Or la méthode expérimentale semble être étrangère aux pratiques actuelles de l'enseignant de mathématiques alors qu'elle caractérise, dans les esprits, les autres sciences. Nous tenterons d'analyser les divergences entre ces deux méthodes à travers l'enseignement des statistiques et des probabilités et nous proposerons une piste d'action possible.

1. Analyse

1.1. L'évolution des programmes

Dans les nouveaux programmes, l'introduction des probabilités à partir des statistiques s'oppose aux référentiels précédents.

Ainsi, en mai 1971, le programme des Premières CDE introduisait l'axiomatique du calcul des probabilités sur un triplet de la forme (E, P(E), p). Le programme de la classe de Terminale C comportait alors quatre paragraphes dont les titres étaient, dans l'ordre :

1. Espaces probabilisés finis $(\Omega, B(\Omega), p)$.

2. Espérance mathématique d'une variable aléatoire à valeurs dans **R**.
3. Inégalité de Bienaymé-Tchebychev.
4. Description statistique d'une population ou d'un échantillon.

C'était l'époque de l'axiomatique de Kolmogorov sur les algèbres de Boole ou les tribus de Borel. L'enseignement des statistiques se traitait après celui des probabilités. Dans un manuel des éditions Hachette, on pouvait lire :

> *L'étude d'un problème de probabilités commence nécessairement par la détermination de l'algèbre des événements B(E), puis par celle de la probabilité p. La détermination de la probabilité p conduit fréquemment à des problèmes de dénombrements. (Aleph 1, Analyse, 1975, p. 357)*

En 1986, les algèbres et les tribus ont disparu, remplacées par un «univers» des événements, mais l'ordre combinatoire-probabilités est inchangé.

En 1992, on lit dans le programme : « combinatoire-probabilités ». Là encore, l'ordre est imposé, mais «toute théorie formalisée est exclue». Les règles de calculs sont «déduites» de représentations des situations sous formes de tableaux ou d'arbres.

Même esprit dans les programmes des classes de première et terminale S de juin 1997. Les règles de calcul concernant les probabilités des événements «A ou B» et «A et B» sont associées à la transcription d'une expérience aléatoire sous forme d'arbre ou de tableau. La probabilité d'un chemin est le produit des probabilités rencontrées sur les branches. La probabilité d'un événement est la somme des probabilités des chemins associés à cet événement. La notion d'espérance est associée à la notion de variable aléatoire.

Historiquement, les règles de calcul des probabilités, en particulier p(A ou B), ont été introduites à partir de la notion d'espérance et des dénombrements finis, puis elles ont été généralisées aux cas infinis et continus par analogie.

Dans le programme du 31 août 2000, après le paragraphe sur les statistiques, on lit :

> *Probabilités. Définition d'une loi de probabilité sur un ensemble fini. Espérance, variance, écart-type d'une loi de probabilité. Probabilité d'un événement, de la réunion et de l'intersection d'événement. Cas de l'équiprobabilité. [...] Modélisation d'expériences aléatoires de référence.*

Et dans la colonne des modalités de mise en œuvre :

> *Le lien entre loi de probabilité et distributions de fréquences sera éclairé par un énoncé vulgarisé de la loi des grands nombres.*

Dans le document d'accompagnement, on veut nous apprendre à faire jongler nos élèves avec les lois et leurs simulations pour pouvoir les appliquer, en biologie par exemple. Mais la seule référence au calcul de p(A ou B) est :

> *On évitera tout développement théorique sur le langage des événements et le calcul ensembliste qui en découle : ces notions et la pratique de la logique qu'ils impliquent (étude du complémentaire de l'événement A ou B, ou bien de l'événement A et B) s'acquièrent au fil d'exercices.*

Nos élèves devront être à la fois Galilée pour les expériences et Descartes pour la connaissance innée des règles du calcul des probabilités !

Un tel écart entre le niveau demandé et la réalité sur le terrain fait que, actuellement, par manque de temps et de matériel, on ne peut présenter en classe que des simulations, préparées entièrement par l'enseignant, sans aucune action de la part des élèves. C'est donc, pour l'élève, une utilisation passive de l'ordinateur alors qu'il faudrait commencer par une véritable introduction aux méthodes de recherche scientifiques.

1.2. Nos hypothèses

Je fais les mêmes hypothèses que le groupe technique disciplinaire qui publie les programmes : hypothèses selon lesquelles les élèves ont acquis le niveau nécessaire et disposent du temps et du matériel souhaités.

Le scénario ci-après s'inscrit dans une progression sur trois ans et suit les programmes des trois classes de lycée. Le découpage par niveaux relèverait d'une autre étude.

Il semble que les scientifiques soient d'accord pour définir l'action de modéliser comme le passage d'une série de mesures obtenues expérimentalement à un modèle abstrait. Au lycée, on peut supposer que la démarche se résume, dans un premier temps, à trouver une relation fonctionnelle associée à un nuage de points. Les fonctions sont choisies empiriquement dans un catalogue de fonctions connues. Puis le degré d'adéquation entre le modèle proposé et la réalité est estimé par d'autres mesures. Enfin, une décision est prise :

- Si le modèle est confirmé par ces nouvelles mesures, même approximativement dans les limites d'un cahier des charges, il pourra alors être utilisé pour des prévisions et des simulations approchées (dans ce premier cas, le scientifique doit toujours être prêt à améliorer un modèle retenu) ;
- Dans le cas contraire il est rejeté et il faut en inventer un autre.

Ainsi, un écueil apparaît en classe : comment estimer la précision des différents modèles obtenus ? Devrons-nous et pourrons-nous les départager ? Aucune méthode d'ajustement n'est indiquée dans les programmes. Devons-nous en exposer les principales ?

Très souvent, les scientifiques utilisent la méthode des moindres carrés pour ajuster une série de mesures par une fonction. Cette méthode, ignorée des programmes de la série S, est présente dans les programmes de la série ES. Elle est implicite lorsqu'on utilise un tableur pour obtenir les courbes de tendance.

Dans le cas où la recherche d'une relation fonctionnelle échouerait, une autre démarche scientifique consiste à construire un modèle permettant d'obtenir de proche en proche de nouvelles valeurs. C'est le cas, par exemple, de la méthode d'Euler qui consiste à construire point par point une solution approchée de l'équation différentielle $y' = f(t, y)$ avec la condition initiale $y(t_0) = y_0$.

1.3. Confrontation des programmes à nos hypothèses

Il ne semble pas que les buts imposés par les programmes soient en conformité, ni avec la volonté politique et sociale d'ouvrir les classes scientifiques au plus grand nombre, ni avec la réduction drastique des horaires d'enseignement. En particulier, comment accepter que le programme officiel affirme que

> *l'utilisation de logiciels requiert des connaissances et des compétences mathématiques que cette utilisation contribue en retour à développer,*

puis

> *insiste pour que cet aspect du lien entre mathématiques et informatique soit travaillé à tous les niveau,*

et se contredise enfin par :

> *compte tenu de l'horaire imparti et des débats en cours, il n'est proposé aucun chapitre d'informatique.*

Sans heures dédoublées pour un apprentissage sérieux des logiciels, ce programme accentuera la différence entre les élèves qui peuvent avoir un ordinateur à la maison et les autres, les lycées *riches* et les autres. Ainsi, à mon avis, la référence à l'utilisation de l'informatique et des logiciels relève d'un vœu pieux, et c'est bien dommage. Une telle réforme ne peut pas se faire à moyens constants.

1.4. Idées générales sur l'enseignement des mathématiques depuis 1968

A partir de 1968, formés à l'école de Bourbaki, nous étions habitués, après présentation de quelques exemples construits spécialement pour cela, à enseigner chaque nouvelle notion de mathématiques à partir d'axiomes et de définitions ; des règles de logique nous permettaient alors de «construire la mathématique». La pensée de Descartes régnait en maître :

> *Ne rien emprunter aux représentations sensibles ; tout demander à l'entendement ; négliger tous les résultats de l'observation et considérer seulement ces semences de vérité qui sont naturellement en nous. (Descartes, Discours de la méthode, sixième partie, 1637 ; cité par E.Namer, p16)*

Les notions premières de mathématiques étaient réputées innées. Mais si dans l'école républicaine, on cachait consciencieusement le Dieu évoqué très souvent par Descartes pour avoir des idées, combien d'élèves ont fait un acte de foi pour admettre les axiomes donnés ou imposés par le maître ?

Revirement de la situation en l'an 2001 : les nouveaux programmes de Terminale S parlent des «sciences mathématiques», ce qui témoigne de la fin du clivage traditionnel entre mathématiques pures et mathématiques appliquées.

2. Descartes ou Galilée ?

Depuis Aristote (384-322 av. J.-C.), seule compte la démonstration logique. Les lois sont posées a priori dans le seul but de «sauver les apparences». L'expérience n'est réalisée qu'ultérieurement, pour vérifier le modèle et le justifier, non pour le créer. C'est ainsi que, pendant presque deux millénaires, les principaux modèles qui décrivent les mouvements des planètes combinent des mouvements circulaires et uniformes, de centre la Terre et sont tous contraires à la réalité.

Galilée (1564-1642) reprend les travaux et les méthodes d'Archimède et utilise les mathématiques dans le but d'expliquer les lois de la nature :

> *Ainsi, à 23 ans, en 1586, il énonçait déjà les conditions d'une connaissance de type nouveau, indépendante de tout dogmatisme, qu'il fût métaphysique ou mathématique. Une simplification opérée par l'esprit devait déterminer, à titre d'hypothèse méthodique, le choix des facteurs essentiels de la réalité en question, et le contrôle des éléments de l'expérience. Le savant devait inventer le dispositif expérimental susceptible de vérifier son hypothèse, afin de s'assurer, dans la mesure du possible, qu'aucune influence étrangère n'intervenait dans l'exécution de son expérience. Enfin, il devait exprimer mathématiquement les rapports entre les faits examinés, éventuellement en déduire les conséquences mathématiques, qui, à leur tour, seraient expérimentalement vérifiées. Ainsi, pour Galilée, les mathématiques abstraites ne se substituaient pas à la réalité, comme le fera Descartes, quelque trente ans plus tard, quand il aura reçu du ciel la révélation surnaturelle d'une mathématique universelle. (Namer, 1979, p.58)*

La méthode de Galilée impose des allers et retours entre l'observation et la mathématisation : une loi (aujourd'hui on parlerait plutôt de modèle) n'est jamais définitive, elle pourra être soit abandonnée, soit améliorée en cas de nouvelle découverte.

Au contraire, Descartes était «persuadé que seule la révélation mathématique et transcendante dépouillée de toute contamination matérielle, contenait la vérité absolue» (Ibid., p. 58). Le dilemme est là :

> *Les mathématiques tendaient à devenir chez Galilée des techniques, lui permettant de poser des questions à la nature, et d'en recevoir des réponses neuves. Les mathématiques n'étaient que l'indispensable instrument de la recherche et de l'organisation des faits. Dans la perspective cartésienne, les mathématiques constituent le langage par lequel l'être de tout exprime son essence. Elles ne sont pas l'instrument de la recherche, mais la lumière grâce à laquelle l'intelligence humaine peut accéder à la contemplation de l'ordre cosmique. (Ibid., p. 40)*

On peut ainsi entrevoir les difficultés de l'enseignement des probabilités. Nous pensons que le hasard dépend plus de la «philosophie naturelle» que de la géométrie ou de l'arithmétique. Par exemple, le fait d'avoir démontré que la probabilité d'obtenir une face lors d'un lancer de dé est 1/6 ne vous donne aucune indication sur la face qui apparaîtra lors d'un prochain lancer. Ce n'est pas parce que l'as n'est pas sorti lors de cinq lancers consécutifs d'un dé qu'il va sortir au sixième coup. Dans cette partie de notre enseignement, nous sommes bien à l'école de Galilée où tout est provisoire. Ce doute est en contradiction avec les certitudes des enseignants de mathématiques qui sont plus habitués à travailler sur la «Vérité» mathématique immuable (à chaque fois que l'on refait le même exercice, on est certain d'obtenir le même résultat).

Au contraire, faire des probabilités c'est, en quelque sorte, *mesurer notre ignorance*, comme le souligne Laplace lorsqu'il affirme que

> *la probabilité est relative, en partie, à cette ignorance, et en partie à nos connaissances. (Laplace, Théorie analytique des probabilités, 1814, p. 178)*

L'utilisation de l'outil informatique n'est-elle pas en contradiction avec la simulation du hasard et doit-on, comme Descartes, rejeter *«toute contamination»* ? Comment passer de données empiriques, qualitatives et subjectives à des quantités mesurables et objectives ?

3. Quelques éléments de l'histoire des probabilités de 1654 à 1877, de Pascal à Cournot

Les rappels suivants sont clairement synthétiques et fragmentaires. Les définitions et lois en probabilité sont rarement l'œuvre d'un seul mathématicien, mais plutôt l'aboutissement de conjectures qui évoluent au fur et à mesure des nombreuses lettres échangées entre différents chercheurs.

3.1. L'état de la science vers 1600

Depuis Aristote, *le finalisme* est l'idée selon laquelle les êtres vivants tendent vers une fin, un but, un objectif, qui leur est assigné par la nature elle-même et auquel il est impossible de déroger. Le hasard n'existe pas dans les phénomènes naturels car ceux-ci tendent tous, naturellement, vers une fin qui est inscrite en eux.

Les églises combattent tous ceux qui essaient de renverser ce dogme (Voir les procès fait à Giordano Bruno et Galilée).

La notion de science expérimentale prônée par Galilée se développe et se répercute dans les autres sciences.

Le nouveau modèle de l'Univers proposé par Copernic et les lois de Kepler, est "vérifié" par les observations et expérimentations de Galilée. L'observation, l'expérimentation, la ré-interprétation des données antérieures dans un nouveau modèle plus cohérent et le formalisme mathématique, fondent la méthode scientifique.

3.2. Pascal et Fermat (1654)

Cournot considère que la mathématisation des probabilités commence par *«les futiles problèmes que suggèrent les jeux de hasard»*.

Dans son introduction de *L'usage du triangle arithmétique (1654),* Pascal surmonte l'interdiction théologique concernant les jeux de hasard par le déplacement du problème des partis vers un problème de droit :

> *Pour entendre les règles des partis, la première chose qu'il faut considérer est que l'argent que les joueurs ont mis en jeu ne leur appartient plus, car ils en ont quitté la propriété ; mais ils en ont reçu en revanche le droit d'attendre ce que le hasard peut leur donner, suivant les conditions dont ils ont convenus d'abord. Mais comme c'est une loi volontaire, ils peuvent la rompre de gré à gré,...*

Remarques : On retiendra que
Le mot *probabilité* n'est jamais utilisé.

- Il n'y a pas de règle de calculs générale concernant les *chances.*
- La notion d'*espérance* de gain est privilégiée.
- Aucun lien entre statistique et *chance.*
- Volonté de créer *la géométrie du hasard.*

3.3. Jacques Bernoulli (1654-1705)

Son œuvre principale, *Ars conjectandi*, (1713) est publiée à titre posthume par son neveu Nicolas.

Dans *la Quatrième partie rapportant l'usage et l'application de la précédente doctrine dans les affaires civiles, morales et économiques*, il donne l'une des premières définition du mot probabilité :

> *La probabilité en effet est le degré de certitude, et elle diffère d'elle-même comme la partie du tout. Certes si la certitude entière et absolue que nous désignons par la lettre a ou l'unité 1, par exemple qu'elle soit supposée consister en cinq probabilités ou parties, dont trois militeraient pour l'existence ou l'arrivée de quelque événement : cet événement sera dit avoir 3/5 de a ou 3/5 de certitude.*

J.Bernoulli distingue :

- La probabilité *objective* : calculable, soit par dénombrements, soit par fréquences.
- La probabilité *subjective* : associée au degré de croyance qu'un événement va se produire ou non, elle ne dépend pas de calculs mathématiques. (Le principe du pari.)
- Les probabilités *a priori* utilisent les modèles théoriques des jeux.
- Les probabilités *a posteriori,* obtenues à partir de fréquences observées.

Puis il expose *son* théorème : *«le problème est donc celui que j'ai proposé de révéler en ce lieu, après que je l'ai pressuré pendant vingt ans».* Pour cela, J. Bernoulli utilise le modèle d'une urne qui contient un nombre connu de boules noires et blanches. Ainsi, dans sa démonstration, toutes les issues sont connues, il y a équiprobabilité et indépendance des différentes épreuves. Il montre une forme directe de son théorème dans le cas d'un modèle binomial.

En langage moderne ce résultat s'énoncer :

Les fréquences observées lors d'expériences répétées *«convergent»* vers les probabilités *a priori* correspondantes, (déjà calculées à l'aide des dénombrements).

Puis il utilise «la réciproque» de ce résultat dans le cas d'un problème de science empirique. En effet il détermine la probabilité *a posteriori* à partir des fréquences observées !

Je cite :

> *En effet, si au lieu d'une urne nous substituons l'air, ou par exemple les corps des humains [...] nous pourrons dans tous les cas déterminer au moyen des observations, combien l'événement pourrait arriver...*

Ce n'est donc plus le même modèle !
D'où le problème :
Sachant que nous sommes, en tant qu'observateurs, ignorants des conditions réelles qui engendrent les événements, sommes-nous autorisés à considérer que les causes sont également possibles (équiprobabilité ?) et que les événements sont indépendants ?

Cette question fondamentale occupera une grande partie de l'œuvre de Cournot et n'est toujours pas résolue... sauf dans les exercices pseudo concrets de mathématiques.

3.4. Abraham de Moivre (1667-1754)

Il annonce dans la préface de son traité *The doctrine of chances* (1718), qu'il veut

> *donner une méthode de calcul des effets du hasard [...] et par ce moyen de fixer certaines règles pour estimer jusqu'à quel point plusieurs espèces d'événements peuvent plutôt relever d'un dessein que du hasard [...] (Cahiers d'histoire et de philosophie des sciences, 1988, n° 18, p. 149).*

Il introduit les méthodes de l'analyse en probabilités et énonce la formule des probabilités composées, p(A et B) = p(A).p(B/A), (probabilité conditionnelle de B par rapport à A).

Il améliore le résultat fondamental de J. Bernoulli :

> *De même que, si nous supposons établi une loi selon laquelle un événement peut se produire, nous démontrons que la proportion des événements favorables s'approchera continuellement de cette loi, à mesure que nous multiplions les expériences ou les observations, de même, à l'inverse, si à partir d'observations innombrables nous trouvons que la proportion d'événements converge vers une quantité donnée, disons vers le rapport p sur q, alors nous concluons que ce rapport exprime la loi qui établit la probabilité de l'événement.*

3.5. Thomas Bayes (1702-1761)

Dans *Essai en vue de résoudre un problème de la doctrine des chances,* il est l'un des premiers à formaliser les règles du calcul des probabilités. En particulier, il définit la probabilité à partir de l'espérance, et il démontre la formule permettant le calcul de la probabilité de la réunion de deux événements incompatibles à partir de la linéarité de l'espérance (*cf.* annexe 1) alors que ce résultat sera pris pour axiome par Kolmogorov.

3.6. Daniel Bernoulli (1700-1782)

Ses travaux sur la diffusion et l'inoculation de la petite vérole représentent l'une des premières modélisation d'un phénomène social par l'outil mathématique des probabilités.

D'Alembert contestera l'utilisation de ce modèle probabiliste, justement à cause de l'utilisation de statistiques, mais sera convaincu que, du point de vue *moral* (subjectif), l'inoculation est efficace.

3.7. Condorcet (1743-1794)

Il «distingue deux formes de probabilités ; celle, abstraite, que mesure le rapport des cas favorables aux cas possibles (et qui suppose le principe de l'équiprobabilité des cas, lui-même fondé sur le principe de l'ignorance des causes des événements) et le motif de croire que l'événement dont la probabilité est très grande se réalisera... » [T.Martin, Probabilités et critique philosophique selon Cournot. Vrin p186]

Ainsi une idée essentielle est toujours présente : *«et qui suppose le principe de l'équiprobabilité des cas, lui-même fondé sur le principe de l'ignorance des causes des événements»*, règle majeure qu'il ne faut pas cacher à nos élèves.

3.8. Pierre-Simon Laplace (1749-1827)

En 1812, dans *Théorie analytique des probabilités*, il reprend les travaux de Moivre et Bernoulli. Il applique les résultats de l'analyse aux probabilités (théorème central limite, méthode des moindres carrés). Il justifie en particulier la méthode scientifique qui consiste à appliquer le *«calcul des probabilités, à la recherche des phénomènes et de leurs causes»* (p.364). C'est le début des statistiques au sens actuel. Par ses travaux, Laplace justifie l'utilisation de résultats du passé, qu'ils soient obtenus par observations ou par expériences, pour expliquer des phénomènes et prévoir leurs évolutions :

> *1) Je m'attache surtout, à déterminer la probabilité des causes et des résultats indiqués par les événements considérés en grand nombre, et à chercher les lois suivant lesquelles cette probabilité approche de ses limites, à mesure que les événements se multiplient. Cette recherche mérite l'attention des géomètres, par l'analyse qu'elle exige : c'est là principalement que la théorie de l'approximation des formules fonctions de grands nombres, trouve ses applications les plus importantes. Cette recherche intéresse les observateurs, en leur indiquant les milieux qu'ils doivent choisir entre les résultats de leurs observations, et la probabilité des erreurs qu'ils ont encore à craindre. Enfin, elle mérite l'attention des philosophes, en faisant voir comment la régularité finit par s'établir dans les choses même qui nous paraissent entièrement livrées au hasard, et en dévoilant les causes cachées, mais constantes, dont cette régularité dépend. (p.3) [...]*

2) Nous attribuons les phénomènes qui nous paraissent arriver et se succéder sans aucun ordre, à des causes variables et cachées, dont l'action a été désignée par le mot hasard, mot qui n'est au fond que l'expression de notre ignorance. La probabilité est relative, en partie, à cette ignorance, et en partie, à nos connaissances. [...] La recherche de cette probabilité est donc très importante pour la physique, l'astronomie, et généralement pour toutes les sciences naturelles.

De très larges extraits de ce texte sont sur le site Internet de l'Irem de la Réunion :
http://www.reunion.iufm.fr/recherche/irem/divers/

3.9. Antoine Augustin Cournot (1801-1877)

Il faut attendre l'œuvre de Cournot, et en particulier *Exposition de la théorie des chances et des probabilités (1843)* pour obtenir le sens moderne du mot *probabilité.*

En 1851, dans *Essai sur les fondements de nos connaissances et sur les caractères de la critique philosophique,* ce mathématicien, puis philosophe, spécialiste de probabilités et d'économie définit d'abord :

des séries indépendantes, c'est-à-dire qui se développent parallèlement ou consécutivement, sans avoir les unes sur les autres la moindre influence, ou (ce qui reviendrait au même pour nous) sans exercer les unes sur les autres une influence qui puisse se manifester par des effets appréciables. (Cournot, 1851, p. 38).

Ce qui lui permet d'expliquer ce qu'est le hasard :

Les événements amenés par la combinaison ou la rencontre d'autres événements qui appartiennent à des séries indépendantes les unes des autres, sont ce qu'on nomme des événements fortuits, ou des résultats du hasard (Ibid., p. 39).

Puis la probabilité :

Mais on a donné le nom de probabilité mathématique à la fraction qui exprime le rapport entre le nombre des chances favorables à un événement et le nombre total des chances (Ibid., p. 45).

Il exprime aussi l'idée contenue dans les nouveaux programmes et qu'il faut faire assimiler aux élèves de Seconde :

Dans une épreuve aléatoire, si l'on répète un très grand nombre de fois la même épreuve, le rapport entre le nombre des épreuves qui amènent l'événement a et le nombre total des épreuves doit différer très peu de la probabilité de l'événement a. (Ibid., p. 46)

Mais il va beaucoup plus loin puisqu'il nous expose une méthode pour les sciences mathématiques : *«la probabilité philosophique»,* associée à l'induction et à l'analogie permet de découvrir des lois à partir d'un petit nombre d'observations ou mesures consécutives. En effet, *les algébristes n'ont pas de peine à démontrer qu'on peut toujours assigner une loi mathématique, et même une infinité de lois mathématiques différentes les unes des autres, qui lient entre elles les valeurs successivement amenées. (Ibid., p. 54)*

Mais alors comment faire le bon choix ? Tout simplement en observant «la simplicité d'une loi, car si pourtant la loi mathématique à laquelle il faut recourir pour lier entre eux les nombres observés était d'une expression de plus en plus compliquée, il deviendrait de moins en moins probable, en l'absence de tout autre indice, que la succession de ces nombres n'est pas l'effet du hasard» (Ibid., p. 54).

Lorsqu'à l'inspection d'une suite de valeurs numériques obtenues ainsi qu'il a été expliqué plus haut, on a choisi, entre l'infinité de lois mathématiques susceptibles de les relier, celle qui nous frappe d'abord par sa simplicité, et qu'ensuite des observations ultérieures amènent d'autres valeurs soumises à la même loi, la probabilité que cette marche régulière des observations n'est pas l'effet du hasard va évidemment en croissant avec le nombre des observations nouvelles : elle peut devenir et même elle devient bientôt telle qu'il ne reste plus à cet égard le moindre doute à tout esprit raisonnable. Si au contraire la loi présumée ne se soutient pas dans les résultats des observations nouvelles, il faudra bien l'abandonner pour la suite et reconnaître qu'elle ne gouverne pas l'ensemble de la série ; mais il ne résultera pas de là nécessairement que la régularité affectée par les observations précédentes soit l'effet d'un pur hasard ; car on conçoit très bien que des causes constantes et régulières agissent pour une portion de la série et non pour le surplus. (Ibid., p. 55)

Cette méthode, qu'il serait bon d'enseigner à nos élèves, est explicitée au paragraphe 5-3-1 à travers la découverte de la troisième loi de Kepler.

De très larges extraits de ce texte sont sur le site Internet de l'IREM de la Réunion : http://www.reunion.iufm.fr/recherche/irem/divers/

3.10. Des pistes pour des TPE associant mathématiques et philosophie

Quelques questions à évoquer en liaison avec le professeur de philosophie :

- N'y a-t-il pas contradiction entre hasard et déterminisme ?
- Pour Laplace, une intelligence supérieure n'aurait plus besoin de la théorie des probabilités. Au contraire, pour Cournot :

la prérogative d'une intelligence supérieure à la notre serait, non pas de supprimer la théorie [...] mais de pousser plus loin la théorie et surtout d'en faire des applications plus sûres, en ne se méprenant jamais sur le degré de solidarité et sur le degré d'indépendance, comme il arrive trop souvent de nous méprendre. [essai]

- Et si le monde est déterministe, garde-t-on notre libre-arbitre ?
- Et s'il n'y a pas de libre-arbitre sommes nous responsables ?

4. Problèmes liés à l'usage de l'ordinateur

Les contemporains de Galilée lui reprochaient déjà d'utiliser une lunette pour ses découvertes, ce qui pouvait, disaient-ils, ne pas donner une image exacte de la réalité. L'utilisation de cet instrument ne modifiait-elle pas l'image observée ? Ce problème est récurrent. La construction d'un point d'une figure géométrique à la règle et au compas est-elle plus juste que celle obtenue à l'aide de courbes «mécaniques» ? Et si la construction est impossible «à la règle et au compas» faut-il s'interdire le recours à d'autres instruments ? La duplication du cube et la trisection de l'angle sont des exemples célèbres de problèmes de constructions impossibles à la règle et au compas et nécessitant d'autres instruments.

Alors pourquoi tant de réticences à utiliser un ordinateur pour simuler le hasard ? Il est vrai qu'il est difficile d'admettre qu'un algorithme déterministe puisse nous aider à simuler des tirages de nombres au hasard. De très nombreux tests mathématiques permettent de vérifier expérimentalement que les nombres pseudo aléatoires ainsi obtenus, permettent, de simuler le hasard avec une assez bonne approximation, compatible avec nos connaissances actuelles. Ne tombons pas dans le piège de penser que les résultats des lancers d'un vrai dé sont obtenus plus au hasard que ceux d'une simulation sur ordinateur. En effet, la notion de dé parfaitement équilibré n'est qu'une vue de l'esprit, uniquement réalisable comme hypothèse d'un exercice de mathématiques, mais ce n'est certainement pas la qualité d'un dé véritable. Et si, un jour, un mathématicien de génie améliore ces fonctions aléatoires, soyons prêts, comme Galilée, à reprendre nos travaux pour améliorer la précision de nos simulations : c'est tout à l'honneur de l'esprit scientifique de pouvoir se remettre en cause. On est très loin des certitudes éternelles de Descartes.

5. Un essai de progression faisant intervenir l'épistémologie et l'histoire des mathématiques, conformément au programme

5.1. Quelques remarques attendues de la part des élèves

Vérifier par simulation que p(a) = 1/6 pour un dé est-il constructeur de sens pour un élève ? En effet, tous les enseignants ont entendu leurs élèves s'exprimer par des phrases du type :

> *Mais à quoi ça sert de faire des simulations pour trouver que j'ai une chance sur six de prévoir la sortie du numéro 2 lorsque je jette un dé : je le sais déjà. Ça ne sert à rien de simuler le hasard, de toute manière on n'est jamais certain du résultat : ce n'est pas une simulation qui va me faire gagner au loto.*

5.2. Une initiation à la démarche scientifique

Une véritable démarche scientifique impose, au contraire, la recherche d'une loi inconnue et non triviale. C'est alors qu'elle permettra la construction du sens par les élèves. C'est pour cela que nous suivrons l'évolution historique, en commençant par un point qui nous paraît oublié par les programmes bien qu'il soit important : la recherche d'une relation entre deux variables, dans le but d'utiliser l'approximation d'un nuage de points par une fonction (cette première recherche n'étant pas liée au hasard).

Pour cela, nous utiliserons des extraits de textes historiques et l'outil informatique, essentiellement les tableurs. Notre démarche suppose que les élèves ont des connaissances sur :

1) La notion de fonction.

2) L'idée d'essayer de remplacer un nuage de points discrets par une courbe continue dont on cherchera une équation.

3) La manière d'obtenir les courbes de tendance et leurs équations sur un tableur. Eventuellement l'utilisation de cette option et de la méthode des moindres carrés pourrait être admise et utilisée comme une boîte noire au même titre que la fonction *aléa* ou *random* donne des nombres au hasard.

Plus généralement, les élèves doivent avoir acquis l'idée que, lors d'une simulation, lorsqu'on multiple les échantillons, la fréquence moyenne se stabilise vers la probabilité. Ce qui pourrait situer cette expérience au niveau des premières.

5.3. Étape n° 1 : utilisation de textes historiques et d'un tableur pour déterminer des relations entre des mesures observées

Mon exemple est choisi dans l'importante histoire de l'astronomie, branche des mathématiques dans laquelle on utilise beaucoup les statistiques et les probabilités pour conjecturer de grandes lois. En particulier, un problème essentiel et constant est de déterminer si, dans l'étude d'un modèle, un petit écart entre la moyenne des mesures observées et des mesures théoriques est dû à des erreurs d'observations ou à des causes naturelles non encore prises en compte dans le modèle. Les travaux cités de Laplace avaient cette finalité.

5.3.1. Découvrir une relation fonctionnelle à partir de relevés de coordonnées de points. Exemple de la troisième loi de Kepler

Voici un exemple important de la démarche scientifique : l'astronome Tycho Brahé (1546-1601) fait de nombreuses observations très précises sur les trajectoires des planètes. Kepler (1571-1630) utilise les résultats de ces observations pour vérifier la théorie de Copernic suivant laquelle les planètes tournent autour du Soleil d'un mouvement circulaire, uniforme et centré au Soleil. En particulier, une petite différence de 8 minutes d'angles entre les observations de Mars par Tycho Brahé et la position calculée de cette planète sur le cercle théorique lui font rejeter le modèle circulaire de Copernic et trouver ses deux premières lois :

> *Les orbes des planètes sont des ellipses dont le centre du soleil occupe l'un des foyers. Les aires décrites autour de ce centre, par les rayons vecteurs*

des planètes sont proportionnelles aux temps employés à les décrire. (Laplace, 1796, p. 158)

Ces lois seront démontrées par Newton (entre 1666 et 1687), après l'invention de la dynamique et du calcul infinitésimal.

Comment faire découvrir la troisième loi de Kepler par les élèves ? Laplace nous rappelle aussi que, «après un grand nombre de tentatives continuées pendant dix-sept ans, il [Kepler, L'harmonie du monde, 1619] reconnut enfin, que les carrés des temps de révolution des planètes, sont comme les cubes des grands axes de leurs orbites» (Laplace, 1796, p. 158).

C'est la troisième loi de Kepler. Elle fut ensuite vérifiée et confirmée lors de la découverte des satellites de Jupiter par Galilée. Voici un tableau sur lequel Kepler aurait pu travailler :

Planètes	Distance moyenne au Soleil : a	Durée moyenne des révolutions : T	T^2/a^3
Mercure	0,39	0,24	0,978
Vénus	0,72	0,62	1,014
la Terre	1,00	1,00	1,000
Mars	1,52	1,88	1,008
Jupiter	5,20	11,86	1,001
Saturne	9,64	29,46	0,969

Suggestions :

- À partir des données des trois premières colonnes du tableau ci-dessus, faire remplir par les élèves, les colonnes des valeurs T^i/a^j pour i et j = 1, 2 ou 3 et leur demander de proposer un choix (une formule algébrique, une fonction) justifié pour le modèle. On pourra utiliser un tableur permettant d'obtenir des courbes de tendances. On obtiendra par exemple : $y = 0,9985\ x^{1,497}$ et le graphique suivant :

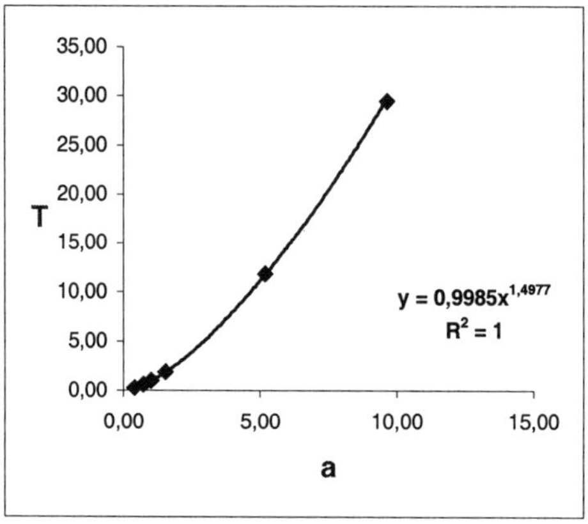

• Vérifier si le modèle fonctionnel choisi ci-dessus est adapté aux satellites de Jupiter, découverts par Galilée en 1610. Vous utiliserez les données suivantes recueillies pour les satellites de Jupiter. (Vous pouvez, par exemple, entrer a et calculer T puis comparer avec le tableau.)

Satellite de Jupiter	Distance du satellite à Jupiter (en km)	Période de révolution du satellite autour de Jupiter (en s)
Io	$4{,}22\ .10^5$	$1{,}53.10^5$
Europe	$6{,}71.10^5$	$3{,}07.10^5$
Ganymède	$1{,}07.10^6$	$6{,}19.10^5$
Callisto	$1.88.10^6$	$1{,}44.10^6$

• Vous pouvez alors changer la fonction trouvée pour les planètes et trouver la nouvelle expression pour les satellites de Jupiter. Ce qui donne : $T^2/a^3 = 3{,}11491E\text{-}07$ et le graphique :

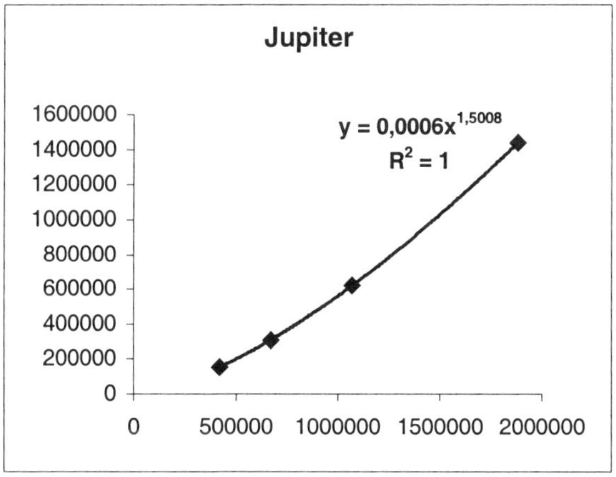

5.3.2. Etude, par les élèves, d'un extrait du texte de Cournot

Essai sur les fondements de nos connaissances et sur les caractères de la critique philosophique (à télécharger sur le site Internet de l'IREM de la Réunion)

En particulier, on posera les questions suivantes aux élèves :

• A partir de l'étude du paragraphe 43 du texte de Cournot énoncer la loi de Bode, et construire une feuille de calcul dans un tableur qui permette la vérification ou non de cette loi.

• Faire une synthèse des paragraphes 44 à 46 du texte de Cournot.

5.4. Etape n°2 : utilisation de la simulation pour conjecturer les premières règles du calcul des probabilités

En utilisant les annexes 1 et 2, nous pouvons comparer les définitions de Bayes (1763) et l'axiomatique de Kolmogorov (1933). Pour ces deux théories, la première formule permet de calculer la probabilité de l'événement A ou B lorsque les deux événements sont incompatibles.

Du point de vu didactique, il nous semble formateur, mais plus difficile, de poursuivre par l'introduction de la simulation de la formule

$$p(A \text{ ou } B) = p(A) + p(B) - p(A \text{ et } B).$$

En effet, rappelons que, conformément aux programmes, on introduit, en seconde et en première, la notion de probabilité d'un événement comme *«limite d'une suite de fréquences simulées»*. Les élèves n'ont donc pas de raison objective de faire le lien avec *«le rapport du nombre des cas favorables au nombre de cas possibles»*. Donc, sauf à faire le grand écart, on ne peut que simuler les fréquences de l'événement *(A ou B)* pour conjecturer une éventuelle relation entre les fréquences *f(A ou B), f(A) et f(B)* sous la forme

$$f(AouB) \approx f(A) + f(B) - f(AetB)$$

Travaux pour les élèves : on peut commencer par faire étudier par les élèves le texte de Bayes cité en annexe 1, sans leur cacher les différences entre la définition de Bayes et celle qu'ils utilisent. Puis on utilise l'ordinateur pour simuler l'état de marche ou de panne d'un système formé de deux pièces montées en parallèle : le système marche si l'une ou l'autre des pièces est en état de marche (le fichier Excel probastat.xls correspondant est à télécharger sur le site de l'IREM de la Réunion).

5.4.1. Premier résultat simulé et observé

En voici un exemple obtenu dans ce fichier Excel :

p(A) = 0,1	échantillons	M1	M2	M3	M4	M5	M6	M7	M8	M9	M10
p(B) = 0,5	*f(A ou B)*	0,56	0,55	0,56	0,55	0,54	0,53	0,57	0,54	0,53	0,54
Moyenne Théorique = 0,55						Moyenne observée = 0,55					

On peut faire varier les valeurs de p(A) et celle de p(B) à simuler. Dans chacune des dix cellules Mi, on affiche la moyenne de 1000 tirages. Pour vérifier la pertinence de notre simulation, je compare la moyenne de ces dix échantillons à la moyenne théorique (non connue des élèves). On peut aussi visualiser l'histogramme (sur un autre exemple) :

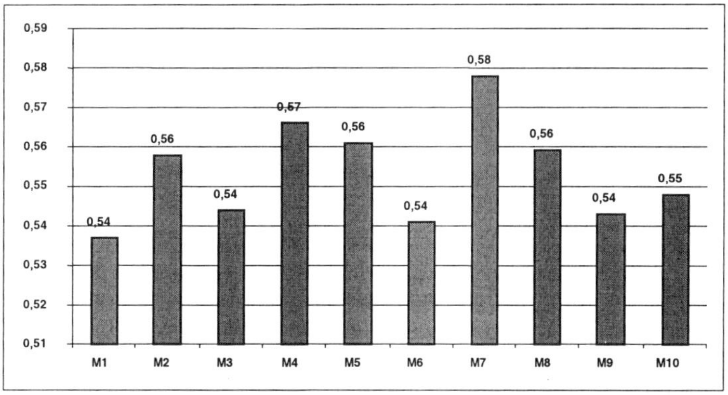

L'idée est de *faire découvrir* une loi, une formule, qui permette de calculer p(A ou B) connaissant p(A) et p(B), ou plus exactement :

$$f(A \text{ ou } B) \approx f(A) + f(B) - f(A)f(B)$$

Les élèves doivent alors commencer à se poser les bonnes questions s'ils comparent les résultats de la simulation à la formule démontrée par Bayes. En effet ils sont alors dans les mêmes conditions de travail que lors d'une séance de travaux pratiques… de sciences expérimentales. Une grande nouveauté pour un cours de mathématiques ! A nous, enseignants, de leur faire saisir toutes les difficultés scientifiques de la modélisation, c'est-à-dire le passage de la réalité physique décrite par une formule approchée sur les fréquences à une loi (un théorème ?) mathématique, plus simple puisqu'elle se formalise sous forme d'égalité. On observera que le passage de $f(A)f(B)$ à $f(A \text{ et } B)$ sera difficile. De même le problème de la notion d'évènements indépendants n'est pas plus résolu ici que dans la théorie axiomatique.

5.4.2. Second résultat simulé et observé

Remarque : sauf si un élève connaît la formule, il est très peu probable qu'il trouve que p(A ou B) = p(A) + p(B) – p(A et B) d'où les feuilles suivantes où l'on essaie de simplifier la formule en choisissant l'égalité des probabilités de A et de B. Nous essayons de déterminer la loi lorsque p(A) = p(B) en utilisant les équations des courbes de tendances du 1er et du 2e degré. Pour cela on simule 1000 essais pour chaque valeur théoriques de p(A) = 0,1 ; 0,2 ; ... ; 0,9. On construit deux graphiques (pour 100 essais, puis pour 1000 essais) avec les équations des courbes d'ajustements. Il faut faire découvrir :

$p = 2p(A) - p(A)^2$ ou plus exactement $f(x) \approx 2x - x^2$.

Voici un exemple de résultat obtenu par simulation :

p(A) = x	0,1	0,2	0,3	0,4	0,5	0,6	0,7	0,8	0,9
100 coups	0,17	0,35	0,46	0,68	0,77	0,87	0,92	0,98	0,99
1000 coups	0,194	0,366	0,501	0,626	0,751	0,841	0,916	0,96	0,988

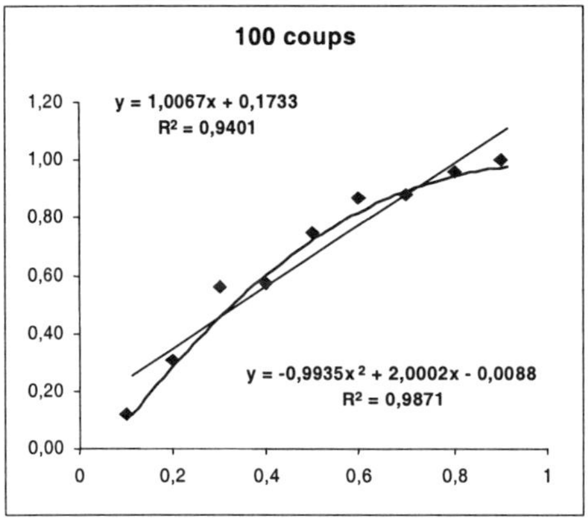

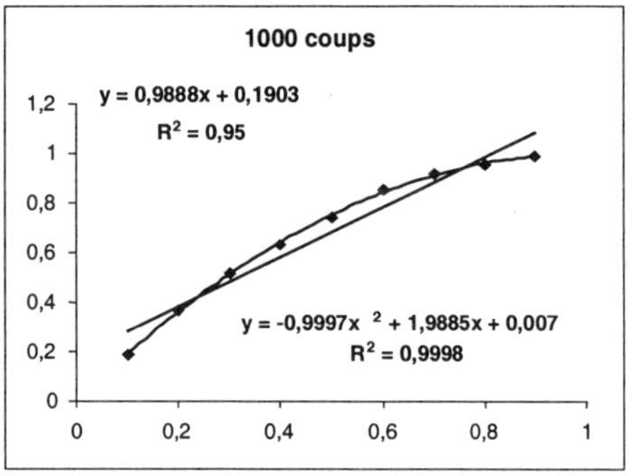

5.4.3. Troisième résultat simulé et observé

On essaie maintenant de déterminer la loi lorsque p(A) est fixé et p(B) variable. On utilise les équations des courbes de tendance du 1er degré. Pour cela, on simule 1000 essais pour chaque valeur de p(B) variant de 0,1 à 0,9, par pas de 0,1. On peut faire varier la valeur de p(A). Pour p(A) = 0,3, on obtient par exemple :

p(B)=	0,1	0,2	0,3	0,4	0,5	0,6	0,7	0,8	0,9
100 coups	0,34	0,40	0,48	0,69	0,59	0,68	0,79	0,83	0,91
1000 coups	0,39	0,47	0,49	0,59	0,68	0,7	0,77	0,85	0,93

On construit deux graphiques (pour 100 essais, puis pour 1000 essais) avec les équations des courbes d'ajustements. Il faut conjecturer :

$$p(A \text{ ou } B) = p(A) + p(B) - p(A)\,p(B)$$

Ou plutôt : $f(x) \approx f(A) + x - x\,f(A) = (1 - f(A))\,x + f(A)$.

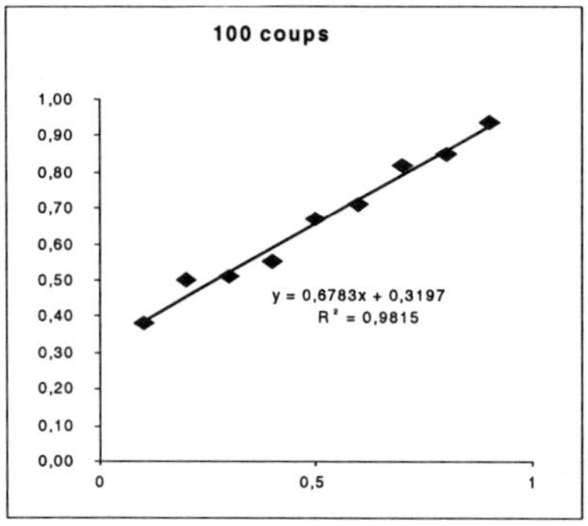

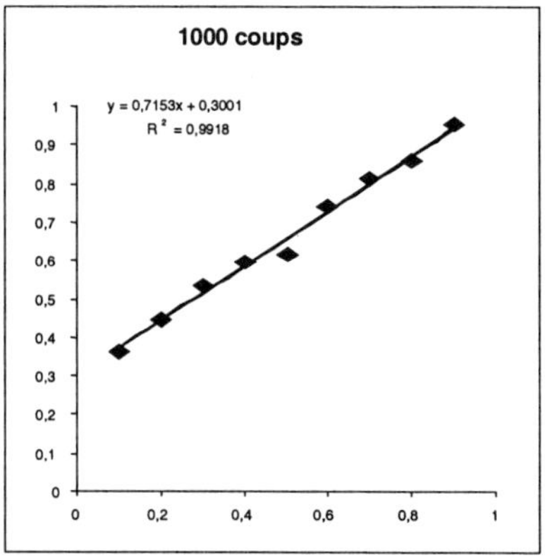

Conclusions

- Apprenons à nos élèves de ne jamais confondre la théorie mathématique des probabilités avec la simulation ou l'obtention de résultats pratiques à l'aide des fréquences. Travailler avec des probabilités ou travailler avec des fréquences, c'est travailler dans deux univers différents ; la loi des grands nombres permettant de tisser des liens entre ces deux univers mais avec un grand nombre de risques.
- Ainsi je pense que, dans beaucoup de cas, le signe ≈ devrait remplacer le signe d'égalité.
- Si l'usage de l'ordinateur dans une classe se résume, pour l'élève, à regarder une simulation entièrement préparée par le professeur, nous ne faisons qu'une partie de notre travail d'enseignant.
- On risque de tromper les élèves en leur donnant l'impression qu'ils vont pouvoir utiliser les logiciels informatiques et les maîtriser si, en même temps, on ne leur donne pas le temps et le matériel nécessaires à tout apprentissage. Non, l'utilisation raisonnée de l'outil informatique n'est pas innée et faire de la simulation ce n'est pas aussi facile que de manipuler une console de jeu vidéo.
- Tant qu'il n'y aura pas d'heure, prévue dans l'emploi du temps de l'élève, pour qu'il puisse travailler sur ordinateur, il n'y aura pas formation de sens.
- Donnons-nous les moyens en temps et en matériels pour faire une véritable initiation à la recherche scientifique au lycée. Si les horaires baissent, il faudra assumer : le risque sera grand de voir alors le professeur, qui voudrait *boucler* le programme officiel, revenir à un enseignement *ex cathedra*. Ce serait en contradiction avec l'esprit des nouveaux programmes. En effet, dans ce nouveau cadre l'utilisation de l'outil informatique, associée à l'étude de textes historiques, permettrait de réconcilier bon nombre de nos élèves avec les sciences en général et les mathématiques en particulier.

Annexe 1

Thomas BAYES
Essai en vue de résoudre un problème de la doctrine des chances

Section 1.

Définitions :

Plusieurs événements sont incompatibles lorsqu'ils sont tels que si l'un se produit, aucun autre ne le peut.

Deux événements sont contraires, lorsque l'un ou l'autre doit arriver sans qu'ils ne le puissent tous les deux à la fois.

La probabilité d'un événement quelconque est le rapport entre la valeur à laquelle on devrait estimer une espérance dépendant de la réalisation de cet événement et la valeur de la chose espérée s'il se réalise.

J'entends par la "chance" la même chose que la "probabilité".

Des événements sont indépendants quand le fait que l'un se produise n'accroît ni ne diminue la probabilité des autres.

Proposition 1.

Quand plusieurs événements sont incompatibles, la probabilité pour que l'un ou l'autre d'entre eux se réalise est la somme des probabilités de chacun d'entre eux.

Démonstration : supposez qu'il y ait trois événements de ce type ; que, quel que soit celui qui se produise, je doive recevoir N et que les probabilités du 1er, du 2d et du 3ème soient respectivement a/N, b/N, c/N. Alors par la définition des probabilités la valeur de mon espérance par le 1er sera a, par le 2d sera b, et par le 3ème sera c. De là, la valeur de mes espérances pour tous les trois sera a + b + c. Mais la somme de mes espérances à partir de tous les trois est dans ce cas une espérance de recevoir N dans le cas ou l'un ou l'autre d'entre eux se produit. De là, (par la définition 5), la probabilité de l'un ou l'autre d'entre eux est : (a +b +c) / N ou a/N + b/N +c/N. Soit la somme des probabilités de chacun d'entre eux.

(p. 31) . Proposition 3.

La probabilité que deux événements subséquents se produiront tous les deux est en raison composée des probabilités de la probabilité du premier et de la probabilité du second en supposant que le premier se produise.

Soit, en langage moderne : p(AetB) = p(A).p(B/A).

(p. 39) . Proposition 6.

La probabilité pour que plusieurs événements indépendants arrivent tous est en raison composée des probabilités de chacun.

Soit, en langage moderne :

Si deux événements sont indépendants alors p(AetB) = p(A).p(B).

(Extraits de *Cahiers d'histoire et de philosophie des sciences n°18.)*

Annexe 2

La théorie axiomatique de Kolmogorov (1933)

Dans *Aleph1/analyse,* Classique Hachette. (1975), p. 355, on trouve cette définition qui est donnée aux élèves de terminale CE des lycées :

Étant donné un espace probabilisable fini (E, B(E)), on appelle probabilité sur (E, B(E)) toute application p de B(E) dans l'ensemble des réels satisfaisant aux axiomes suivants :

Pour tout élément A de B(E) :

1. $P(E) = 1$
2. $P(A) \geq 0$
3. *Si A et B sont deux événements incompatibles alors*
   $p(AouB) = p(A) + p(B)$

Le triplet (E, B(E), p) est alors un espace probabilisé fini.

À l'université elle entre dans le cadre de la théorie de la mesure :
Une probabilité est une mesure sur un ensemble Ω, application *σ-additive d'une tribu de parties de* Ω dans [0 ;1]. (M.Henry, 1999, Repères n°36, p.18))

A partir de ces axiomes, on en déduit les règles du calcul des probabilités et, en particulier :
p(A ou B) = p(A) + p(B) – p(A et B).
Puis le théorème des probabilités composées :
p(A et B) = p(A).p(B/A).
Enfin, on définit deux événements indépendants, par :
Deux événements sont indépendants si et seulement si p(A et B) = p(A).p(B).

On remarquera une différence entre ces deux introductions au calcul des probabilités : la définition de l'indépendance de deux événements est une définition a priori chez Bayes, alors qu'elle est a posteriori chez Kolmogorov. Cette notion d'indépendance est un problème difficile de didactique.

Bibliographie

BAYES Thomas (1763), *Essai en vue de résoudre un problème de la doctrine des chances,* traduit et édité dans *Cahiers d'histoire et de philosophie des sciences*, n° 18 (1988), Société française d'histoire des sciences et des techniques.

BORDIER Jacques (1991), *Un modèle didactique utilisant la simulation sur ordinateur, pour l'enseignement de la probabilité*, thèse de doctorat, Paris VII,

COURNOT Antoine Augustin (1851), *Essai sur les fondements de nos connaissances et sur les caractères de la critique philosophique*, Paris, Institut national de la langue française.

GAUTIER C., GIRARD G., GERLL D., THIERCE C., WARUSFEL A., (1975), *Aleph1/analyse*, Terminale CE, Classique Hachette.

HENRY M., (1999), *L'introduction des probabilités au lycée*, Repères-Irem, n°36, Topiques éditions.

KEPLER Jean (1619), *L'harmonie du monde*, Librairie Blanchard, (1979).

LAPLACE Pierre-Simon, (1812), *Théorie analytique des probabilités*, Paris, Institut national de la langue française. Publication Num. BNF de l'éd. de Paris.

LAPLACE Pierre-Simon, (1796), *Exposition du système du monde*, Paris (1984), Corpus des œuvres de philosophie de langue française.

NAMER Émile (1979), *Le beau roman de la physique cartésienne et de la science exacte de Galilée*, Paris, Vrin.

Achevé d'imprimer en août 2004 par Normandie Roto Impression s.a.s., 61250 Lonrai
N° d'impression : 041933 – Dépôt légal : août 2004 – *Imprimé en France*